高等学校工科电子类教材

模具设计与制造

Mould & Die Design and Manufacturing

(第二版)

李集仁　翟建军　编

西安电子科技大学出版社

内 容 简 介

　　本书共分三篇：第一篇为冲压模具设计篇，包括冲压模具设计基础、冲裁工艺及冲裁模设计、弯曲工艺及弯曲模设计、拉深工艺及拉深模设计、其它冲压成形工艺及模具设计、冲压工艺规程的编制；第二篇为塑料模具设计篇，包括塑料模具设计基础、热塑性塑料注射成型工艺及模具设计、热固性塑料成型工艺及模具设计、其它塑料成型工艺及模具设计简介；第三篇为模具制造篇，主要介绍了模具特种加工及模具装配调试的有关知识，包括模具的电火花加工和线切割加工、模具的高速切削加工、模具主要零件的加工工艺过程、模具的装配与调试，还简要介绍了模具CAD/CAM，概略介绍了模具的制造工艺过程、模具现代化生产方式与合理化生产。

　　本书可满足高等院校工科电子类各专业相关课程的教学需要，也可作为高等院校机械类各专业"模具设计与制造"课程教学用书，还可作为高职高专院校模具设计与制造专业的教材，亦可供从事模具设计、制造和使用的工程技术人员参考。

图书在版编目(CIP)数据

模具设计与制造/李集仁，翟建军编著. —2版.

—西安：西安电子科技大学出版社，2010.2(2017.10 重印)

高等学校工科电子类教材

ISBN 978 - 7 - 5606 - 2382 - 5

Ⅰ. 模… Ⅱ. ① 李… ② 翟… Ⅲ. ① 模具－设计－高等学校－教材

② 模具－制造－高等学校－教材 Ⅳ. TG76

中国版本图书馆 CIP 数据核字(2010)第 007822 号

责任编辑　马武装

出版发行　西安电子科技大学出版社(西安市太白南路2号)

电　　话　(029)88242885　88201467　　邮　　编　710071

网　　址　www. xduph. com　　　　电子邮箱　xdupfxb001@163.com

经　　销　新华书店

印刷单位　陕西大江印务有限公司

版　　次　2010 年 2 月第 2 版　2017 年 10 月第 15 次印刷

开　　本　787 毫米×1092 毫米　1/16　印张 25.875

字　　数　614 千字

印　　数　48 501～52 500 册

定　　价　46.00 元

ISBN 978 - 7 - 5606 - 2382 - 5/TG

XDUP　2674002－15

＊＊＊如有印装问题可调换＊＊＊

第 二 版 前 言

《模具设计与制造》(第 1 版)是按原机械电子工业部的工科电子类专业教材 1991～1995 年编写出版规划,由电子机械教材编审委员会无线电专用机械设备编审小组征稿并推荐出版的,从出版至今已十多年,期间多次印刷,被全国几十所高等院校作为工科电子类各专业的专业课教材。

十多年来,一方面随着我国工业的迅猛发展,对模具的要求越来越迫切,精度要求越来越高,结构也越来越复杂,对模具人才的要求也越来越高。另一方面,我国模具工业作为一个独立的、新型的工业,也正处于飞速发展阶段,涌现出许多模具设计与制造的新方法、新技术。这些都促使模具设计与制造课程和所使用的教材必须作相应的调整。

本书是面向 21 世纪高等学校工科电子类规划教材之一,由东南大学和南京航空航天大学联合编写。在此次修编时,除保留原教材特色之外,根据现代模具生产技术和生产方式对模具人才的要求,结合编者多年的教学经验和科研实践,在原教材基础上,删除了一些过时的内容,充实了有关现代模具设计与制造先进技术的内容。在编写过程中,力求体现"基、准、实、新"的编写思想:"基"是要讲清模具设计与制造的基本原理和基本方法;"准"是所介绍的概念、设计数据等都力求准确;"实"是要实用,强调理论与实际应用紧密结合;"新"是要能反映现代模具技术的内容和特点。

本课程的参考学时数为 80 学时。全书共分三篇:第一篇为冲压模具设计篇,包括冲压模具设计基础、冲裁工艺及冲裁模设计、弯曲工艺及弯曲模设计、拉深工艺及拉深模设计、其它冲压成形工艺及模具设计、冲压工艺规程的编制;第二篇为塑料模具设计篇,包括塑料模具设计基础、热塑性塑料注射成型工艺及模具设计、热固性塑料成型工艺及模具设计、其它塑料成型工艺及模具设计简介;第三篇为模具制造篇,主要介绍了模具特种加工及模具装配调试的有关知识,包括模具的电火花加工和线切割加工、模具的高速切削加工、模具主要零件的加工工艺过程、模具的装配与调试,还简要介绍了模具 CAD/CAM,概略介绍了模具的制造工艺过程、模具现代化生产方式与合理化生产。每章之后有复习思考题。为了便于读者了解国外模具设计与制造的发展动态和参与国际交流,特在附录加入部分主要的汉英专业词汇。

本教材概论和第一篇由南京航空航天大学翟建军编写,第二篇由东南大学李集仁编写,第三篇主要由李集仁编写,其中第 16 章由翟建军编写。全书由李集仁统编,由东南大学党根茂教授和南京航空航天大学博士生导师陈毓勋教授共同担任主审。

本教材可满足高等院校工科电子类各专业相关课程的教学需要,也可作为高等院校机械类各专业"模具设计与制造"课程教学用书,还可作为高职高专院校模具设计与制造专业的教材,亦可供从事模具设计、制造和使用的工程技术人员参考。

由于编者水平有限,书中难免存在不当和错误之处,殷切期望广大读者批评指正。

编 者
2009 年 10 月

第 一 版 前 言

本教材系按机械电子工业部的工科电子类专业教材 1991～1995 年编写出版规划，由电子机械教材编审委员会无线电专用机械设备编审小组征稿并推荐出版。责任编委为周千恂。

本教材主要由东南大学党根茂、骆志斌、李集仁编写，南京航空航天大学教授、博士导师陈毓勋担任主审。

本课程的参考学时数为 80 学时，其主要内容包括：冲压模具设计基础，冲裁及冲裁模设计，弯曲工艺及弯曲模，拉深工艺及拉深模，硬质合金模，多工位级进模，冲压工艺规程的编制；塑料模具设计基础，热塑性塑料注射模的设计，压塑模、压铸模、集成电路塑封模、热固性塑料注射模设计，气压成型模的设计；模具零件的成形铣削、成形磨削、电加工，模具零件的计算机辅助设计及辅助制造(CAD/CAM)，模具主要零件的加工工艺过程和模具的装配与调试等。

本书力求将模具设计与制造的有关基本原理、基本知识与实际应用紧密结合，尽可能列举生产实例加以说明。教学过程中应创造条件让学生接触实际，以达到可教性与可读性均好的最佳效果。每章之后有复习思考题，便于读者自学。三篇学时分配分别为 32、32、16。

本教材第一篇主要由李集仁编写，其中 5-5 节由电子部 702 厂高大樟、杨良文编写；第二篇主要由党根茂编写，其中 9-2 节二由电子部 4524 厂黄明玖、邱荣才编写；第三篇主要由骆志斌编写，其中第十四章由李集仁编写。全书由黄根茂统编。参加审阅的还有韩克筼、栾新华、王尔健、杨步铎同志，他们对本书提出许多宝贵意见，特致诚挚的感谢。由于编者水平有限，书中难免还存在一些缺点和错误，殷切希望广大读者批评指正。

编　者

1994.12

目　　录

第一篇　冲压模具设计

第二篇　塑料模具设计

概　　论

1　模具及其功能与作用

1.1　模具

模具是工业产品生产用的工艺装备,主要应用于制造业。它是和冲压、锻造、铸造成形机械,以及塑料、橡胶、陶瓷等非金属材料制品成形加工用的成形机械相配套,作为成形工具来使用的。

模具属于精密机械产品,主要由机械零件和机构组成,包括成形工作零件(凸模与凹模)、导向零件(导柱与导套)、支承零件(模架)及定位零件等,以及送料机构、抽芯机构、推(顶)料(件)机构、检测与安全机构等。

为提高模具的质量、性能、精度和生产效率,缩短模具制造周期,模具多采用标准零、部件,所以模具属于标准化程度较高的产品。一副中小型冲模或塑料注射模中,其标准零、部件可达90%,其工时节约率可达25%～45%。

1.2　模具的功能和作用

现代产品生产中,由于模具的加工效率高,互换性好,节约原材料,所以得到了很广泛的应用。

现代工业产品的零件,广泛采用冲压、锻造成形、压铸成形、挤压成形、塑料注射或其它成形加工方法,和成形模具相配套,经单工序或多道成形工序,使材料或坯料成形加工成符合产品要求的零件,或成为精加工前的半成品件。如汽车覆盖件,须采用多副模具,进行冲孔、拉深、翻边、弯曲、切边、修边、整形等多道工序,成形加工为合格零件;电视机外壳、洗衣机内桶是采用塑料注射模,经一次注射成型为合格零件;发动机的曲轴,连杆是采用锻造成形模具,经滚锻和模锻成形加工为精密机械加工前的半成品坯件。

高精度、高效率、长寿命的冲模,塑料注射成型模具,可成形加工几十万件,甚至几千万件产品零件,如一副硬质合金模具,可冲压硅钢片零件(E型片、电机定转子片)上亿件,这类模具称为大批量生产用模具。

适用于多品种、少批量,或产品试制的模具有组合冲模、快换冲模、叠层冲模或低熔点合金成形模具等。在现代加工业中,具有重要的经济价值,这类模具称为通用、经济模具。

电子计算机、现代通信器材与设备、电器、仪器与仪表等工业产品的元器件或零、部件越来越趋于微型化、精密化,其零件结构设计中的槽、缝、孔尺寸要求在0.3 mm以下,所以批量生产用模具要求很高。如高压开关中的多触点零件,宽度仅为10 mm,却需冲孔,冲槽、弯曲、三层叠压等多个工序，模具需设计为 70 工位的精密级进冲模。又如手机中零件尺寸极其微小，对模具的要求更高。这类微型冲件和塑件用的模具，已成为高技术模具或专利型模具。

大型模具，重量在 10 吨以上的已很常见，有些模具重量达到 30 吨。如大型汽车覆盖件冲模、大型曲轴锻模、大尺寸电视机外壳用塑料注射模等重量都在 10 吨以上。

随着现代化工业和科学技术的发展，模具的应用越来越广泛，其适应性也越来越强。模具的制造水平已成为工业国家制造工艺水平的标志。

另外，模具是进行成形加工及少、无切屑加工的主要工装，在大批、大量加工中，可使材料利用率达 90％或以上。

2　模具分类及用途

模具的用途广泛，种类繁多，科学地进行模具分类，对有计划地发展模具工业，系统地研究、开发模具生产技术，促进模具设计、制造技术的现代化，以及对研究、制订模具技术标准，提高模具标准化水平和专业化协作生产水平，都具有十分重要的意义。

2.1　模具分类

总体上说，模具可分为三大类：
· 金属板材成形模具，如冲模等；
· 金属体积成形模具，如锻（镦、挤压）模，压铸模等；
· 非金属材料制品用成型模具，如塑料注射模和压缩模，橡胶制品、玻璃制品、陶瓷制品用成型模具等。

模具的具体分类方法很多，常用的有：按模具结构形式可分为冲模中的单工序模、复合模、级进模等，塑料成型模具中的压缩模、注射模、挤出模等；按模具使用对象可分为电工模具，汽车模具，电视机模具等；按模具材料可分为硬质合金模具和钢模等；按加工工艺性质可分为冲孔模，落料模，拉深模，弯曲模，塑料成型模具中的吸塑模、吹塑模等。这些分类方法具有直观、方便等优点，但不尽合理，易将模具类别与品种混用，使种类繁多无序。因此，采用综合归纳法，将模具分为十大类，各大类模具又可根据其使用对象、材料、功能和模具制造方法，以及工艺性质等，再分成若干小类和品种较为合理，详见表 1。

2.2　模具的应用

由表 1 可见，每一类、每一种模具都有其特定的用途和使用方法及与其相配套的成形加工机床和设备。

模具的功能和应用与模具类别、品种有着密切的关系。因为模具和产品零件的形状、尺寸大小、精度、材料、材料形式、表面状态、质量和生产批量等，都需相符合，要满足零件要求的技术条件，即每一个产品零件相对应的生产用模具，只能是一副或一套特定的模具。

为适应模具不同的功能和用途，需要进行创造性设计，造成模具结构形式多变，从而产生了不同的模具类别和繁多的品种，并具有单件生产的特征。

表1 模具种类和用途

模具类别	模具小类和品种		使用对象和成形工艺性质
金属板材成形模具	冲模	冲裁模(少、无废料冲模,整修模,光洁冲模,深孔冲模,精冲模等);单工序模(冲孔模,落料模,弯曲模,拉深模,成形模等);复合冲模;级进冲模(含传递模);汽车覆盖件冲模;硅钢片冲模;硬质合金冲模;微型冲件精密冲模	使用金属(黑色和有色金属)板材,通过冲裁模和精冲模,或根据零件不同的生产批量、冲件精度,采用单工序模、复合冲模或级进模等相应的工艺方法,成形加工为合格的冲件
非金属材料制品成型模具	塑料成型模具	塑料注射模(立式、卧式、角式注射机用模具,无浇道模具,电视机壳、录音机壳、洗衣机桶、汽车保险杠、录像(音)机盒注射模等);压缩模(含压胶模);挤塑模(含传递模);挤出模(异型材、管件、薄膜挤出);发泡模(含低发泡模);吹(吸)塑模具;塑封模;滚塑模等	使用热固性和热塑性的塑料,通过注射、压缩、挤塑、挤出、发泡、吹塑和吸塑等成形加工为合格塑件 塑件也具有板材和体积成形两种成形工艺
	玻璃制品成型模具	注压成形;吹-吹法成形瓶罐;压-吹法成形瓶罐;玻璃器皿模具等	用于玻璃瓶、罐、盒、桶,以及工业产品零件的成形加工
	橡胶制品成型模具	压胶模;挤胶模;注射模;橡胶轮胎模(整体和活络模);"O"形密封圈橡胶模等	汽车轮胎、"O"形密封圈及其它杂件,与硫化机配套,成形加工为合格的橡胶零件
	陶瓷模具	压缩模;注射模等	建筑用的陶瓷构件、陶瓷器皿及工业生产用陶瓷零件的成形加工
金属体积成型模具	压铸模	热压室压铸机用压铸模;冷压室压铸机用压铸模;铝合金压铸模;铜合金压铸模;锌合金压铸模;黑色金属压铸模等	金属零件产品如汽车、汽油机缸体,变速箱体等有色金属零件(锌、铝、铜),通过注入模具型腔的液态金属,加压成形
	锻造成型模	压力机用锻模;摩擦压力机用锻模;平锻机用锻模;辊锻机用锻模;高速锤机用锻模;开(闭)式锻模 校正模;压印模;切边模;冲孔模;精锻模;多向锻模;胎模;闭塞锻模 冷镦模;挤压模;拉丝模等	采用有色、黑色金属的块料或棒材、丝材,经锻、镦、挤、拉等工艺成形加工成合格零件、毛坯和丝材
	粉末冶金成型模具	成形压模:实体单向、双向手动压模,手动实体浮动压模,机动大截面实体浮动压模,机动极掌单向压模,套类单向、双向、浮动压模 整形模:手动和机动模,径向模,带外台阶套类全整形模,带球面件模 无台阶实体件自动整形模,轴套拉杆式半自动整形模,轴套通过式自动整形模,轴套全整形自动模,带外台阶与外球面轴套自动全整形模等	主要用于铜基、铁基粉末制品的压制成形。包括机械零件,电器元件(如触头等),磁性零件,工具材料,易热零件,核燃料制件的粉末压制成形
	铸造金属型模	易熔型芯用金属型模;低压铸造用金属型模;金属浇注用金属型模等	液态金属或石蜡等易熔材料,经注入模具型腔成形为金属零件毛坯、铸造用型芯、工艺品等
通用模具与经济模具		组合冲模;薄板冲模;叠层模具;快换冲模;环氧树脂模;低熔点合金模等	适用于产品试制,多品种、少批量生产

模具具有以下特点：

（1）模具的适应性强。针对产品零件的生产规模和生产形式，可采用不同结构和档次的模具与之相适应。如为适应产品零件的大批量生产，可采用高效率、高精度和高寿命、自动化程度高的模具；为适应产品试制或多品种、小批量的产品零件生产，可采用通用模具，如组合冲模、快换模具（可用于柔性生产线），以及各种经济模具。

根据不同产品零件的结构、性质、精度和批量，以及零件材料和材料性质、供货形式，可采用不同类别和种类的模具与之相适应。如锻件则需采用锻模，冲件则需采用冲模，塑件则需采用塑料成形模具，薄壳塑件则需采用吸塑或吹塑模具等。

（2）制件的互换性好。即在模具一定使用寿命范围内，合格制件（冲件、塑件、锻件等）的相似性好，可完全互换。

常用模具寿命参见表2。

表2　常用模具寿命

模具种类和名称		模具寿命（万件）	说　　明
冲　模	一般钢冲模	100 ～ 300	平均寿命
	电机定转子硬质合金冲模	4000 ～ 8000	
	E形片硬质合金冲模	6000 ～ 10000	
塑料注射模	钢塑料注射模 合金钢塑料注射模	40 ～ 60 100 以上	中碳钢制 模具采用优质模具钢
压铸模	中小型铝合金件用压铸模	10 ～ 20	
	中大型铝合金件用压铸模	5 ～ 7	
锻　模	齿轮精锻模	1 ～ 1.5	
	一般锤锻模	1 ～ 2	

（3）生产效率高、低耗。采用模具成形加工，产品零件的生产效率高。高速冲压可达1800次/min，由于模具寿命和产品产量等因素限制，常用冲模也可达200 ～ 600次/min。塑件注射循环时间可缩短在1 ～ 2 min内成形，若采用热流道模具，进行连续注射成形，生产效率则更高，可满足塑件大批量生产的要求。采用高效滚锻工艺和滚锻模，可进行连杆锻件连续滚锻成形。采用塑料异型材挤出模，可进行建筑用门窗异型材挤出成形，其挤出成形速度可达4 m/min。可见，采用模具进行成形加工与机械加工相比，不仅生产效率高，而且生产消耗低，可大幅度节约原材料和人力资源，是进行产品生产的一种优质、高效、低耗的生产技术。

（4）社会效益高。模具是高技术含量的产品，其价值和价格主要取决于模具材料、加工、外购件的劳动与消耗三项直接发生的费用和模具设计与试模（验）等技术费用。后者是模具价值和市场价格的主要组成部分，其中一部分技术价值计入了市场价格，而更大一部分价值则是模具用户和产品用户受惠变为社会效益。如电视机用模具，其模具费用仅为电视机产品价格的1/3000 ～ 1/5000。尽管模具的一次投资较大，但在大批量生产的每台电视机的成本中仅占极小部分，甚至可以忽略不计，而实际上，很高的模具价值为社会所拥有，变成了社会财富。

模具是现代工业生产中广泛应用的优质、高效、低耗、适应性很强的专用成形工具、专用成形工具产品。模具是技术含量高、使用广泛的新技术产品，是价值很高的社会财富。

3　模具标准化及标准件

3.1　模具标准化

模具标准化是模具工业建设的基础，也是现代模具生产技术的基础。

1. 标准化在模具工业建设中的意义

（1）提高模具使用性能和质量。实现模具零、部件标准化，可使90%左右的模具零、部件实现大规模、高水平、高质量的生产。这为提高模具质量和使用性能及其可靠性提供了保证。

（2）大幅度节约工时和原材料，缩短生产周期。实现模具零、部件标准化后，塑料注射模的生产工时可节约25%～45%，即相对单件生产来讲，可缩短2/5～1/3的生产周期。

目前，在工业先进国家，中小型冲模、塑料注射模、压铸模等模具标准件使用覆盖率已达80%～90%，大型模具配件标准化程度也很高。除特殊模具外，其零、部件基本上都实现了准标准化。

由于模具标准件需求量大，故实现模具零、部件的标准化、规模化、专业化生产，可大量节约原材料，大幅度提高原材料的利用率，使原材料利用率达到85%～95%。

（3）它是采用现代化生产技术的基础。实行模具CAD/CAM，可实现无图生产、计算机管理和控制，是进行模具优化设计和制造的技术基础。

（4）可有效地降低模具生产成本，简化生产管理和减少企业库存，是提高企业经济、技术效益的有力措施和保证。

2. 模具标准化工作制度及标准制（修）订的依据

标准是一种社会规范。因此，模具技术标准是模具企业都须遵守的行业或专业规范，也是社会规范的一种。

模具技术标准根据有关法令规定，具有法令性，企业和行业都应当执行。但模具技术标准多为推荐性标准，为非强制执行的行业规范，即企业可参照执行，参照执行的方法为以国家发布的标准为基础来制订企业标准，而企业标准的质量指标须高于或等于国标，其产品结构须比国标规定的结构优越、先进，以体现企业的创造性。

模具技术标准既规定有技术规范内容，又含有人在生产过程中的行为规范。这是保证产品质量和数量的关键内容。

模具技术标准具有强烈的商业性质，即具有在同行业中优胜劣汰的商业竞争性质。

为此，国家标准和行业标准必须具有科学性、先进性和实践性。即其参数、指标、结构必须科学、合理、准确，同时，对生产实践和市场需求应是完全相适应的。

（1）模具技术标准制（修）订的依据。

① 执行国家基础标准及与模具相关的标准。包括制图标准，形状与位置公差及配合标准，标准尺寸，材料标准，制件（冲件、塑件等）产品标准等。

② 等同或等效、参照采纳国际标准。全国模具标准化技术委员会与国际标准化组织对

口的组织为 ISO TC29/SC8，即 ISO 的第 29 技术委员会（小工具技术委员会）的第 8 分委员会，并是 TC29 委员会的'P'成员国。

为与国际贸易接轨，引进国外先进产品和工艺技术，国家质检局标准化司规定，等同或等效、参照采纳国际标准和先进企业标准，为制（修）订我国技术标准的一项重要的政策。模具标准的制（修）订，则主要采纳 ISO TC29/SC8 已制订的模具标准。如我国的塑料注射模和冲模标准则采纳了 ISO TC29/SC8 制订的零件标准。

③ 科学实验和实用的科技成果。

④ 生产实践与企业标准。

（2）模具技术标准分类及标准体系表。

① 模具技术标准分类。模具技术标准共分四类：模具产品标准（含标准零、部件标准等）；模具工艺质量标准（含技术条件标准等）；模具基础标准（含名词术语标准等）；相关标准。

② 标准体系表。模具标准项目体系表是计划与规划性的文件。它是由全国模具标准化技术委员会制订、审查，由标准化管理部门审查批准，并编入国家标准体系表，作为其一部分，是它的一个支体系。

模具体系表的主要内容是计划或规划制订的标准项目及项目系列，它是制订模具标准项目年度计划的依据。未列入标准体系表的项目，除经特殊批准外，一般不能列入年度计划。因此，模具标准体系表也须具有科学性、实践性和严格的计划性。

模具体系表分四层：第一层：模具；第二层：模具类别（十大类）和模具名称；第三层：每类模具须制订的标准类别，包括基础标准、产品标准、工艺与质量标准、相关标准共四类标准的名称；第四层：在每类模具及其标准类别下，列出具体须制订的模具标准项目系列及其名称。

（3）模具标准的制（修）订程序。根据模具标准体系表，在"全国模具标准化技术委员会"（下简称标委会）年会上，提出下一年度的制（修）订标准项目的年度计划。并由标委会秘书处，会同标准年度项目负责单位提出"计划任务书"，报标准主管部门审批，并下达制（修）订标准项目的执行计划。其后的程序为：

① 建立标准项目制（修）订工作组。经调查研究、试验，提出完整的标准草案——称"征求意见稿"。再根据企业、学者与专家意见，经修改形成"报审稿"，附标准意见处理表，及其编制说明书等文件，报标委会进行审查。

② 标委会审查通过后，经进一步修改，则形成"报批稿"。报国家标准主管部门批准、发布。

标委会是在部和国家技术监督局直接领导下的专家组织，设有秘书处，处理日常工作。其任务为制订模具标准体系表，提出项目年度计划，组织标准项目的制（修）订工作，组织年会审查模具标准"报审稿"等。

3. 模具技术标准

自 1983 年 9 月全国模具标准化技术委员会成立以来，其组织制订的国家标准和行业标准有 94 项，300 余标准号。一些使用量大、面广的模具基本上都制订了标准。包括：

（1）模具基础标准。包括冲模、塑料注射模、压铸模、锻模等模具的名词术语；模具尺寸系列；模具体系表等。

（2）模具产品标准。包括冲模、塑料注射模以及锻模、挤压模的零件标准；模架标准和结构标准；锻模模块结构标准等。

（3）工艺与质量标准。包括冲模、塑料注射模、拉丝模、橡胶模、玻璃模、锻模、挤压模等模具的技术要求标准；模具材料热处理工艺标准；模具表面粗糙度等级标准；冲模、塑料注射模零件和模架技术条件、产品精度检查和质量等级标准等。

（4）相关标准。模具用材料标准，包括塑料模具用钢、冷作模具钢、热作模具钢等标准。

模具标准化工作是一个通过科学实验与实践，设计与计算，综合与归纳等形式与方法，制（修）订模具技术标准的复杂劳动过程，是一项具有重大社会经济、技术意义的工作。同时，也是执行《质量管理和保证》（GB/T 9000）系列标准的基础。

3.2　模具标准件

在标准化的基础上，按标准文件中规定的模具零、部件标准组织生产的产品为模具标准件（简称标准件），以供模具企业选购使用。所以，模具标准化工作是直接创造财富、提高社会生产力的工作。

在美国市场上可以选购到150多种模具标准零、部件，简化了模具生产过程，缩短了模具生产周期。一副高精度、复杂的电机定、转子片级进冲模，只需2.5个月就可交货。

标准件的生产须具备以下条件：

（1）要有一定规模，能产生规模效益，如冲模模架的产量，须在保证精度、质量条件下，达到经济产量，方能产生规模效益。

（2）须保证标准件的互换性和可靠性，因此，标准件生产工艺管理须规范，须采用保证高精、高效的生产装备。

（3）销售服务须完善，使用户实现无库存管理，保证用户定量、定期获得供应。

4　模具制造与生产现代化

现代化模具生产的科学基础与特点，具体表现在以下几个方面。

1. 模具工业体系的产业基础

国外工业先进国都拥有上万个模具企业与支持模具企业或为模具企业提供生产装备的企业组成的强大的产业基础。

这是适应社会产品工业化规模生产的重要条件和特点。如汽车的工业化规模生产，则需要一大批专业模具企业为其提供模具。

2. 模具标准化是现代模具生产的技术基础

为适应各类、各种模具的现代化生产，必须进行模具的标准化工作，即将模具中通用的零、部件设计成通用的标准，组织规模生产，以提高模具设计和制造的效率，缩短模具生产周期，提高模具性能水平。这是现代模具生产的必备条件。

由于现代化模具生产采用了先进的制造和设计技术，如采用 CAD/CAM/CAE、FMS技术，则必须有标准化的支持，因此，模具标准化是现代模具生产的技术基础和必备条件。

3. 模具工作零件型面的高效、高精成形加工技术及其互换性

模具成形件多由二维、三维复杂型面构成，需采用高效、高精成形加工技术。由于科学技术的发展和进步，目前已普遍采用数控、计算机数控技术，减少了人工技术对加工精度和质量的影响。

NC、CNC 成形磨削精密加工技术：采用 NC、CNC 曲线磨床，连续轨迹坐标磨床，对冲裁模的凸模与凹模型面以及对塑料模、压铸模等成形模具型面拼块，进行成形加工。

NC、CNC 成形铣削：主要用于成形模具的凸模（含型芯）、凹模（含型腔）型面的半精或精密成形加工。目前，NC、CNC 铣镗床、加工中心已成为普遍采用的模具生产装备。

凸模与凹模及其拼块的互换性：主要指冲裁模用凸模和凹模及其拼块，以及精密塑料型腔拼块。由于高效、精密和超精加工技术的发展，加工精度已达到 0.000x mm 级，即所谓的零误差概念。从而使凸模、凹模及其拼块可进行完全互换。这对于高精密性、高寿命、高价值模具来说，是非常有利的。如电机硅钢片冲模的冲头（凸模）和凹模拼块，在冲压过程中，某块拼块失效了，换上另一块拼块，无须检查，即可继续工作。

除凸、凹模及其拼块须在高精或超精成形加工条件下实现完全互换以外，所有模具的通用零件和部件都须标准化，并在其基础上实现互换，这是现代模具生产的重要基础和特点。

4. 高硬材料高效、高精加工

由于工业产品规模生产的要求，模具需具备高精密、高寿命的使用性能。因此，模具零件需采用具有高性能、高硬度或超硬材料制造。如冲裁模使用的 Cr12Mo1V1 及硬质合金 YG15 等材料，硬度都在 62HRC 以上，一般机械加工方法难以进行加工。因此，需采用特种加工工艺和装备。如采用电火花加工工艺与机床，电解加工工艺与机床，配以电极，即可对高硬或超硬材料进行成形加工。目前，电加工机床，包括电火花成形加工机床，电火花线切割机床，都已数控（NC）和计算机数控（CNC）化，并实现了高效、高精成形加工。

5. 模具 CAD/CAM/CAE、FMS 技术

由于模具生产技术中软、硬件的进步，现代模具生产的最高水平表现在采用 CAD/CAM/CAE 技术，即实现模具设计与制造的一体化技术。

以上五个方面，是当代模具生产的产业基础和技术基础，其模具制造中的关键工艺技术是实现 CAD/CAM/CAE 技术，优化了模具生产过程。同时，更加强了人的智能作用，对人的技能、经验和创造性提出了更高的要求。在模具企业的生产组织和管理方面，也产生了质的变化，企业已成为专家之间互换配合、协调工作，进行创造性劳动的场所，已成为专家和先进装备的组合体，改善了人与人之间的管理关系和在企业中的地位。

第一篇　冲压模具设计

第 1 章　冲压模具设计基础

1.1　冲压加工特点及基本工序

冲压是机械制造中先进的加工方法之一，它利用压力机通过模具对板料加压，使其产生塑性变形或者分离，从而获得一定形状、尺寸和性能的零件。冲压主要用于加工板料零件，所以也叫板料冲压。冲压加工的应用范围十分广泛，在电子工业产品的生产中，已成为不可缺少的主要加工方法之一，据概略统计，在电子产品中，冲压件(包括板金件)的数量约占零件总数的 85％以上。此外，冲压加工在汽车、拖拉机、电机、仪器仪表等机械工业和国防工业以及日常生活用品的生产方面，也占据着十分重要的地位。

1.1.1　冲压加工的特点

冲压与其它加工方法相比，无论在技术方面还是经济方面，都有许多独特的优点：

(1) 在压力机的简单冲击下，能获得壁薄、重量轻、刚性好、形状复杂的零件，这些零件用其它方法难以加工甚至无法加工；

(2) 所加工的零件精度较高、尺寸稳定，具有良好的互换性；

(3) 冲压加工是无屑加工，材料利用率高；

(4) 生产率高，生产过程容易实现机械化、自动化；

(5) 操作简单，便于组织生产。

冲压加工的主要缺点是模具的设计制造周期长，费用高，因此只适宜于大批大量的生产，在小批量生产中受到一定的限制。

1.1.2　冲压加工基本工序

冲压加工的零件，种类繁多，对零件形状、尺寸、精度的要求各有不同，其冲压加工方法也是多种多样的。但概括起来，可以分为分离工序和成形工序两大类。

1. 分离工序

分离工序是将冲压件或毛料沿一定轮廓相互分离，其特点是板料在冲压力作用下使板料发生剪切而分离。

2. 成形工序

成形工序是在不造成破坏的条件下使板料产生塑性变形，形成所需形状及尺寸的零件，其特点是板料在冲压力作用下，变形区应力满足屈服条件，因而板料只发生塑性变形而不破裂。

上述两类加工方法又各包括很多不同的工序。生产中常用的各种冲压工序见表 1-1。

表 1-1 冲压基本工序

类别	工序		图 例	工序性质
分离工序	冲裁	落料		用模具沿封闭线冲切板料，冲下的部分为工件，其余部分为废料
		冲孔		用模具沿封闭线冲切板料，冲下的部分是废料
	剪切			用剪刀或模具切断板料，切断线不封闭
	切口			在毛料上将板材部分切开，切口部分发生弯曲
	切边			将拉深或成形后的半成品边缘部分的多余材料切掉
	剖切			将半成品切开成两个或几个工件，常用于成对冲压
成形工序	弯曲			用模具使材料弯曲成一定形状

类别	工序		图　　例	工序性质
成形工序	卷圆			将板料端部卷圆
	拉深			将板料压制成空心工件,壁厚基本不变
	翻边	内孔翻边		将板料或工件上有孔的边缘翻成竖立边缘
		外缘翻边		将工件外缘翻起呈圆弧或曲线状的竖立边缘
	缩口			将空心件的口部缩小
	扩口			将空心件或管子的口部扩大
	起伏			在板料或工件上压出筋条、花纹或文字,起伏处的整个厚度上都将变薄

类别	工序	图　　　例	工　序　性　质
成形工序	卷边		将空心件的边缘卷成一定的形状
	胀形		使空心件或管料的一部分沿径向扩张呈凸肚形
	校平		将毛料或工件不平的面予以压平
	整形		把形状不太准确的工件校正成形

1.2　板料塑性变形及其基本规律

冲压件的冲压成形过程，实质上是板料的塑性变形过程。关于塑性变形的基本理论，在有关塑性加工力学的著作中已有详尽、系统的论述，这里只对有关理论做简单描述，而不再做细致的讨论。

1.2.1 应力—应变曲线

图 1-1 是低碳钢拉伸试验下的条件应力—应变曲线。从图中看出，材料在应力达到初始屈服极限 σ_0 时开始塑性变形，此时，应力不太增加的情况下能产生较大的变形，图上出现一个平台，这一现象称为屈服。经过一段屈服平台后，应力就开始随着应变的增大而上升(如图中 cGb 曲线)。如果在变形中途(如图中 G 处)卸载，应力应变将沿 GH 直线返回，使弹性变形(HJ)回复而保留其塑性变形(oH)。若对试件重新加载，这时曲线就由 H 出发，沿 HG 直线回升，进行弹性变形，直到 G 点才开始屈服，以后的应力应变就仍按 GbK 曲线变化。可见 G 点处应力是试样重新加载时的屈服应力。如果重复上述卸载、加载过程，就会发现，重新加载时的屈服应力由于变形的逐次增大而不断地沿 Gb 曲线提高，这表明材料在逐渐硬化。材料的加工硬化对板料的成形影响很大，不仅使变形力增大，而且限制毛料的进一步变形。例如拉深件进行多次拉深时，在后次拉深之前一般要进行退火处理，以消除前次拉深产生的加工硬化。但硬化有时也是有利的，如在伸长类成形工艺中，能减少过大的局部变形，使变形趋向均匀。

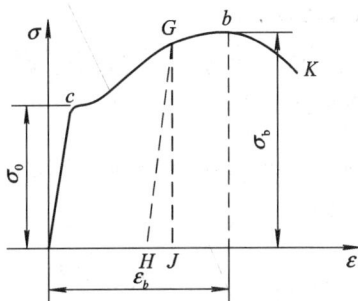

图 1-1 低碳钢拉伸试验下的应力—应变曲线

为了实用上的需要，必须把应力—应变曲线用数学式表示出来。但是，由于各种材料的硬化曲线具有不同的特点，所以用同一个数学式精确地把它们表示出来是不可能的。目前常用的几种硬化曲线的数学表达式都是近似的。

1. 应力—应变曲线的线性表达式

$$\sigma = \sigma_0 + F\varepsilon \tag{1-1}$$

式中：σ_0——近似的屈服极限，也是硬化直线在纵坐标轴上的截距；

F——硬化直线的斜率，称为硬化模数，它表示材料硬化强度的大小。

2. 应力—应变曲线的幂函数表达式

$$\sigma = C\varepsilon^n \tag{1-2}$$

式中：C——系数，其值决定于材料的种类和性能；

n——硬化指数，其值决定于材料的种类和性能。

1.2.2 塑性变形体积不变定律

实践证明：金属塑性变形时，发生形状的变化，而体积变化可以忽略不计，即认为

$$\varepsilon_1 + \varepsilon_2 + \varepsilon_3 = 0 \tag{1-3}$$

这就是塑性变形体积不变定律。据此可知，塑性变形时只可能存在三向和平面应变状态，而不存在单向应变状态，在平面应变状态下，不为零的两个主应变大小相等方向相反。

1.2.3　塑性变形最小阻力定律

金属在外力作用下，内部各质点产生了位移，通常称为金属的流动。金属的流动和变形是互为因果的，也可以说金属变形时内部质点的流动是由于金属塑性变形引起的。最小阻力定律认为：如果变形物体内各质点有向各个方向流动的可能，则变形物体内每个质点将沿阻力最小的方向流动。

1.2.4　应力状态对金属塑性的影响

在主应力状态中，压应力个数愈多，数值愈大（即静水压力 $\sigma_m = (\sigma_1 + \sigma_2 + \sigma_3)/3$ 愈大），则金属的塑性愈高；反之，拉应力个数愈多，数值愈大，则金属的塑性愈低。

1.2.5　屈服条件

1. 屈雷斯加（H. Tresca）屈服条件

这一准则指出，材料中最大剪应力达到某一定值时，就开始屈服。这一定值与应力状态无关，其值为 $\sigma_s/2$，因此其表达式为

$$\tau_{\max} = \max\{\tau_{12}, \tau_{23}, \tau_{31}\} = \frac{1}{2}\sigma_s \qquad (1-4)$$

设 $\sigma_1 \geqslant \sigma_2 \geqslant \sigma_3$，则

$$\tau_{\max} = \frac{1}{2} \mid \sigma_1 - \sigma_3 \mid = \frac{1}{2}\sigma_s$$

即

$$\mid \sigma_1 - \sigma_3 \mid = \sigma_s \qquad (1-5)$$

2. 密席斯（Von. Mises）屈服条件

这一准则指出，当某点的等效应力达到某一定值时，材料就开始屈服。这一定值为材料的屈服极限 σ_s，因此这一屈服条件表示为

$$(\sigma_1 - \sigma_2)^2 + (\sigma_2 - \sigma_3)^2 + (\sigma_3 - \sigma_1)^2 = 2\sigma_s^2 \qquad (1-6)$$

1.3　冲压所用材料

1.3.1　对冲压所用材料的要求

冲压所用的材料，不仅要满足工件的技术要求，同时也必须满足冲压工艺要求。冲压工艺要求是以下几个方面：

（1）应具有良好的塑性。在成形工序中，塑性好的材料，其允许的变形程度大，譬如弯曲件可获得较小的弯曲半径，拉深件可获得较小的拉深系数，由此可以减少工件成形所需的工序数以及中间退火的次数，甚至可以不要中间退火。在分离工序中，良好的塑性才能获得理想的断面质量。

（2）应具有光洁平整且无缺陷损伤的表面状态。表面状态好的材料，加工时不易破裂，也不容易擦伤模具，制成的零件也有良好的表面状态。

（3）材料的厚度公差应符合国家标准。因为一定的模具间隙，适应于一定厚度的材料。材料厚度的公差太大，不仅会影响工件的质量，还可能导致产生废品和损坏模具。

1.3.2　材料的种类和规格

冲压生产中常用的材料是金属板料，有时也用非金属板料。

金属板料分为黑色金属和有色金属两种。

1. 黑色金属板料

1）碳素钢钢板

这类钢板有 Q195、Q215A、Q215B、Q235A 等牌号。

2）优质碳素结构钢钢板

这类钢板主要用于复杂变形的弯曲件和拉深件，有 08、10、15、20、35、45、50 及 15Mn、20Mn、25Mn…45Mn 等牌号。作为深拉深用冷轧薄钢板，主要有 08F、08、10、15、20 等，按其表面质量分为三组：Ⅰ组——高质量表面；Ⅱ组——较高质量表面；Ⅲ组——一般质量表面。对其它深拉深薄钢板，按冲压性能分为三个级别：Z——最深拉深；S——深拉深；P——普通拉深。

2. 有色金属板料

1）黄铜板（带）

黄铜板（带）的特点是有很好的塑性和较高的强度及抗腐蚀性，焊接性能优良。常用的有 H68、H62，前者用于深拉深，后者用于冲裁、弯曲和浅拉深。

2）铝板（带）

铝板（带）的特点是塑性很好，比重小，导电、导热性良好。主要用于制造仪表的面板及各种罩壳、支架等零件。常用的有 1016、1050A、1200 等。

非金属材料有纸板、胶木板、橡胶、塑料板和纤维板等。

冲压用的材料大部分是各种规格的板料、带料、条料和块料。

板料的尺寸较大，用于大型零件的冲压，也可通过剪裁制成条料，其规格可查国家标准。

条料是根据冲压件的需要，由板料剪裁而成的，用于中小零件的冲压。

带料又称卷料，有各种不同的宽度和长度，宽度在 300 mm 以下，长度可达几十米，适用于大批量生产的自动送料。

块料适用于小批量生产和价值昂贵的有色金属的冲压。

1.4　冲压常用设备

冲压工作是在冲压设备上进行的，目前应用较多的有曲柄压力机、摩擦压力机和液压机。曲柄压力机可用于各类冲模，其中偏心冲床尤其适用于要求导柱、导套不脱开的模具（如导板模），摩擦压力机和液压机主要用于校正模、压印模等，同时也适用于挤压模。这里简单介绍一下生产中最普遍使用的曲柄压力机。

　　曲柄压力机包括各种结构的偏心冲床和曲轴冲床,其基本工作机构都是曲柄连杆机构。

1.4.1　偏心冲床

　　偏心冲床也称开式曲柄压力机,图 1 - 2 所示为其工作简图。启动后,电动机 12 通过小齿轮 11 和大齿轮 10(兼作飞轮)及离合器 9 将动力传给偏心轴 7,使偏心轴 7 在轴承中作回转运动。连杆 6 把偏心轴 7 的回转运动转变为滑块 5 的直线运动,滑块 5 在床身的导轨中作上下往复运动。模具的上模固定于滑块上,模具的下模固定在工作台上。

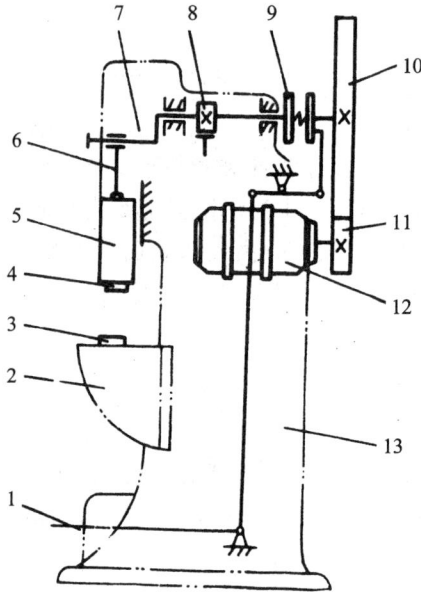

1—脚踏开关;2—工作台;3—下模;4—上模;5—滑块;6—连杆;7—偏心轴;
8—制动器;9—离合器;10—大齿轮;11—小齿轮;12—电动机;13—床身
图 1 - 2　偏心冲床简图

　　为了控制滑块的运动和位置,设有离合器 9 和制动器 8。

　　离合器的作用是:在电动机与飞轮不停地运转情况下,使曲柄连杆机构开动或停止。工作时,只要踩下脚踏开关 1,离合器啮合,偏心轴转动,即可带动滑块作上下往复运动,进行冲压。

　　制动器的动作与离合器的动作密切配合,在离合器脱开后,制动器同时将曲柄连杆机构停止在一定的位置上。

　　床身 13 是所有运动部分的支承体,并将压力机的全部机构联接成一个整体。

　　为了适应不同模具的高度及对冲压行程的要求,偏心冲床的行程可在一定范围内调整,其调整机构如图 1 - 3 所示。在偏心轴销 1 上套有一个偏心套 3,偏心套上的嵌牙与固定在轴端的结合套 4 上的嵌牙相结合,连杆 2 自由地套在偏心套上。这样,轴销的圆周运动便通过偏心套而变成连杆的上下运动。其运动距离(即行程)是偏心套中心与主轴中心之间距离的两倍。当松开螺母 5，使结合套的嵌牙与偏心套嵌牙脱开时，转动偏心套便可改变偏心套中心与主轴中心的距离，因而可使滑块行程在一定范围内进行调整。

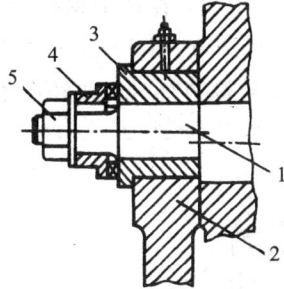

1—偏心轴销；2—连杆；3—偏心套；
4—结合套；5—螺母

图 1-3 偏心冲床行程调节机构

1.4.2 曲轴冲床

曲轴冲床也称闭式曲柄压力机，图1-4所示为其工作简图。曲轴冲床的结构和工作原理与偏心冲床的基本相同，其主要区别在于：曲轴冲床的主轴为曲轴，而偏心冲床的主轴为偏心轴或曲拐轴；在结构方面，曲轴冲床由横梁，左、右立柱和底座构成框架形床身，用螺栓拉紧，因而刚性较好。曲轴在床身上由多个对称轴承支承，冲床所受负荷较均匀，故能承受大吨位的冲压工作。

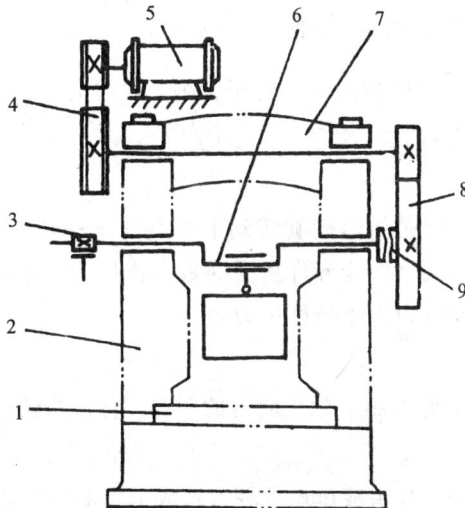

1—工作台；2—立柱；3—制动器；
4—皮带轮；5—电动机；6—曲轴；
7—横梁；8—齿轮；9—离合器

图 1-4 曲轴冲床简图

曲轴冲床行程较大，等于曲轴偏心距的两倍，不能调整。

为适应安装不同闭合高度的模具，一般用途的曲柄压力机上连杆长度是可以调节的。其调节方法是：对 200t 以下小型压力机，在调节螺杆上有一段六方部分，当松开紧固套后，可直接用扳手旋转调节螺杆进行调节(图 1-5)；对中型或重型压力机，则由一个单独的电机，通过齿轮或蜗轮机构来旋转调节螺杆。此外，有些冲床的工作台是可以升降的，通过升降工作台也可以调节闭合高度。

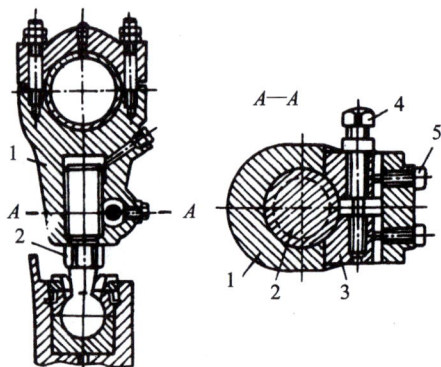

1—连杆套；2—调节螺杆；3—紧固套；
4—紧固螺钉；5—顶丝

图 1-5　可调节长度的连杆

1.4.3　曲柄压力机的主要技术参数

曲柄压力机的主要技术参数是反映一台压力机工作能力、所能加工零件的尺寸范围以及有关生产率的指标，分述如下。

1. 公称压力

曲柄压力机的公称压力，是指曲柄旋转到下死点前某一特定角度(此特定角度称为公称压力角，约为 30°)时，滑块上所能容许承受的最大作用力。它是反映压力机工作能力的重要指标，生产中不允许冲压力大于公称压力。

2. 滑块行程

滑块行程是指滑块从上死点到下死点所走的距离，它为曲柄半径的两倍。

3. 闭合高度

闭合高度又称装模高度，是指滑块在下死点位置时，滑块下表面到工作台垫板上表面的距离。当闭合高度调节装置将滑块调整到最上位置时，闭合高度达到最大值，称为最大闭合高度；当闭合高度调节装置将滑块调整到最下位置时，闭合高度达到最小值，称为最小闭合高度。

4. 滑块行程次数

滑块行程次数是指滑块每分钟从上死点到下死点，然后再回到上死点所往复的次数。

除了上述的主要参数外，还有工作台尺寸、滑块底面尺寸等，这里不再一一详述。

1.4.4 曲柄压力机的选用原则

确定压力机规格时，一般应遵循以下原则：

(1) 压力机的公称压力不小于冲压工序所需的压力。当进行弯曲或拉深时，其压力曲线应位于压力机滑块允许负荷曲线的安全区内。图 1-6 为压力机滑块允许负荷曲线。

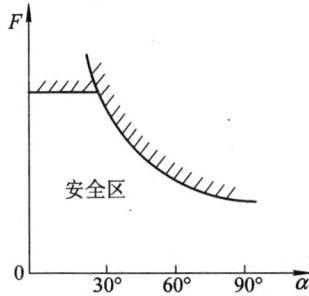

图 1-6 压力机滑块允许负荷曲线

(2) 压力机滑块行程应满足工件在高度上能获得所需尺寸，并在冲压后能顺利地从模具上取出工件。

(3) 压力机的闭合高度、工作台尺寸和滑块尺寸等应能满足模具的正确安装。

(4) 压力机的滑块行程次数应符合生产率和材料变形速度的要求。

此外，对厚板冲裁、斜刃冲裁等所需变形功较大的冲压工序，压力机的功率应能满足变形功的要求。

复 习 思 考 题

1-1 什么是板料冲压？它有哪些特点？

1-2 冲压加工的基本工序有哪几种类型？各有何特点？

1-3 何谓塑性变形？冲压加工过程中，板料发生塑性变形的力学条件是什么？

1-4 处于三向应力状态的变形单元体中，受正应力的方向是否必然产生正应变？为什么？

1-5 冲压对所用材料有何要求？为什么要有这些要求？

1-6 冲压常用材料有哪些？

1-7 偏心冲床和曲轴冲床各有什么特点？

1-8 曲柄压力机的主要技术参数有哪些？

第2章 冲裁工艺及冲裁模设计

　　冲裁是利用冲裁模使板料产生分离的冲压工序。从广义上说，冲裁是分离工序的总
称，包括落料、冲孔、切口、切边、剖切等多种工序。但一
般说来，冲裁主要是指冲孔和落料。冲裁可以直接冲出成品
零件，也可为其它成形工序制备毛料。从板料上冲下所需形
状的零件（或毛料）叫落料；在工件上冲出所需形状的孔（冲
去部分为废料）叫冲孔。例如冲制一个平板垫圈，冲其外形
称为落料，冲其内孔称为冲孔。落料与冲孔的变形性质相
同，但在进行模具工作部分设计时，工艺计算是不一样的。

　　图 2-1 所示为冲裁工作示意图。凸模通过压力机滑块
的带动能上下往复运动，凹模固定不动，板料置于凹模面
上。当凸模向下运动时，由于凸模和凹模刃口的作用，使板
料受剪分离，冲下的部分从凹模孔漏下；当凸模回程向上运

1—凸模固定板；2—凸模；3—卸料板；
4—板料；5—凹模

图 2-1 冲裁工作示意图

动时，由于卸料板的作用，将箍在凸模上的材料卸下。凸模刃口和凹模刃口之间存在一定的
间隙 Z，单面间隙值为 $Z/2$。

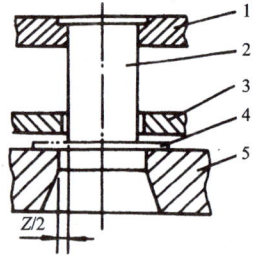

2.1 冲裁变形机理

2.1.1 冲裁变形过程

　　常用金属材料的冲裁过程如图 2-2 所示，模具间隙正常时，大致可分成三个阶段。

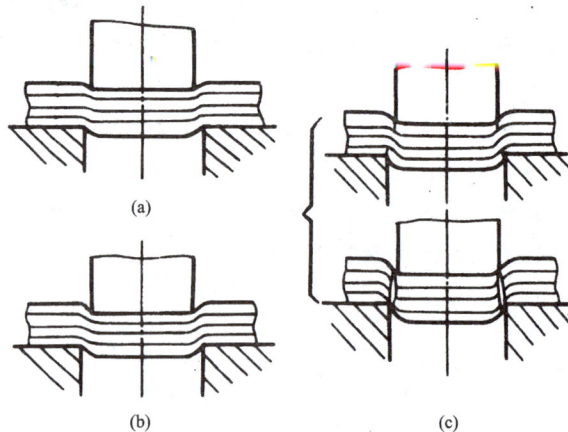

图 2-2 冲裁变形过程
（a）弹性变形阶段；（b）塑性变形阶段；（c）断裂分离阶段

1. 弹性变形阶段

凸模接触板料后，开始压缩材料，变形区内产生弹性压缩、拉伸与弯曲等变形。这时凸模略为挤入材料，材料的另一侧也略为挤入凹模洞口。随着凸模继续压入，变形区内的应力达到弹性极限。此时，凸模下的材料略有弯曲，凹模上的材料则向上翘。间隙越大，弯曲和上翘现象越严重。

2. 塑性变形阶段

当凸模继续压入，压力增加，变形区内的应力满足屈服条件时，便进入塑性变形阶段。这时，凸模将部分材料挤入凹模洞口，产生塑剪变形，形成光亮的剪切断面。随着塑性变形的发生，变形区材料硬化加剧，冲裁变形力不断增大，当刃口附近的材料由于拉应力的作用出现微裂纹时，冲裁变形力达到最大值。材料出现微裂纹，标志着塑性变形阶段的结束。由于凸模和凹模之间存在间隙，这个阶段除剪切变形外，冲裁区还产生弯曲和拉伸，显然，间隙越大，弯曲和拉伸也越大。

3. 断裂分离阶段

凸模继续下压，已经形成的上、下微裂纹逐渐扩大并向材料内延伸，当上、下两裂纹相遇重合时，材料便被剪断分离。

冲裁过程的变形是很复杂的，除了剪切变形外，还存在拉伸、弯曲、横向挤压等变形。所以，冲裁件及废料的平面不平整，常有翘曲现象。

2.1.2 冲裁件的断面特征

冲裁件的断面具有明显的区域性特征，在断面上可明显地区分为圆角带、光亮带、断裂带和毛刺四个部分，如图 2-3 所示。圆角带是冲裁过程中由于纤维的弯曲与拉伸而形成的，软材料比硬材料的圆角大。光亮带是塑剪变形时，在毛料一部分相对另一部分移动的过程中，凸、凹模侧压力将毛料压平而形成的光亮垂直的断面，通常光亮带在整个断面上所占的比例小于 1/3。断裂带是由刃口处的微裂纹在拉应力作用下不断扩展而形成的撕裂面，使冲裁件断面粗糙不光滑，且有斜度。毛刺是因为微裂纹产生的位置不是正对刃口，而是在刃口附近的侧面上，加之凸、凹模之间的间隙以及刃口不锋利等原因，使金属拉断形成毛刺而残留在冲裁件上。凸模及凹模磨钝后，在刃口处形成圆角，会使毛刺增大。凸模刃口磨钝，在冲裁件边缘产生较大毛刺；凹模刃口磨钝，孔口边缘会产生较大毛刺；凸模和凹模刃口都变

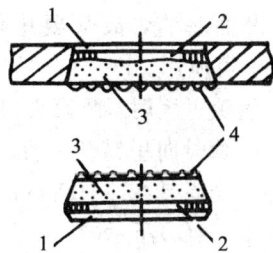

1—圆角带；2—光亮带；
3—断裂带；4—毛刺

图 2-3 冲裁零件的断面

钝时，在冲裁件边缘与孔口边缘均产生较大毛刺。间隙不均匀，往往使冲裁件产生局部毛刺。

圆角带、光亮带、断裂带、毛刺等四个部分在冲裁件整个断面上所占的比例不是固定的，随材料的机械性能、凸模和凹模之间的间隙、模具结构等不同而变化。增加光亮带宽度的关键是延长塑性变形阶段，推迟裂纹的产生，可通过增加金属的塑性和减少凹模刃口附近的应力集中来实现。

2.2　冲　裁　间　隙

冲裁模凸、凹模之间的间隙称为冲裁间隙。凸模与凹模间每侧的间隙，称为单边间隙；两侧间隙之和，称为双边间隙。冲裁间隙对冲裁件质量、冲裁力、模具寿命都有很大的影响，是冲裁工艺与冲裁模设计中至关重要的参数。

2.2.1　间隙对冲裁件质量的影响

1. 间隙对冲裁件断面质量的影响

当间隙合理时，凸、凹模刃口处产生的裂纹将相互重合，冲出的冲裁件（或孔）断面呈一定的斜度，但比较平直、光洁、毛刺小，如图 2-4(b)所示。

间隙过大或过小都会使上、下两方的裂纹不能重合。

间隙过小时，凸模刃口附近的裂纹比正常间隙时向外错开一段距离，这样，上、下两裂纹中间的材料随着冲裁过程的进行将产生二次剪切，在断面上形成二次光亮带。因此，断面的特征是中间留下撕裂面，两头呈光亮带，并在端面出现挤长的毛刺，如图 2-4(a)所示。此时，毛刺虽有所增长，但易去除，且冲裁件穹弯小，断面垂直，故只要中间撕裂不是很深，仍可应用。

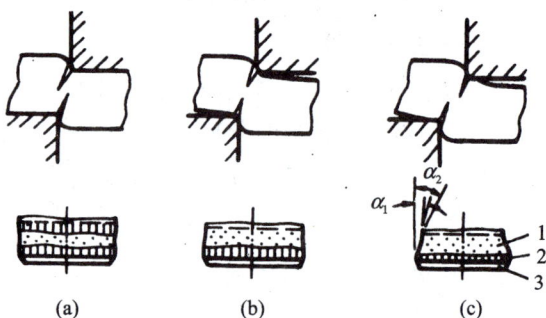

1—断裂带；2—光亮带；3—圆角带
图 2-4　间隙大小对冲裁件断面质量的影响
(a) 间隙过小；(b) 间隙合适；(c) 间隙过大

间隙过大时，凸模刃口附近的裂纹较正常间隙时向里错开一段距离，材料的弯曲与拉伸增大，拉应力增大，材料易被撕裂，冲裁件的光亮带减小，圆角带与断裂带斜度都增大，毛刺大而且厚，难以去除。其断面情况如图 2-4(c)所示。

2. 间隙对尺寸精度的影响

当冲裁间隙较大时，材料所受拉伸作用增大，冲裁完后因材料的弹性回复使落料件尺寸小于凹模尺寸，冲孔尺寸大于凸模尺寸。当间隙较小时，由于材料受凸、凹模挤压作用大，冲裁完后，材料的弹性回复使落料件尺寸增大，冲孔尺寸减小。尺寸变化量的大小与材料性质、厚度、板材轧制方向等因素有关。材料性质直接决定了材料在冲裁过程中的弹性变形量。软钢的弹性变形量较小，冲裁后的弹性回复量也较小，硬钢的弹性回复量则增大。

2.2.2　间隙对冲裁力的影响

间隙很小时，冲裁力必然较大。随着间隙的增大，冲裁力将降低。当间隙值合理时，冲裁力较低，这是因为上下裂纹重合之故。但是当单面间隙介于材料厚度的 5%～20% 范围时，冲裁力降低不多，不超过 5%～10%。故在正常情况下，间隙对冲裁力的影响不甚严重。

但是，间隙对卸料力、推件力及顶件力的影响比较显著。间隙增大后，从凸模上卸料或从凹模中推出工件均会省力。一般单面间隙增大到材料厚度的 15%～20% 左右时，卸料力几乎减为零。

2.2.3　间隙对模具寿命的影响

模具的损坏形式主要是磨钝和崩刃。冲裁时，由于材料产生弯曲变形，使凸、凹模端面与材料接触的宽度限制在刃口附近，垂直作用的冲裁力主要集中在刃口部分。如果间隙小，冲裁力及摩擦力都增大，使刃口所受应力增大，造成刃口变形与端面磨损加剧，甚至崩刃。而侧向力也随间隙的减小而增大，使凸、凹模侧面磨损严重，间隙过小时的二次剪切产生的金属碎屑因摩擦发热粘附在凸、凹模上，造成熔敷现象，又加剧磨损。卸料与推件时模具与板料之间的滑动摩擦也造成凸、凹模的侧面磨损。因此，为减小凸、凹模摩损，延长模具使用寿命，需要采用较大的冲裁间隙，但过大的冲裁间隙也将因弯矩及拉应力的增大而导致刃口损坏，故不能无限制地取大间隙。

此外，在实际生产中，模具受到制造误差和装配精度的限制，凸模不可能绝对垂于凹模平面，而且间隙也不会是完全均匀分布的。所以过小的间隙对模具寿命极为不利，而较大的间隙可使凸模与凹模侧面及材料间摩擦减小，并减缓间隙不均匀的不利影响，从而提高模具寿命。

2.2.4　间隙值的确定

由以上分析可见，凸、凹模之间的间隙对冲裁件质量、冲裁力、模具寿命等都有很大影响，但影响的规律均不相同。因此，并不存在一个绝对的合理间隙值，能同时满足冲裁件断面质量最佳、尺寸精度最高、冲模寿命最长、冲裁力最小等各方面的要求。在冲压的实际生产中，间隙的选用应主要考虑冲裁件断面质量和模具寿命这两个主要因素。许多研究结果和实际生产经验都已证明，能够保证良好的冲裁件断面质量的间隙值和可以获得较高模具寿命的间隙值也不是一致的。

考虑到模具制造中的偏差及使用中的磨损，生产中通常是选择一个适当的范围作为合理间隙，只要间隙在这个范围内，就可以冲出良好的零件。这个范围的最小值称为最小合理间隙 Z_{min}，最大值称为最大合理间隙 Z_{max}。考虑到模具在使用过程中的磨损使间隙增大，因此设计与制造新模具时要采用最小合理间隙 Z_{min}。确定合理间隙的方法有理论确定法与经验确定法两种。

1. 理论确定法

理论确定法的主要依据是保证上、下裂纹重合，以便获得良好的断面。图 2-5 所示为冲裁过程中开始产生裂纹的瞬时状态。

由图中的几何关系可得

$$Z = 2(t-h_0)\tan\beta = 2t\left(1-\frac{h_0}{t}\right)\tan\beta$$

$$(2-1)$$

式中：h_0——刚产生裂纹时凸模压入材料的深度；

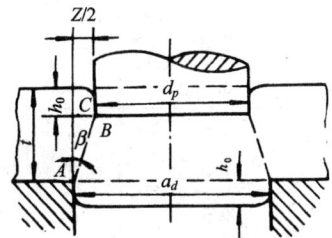

图 2-5　冲裁过程中产生裂纹的瞬时状态

β——裂纹与垂线间的夹角，对软钢 $\beta=5°\sim6°$，中碳钢 $\beta=4°\sim5°$，硬钢 $\beta=4°$；

t——板料厚度。

由上式可以看出，合理间隙取决于 t、h_0/t、β 三个因素，而 h_0 与 β 又与材料性质有关，因此，影响间隙值的主要因素是材料性质和厚度。材料厚度 t 越大，合理间隙值也相应地增大，反之亦然；材料塑性愈好，h_0 愈大，合理间隙值就愈小，反之，硬脆材料的 h_0 较小，合理间隙值就要大些。总之，材料厚度愈大，塑性愈差，其合理间隙值就愈大。

间隙的理论计算，仅用来说明上述几个因素与间隙的相互关系，并无多大实用价值，在生产中广泛采用经验数据来确定凸、凹模间隙。

2. 经验确定法

表 2-1 和表 2-2 是国内工厂常用的间隙值。表 2-1 适用于电器仪表行业，表 2-2 适用于机电行业。

表 2-1　冲裁模初始双面间隙 $Z(Z=2C)$　　　　　　单位：mm

材料厚度 t	软 铝		紫铜、黄铜、软钢 (C0.08%～0.2%)		杜拉铝、中等硬钢 (C0.3%～0.4%)		硬 钢 (C0.5%～0.6%)	
	$Z_{\min}$	$Z_{\max}$	$Z_{\min}$	$Z_{\max}$	$Z_{\min}$	$Z_{\max}$	$Z_{\min}$	$Z_{\max}$
0.2	0.008	0.012	0.010	0.014	0.012	0.016	0.014	0.018
0.3	0.012	0.018	0.015	0.021	0.018	0.024	0.021	0.027
0.4	0.016	0.024	0.020	0.028	0.024	0.032	0.028	0.036
0.5	0.020	0.030	0.025	0.035	0.030	0.040	0.035	0.045
0.6	0.024	0.036	0.030	0.042	0.036	0.048	0.042	0.054
0.7	0.028	0.042	0.035	0.049	0.042	0.056	0.049	0.063
0.8	0.032	0.048	0.040	0.056	0.048	0.064	0.056	0.072
0.9	0.036	0.054	0.045	0.063	0.054	0.072	0.063	0.081
1.0	0.040	0.060	0.050	0.070	0.060	0.080	0.070	0.090
1.2	0.060	0.084	0.072	0.096	0.084	0.108	0.096	0.120
1.5	0.075	0.105	0.090	0.120	0.105	0.135	0.120	0.150
1.8	0.090	0.126	0.108	0.144	0.126	0.162	0.144	0.180
2.0	0.100	0.140	0.120	0.160	0.140	0.180	0.160	0.200
2.2	0.132	0.176	0.154	0.198	0.176	0.220	0.198	0.242
2.5	0.150	0.200	0.175	0.225	0.200	0.250	0.225	0.275
2.8	0.168	0.224	0.196	0.252	0.224	0.280	0.252	0.308
3.0	0.180	0.240	0.210	0.270	0.240	0.300	0.270	0.330
3.5	0.245	0.315	0.280	0.350	0.315	0.385	0.350	0.420
4.0	0.280	0.360	0.320	0.400	0.360	0.440	0.400	0.480
4.5	0.315	0.405	0.360	0.450	0.405	0.495	0.450	0.540
5.0	0.350	0.450	0.400	0.500	0.450	0.550	0.500	0.600

材料厚度 t	软 铝		紫铜、黄铜、软钢 (C0.08%～0.2%)		杜拉铝、中等硬钢 (C0.3%～0.4%)		硬 钢 (C0.5%～0.6%)	
	Z_{min}	Z_{max}	Z_{min}	Z_{max}	Z_{min}	Z_{max}	Z_{min}	Z_{max}
6.0	0.480	0.600	0.540	0.660	0.600	0.720	0.660	0.780
7.0	0.560	0.700	0.630	0.770	0.700	0.840	0.770	0.910
8.0	0.726	0.880	0.800	0.960	0.880	1.040	0.960	1.120
9.0	0.810	0.990	0.900	1.080	0.990	1.170	1.080	1.260
10.0	0.900	1.100	1.000	1.200	1.100	1.300	1.200	1.400

注：1. 初始间隙的最小值相当于间隙的公称数值；

　　2. 初始间隙的最大值是考虑到凸模和凹模的制造公差所增加的数值；

　　3. 在使用过程中，由于模具工作部分的磨损，间隙将有所增加，因而间隙的使用最大数值要超过表列数值；

　　4. C 为单面间隙。

表 2 - 2　冲裁模刃口双面间隙 $Z(Z=2C)$　　　　　　单位：mm

材料厚度 t	T8、45 1Cr18Ni9		Q215A、Q235A、35CrMo QSnP10 - 1、D41、D44		08F、10、15、 H62、T1、T2、T3		L2、L3、L4、L5	
	Z_{min}	Z_{max}	Z_{min}	Z_{max}	Z_{min}	Z_{max}	Z_{min}	Z_{max}
0.35	0.03	0.05	0.02	0.05	0.01	0.03	—	—
0.5	0.04	0.08	0.03	0.07	0.02	0.04	0.02	0.03
0.8	0.09	0.12	0.06	0.10	0.04	0.07	0.025	0.045
1.0	0.11	0.15	0.08	0.12	0.05	0.08	0.04	0.06
1.2	0.14	0.18	0.10	0.14	0.07	0.10	0.05	0.07
1.5	0.19	0.23	0.13	0.17	0.08	0.12	0.06	0.10
1.8	0.23	0.27	0.17	0.22	0.12	0.16	0.07	0.11
2.0	0.28	0.32	0.20	0.24	0.13	0.18	0.08	0.12
2.5	0.37	0.43	0.25	0.31	0.16	0.22	0.11	0.17
3.0	0.48	0.54	0.33	0.39	0.21	0.27	0.14	0.20
3.5	0.58	0.65	0.42	0.49	0.25	0.33	0.18	0.26
4.0	0.68	0.76	0.52	0.60	0.32	0.40	0.21	0.29
4.5	0.79	0.88	0.64	0.72	0.38	0.46	0.26	0.34
5.0	0.90	1.0	0.75	0.85	0.45	0.55	0.30	0.40
6.0	1.16	1.26	0.97	1.07	0.60	0.70	0.40	0.50
8.0	1.75	1.87	1.46	1.58	0.85	0.97	0.60	0.72
10	2.44	2.56	2.04	2.16	1.14	1.26	0.80	0.92

2.3　凹、凸模刃口尺寸的计算

　　模具刃口尺寸及其公差是影响冲裁件精度的首要因素，模具的合理间隙也要靠模具刃口尺寸及其公差来保证。因此，正确确定冲裁模凸模和凹模刃口的尺寸及其公差，是冲裁模设计的重要内容。凸模和凹模刃口尺寸及其公差的确定，必须考虑到冲裁变形的规律、冲裁件的精度要求、冲模的磨损和制造特点等多方面的情况。

2.3.1　尺寸计算原则

　　实践证明，落料件尺寸和冲孔时孔的尺寸都是以光亮带尺寸为准的，而落料件上光亮带的尺寸等于凹模刃口尺寸，冲孔时孔的光亮带尺寸等于凸模刃口尺寸。因此，计算刃口尺寸时，应按落料和冲孔两种情况分别处理，其原则如下：

　　（1）设计落料模时，因落料件尺寸等于凹模刃口尺寸，故应先确定凹模刃口尺寸，间隙取在凸模上；考虑到冲裁中模具的磨损，凹模刃口尺寸越磨越大，因此，凹模刃口的基本尺寸应取工件尺寸公差范围内的较小尺寸，以保证凹模磨损到一定程度时，仍能冲出合格零件；凸、凹模之间的间隙则取最小合理间隙值，以保证模具磨损到一定程度时，间隙仍然在合理间隙范围以内。

　　（2）设计冲孔模时，因孔的尺寸等于凸模刃口尺寸，故应先确定凸模刃口尺寸，间隙取在凹模上，考虑到冲裁中模具的磨损，凸模刃口尺寸越磨越小，因此，凸模刃口的基本尺寸应取工件尺寸公差范围内的较大尺寸，以保证凸模磨损到一定程度时，仍可使用；凸、凹模之间的间隙取最小合理间隙值。

　　（3）凸模和凹模的制造公差，应考虑工件的公差要求。如果对刃口精度要求过高，势必使模具制造困难，成本增加，生产周期延长；如果对刃口精度要求过低，则生产出来的零件可能不合格，或使模具寿命降低。零件精度与模具制造精度的关系见表 2-3。若零件没有标注公差，则对于非圆形件按国家标准《非配合尺寸的公差数值》IT14 精度来处理，冲模则可按 IT11 精度制造；对于圆形件，一般可按 IT6～IT7 精度制造模具。

表 2-3　冲模制造精度与冲裁件精度之间的关系

冲模制造精度	板料厚度 t/mm											
	0.5	0.8	1.0	1.5	2.0	3.0	4.0	5.0	6.0	8.0	10	12
IT6～IT7	IT8	IT8	IT9	IT10	IT10	—	—	—	—	—	—	—
IT7～IT8	—	IT9	IT10	IT10	IT12	IT12	IT12	—	—	—	—	—
IT9	—	—	—	IT12	IT12	IT12	IT12	IT12	IT14	IT14	IT14	IT14

　　当凸模与凹模分开加工时，其公差应保证下面关系：

$$\delta_p + \delta_d \leqslant Z_{\max} - Z_{\min}$$

式中：δ_p、δ_d——分别为凸、凹模制造公差；

　　　　$Z_{\max}$、$Z_{\min}$——最大、最小合理间隙值。

2.3.2 尺寸计算方法

凸、凹模刃口尺寸按加工方法的不同，可分两种情况分别进行计算。

1. 凸模与凹模分开加工

采用这种方法时，要分别标注凸模和凹模刃口尺寸及其制造公差。这种方法适用于圆形冲裁件。

1）冲孔

设工件孔的尺寸为 $d^{+\Delta}$，根据上述设计原则，冲孔模应先确定凸模刃口尺寸，凸模刃口基本尺寸接近或等于工件孔的最大尺寸，再增大凹模刃口尺寸以保证最小合理间隙 $Z_{\min}$。凸模制造偏差取负偏差，凹模制造偏差取正偏差。其计算公式如下：

$$\left.\begin{aligned} d_p &= (d + x\Delta)_{-\delta_p} \\ d_d &= (d_p + Z_{\min})^{+\delta_d} = (d + x\Delta + Z_{\min})^{+\delta_d} \end{aligned}\right\} \tag{2-2}$$

各部分的公差带见图 2-6(a)。

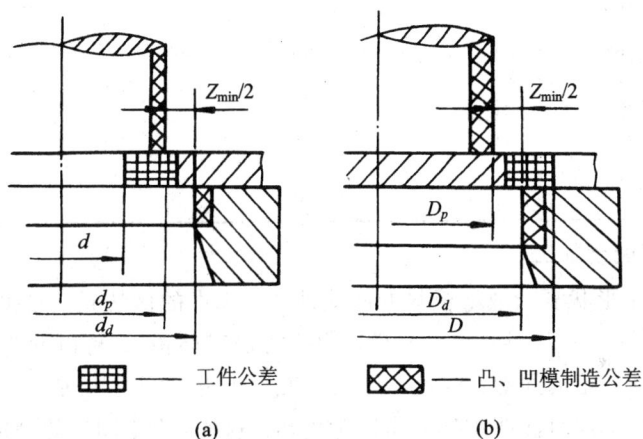

图 2-6 冲孔及落料时各部分分配位置
(a) 冲孔；(b) 落料

2）落料

设落料件尺寸为 $D_{-\Delta}$，根据上述设计原则，落料模应先确定凹模刃口尺寸，其基本尺寸接近或等于工件轮廓的最小极限尺寸，再减小凸模刃口尺寸以保证最小合理间隙 $Z_{\min}$。其计算公式如下：

$$\left.\begin{aligned} D_d &= (D - x\Delta)^{+\delta_d} \\ D_p &= (D_d - Z_{\min})_{-\delta_p} = (D - x\Delta - Z_{\min})_{-\delta_p} \end{aligned}\right\} \tag{2-3}$$

各部分的公差带见图 2-6(b)。

式(2-2)和式(2-3)中，各符号意义如下：

d_p、d_d——分别为冲孔凸模和凹模尺寸(mm)；

D_p、D_d——分别为落料凸模和凹模尺寸(mm)；

Δ——工件的制造公差(mm)；

D、d——分别为落料件和孔的基本尺寸(mm)；

$Z_{\min}$——最小合理间隙(双边)(mm);

δ_p、δ_d——分别为凸模和凹模的制造公差,可按表 2-4 确定;

x——磨损系数,与制造精度有关,可按下列关系取值:

工件精度 IT10 以上　　　$x=1.0$

工件精度 IT11~IT13　　　$x=0.75$

工件精度 IT14　　　　　$x=0.5$

表 2-4　规则形状冲裁时凸模和凹模的制造公差　　　　单位:mm

基本尺寸	凸模偏差 δ_p	凹模偏差 δ_d
≤18	−0.020	+0.020
>18~30	−0.020	+0.025
>30~80	−0.020	+0.030
>80~120	−0.025	+0.035
>120~180	−0.030	+0.040
>180~260	−0.030	+0.045
>260~360	−0.035	+0.050
>360~500	−0.040	+0.060
>500	−0.050	+0.070

2. 凸模与凹模配合加工

这种方法适用于形状复杂或薄板料的冲裁件,其基本的做法是:先按制件的尺寸和公差加工凸、凹模中的一件(落料时加工凹模,冲孔时加工凸模),再以此为基准件加工另一件,使它们之间保证一定的间隙。因此,只在基准件上标注尺寸和制造公差,配作的另一件只需标注基本尺寸,同时注明配作所留间隙即可。这样,凸、凹模的制造公差 δ_p 和 δ_d 不再受间隙的限制,根据经验一般取 $\Delta/4$。显然,这种方法的优点是既容易保证凸、凹模之间的间隙,又可放大模具的制造公差,使制造容易,故目前一般工厂对非圆冲件都采用这种方法。

在设计基准件的刃口尺寸时,必须对冲裁件的有关尺寸进行具体分析,根据冲裁件结构尺寸的不同类型,分别加以对待。具体的计算方法如下:

1) 落料

图 2-7(a)为冲裁件图,图 2-7(b)为冲制该冲裁件的凹模图。

落料时应以凹模为基准件来配作凸模,并按凹模磨损后尺寸变大、变小、不变的规律分三种类型进行计算。由图 2-7(b)中可知:

第一类:当凹模磨损后变大的尺寸,即图中 A_{1d}、A_{2d}、A_{3d}、A_{4d},这些尺寸按一般落料凹模尺寸计算公式进行计算。即

$$A_d = (A - x\Delta)^{+\delta_d} \qquad (2-4)$$

第二类:当凹模磨损后变小的尺寸,即图中 B_{1d}、B_{2d},按一般冲孔凸模尺寸计算公式进行计算。即

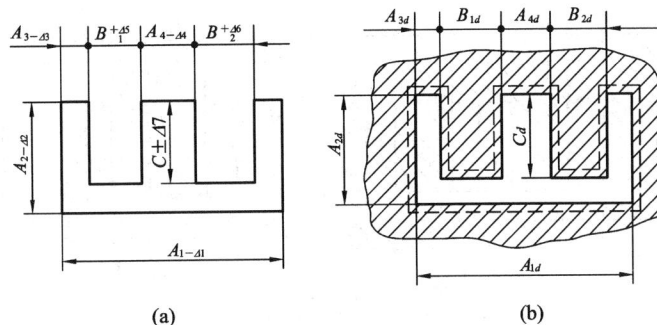

图 2 - 7 落料时的冲裁件和凹模

(a) 冲裁件图；(b) 凹模

$$B_d = (B + x\Delta)_{-\delta_d} \tag{2-5}$$

第三类：当凹模磨损后没有变化的尺寸，即图中 C_d，可分为三种情况：

(1) 冲裁件尺寸标注为 $C^{+\Delta}$ 时：

$$C_d = (C + 0.5\Delta) \pm \delta_d \tag{2-6}$$

(2) 冲裁件尺寸标注为 $C_{-\Delta}$ 时：

$$C_d = (C - 0.5\Delta) \pm \delta_d \tag{2-7}$$

(3) 冲裁件尺寸标注为 $C \pm \Delta'$ 时：

$$C_d = C \pm \delta_d \tag{2-8}$$

式(2 - 4)～式(2 - 8)各式中，各符号的意义如下：

A_d、B_d、C_d——凹模尺寸(mm)；

A、B、C——相应的冲裁件基本尺寸(mm)；

Δ——冲裁件的公差(mm)；

Δ'——冲裁件偏差，对称偏差时 $\Delta = 2\Delta'$(mm)；

δ_d——凹模制造偏差(mm)。当标注形式为 $+\delta_d$ 或 $-\delta_d$ 时，$\delta_d = \Delta/4$；当标注形式为 $\pm\delta_d$ 时，$\delta_d = \Delta'/4 = \Delta/8$。

以上是落料时凹模尺寸的计算方法，相应的凸模尺寸按凹模尺寸配制，并保证最小间隙 $Z_{\min}$。此时在图纸技术要求上应注明"凸模尺寸按凹模实际尺寸配制，保证双边间隙值 $Z_{\min} \sim Z_{\max}$"。

2) 冲孔

图 2 - 8(a)为冲裁件孔的尺寸，图 2 - 8(b)为冲孔凸模。

冲孔时应以凸模为基准件来配作凹模，凸模刃口尺寸的确定，同样要考虑不同的磨损情况，分下列三种类型进行计算。

第一类：凸模磨损后变小的尺寸，即图 2 - 8(b)中的 A_{1p}、A_{2p}、A_{3p}、A_{4p}，按一般冲孔凸模尺寸计算公式进行计算：

$$A_p = (A + x\Delta)_{-\delta_p} \tag{2-9}$$

第二类：凸模磨损后变大的尺寸，即图 2 - 8(b)中的 B_{1p}、B_{2p}，按一般落料凹模尺寸计算公式进行计算：

$$B_p = (B - x\Delta)^{+\delta_p} \tag{2-10}$$

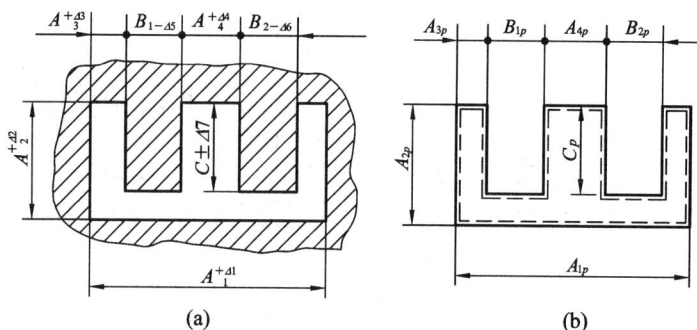

图 2-8 冲孔时的冲裁件和凸模

(a) 冲裁件图；(b) 凸模

第三类：凸模磨损后没有变化的尺寸，即图 2-8(b)中的 C_d，又可分为下列三种情况：

(1) 孔尺寸的标注为 $C^{+\Delta}$ 时：

$$C_p = (C + 0.5\Delta) \pm \delta_p \qquad (2-11)$$

(2) 孔尺寸的标注为 $C_{-\Delta}$ 时：

$$C_p = (C - 0.5\Delta) \pm \delta_p \qquad (2-12)$$

(3) 孔尺寸的标注为 $C \pm \Delta'$ 时：

$$C_p = C \pm \delta_p \qquad (2-13)$$

式(2-9)~式(2-13)中，各符号的意义如下：

A_p、B_p、C_p——凸模尺寸(mm)；

A、B、C——冲裁件孔相应的基本尺寸(mm)；

Δ——冲裁件公差(mm)；

Δ'——冲裁件偏差(mm)，对称偏差时 $\Delta = 2\Delta'$；

x——磨损系数；

δ_p——凸模制造偏差(mm)。当标注形式为 $+\delta_p$ 或 $-\delta_p$ 时，$\delta_p = \Delta/4$；当标注形式为 $\pm\delta_p$ 时，$\delta_p = \Delta'/4 = \Delta/8$。

以上是冲孔时凸模刃口尺寸的计算方法，相应的凹模尺寸根据凸模实际尺寸及最小合理间隙 $Z_{\min}$ 配制。此时要在图纸技术要求上注明"凹模尺寸按凸模实际尺寸配制，保证双边间隙值 $Z_{\min} \sim Z_{\max}$"。

2.4 冲 裁 力

冲裁力是指冲裁时，材料对凸模的最大抵抗力，它是选择冲压设备和校核模具强度的重要依据。

2.4.1 冲裁力的计算

用平刃冲裁模冲裁时，其冲裁力可按下式进行计算

$$F = KLt\tau \qquad (2-14)$$

式中：F——冲裁力(N)；

L——冲裁件的周长(mm)；

t——板料厚度(mm)；

τ——材料的抗剪强度(N/mm^2)；

K——系数。

这一公式是对冲裁区的变形进行简化，认为是纯剪变形而得到的。变形区的实际变形情况比较复杂，因此，采用系数 K 加以修正，一般可取 $K=1.3$。

抗剪强度 τ 的数值，取决于材料的种类和状态，可取 $\tau=0.8\sigma_b$。

为了计算方便，也可以用下式估算冲裁力：

$$F = Lt\sigma_b \qquad\qquad (2-15)$$

式中：σ_b——材料的抗拉强度(N/mm^2)。

2.4.2　卸料力、推件力和顶件力的计算

冲裁过程中，材料由于弹性变形和摩擦使带孔部分的板料紧箍在凸模上，而冲落部分的板料紧卡在凹模洞口内。为继续下一步的冲裁工作，必须将箍在凸模上的板料卸下，将卡在凹模洞口的板料推出，从凸模上卸下紧箍着的板料叫卸料，所需的力叫卸料力；顺着冲裁方向将卡在凹模洞口内的板料推出叫推件，所需的力叫推件力；有时需将卡在凹模洞口内的板料逆着冲裁方向顶出，这就叫顶件，顶件所需的力叫顶件力，如图 2-9 所示。

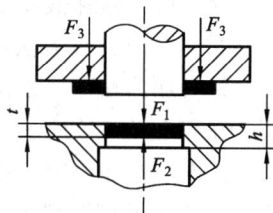

图 2-9　卸料力、推件力和顶件力

卸料力、推件力和顶件力是从冲床、卸料装置或顶件器获得的，所以，选择设备吨位或设计冲模的卸料装置及顶件器时，都需要对卸料力、推件力和顶件力进行计算。

影响卸料力、推件力和顶件力的因素很多，主要有材料的机械性能、材料厚度、模具间隙、零件的形状和尺寸以及润滑条件等。大间隙冲裁时，由于板料所受拉伸变形大，故冲裁后的弹性回复使落料件比凹模尺寸小，而冲下的孔比凸模尺寸大，因此卸料力和推件力都有显著下降。要准确地计算这些力是困难的，生产中常用以下经验公式进行计算：

推件力　　　　　　　　$F_1 = nK_1F$　　　　　　　　(2-16)

顶件力　　　　　　　　$F_2 = K_2F$　　　　　　　　(2-17)

卸料力　　　　　　　　$F_3 = K_3F$　　　　　　　　(2-18)

式中：n——同时卡在凹模洞口内的零件数；

F——冲裁力(N)；

K_1、K_2、K_3——推件力、顶件力和卸料力系数，其值见表 2-5。

这些力在选择压力机时是否考虑进去，要根据不同的模具结构区别对待。

采用弹性卸料装置和上出件方式时，总冲裁力为

$$F_0 = F + F_2 + F_3$$

采用弹性卸料装置和下出件方式时，总冲裁力为

$$F_0 = F + F_1 + F_3$$

采用刚性卸料装置和下出件方式时，总冲裁力为

$$F_0 = F + F_1$$

表 2 – 5 推件力系数、顶件力系数和卸料力系数

料　厚		K_1	K_2	K_3
钢	≤0.1	0.1	0.14	0.065~0.075
	>0.1~0.5	0.063	0.08	0.045~0.055
	>0.5~2.5	0.055	0.06	0.04~0.05
	>2.5~6.5	0.045	0.05	0.03~0.04
	>6.5	0.025	0.03	0.02~0.03
铝、铝合金		0.03~0.07		0.025~0.08
紫铜、黄铜		0.03~0.09		0.02~0.06

注：卸料力系数 K_3 在冲多孔、大搭边和轮廓复杂冲裁件时取上限。

2.4.3　降低冲裁力的方法

在冲裁高强度材料或厚度大、周边长的工件时，所需冲裁力如果超过现有压力机吨位，就必须采取措施降低冲裁力。

一般采用如下几种方法：

（1）材料加热红冲。材料加热后抗剪强度可以大大地降低，从而降低冲裁力。但材料加热后产生氧化皮，故此法一般只适用于厚板或工件表面质量及精度要求不高的零件。

（2）在多凸模冲模中，将凸模作阶梯形布置，即将凸模刃口制成不同高度，使各凸模冲裁力的最大值不同时出现，这样就能降低总的冲裁力。

（3）用斜刃口模具冲裁。用普通的平刃口模具冲裁时，其整个刃口平面都同时压入材料中，故在冲裁大型或厚板工件时，冲裁力往往很大，若将凸模（或凹模）刃口平面做成与其轴线倾斜一个角度，冲裁时刃口就不是全部同时切入，而是逐步冲切材料，这就等于减少了剪切断面积，因而能降低冲裁力。

斜刃冲模虽降低了冲裁力，但增加了模具制造和修磨的困难，刃口也容易磨损，故一般情况下尽量不用，只用于大型工件冲裁及厚板冲裁。

2.5　排样与搭边

2.5.1　排样

冲裁件在条料或板料上的布置方法叫排样。排样的合理与否直接关系到材料利用率的高低，而冲压零件的成本中，材料费用一般占 60% 以上，因此，合理排样对提高材料利用率，降低成本具有十分重要的意义，也是冲裁模设计的重要内容。

排样的方法可分为如下三种。

1. 有废料排样

如图 2 – 10(a)所示，沿工件全部外形冲裁，工件四周都留有搭边。因有搭边，可由搭边来补偿误差，因而能保证冲裁件精度和质量，冲模寿命也较高，但材料利用率低。

2. 少废料排样

如图 2 – 10(b)所示，沿工件部分外形冲裁，局部有搭边和余料。

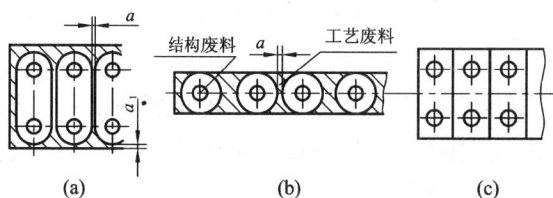

图 2 - 10 排样方法对比

3. 无废料排样

如图 2 - 10(c)所示，工件由条料顺次切下，直接获得零件，无任何搭边。

采用少、无废料排样，对节省材料具有重要意义。同时，因冲切周边减小，可降低冲压力并简化冲模结构。但采用少、无废料排样也存在一些缺点，如工件所能达到的质量与精度都较差，同时模具寿命也较低。此外，少无废料排样中，工件的毛刺也不在同一方向。

无论是有废料、少废料或无废料排样，其排样的型式均可分为直排、斜排、直对排、斜对排、混合排和多行排等，如表 2 - 6 所示。

表 2 - 6 排 样 方 式

	有废料排样	少、无废料排样
直 排		
斜 排		
直对排		
斜对排		
混合排		
多行排		
裁搭边		

2.5.2　搭边

　　排样时工件之间以及工件与条料侧边之间留下的余料叫搭边。搭边虽然形成废料，但在工艺上却有很大的作用。搭边的作用是补偿定位误差，保证冲出合格的零件。搭边还可以保证条料有一定的刚度，利于送进。

　　搭边值要合理确定。搭边值过大，材料利用率低；搭边值过小，在冲裁中有可能被拉断，使零件产生毛刺，严重时会拉入凸模与凹模间隙之中，损坏模具刃口。搭边值的大小通常与材料的机械性能、工件的形状和尺寸、材料厚度以及送料和挡料方式等因素有关。硬材料的搭边值比软材料的搭边值可小一些；工件尺寸大或是有尖突的复杂形状时，搭边值取大些，厚材料的搭边值应取大些；用手工送料，有侧压装置时，搭边值可取小一些。

　　目前搭边值的大小是由经验确定的。表2-7是常用以确定搭边值的参考数表。

表2-7　搭边 a 和 a_1 的数值(低碳钢)　　　　单位：mm

材料厚度 t/mm	圆件及圆角 r>2t		矩形件 边长 L≤50 mm		矩形件 边长 L>50 mm或圆角 r≤2t	
	工件间 a_1	沿边 a	工件间 a_1	沿边 a	工件间 a_1	沿边 a
0.25 以下	1.8	2.0	2.2	2.5	2.8	3.0
0.25~0.50	1.2	1.5	1.8	2.0	2.2	2.5
0.5~0.8	1.0	1.2	1.5	1.8	1.8	2.0
0.8~1.2	0.8	1.0	1.2	1.5	1.5	1.8
1.2~1.6	1.0	1.2	1.5	1.8	1.8	2.0
1.6~2.0	1.2	1.5	1.8	2.5	2.0	2.2
2.0~2.5	1.5	1.8	2.0	2.2	2.2	2.5
2.5~3.0	1.8	2.2	2.2	2.5	2.5	2.8
3.0~3.5	2.2	2.5	2.5	2.8	2.8	3.2
3.5~4.0	2.5	2.8	2.5	3.2	3.2	3.5
4.0~5.0	3.0	3.5	3.5	4.0	4.0	4.5
5.0~12	0.6t	0.7t	0.7t	0.8t	0.8t	0.9t

注：对于其它材料，应将表中数值乘以下列系数：中等硬度钢0.9；硬钢0.8；硬黄铜1~1.1；硬铝1~1.2；软黄铜、紫铜1.2；铝1.3~1.4；非金属1.5~2。

2.5.3 条料宽度的确定

在排样方式和搭边值确定之后，就可以确定条料的宽度了。为了保证送料顺利，必须考虑条料的单向（负向）公差，其计算公式为

$$B = D + 2a + \Delta \tag{2-19}$$

式中：B——条料宽度的基本尺寸(mm)；

D——工件在宽度方向的尺寸(mm)；

a——侧搭边的最小值(mm)；

Δ——条料宽度的单向（负向）公差(mm)。

2.6 冲裁件的工艺性

冲裁件的工艺性是指冲裁件对冲裁工艺的适应性。良好的冲裁工艺性应保证材料利用率高、工序数目少、模具结构简单且寿命高、产品质量稳定等。一般情况下，对冲裁件工艺性影响最大的是精度要求和几何形状及尺寸。

2.6.1 冲裁件的精度等级

冲裁件精度一般可达 IT10～IT12 级，高精度可达 IT8～IT10 级，冲孔比落料的精度约高一级。具体数值可查有关设计手册。如果工件要求更高精度时，冲裁后需通过整修或辅以切削加工，或者采用精密冲裁。

2.6.2 冲裁件的结构工艺性

(1) 冲裁件的形状应尽量简单，最好是规则的几何形状或由规则的几何形状所组成。同时应避免冲裁件上过长的悬臂与凹槽，它们的宽度要大于料厚的(1.5～2.0)倍，即 $b \geqslant (1.5 \sim 2.0)t$，如图 2-11(a)所示。

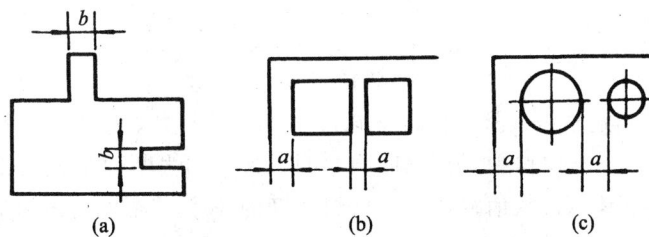

图 2-11 冲裁件的结构工艺性

(2) 一般情况下，冲裁件的外形和内孔应避免尖角，采用 $R > 0.5t$ 的圆角。当需要冲制不带圆角的工件时，可以用分段冲切的办法冲制，但模具寿命显著降低。

(3) 冲孔时，因受凸模强度限制，孔的尺寸不宜过小。用一般冲模冲圆孔时，对硬钢，直径 $d \geqslant 1.3t$；对软钢及黄铜，$d \geqslant 1.0t$；对铝及锌，$d \geqslant 0.8t$。冲方孔时，对硬钢，边长 $a \geqslant 1.0t$；对软钢及黄铜，$a \geqslant 0.7t$；对铝和锌，$a \geqslant 0.5t$。

（4）孔与孔之间的距离或孔与零件边缘之间的距离 a（如图 2-11(b)、(c)），因受模具强度和冲裁件质量的限制，其值不能过小，一般应取 $a \geqslant 2t(>3\sim4\ mm)$。如用级进模，而且对零件精度要求不高时，$a$ 可适当减小，但也不宜小于板厚。

（5）在弯曲件或拉深件上冲孔时，其孔壁与工件直壁之间的距离不宜过小，否则，会使凸模受侧向力作用，同时，会影响弯曲件或拉深件的已成形区域。

2.7　整修和精密冲裁

2.7.1　整修

整修工艺如图 2-12 所示。整修是利用整修模沿冲裁件外缘或内孔壁刮去一层切屑，以除去普通冲裁时在断面上留下的圆角带、斜度、毛刺和断裂带，从而得到光滑而垂直的断面和准确尺寸的零件。一般经整修后的零件，其精度可达 IT6～IT7 级，粗糙度可达 $R_a = 0.8\sim0.4\ \mu m$。

图 2-12(a)为整修冲裁件的外形，称为外缘整修；图(b)为整修冲裁件孔的内形，称为内缘整修。显然，整修的机理与普通冲裁完全不同，而与切削加工相似。

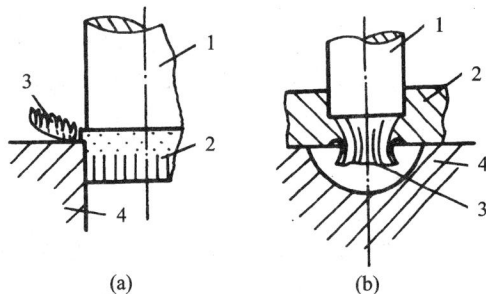

1—凸模；2—工件；3—废屑；4—凹模

图 2-12　整修工艺

（a）外缘整修；（b）内缘整修

整修时应合理确定整修余量。总的整修量和零件的材料、厚度、形状等有关，也和整修前的加工情况有关。如整修前采用大间隙落料，为了切去断面上较大锥度的断裂带，整修余量就应该大些，其单边数值往往大于材料厚度的 10％；而采用小间隙落料时，为了切去二次剪切所形成的中间粗糙带及潜伏裂纹，所需的整修余量并不是很大，其单边数值约为材料厚度的 8％以下。此外，材料厚度大于 3 mm 时，冲裁件断面的斜度和断裂带的数值也相应增大，一般需多次整修。内孔整修时，若为钻孔坯件，则整修余量比冲孔坯件小一些，如果整修孔的同时，孔间距的精度也有要求，则整修量应加大。

整修次数越少越好，可能时尽量采用一次整修。但是一次整修量不可能太大，整修量过大，会出现类似于冲裁时的剪裂情况。一次可切除的单边整修量，一般小于材料厚度的 10％。

整修时要考虑零件在通过模具时的弹性变形量，外缘整修时，零件略有增大，但在刃口锋利的情况下,增大的数值很小,一般小于 0.05 mm;内孔整修时,孔径也有回弹,铝约为 0.0051～0.01 mm,软钢约为 0.08～0.015 mm。

整修时对零件的定位要求较高,整修工艺的效率不高,但不需要专用设备。

除了上述采用切削原理的整修外,在生产中还采用挤光原理的整修,如图 2 - 13 所示。即对冲裁件的断面采用表面塑性变形的办法来提高零件的精度和降低表面粗糙度。此时,凹模采用锥形孔口的型式,挤光余量单边小于 0.04～0.06 mm。这种工艺一般只适用于软材料,其质量低于精密冲裁和切削整修工艺。

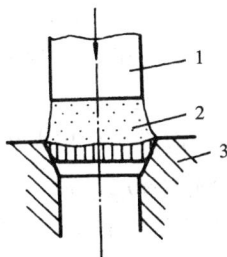

1—凸模；2—工件；3—凹模

图 2 - 13　挤光整修

2.7.2　精密冲裁

普通冲裁获得的冲裁件,由于公差大,断面质量较差,只能满足一般产品的使用要求。利用整修工艺可以提高冲裁件质量,但生产率低,不能适应大批量生产的要求。在生产中采用精密冲裁工艺,可以直接从板料上获得精密零件,生产率高,可以满足精密零件批量生产的要求。

精密冲裁简称精冲,其基本出发点是改变冲裁条件,以增大变形区的静水压力,抑制材料裂纹的产生,使塑性剪切变形延续到剪切的全过程,在材料不出现剪裂纹的冲裁条件下实现材料的分离,从而得到断面光滑而垂直的精密零件。

精密冲裁根据其冲裁机理的差异,可分为小间隙圆角刃口冲裁、负间隙冲裁等半精冲和齿圈压板精冲两大类。

1. 半精冲

半精冲的机理虽然与普通冲裁差异不大,但因增强了冲裁变形区的静水压作用,所以断面质量明显提高,光亮带在整个断面上的比例增大。虽然冲裁件的质量介于普通冲裁与精冲之间,但模具和设备却比精冲简单得多。

1) 小间隙圆角刃口冲裁

小间隙圆角刃口冲裁(见图 2 - 14)与普通冲裁相比,其差别仅在于加强了冲裁变形区的静水压,起到了抑制裂纹产生的作用。这是由于采用了小圆角刃口和极小间隙的结果。

落料时,凹模带有小圆角刃口,如图 2 - 14(a)所示,冲孔时,凸模带有小圆角刃口,如图 2 - 14(b)所示。小圆角半径的数值,一般可取材料厚度的 10%,模具间隙可取 0.01～0.02 mm。

这种方法适用于塑性较好的材料,如软铝、紫铜、软黄铜和 08F 等。冲裁件精度可达

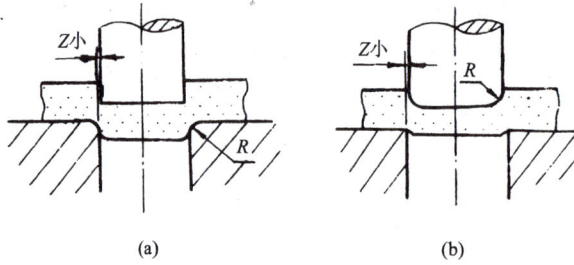

图 2 - 14　小间隙圆角刃口冲裁
(a) 落料；(b) 冲孔

IT11～IT8 级，粗糙度可达 $R_a = 1.6 \sim 0.4\ \mu m$。冲裁件从凹模孔推出后，其尺寸因回弹而增大 0.02～0.05 mm，在设计凹模时应预先加以考虑。冲孔时，则与此相反。

　　小圆角凹模落料时，其冲裁力约比普通冲裁力大 50% 左右。本方法比其它精冲法简单，不需要特殊设备，常用于冲裁冷挤压毛料或软材料工件。

　　2) 负间隙冲裁

　　负间隙冲裁的机理与小间隙圆角刃口冲裁基本相同。负间隙冲裁（见图 2 - 15）的凹模也带有小圆角刃口，其半径可取材料厚度的 5%～10%，而凸模刃口则可保持锋利。由于采用了凸模比凹模大的负间隙和小圆角刃口凹模，所以静水压作用更强。但冲裁时，凸模工作端面在下死点位置时不能与凹模面接触，而应保持 0.1～0.2 mm 的距离，工件虽未全部挤入凹模，但可借助下一个工件冲裁时将它全部挤入并推出凹模。因此冲裁力比普通冲裁时大得多（冲铝件时，大 30%～60%；冲软黄铜时，大 2.25～2.8 倍），凹模也容易开裂。采用多层组合凹模并保持良好的润滑，可以延长模具寿命。

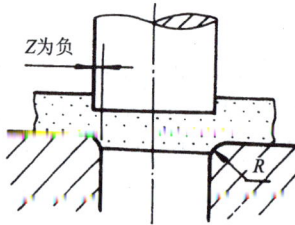

图 2 - 15　负间隙冲裁

　　采用负间隙冲裁时，其单边负间隙值的分布是很重要的。对于圆形零件，单边负间隙的分布是均匀的，其值可取 $0.1\ t$；对于复杂形状的零件，单边负间隙的分布是不均匀的，直边部分可取 $0.1\ t$，突出部分可取 $0.2\ t$，凹进部分应取 $0.05\ t$。

　　因负间隙冲裁法所得的落料件带有挤压特征，所以冲裁断面光滑，其粗糙度可达 $R_a = 0.8 \sim 0.4\ \mu m$，尺寸精度可达 IT11～IT8，但仅适用于塑性较好的软铝、紫铜、软黄铜和软钢。工件从凹模推出后，其尺寸回弹增大量为 0.02～0.05 mm。

　　2. 精冲

　　精冲一般是指齿圈压板精冲法。图 2 - 16 是齿圈压板精冲示意图。由图可知，它和普通冲裁的弹顶落料模相似，但是，压板带有齿形凸台（齿圈），凹模带有小圆角，间隙极小，压边力与反顶压力较大，所以它能使材料的冲裁区在三向应力状态下进行纯剪切，形成精冲的必要条件,达到精冲的目的。

　　精冲可获得断面垂直、表面平整、精度高(可达 IT8~IT6)、粗糙度小(可达 $R_a = 0.8$~$0.4~\mu m$)的精密零件。适用的材料、零件厚度和形状的范围较广,且能一道工序即完成零件的加工,因此应用较广。但是,一般需要专用的精冲压力机,模具要求也高,因此成本较高。

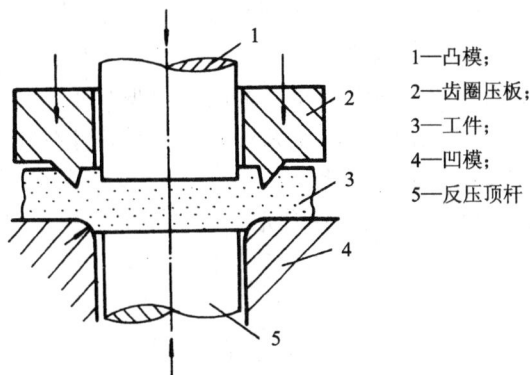

1—凸模;
2—齿圈压板;
3—工件;
4—凹模;
5—反压顶杆

图 2 - 16　齿圈压板精冲示意图

　　1)精冲力

　　精冲时各工艺力的计算如下:

　　冲裁力

$$F = (1.3 \sim 1.5)Lt\tau \approx (1 \sim 1.2)Lt\sigma_b \quad (N) \qquad (2-20)$$

式中:L——冲裁件周边总长(mm);

　　　　t——材料厚度(mm);

　　　　τ——材料抗剪强度(MPa);

　　　　σ_b——材料的强度极限(MPa)。

　　压边力

$$Q = (0.2 \sim 0.4)F \quad (N)$$

　　顶板反压力　　　　　　$Q_1 = (0.1 \sim 0.15)F \quad (N)$

　　齿圈压边力 Q 和顶板反压力 Q_1 的大小,对模具寿命和冲裁件质量均有影响,使用时均需经试冲调整,要在满足精冲要求的条件下,尽量选取最小值,以提高模具的使用寿命。

　　精冲总压力为　　　　　　$F_0 = F + Q + Q_1$

　　2)凸、凹模间隙

　　为了减小冲裁区的拉应力成分,增强静水压作用,间隙应越小越好。但间隙过小,模具寿命则有所降低。为了两者兼顾,一般取材料厚度的1%作为双边间隙值。

　　3)凸、凹模圆角

　　为了加强静水压作用,落料凹模和冲孔凸模的刃口略带圆角。落料凹模刃口的圆角半径一般取 0.01~0.03 mm,冲孔凸模刃口的圆角半径取 0.01 mm 以下。试冲时应先采用较小的圆角半径,当断面上出现剪裂带而增大压边力又不能解决时,才逐步增大刃口的圆角半径。

4）齿圈压板

齿圈压板就是在压板上离冲裁周边一定距离的部位作出"V"形凸埂。其作用是将"V"形凸埂压入材料后，限制冲裁时冲裁变形区外围材料随凸模下降而向外扩展，以形成三向压应力状态，从而避免剪裂的发生。精冲小孔时，由于凸模刃口外围的材料对冲裁变形区有较大的约束作用，材料向外扩展困难，所以不必采用齿圈。当冲孔直径达 $\phi30 \sim \phi40$ mm 以上时，应在压板上做出齿圈。当落料件厚度 $t > 4$ mm 时，应在压板和凹模双方均做出齿圈，但上、下齿应略微错开。齿圈的平面布置情况应根据加工条件和零件形状来分布，简单形状的零件，齿圈可与零件周边一致，复杂形状的零件，可在有特殊要求的部位做出与零件外形相似的齿圈，其余部位则可简化。

齿形的几何参数如图 2-17 所示，一般取

$$g \geqslant 0.05 \sim 0.01 \quad (mm)$$

当 $t = 1 \sim 4$ mm 时，取

$$h = 0.2t, \quad a = 0.7t$$

当 $t > 4$ mm 时，取

$$h = 0.17t, \quad a = 0.6t$$

式中：t——材料厚度(mm)。

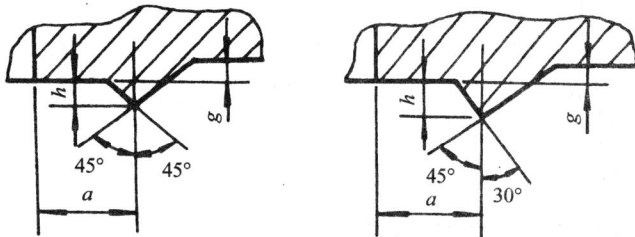

图 2-17　齿形的几何参数

2.8　冲裁模基本类型及典型结构

2.8.1　冲裁模的分类

冲模是冲压生产中必不可缺的工艺装备，是实现冲压变形的专用工具。冲模的结构应满足冲压生产的要求，不仅要冲制出合格的零件和适应生产批量的要求，而且要考虑制造容易、使用方便、操作安全、成本低廉等各方面的要求。随着冲压技术的发展和新型模具材料的出现，对模具的结构及模具的制造、装配和调整等都产生了一定的影响。冲压生产机械化、自动化和高速化的出现，也要求模具结构有相应的发展，同时，与模具配套的送料装置、出件装置、快换模具装置、各种检测装置及各种机械手，也应具有相当的水平。

用来完成冲裁工序的冲模称为冲裁模。冲裁模的结构形式很多，为了研究和工作上的方便，对冲裁模可按不同的特征进行分类。

1．按工序性质分

（1）落料模：沿封闭的轮廓将工件与板料分离，冲下来的部分为工件。

（2）冲孔模：沿封闭的轮廓将废料与工件分离，冲下的部分为废料。

（3）切断模：沿敞开的轮廓将材料分离。

（4）切口模：沿敞开的轮廓将零件局部切开但不完全分离。

（5）切边模：将工件多余的边缘切掉。

（6）剖切模：将一个工件切成两个或多个工件。

2．按工序的组合分

（1）简单模：压力机一次冲程中只完成一种冲裁工序的模具。根据凸模的多少，简单模又可分为一个凸模一个凹模的简单模和多个凸模及多孔凹模的复式模。

（2）级进模：压力机一次冲程中，在模具的不同位置上同时完成两道或多道工序的模具。级进模所完成的冲压工序依次分布在条料送进的方向上，压力机每次冲程条料送进一个步距，同时冲出相应的工序。条料送到最后工位时，完成全部冲压工序，至此，每次冲程冲出一个工件。

（3）复合模：压力机一次冲程中，在模具的同一位置上完成几个不同工序的模具，复合模中具有能完成两种工序的凸凹模。

此外，还有按导向形式、送料方式、卸料与出件方式来分类的，这里不再一一列举。

2.8.2　典型冲裁模结构

1．简单模

1）无导向简单冲裁模

图 2-18 为无导向简单冲裁模。模具分为两部分：上部分由模柄 1 和凸模 2 组成，通过模柄安装在压力机滑块上，能随滑块上、下往复运动，称为活动部分；下部分由卸料板 3、导尺 4、凹模 5、下模板 6 和定位块 7 组成，通过下模板安装在压力机工作台上，称为固定部分。模具的上、下两部分之间没有直接导向关系。

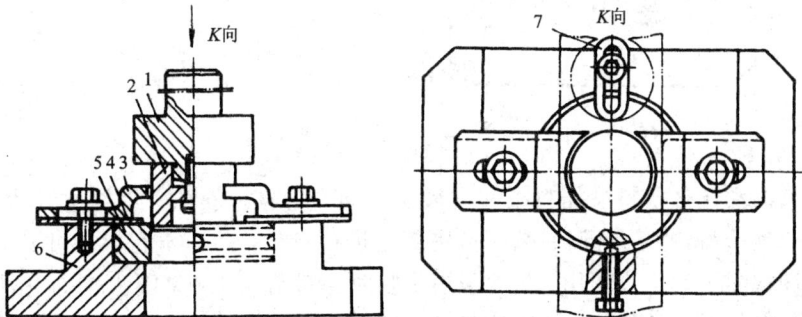

1—模柄；2—凸模；3—卸料板；4—导尺；5—凹模；6—下模板；7—定位块

图 2-18　无导向简单冲裁模

无导向简单冲裁模的特点是结构简单，尺寸较小，重量较轻，模具制造简单，成本低廉。模具依靠压力机导轨导向，模具的安装调整麻烦，很难保证上、下部分对正，从而也难以保证凸、凹模之间间隙均匀，冲裁件精度差，模具寿命低，操作也不安全。

无导向简单冲裁模适用于精度要求不高，形状简单，批量小或试制的冲裁件。

2）导板式简单冲裁模

图 2 - 19 是导板式简单冲裁模。模具的上模部分主要由模柄 1、上模板 2、垫板 3、凸模固定板 4 和凸模 5 组成，全部上模部分零件通过螺钉联接紧固在上模板 2 上，再通过模柄与压力机滑块相连。下模部分主要由下模板 9、凹模 8、导尺 14、导板 7、活动挡料销 6 和托料板 13 组成，全部下模零件通过螺钉和销钉联接紧固在下模板上，再通过下模板紧固在压力机工作台上。

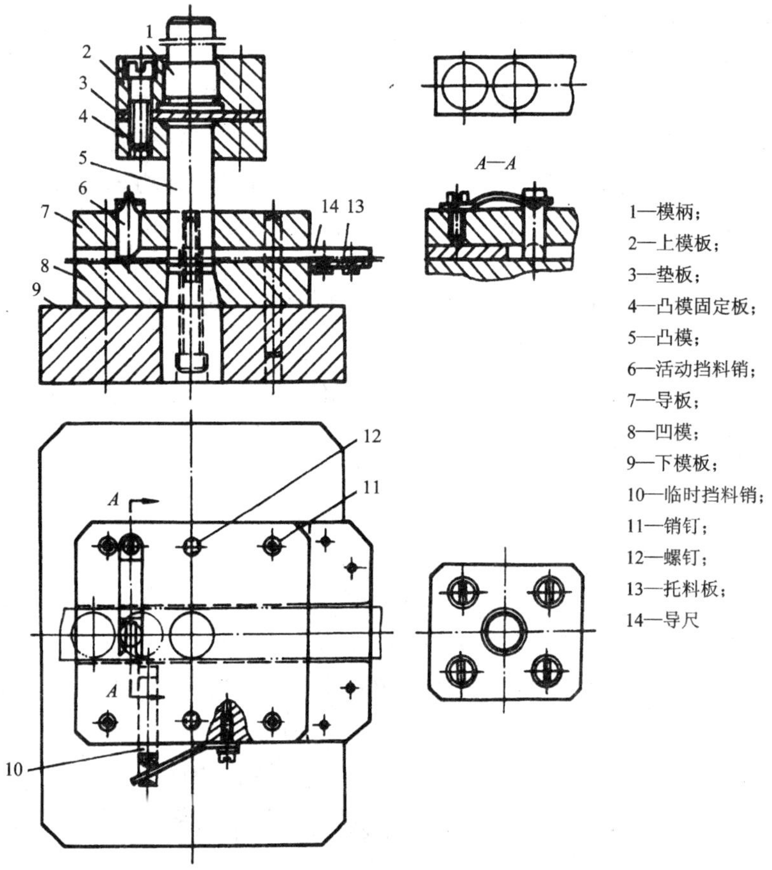

1—模柄；
2—上模板；
3—垫板；
4—凸模固定板；
5—凸模；
6—活动挡料销；
7—导板；
8—凹模；
9—下模板；
10—临时挡料销；
11—销钉；
12—螺钉；
13—托料板；
14—导尺

图 2 - 19　导板式简单冲裁模

这种模具的动作是条料沿托料板和导尺从右向左送进，条料搭边越过活动挡料销后，再反向向右拉拽条料，使挡料销后端面抵住搭边进行定位，凸模下行实现冲裁。由于挡料销对第一次冲裁起不到定位作用，为此采用了临时挡料销 10。在冲第一件前用手压入临时挡料销限定条料位置，在以后的各次冲裁工作中，临时挡料销被弹簧弹出，不再起作用。

这种模具的特点是模具上、下两部分依靠凸模与导板的间隙配合导向。导板兼作卸料板，工作时凸模始终不脱离导板，以保证模具导向精度，为此，一般要求导板的厚度大，大于所使用冲压设备的行程。导板一般是不进行热处理的，以避免热处理变形影响导向精度，因此，冲压生产中导板磨损较快。

导板模比无导向模的精度高，使用安装容易，能较好地保证凸、凹模之间的间隙均匀，产品质量稳定,操作安全,但制造较复杂。尤其是对形状复杂的零件,按凸模配作形状复杂的导板孔形困难很大。一般适用于形状较简单、尺寸不大的冲裁件。

3) 导柱式简单冲裁模

图 2-20 是导柱式简单冲裁模。模具的上、下两部分利用导柱 1 和导套 2 的间隙配合导向。安装导柱导套会加大模具的轮廓尺寸,使模具笨重,制造工艺复杂,模具成本高。但是,导柱导套导向比导板可靠,导向精度高,冲制的工件尺寸稳定,互换性好,模具不容易损坏,寿命长,使用安装方便,操作安全,所以,在大量和成批生产中广泛采用导柱式冲模。

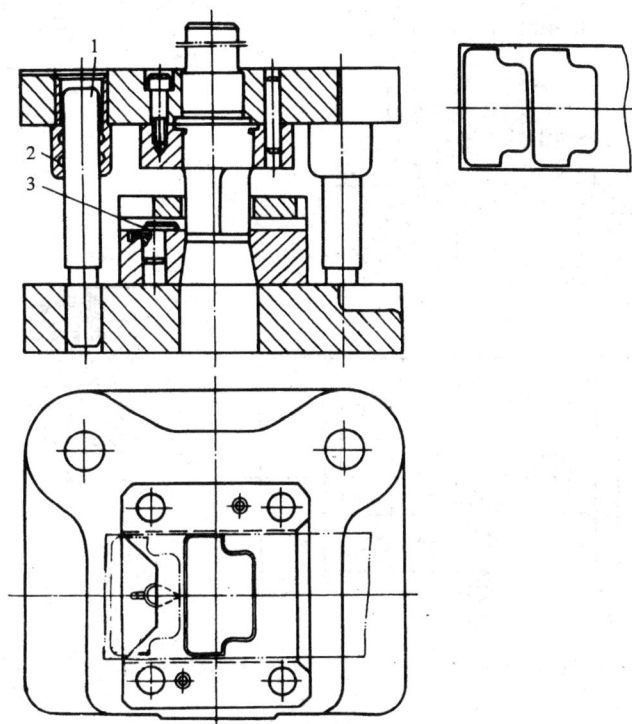

1—导柱;2—导套;3—钩式定位销

图 2-20 导柱式简单冲裁模

2. 级进模

级进模是多工序冲模,在一副模具上能完成多道工序,因此,使用级进模可以减少模具和设备数量,提高生产效率。例如冲制环形垫圈,如用简单模,需要落料、冲孔两套模具,而改用级进模则可把落料冲孔两道工序合并,在一套模具上完成。级进模上还容易实现冲压生产自动化。但是,级进模比简单模结构复杂,制造麻烦,成本增加。级进模上着重要解决的是条料准确定位的问题,根据定位零件的特征,常见的典型级进模结构有如下几种型式:

1) 有固定挡料销及导正销的级进模

图 2-21 是冲制垫圈的级进模。该模具由导板 3 导向,条料由右向左送进,工作时用手按入临时挡料销限定条料的初始位置,进行冲孔,冲孔后临时挡料销复位,不再起作用。

条料再向左送进一个步距,先用固定挡料销初步定位,再在落料时用装于落料凸模端面上的导正销导正,以保证条料的正确定位。模具的导板兼作卸料板。导正销的作用是保证冲孔和落料的轮廓具有正确的相对位置。

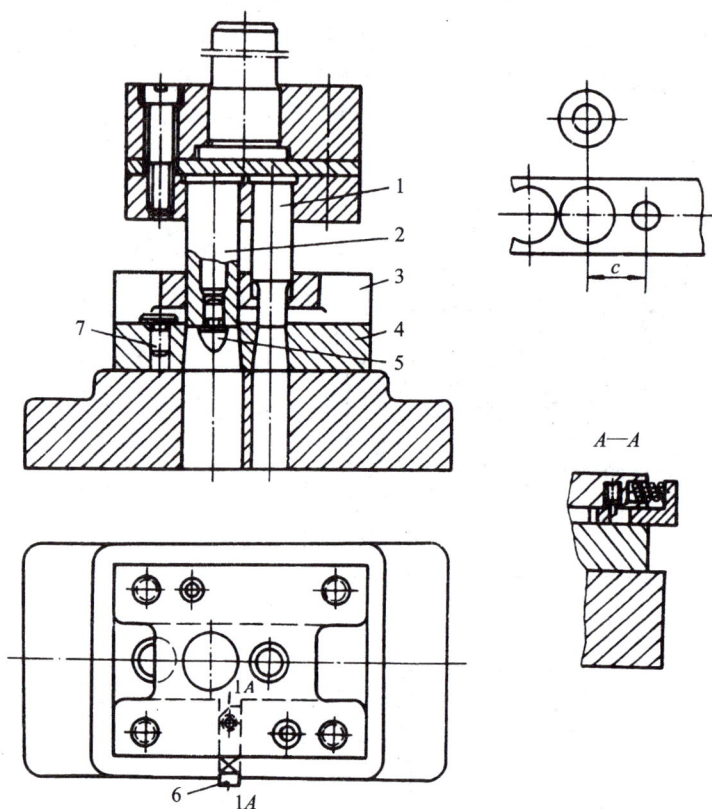

1—冲孔凸模;2—落料凸模;3—导板;4—凹模;5—导正销;6—临时挡料销;7—挡料销

图 2 - 21　有固定挡料销及导正销的级进冲裁模

2) 侧刃定位的级进模

图 2 - 22 是侧刃定位的级进模。其主要特点是装有控制条料送进距离的侧刃 3,侧刃一般安装在冲模相应于条料侧边的位置上,侧刃横截面的长度等于条料送进的步距。侧刃前后的导尺宽度不等,当侧刃从条料的侧边冲去长度等于步距的料边后,条料才能向前送进一个步距。

侧刃定位的级进模定位准确,送料方便,生产效率高,但材料的消耗增加,冲裁力增大。

级进模的工步安排是很灵活的,但不论其排样如何,必须遵循一条规律:为了保证送料的连续性,工件与条料的完全分离(落料或切断)必须安排在最后的工步位置。每一工位可以安排一种或多种工序,也可以特意安排一个或多个空位,以增加凹模的壁厚,加大凹模的外形尺寸,提高凹模强度,或避免模具零件过于紧凑,造成加工和安装的困难。

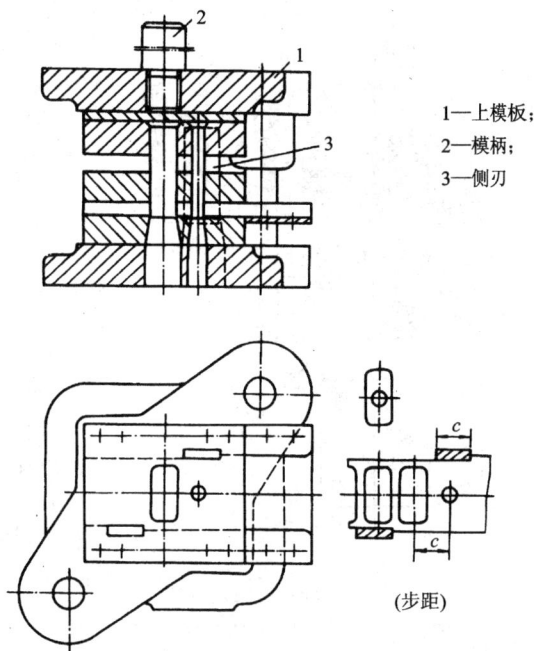

1—上模板；
2—模柄；
3—侧刃

(步距)

图 2 - 22　侧刃定位的级进模

3. 复合模

复合模也是多工序冲模，在一副模具中一次送料定位可以同时完成几个工序。和级进模相比，冲裁件的内孔和外缘具有较高的位置精度，条料的定位精度要求较低，冲模轮廓尺寸较小，复合模的生产效率较高，结构较复杂，制造精度要求高。复合模适合于生产批量大、精度要求高的冲裁件。

复合模的结构特点主要表现在具有复合型式的凸凹模，它既起落料凸模作用，又起冲孔凹模的作用。图 2 - 23 和图 2 - 24 均为落料冲孔复合模。

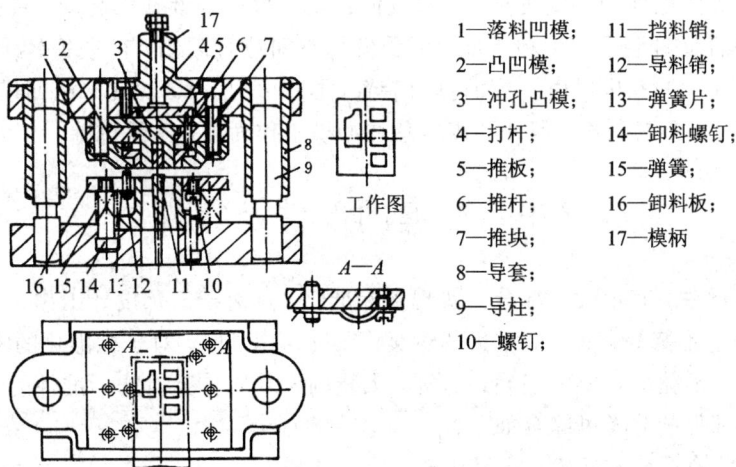

工作图

A—A

1—落料凹模；　　11—挡料销；
2—凸凹模；　　　12—导料销；
3—冲孔凸模；　　13—弹簧片；
4—打杆；　　　　14—卸料螺钉；
5—推板；　　　　15—弹簧；
6—推杆；　　　　16—卸料板；
7—推块；　　　　17—模柄
8—导套；
9—导柱；
10—螺钉

图 2 - 23　倒装复合模

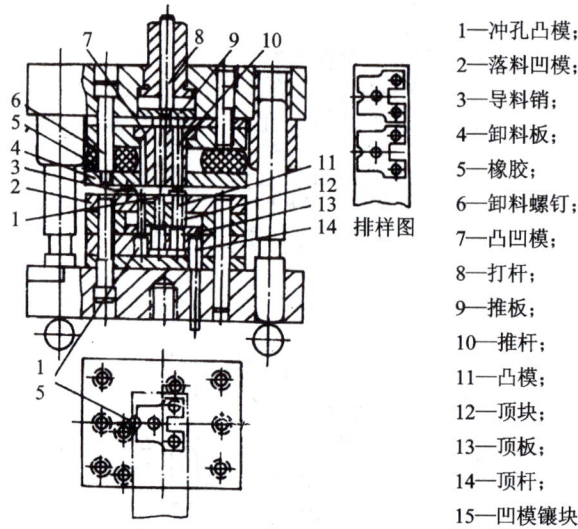

1—冲孔凸模；

2—落料凹模；

3—导料销；

4—卸料板；

5—橡胶；

6—卸料螺钉；

7—凸凹模；

8—打杆；

9—推板；

10—推杆；

11—凸模；

12—顶块；

13—顶板；

14—顶杆；

15—凹模镶块

图 2-24　正装复合模

两副模具的结构不同点表现在：

图 2-23 的凸凹模 2 装在下模，落料凹模 1 装在上模，称为倒装复合模。倒装复合模打料出件，由打杆 4、推板 5、推杆 6、推块 7 组成的推件装置将工件推出。这种结构对工件不起压平作用。冲孔废料由凸凹模孔下漏，使结构简单，操作方便，但凸凹模孔内由于积存废料，所受胀力大，当凸凹模壁厚小、强度不足时易破裂。卸料装置在下模，卸料弹簧 15 装于下模板上，受空间位置限制。条料的导向与定位采用活动销（11 与 12）结构，在凹模 1 的对应位置上不需钻出避让孔。活动销由弹簧片 13 抬起，可以在卸料板 16 内伸缩。

图 2-24 的凸凹模 7 装在上模，落料凹模 2 装在下模，称为正装复合模。落料凹模 2 凸出的小半圆由凹模镶块 15 单独做出。正装复合模向上出件，顶件装置由顶块 12、顶板 13、顶杆 14 组成。安装好的弹性顶件装置中，顶块 12 应高出凹模少许，条料在压紧的情况下冲裁，冲出的工件平直度较高。这种反向顶出工件的弹性顶件装置，只适于薄料冲裁。顶件装置的弹性元件装在下模板下面，不受模具空间位置限制，可获得较大的弹力，且力的大小可以调节。冲孔废料由上模的打料装置（零件 8、9、10）推出，凸凹模孔内不积存废料，所受胀力小，不易胀裂，但冲孔废料落在冲模工作面上，不易排除。

2.9　冲模的部件及零件

模具的零部件，有很大一部分已实现了标准化，这对于简化设计工作、稳定模具质量、简化模具的制造维修等，都具有重大的意义。在设计模具时，对于标准化的零、部件，例如模架，只需在标准化的资料中正确地选择，大量的设计工作是对非标准件的设计。

冲模零、部件的分类可综合如下：

工作零件：有凸模和凹模，在复合模中有凸凹模。

定位零件：有挡料销、导正销、定位销（定位板）、导尺、导料销、侧压板、侧刃等。

卸料与推件零、部件：有卸料板、压料板、顶件器、推件器等。

导向零件：有导板、导柱、导套、导筒。

联接固定零件：有上模板、下模板、模柄、凸模固定板、凹模固定板、垫板、限制器、螺钉、销钉、键、斜楔等。

此外，对于自动化生产的模具，还有自动送料装置、自动出件装置和快换模装置等。

2.9.1　工作零件

1. 凸模

常见的凸模结构型式如图 2 - 25 所示。图(a)是圆形断面标准凸模，为避免应力集中和保证强度与刚度的要求，做成圆滑过渡的阶梯形，适用于直径 $\phi1$ mm～$\phi25$ mm 的情况。图(b)是冲制直径 $\phi8$ mm～$\phi30$ mm 的凸模结构型式。为了改善凸模强度，可以在图(b)型式的中部增加过渡阶梯，如图(c)。图(d)是冲制小孔所用凸模的一种型式，采用护套结构既可以提高抗纵向弯曲的能力，又能节省模具材料。图(e)是冲制大件常用的结构型式。

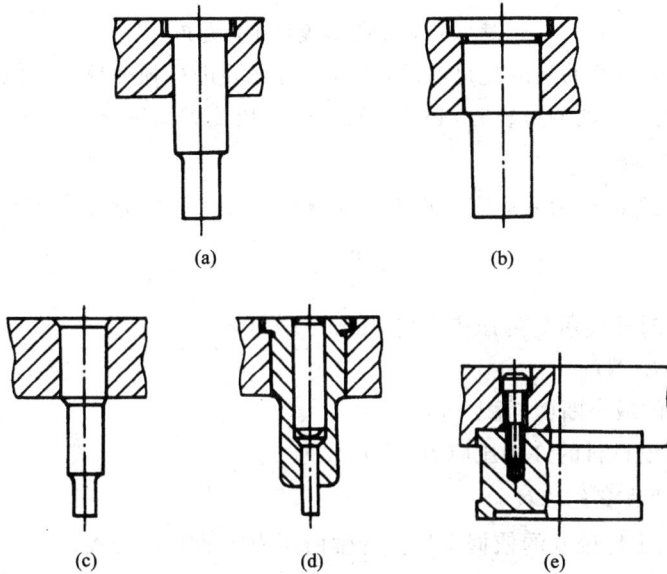

(a)　　　　　　　(b)

(c)　　　　　(d)　　　　(e)

图 2 - 25　常见凸模结构型式

凸模的固定一般可采用图 2 - 25 所示的凸模固定板固定，凸模和固定板之间采用过渡配合，凸模装入固定板后，端面进行配磨。

按照国家标准(GB 2863 • 1—81，GB 2863 • 2—81)，凸模材料用 T10A、Cr6WV、9Mn2V、Cr12、Cr12MoV。前两种材料热处理硬度为 56～60HRC，后三种为 58～62HRC，尾部回火至 40～50HRC。

凸模长度 L 应根据模具的具体结构确定。例如，采用固定卸料板和导尺的冲裁模(图 2 - 26)，凸模长度应为

$$L = H_1 + H_2 + H_3 + H \tag{2-21}$$

式中：H_1——固定板厚度(mm)；

　　　H_2——卸料板厚度(mm)；

H_3——导尺厚度(mm);

H——附加长度(mm),主要考虑凸模进入凹模的深度(0.5～1 mm)、总修磨量(10～15 mm)及模具闭合状态下卸料板到凸模固定板之间的安全距离(15～20 mm)等因素。

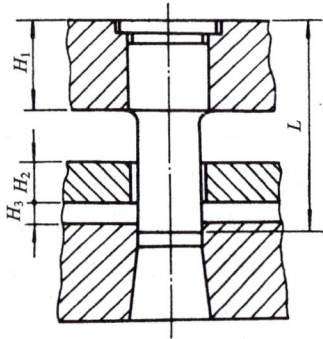

图 2-26　凸模长度尺寸的确定

在一般情况下,凸模的强度是足够的,所以没有必要进行强度校验。但对于特别细长的凸模或小凸模冲裁厚且硬的材料时,必须进行凸模承压能力和抗纵向弯曲失稳能力的校验。

1) 承压能力校验

冲裁时凸模承受的压力 σ_p,应该小于凸模材料的许用压应力 $[\sigma_p]$,即

$$\sigma_p = \frac{F}{A} \leqslant [\sigma_p] \tag{2-22}$$

式中:σ_p——冲裁时凸模承受的压应力(N/mm²);

F——冲裁力(N);

A——凸模的最小断面面积(mm²);

$[\sigma_p]$——凸模材料的许用压应力(N/mm²)。

2) 抗纵向弯曲失稳能力校验

凸模冲裁时稳定性校验的依据是杆件受轴向压力时的欧拉公式。

对于导板导向的冲裁模,凸模的受力相当于一端固定另一端铰支的压杆,依据欧拉公式,失稳时的临界作用力为

$$F_{ij} = \frac{2\pi^2 EJ}{l^2}$$

设安全系数为 n,则凸模所受冲裁力必须满足

$$nF \leqslant F_{ij} = \frac{2\pi^2 EJ}{l^2}$$

即

$$l \leqslant \sqrt{\frac{2\pi^2 EJ}{nF}} \tag{2-23}$$

式中:F_{ij}——凸模产生弯曲失稳的临界力(N);

F——冲裁力(N);

E——凸模材料的弹性模量,一般模具钢为 2.2×10^5 N/mm²;

J——凸模最小横断面的惯性矩(mm⁴);

n——安全系数，淬火钢可取 $n=2\sim3$；

l——凸模长度（mm）。

将 E、n 值代入式（2-23），得导板导向的一般形状凸模不发生失稳弯曲的凸模长度为

$$l \leqslant 1200\sqrt{\frac{J}{F}} \qquad (2-24)$$

对于圆形凸模，$J=\pi d^4/64$，代入式（2-24）得，导板导向的圆形凸模不发生失稳弯曲的长度为

$$l \leqslant 270\frac{d^2}{\sqrt{F}} \qquad (2-25)$$

对于无导板导向的冲裁模，凸模的受力情况相当于一端固定另一端自由的压杆，依据欧拉公式，失稳时的临界作用力为

$$F_{ij} = \frac{\pi^2 EJ}{4l^2}$$

同样按照上述的推导可得，无导板导向的一般形状凸模不发生失稳弯曲的长度为

$$l \leqslant 425\sqrt{\frac{J}{F}} \qquad (2-26)$$

无导板导向的圆形凸模不发生失稳弯曲的长度为

$$l \leqslant 95\frac{d^2}{\sqrt{F}} \qquad (2-27)$$

2. 凹模

图 2-27 是冲裁模常用的几种凹模孔口型式。其中：

图（a）为锥形孔口凹模，孔内不易积存工件或废料，孔壁所受的摩擦力及胀力小，所以凹模的磨损及每次的修磨量小，但刃口强度较低，孔口尺寸在修磨后有所增大。这种型式的凹模一般用于精度要求不高、形状简单、材料厚度较薄的工件的冲裁。

图（b）为柱形孔口锥形凹模，刃口强度高，修磨后孔口尺寸不变，但在孔口内可能积存工件或废料，增加冲裁力和孔壁的磨损，磨损后每次的修磨量较大，凹模的总寿命较低。此外，磨损后可能形成孔口的倒锥形状，使冲成的工件从孔口反跳到凹模表面上，造成操作上的困难。这种型式的凹模适用于形状复杂、精度要求较高的工件的冲裁。

图（c）为柱形或锥形孔口的筒形凹模，其加工制造较为容易。

图 2-27 所示的凹模孔形参数见表 2-8。

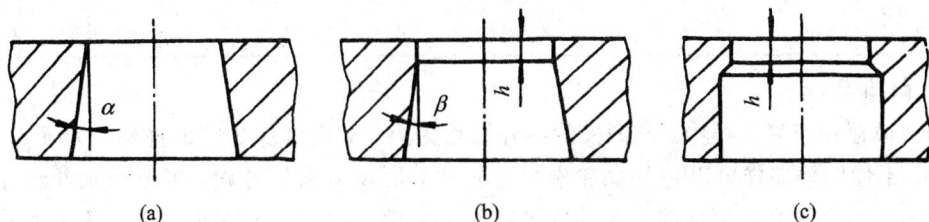

图 2-27　凹模孔口型式

表 2 - 8　凹模孔口主要参数

材料厚度 t/mm	主　要　参　数			说　　明
	h	α	β	
>0.5	≥4	15′	2°	表中 α、β 值仅适用于手工钳工；电火花加工时，$\alpha=4'\sim20'$，$\beta=30'\sim50'$；带斜度装置的线切割时，$\beta=1°\sim1.5°$
>0.5~1.0	≥5			
>1.0~2.5	≥6			
>2.5~6.0	≥8	30′	3°	
>6.0	—			

凹模推荐采用材料为 9Mn2V、T10A、Cr6WV、Cr12，热处理硬度为 58~62HRC。

凹模的轮廓尺寸，因其结构型式不一，受力状态各不相同，目前还不能用理论计算方法确定，在生产中，通常根据冲裁件尺寸和板料厚度，凭经验概略地加以计算。如图 2 - 28 所示，凹模厚度

$$H = Kb \quad (\geqslant 15\ mm)$$

凹模壁厚

$$c = (1.5 \sim 2.0)H \quad (\geqslant 30 \sim 40\ mm)$$

式中：b——冲裁件最大外形尺寸；

K——系数，考虑坯料厚度的影响，其值可查表 2 - 9。

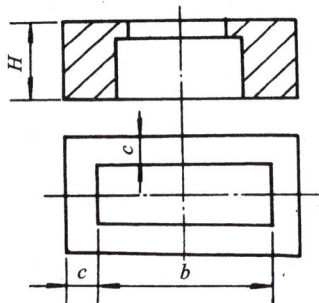

图 2 - 28　凹模尺寸

上述方法适用于确定普通工具钢经过正常热处理，并在平面支撑条件下工作的凹模尺寸。冲裁件形状简单时，壁厚系数取偏小值，形状复杂时取偏大值。用于大批量生产条件下的凹模，其厚度应在计算结果中增加总的修磨量。

表 2 - 9　系数 K 值

b/mm ＼ t/mm	0.5	1	2	3	>3
<50	0.3	0.35	0.42	0.5	0.6
>50~100	0.2	0.22	0.28	0.35	0.42
>100~200	0.15	0.18	0.2	0.24	0.3
>200	0.1	0.12	0.15	0.18	0.22

3. 凸凹模

凸凹模存在于复合模中。凸凹模的内外缘均为刃口，内外缘之间的壁厚决定于冲裁件的尺寸，不像凹模那样可以将外缘轮廓尺寸扩大，所以从强度考虑，壁厚受最小值限制。凸凹模的最小壁厚受冲模结构影响。凸凹模装于上模（正装复合模）时，内孔不积存废料，胀力小，最小壁厚可以小些；凸凹模装于下模（倒装复合模）时，如果是柱形孔口，则内孔积存废料，胀力大，最小壁厚要大些。凸凹模的最小壁厚值，可参考表 2 - 10 选用。

表 2 - 10　凸凹模最小壁厚 a　　　　　　　　　　　　单位：mm

材料厚度	最小壁厚 a	最小直径 D	材料厚度	最小壁厚 a	最小直径 D	材料厚度	最小壁厚 a	最小直径 D	材料厚度	最小壁厚 a	最小直径 D
0.4	1.4		1.0	2.7		2.5	5.8	25	5.0	10.0	40
0.5	1.6		1.2	3.2	18	2.75	6.3		5.5	12.0	45
0.6	1.8	15	1.5	3.8		3.0	6.7	28			
0.7	2.0		1.75	4.0	21	3.5	7.8				
0.8	2.3		2.0	4.9		4.0	8.5	32			
0.9	2.5	18	2.1	5.0	25	4.5	9.3	35			

2.9.2　定位零件

　　冲模的定位装置及零件，其作用是保证材料的正确送进及在冲模中的正确位置，以保证冲压件的质量及冲压生产的顺利进行。使用条料时，条料在模具中的定位有两个内容：一是在送料方向上的定位，用来控制送料的进距，通常称为挡料（图 2 - 29 中的销 a），挡料零件有挡料销、定距侧刃等；二是在与送料方向垂直的方向上的定位，通常称为送进导向（图 2 - 29 中的销 b、c），送进导向的零件有导料销、导尺等。在级进模中保证工件孔与外形相对位置时使用导正销。单个毛料定位时多采用定位板或定位销。

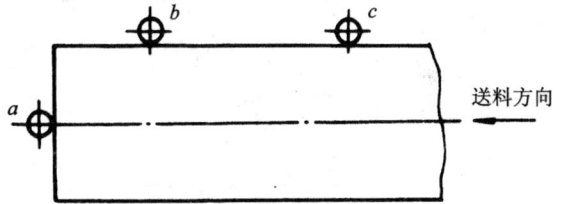

图 2 - 29　条料的定位

1. 条料的挡料方式与零件

　　常见的限定条料送进距离的方式有挡料销挡料和侧刃定距。

　　1）挡料销

　　挡料销可分为固定挡料销和活动挡料销。

　　固定挡料销又分为圆头挡料销和钩形挡料销两种（如图 2 - 30），一般装在凹模上。圆头挡料销应用较多。当定位销孔离凹模孔口太近时，为保证凹模有足够的强度，宜采用钩形挡料销。固定挡料销结构简单，制造容易，应用广泛。

图 2 - 31 是活动挡料销的一种。销头的一边做成斜面,送料时,条料靠斜面使挡料销抬起,当搭边越过后,弹簧将挡料销恢复原位,条料回拉,使搭边抵住挡料销而定位。

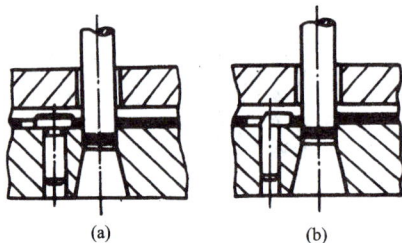

图 2 - 30　固定挡料销
(a)圆头挡料销;(b)钩形挡料销

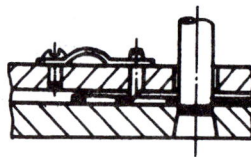

图 2 - 31　活动挡料销

2)定距侧刃

图 2 - 32 所示为定距侧刃常见的三种形式。

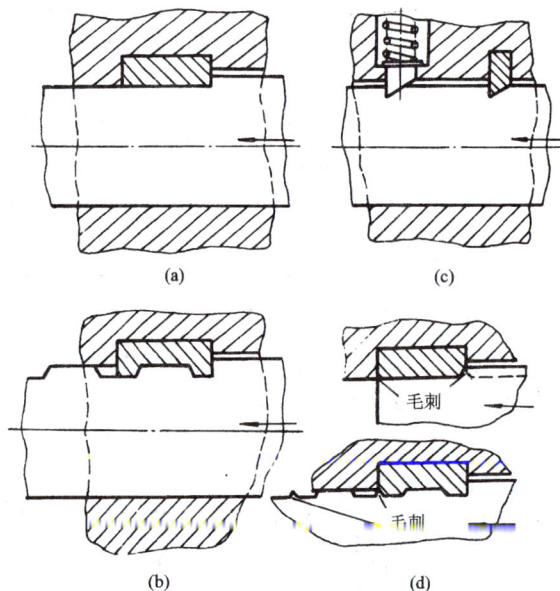

图 2 - 32　侧刃形式
(a)长方形侧刃;(b)成形侧刃;(c)尖角形侧刃;(d)侧刃磨损形成的毛刺

长方形侧刃(图 2 - 32(a))制造和使用都很简单,但当刃口尖角磨损后,在条料侧边形成的毛刺(图 2 - 32(d))会影响定位和送进。为了解决这个问题,在生产中常采用图(b)所示的侧刃形状。这时由于侧刃尖角磨损而形成的毛刺不会影响条料的送进,但必须增大切边的宽度,因而造成原材料过多的消耗。尖角形侧刃(图(c))需与弹簧挡销配合使用,先在条料边缘冲切尖角缺口,条料送进,当缺口滑过弹簧挡销后,反向后拉条料至挡销卡住缺口而定距。尖角形侧刃废料少,但操作麻烦,生产效率低。

侧刃定距准确可靠,生产效率高,但会增大总的冲压力并增加材料消耗。一般用于级进模冲制窄长形零件(步距小于 6~8 mm)或薄料(0.5 mm 以下)冲裁。

侧刃的数量可以是一个，或者是两个。两个侧刃可以并列布置，也可按对角布置，对角布置能够保证料尾的充分利用。

2. 条料的送进导向方式与零件

条料的送进导向方式有导销式和导尺式。

导销式送进导向时，在条料的一侧有两个导料销，条料靠紧导料销送进，如图 2 - 29 所示。这种方式在复合模中应用较多。

导尺式常用于有导板的简单模和级进模。导尺式送进导向时，送进导向的零件是导尺。导尺的形式如图 2 - 33 所示。导尺与卸料板做成整体为整体式(图 2 - 33(b))，导尺与卸料板分开为分离式(图 2 - 33(a))。

两导尺之间的距离等于条料宽度加上 0.2~1.0 mm 的间隙。间隙的作用是保证在条料宽度不均匀时也能在导尺间顺利通过。如果条料的宽度公差太大或搭边太小，须在一边的导尺上装侧压装置(如图 2 - 34 所示)，以保证准确定位。

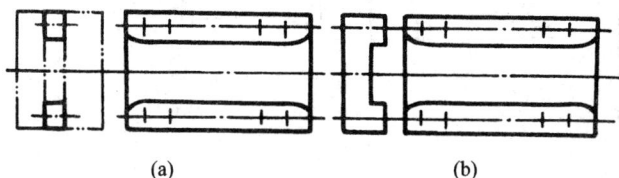

(a)   (b)

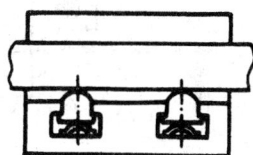

图 2 - 33 导尺　　　　　图 2 - 34 侧压装置

（a）分离式；（b）整体式

3. 导正销

为了保证级进模冲裁件内孔与外缘的相对位置精度，可采用如图 2 - 35 所示的导正销。导正销安装在落料凸模工作端面上，落料前导正销先插入已冲好的孔中，确定内孔与外缘的相对位置，消除送料和导向造成的误差。

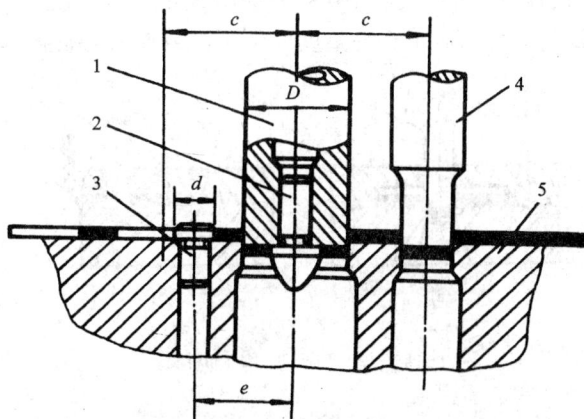

1—落料凸模；2—导正销；3—挡料销；4—冲孔凸模；5—凹模

图 2 - 35 挡料销及其位置的确定

设计有导正销的级进模时，挡料销的位置，应该保证导正销导正条料过程中条料活动的可能。挡料销位置 e(见图 2-35)为

$$e = c - \frac{D}{2} + \frac{d}{2} + 0.1 \quad \text{(mm)}$$

式中：e——步距；

　　　c——两工件中心距；

　　　D——落料凸模直径；

　　　d——挡料销头部直径。

4. 块料毛料及半成品件的定位

对于块料毛料及半成品件的定位，一般采用定位板或定位销，如图 2-36 所示，以保证前后工序相对位置的精度或对工件内孔与外缘的位置精度的要求。

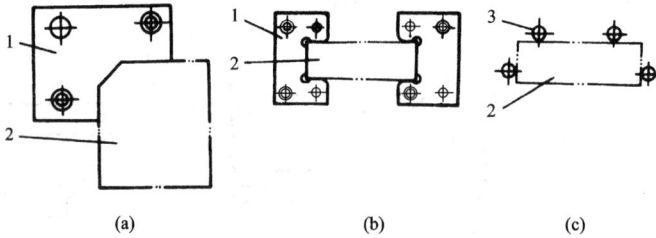

1—定位板；2—工件；3—定位销

图 2-36　定位板与定位销

2.9.3　卸料装置与出件装置

1. 卸料装置

卸料装置分为刚性卸料装置和弹性卸料装置两种形式，视模具的结构要求选择。

图 2-37 是常用的刚性卸料装置，图(a)为封闭式，图(b)为悬臂式。刚性卸料装置结构简单，工作可靠，卸料力大，适用于平整度要求不高或厚板零件的卸料。

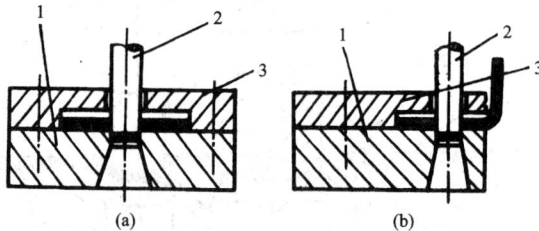

1—凹模；2—凸模；3—刚性卸料板

图 2-37　刚性卸料装置

(a) 封闭式；(b) 悬臂式

图 2-38 为常见的弹性卸料装置，图(a)是用橡皮作弹性元件，图(b)是用弹簧作弹性元件。弹性卸料装置在各类冲床中广泛应用，特别是材料较薄、制件要求平整的复合模最

适宜。弹性卸料板根据需要可装在上模，也可装在下模。弹性卸料装置有敞开的工作空间，操作方便，工件质量也较好，但冲压力会增加。

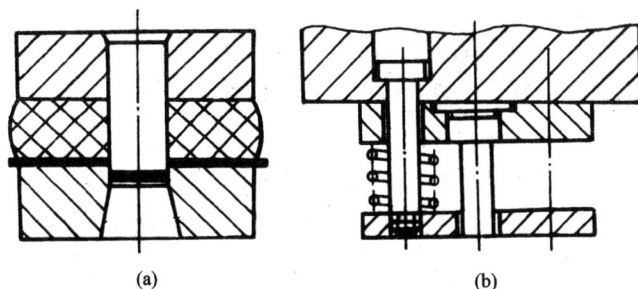

图 2 - 38 弹性卸料装置

(a) 橡皮卸料装置；(b) 弹簧卸料装置

2. 出件装置

出件装置有刚性和弹性两种。

弹性出件装置一般装于下模，如图 2 - 39 所示。顶件力由装在下模板底部的弹性缓冲器提供，由弹性元件(橡皮或弹簧)推动推板，再推动顶杆，顶杆推动顶块而出件。这种装置除有顶出工件的作用外，还可压平工件。这种结构也常用于卸料。

刚性出件装置一般装在上模，如图 2 - 40 所示。这种装置的推件力大而可靠。如推件力需通过推板和几个推杆传递给推块时，推杆长短要求一致，布置合理。推板的形状要按推下工件的形状相应设计。

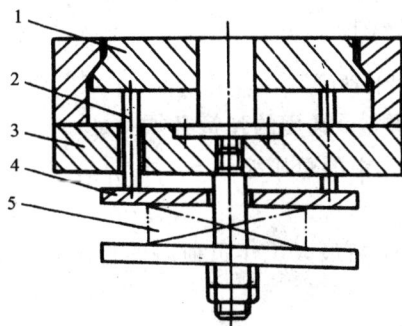

1—顶块；2—顶杆；3—下模板；
4—推板；5—弹性元件

图 2 - 39 弹性出件装置

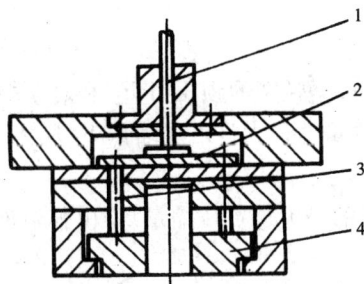

1—推杆；2—推板；3—推杆；4—推块

图 2 - 40 刚性出件装置

3. 弹簧的选用与计算

弹性卸料与弹性出件装置中的弹性元件常使用弹簧。冲模使用的弹簧已形成标准(JB 425—62)。选用弹簧时必须满足冲压工艺(力与行程)的要求和冲模结构的要求。

弹簧选用的原则与步骤如下：

(1) 计算卸料力或推件力 Q，该力要等于弹簧在预压缩量 S_0 下的预压力 F_0。按冲模结构初定弹簧个数 n，并求出分配在每个弹簧上的力 Q/n。

(2) 计算弹簧总压缩量 S:

$$S = S_0 + S' + S'' \tag{2-28}$$

式中：S_0——弹簧预压缩量；

S'——卸料板(或推件板)的工作行程；

S''——凸模的总修磨量，一般为 $4 \sim 10$ mm；

S——弹簧的总压缩量。

根据弹簧压力与其压缩量成正比的特性(见图 2-41)，有

$$S_0 = \frac{F_0 S}{F} \tag{2-29}$$

式中：F_0——与预压缩量 S_0 对应的预压力；

F——与总压缩量 S 对应的总压力。

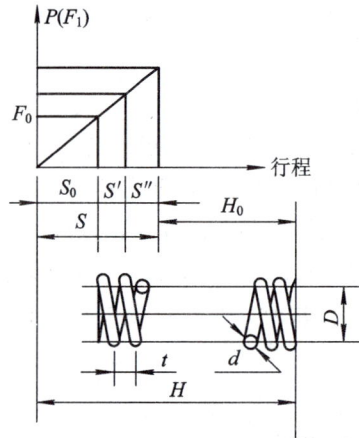

图 2-41 弹簧压缩特性曲线

(3) 根据弹簧的预压力 F_0 和总压缩量 S 预选弹簧。选用的弹簧必须满足：

① 弹簧的最大许可压缩量 S_1 应大于弹簧在工作中的总压缩量 S，即

$$S_1 \geqslant S \tag{2-30}$$

弹簧的最大许可压缩量 S_1 由弹簧的自由长度 H 与最大工作负荷时的长度 H_1 之差求得

$$S_1 = H - H_1 \tag{2-31}$$

② 弹簧的最大工作负荷 F_1 应大于弹簧在总压缩量 S 时的弹簧总压力 F，即

$$F_1 = \frac{F_0 S_1}{S_0} \geqslant F \tag{2-32}$$

计算举例：

已知冲裁件料厚 $t = 1$ mm，卸料力为 1730 kN，根据冲模结构要求安放 6 个弹簧，则每个弹簧承担的卸料力即该弹簧的预压力 F_0 为

$$F_0 = \frac{1730}{6} \approx 290 \quad (kN)$$

选用最大工作负荷 $F_1 = 390$ kN(大于 F_0)，直径 $D = 25$ mm 的一组弹簧(JB 425—62)。弹簧规格如表 2-11 所示。

根据预压力($F_0 = 290$ kN)及式(2-28)~式(2-31)计算弹簧最大压缩量 S_1、预压量 S_0 以及弹簧工作总压缩量 S 和总压力 F,其中预压量为

$$S_0 = \frac{F_0}{F_1} S_1 = \frac{290}{390} S_1 = 0.74 S_1 \quad (\text{mm})$$

总压缩量为

$$S = S_0 + S' + S'' = S_0 + 2 + 4 = S_0 + 6 \quad (\text{mm})$$

式中取工作行程 $S' = 2$ mm,凸模总修磨量 $S'' = 4$ mm。利用表 2-11 的数据,将计算结果列于表 2-12。

从表 2-12 所列的计算结果可知,满足式(2-31)和式(2-32)要求的弹簧有 43 号与 44 号,根据模具结构空间位置要求选用 43 号弹簧。

表 2-11 弹 簧 规 格 单位:mm

弹簧号数	弹簧外径 D	钢丝直径 d	圈距 t	弹簧自由长度 H	弹簧最大工作负荷时长度 H_1	最大工作负荷 F_1/kN
39				30	20.9	
40				40	27.1	
41	25	3.5	7.0	50	33.4	390
42				60	39.7	
43				70	46.0	
44				80	52.2	

表 2-12 计 算 结 果 单位:mm

弹簧号数	最大压缩量 $S_1 = H - H_1$	预压量 $S_0 = 0.74 S_1$	总压缩量 $S = S_0 + 6$	总压力 $F = F_0 S / S_0 /$ (kN)
39	9.1	6.7	12.7	550
40	12.9	9.5	15.5	473
41	16.6	12.3	18.6	439
42	20.3	15	21	406
43	24	17.8	$23.8 < S_1$	$387 < P_1$
44	27.8	20.6	$26.6 < S_1$	$374 < P_1$

2.9.4 模架

模柄及上、下模板中间联以导向装置的总体称为模架。模架已有国家标准,模具设计时,通常都是按标准选定。只有在不能使用标准模架的特殊情况下,才单独进行设计。

1. 模板

在上、下模板上安装全部模具零件,构成模具的总体和传递压力。模板不仅应该具有足够的强度,而且还要有足够的刚度。刚度问题往往容易被忽视,如果刚性不足,工作时会产生严重的弹性变形而导致模具零件迅速磨损或破坏。

模板设计时,圆形模板的外径应比圆形凹模直径大 30~70 mm,以便安装和固定。同样,矩形模板的长度应比凹模长度大 40~70 mm,而宽度取与凹模宽度相同或稍大的尺寸。模板轮廓尺寸应比冲床工作台漏料孔至少大 40~50 mm。模板厚度可参照凹模厚度估

算，通常为凹模厚度的 1～1.5 倍。

2. 导向零件

导向零件是指上、下模的导向装置零件。有导向装置的冲模，冲制的工件质量稳定、精度高，凸模和凹模之间的间隙能始终保持均匀一致，工件有较好的互换性，同时，模具使用方便，容易调整，细小凸模也不易折断，模具寿命高。因此，对生产批量大、要求模具寿命长、工件精度高的冲裁模，一般采用导向装置，以保证上、下模的精确导向。常用的导向装置有导板式(图 2 - 19)和导柱式(图 2 - 20)。

导柱常用两个。对大型冲模、冲裁工件精度要求高或自动化冲模，则用四个或六个导柱。两个导柱直径除后侧导柱是相同的外，其余对角与中间布置的两导柱直径均不相同，以避免装配错误或间隙不均而损坏刃口。

导柱和与之相配合的导套，分别压入下模板和上模板的安装孔中，分别采用 R7/h6 和 H7/v6 过盈配合。导柱、导套也有用环氧树脂等材料粘结固定的。

导柱、导套要求有较好的耐磨性和足够的韧性，一般用 20 钢制造，经表面渗碳淬火，导套的硬度应低于导柱。要求高的导柱、导套(如滚动式)，用 GCr15 制造。导柱和导套之间采用间隙配合，配合精度为 H6/h5 或 H7/h6。对高速冲裁、精密冲裁和硬质合金模冲裁，要求采用滚珠式导柱、导套，滚珠导柱、导套结构不仅无间隙，且有 0.01～0.02 mm 的过盈量，导向效果很好。大型模具多用阶梯形导柱，其大端直径等于导套的外径，从而使上、下模板安装导柱、导套的孔径相同，可以在一般的设备上同时加工保证同心度。中、小型模具多用圆柱形导柱，使导柱加工容易。为了导向的可靠性，可增加导向部分长度，所取导套长度比模板的厚度大。

导柱、导套与上、下模装配成套的模架，必须符合技术指标分级标准，同时，上模板上平面对下模板下平面的平行度，导柱轴心线对下模板下平面的垂直度，导套孔轴心线对上模板上平面的垂直度等技术指标必须保证。

2.9.5　联接与固定零件

1. 模柄

模具的上部分通过模柄联接固定在冲床滑块上。模柄的结构型式很多，常见的结构型式如图 2 - 42 所示。

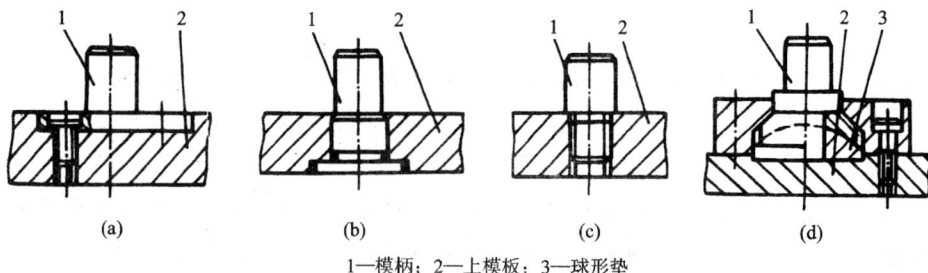

1—模柄；2—上模板；3—球形垫

图 2 - 42　模柄的结构型式

(a) 带凸缘模柄；(b) 压入式模柄；(c) 旋入式模柄；(d) 浮动式模柄

图(a)为带凸缘模柄，用 4～6 个螺钉与上模板联接固定，适用于尺寸较大的冲模。

图(b)为压入式模柄，通过配合与上模板联接固定，适用于模板较厚的各种冲模。

图(c)为旋入式模柄，通过螺纹与上模板联接固定，适用于有导柱的冲模。

图(d)为浮动式模柄，模柄的压力通过球形垫传递给上模板，可以避免压力机导轨误差对模具导向精度的影响，适用于硬质合金多工序冲模。

2. 凸模固定板与垫板

用凸模固定板将凸模联接固定在模板的正确位置上。凸模固定板有圆形与矩形两种，其平面尺寸除保证能安装凸模外，还应该能够正确地安放定位销钉和紧固螺钉。其厚度一般取凹模厚度的 60％～80％。

固定板与凸模之间采用过渡配合，压装后将凸模尾部与固定板一起磨平。

垫板的作用是分散凸模传来的压力，防止模板被压挤损伤。凸模端面对模板的单位压力为

$$\sigma = \frac{F}{A}$$

式中：F——冲压力(N)；

A——凸模支承端的面积(mm^2)。

如果凸模端面上的单位压力大于模板材料的许用挤压应力时，就需要在凸模支承面上加一淬硬磨平的垫板(如图 2 - 19 件 3)；如果凸模端面上的单位压力小于模板材料的许用挤压应力，可以不加垫板。垫板厚度一般为 3～8 mm。垫板材料可选用 45 钢和 T7A。

2.10　冲裁模设计要点

2.10.1　模具总体结构型式的确定

模具总体结构型式的确定，是冲裁模设计的关键步骤，它直接影响冲裁件的质量、成本和冲压生产的水平。

确定模具的结构型式主要包括以下几方面的内容：

(1) 模具的类型：简单模、级进模、复合模等。

(2) 操作方式：手工操作、自动化操作、半自动化操作等。

(3) 进出料方式：根据原材料的型式确定进料方法、取出和整理零件的方法、原材料的定位方法等。

(4) 压料与卸料方式：压料或不压料、弹性或刚性卸料等。

(5) 模具精度的保证：根据冲裁件的特点确定合理的模具加工精度，选取合理的导向方式和模具固定方法等。

要正确选用模具的结构型式，必须根据冲裁件的生产批量、尺寸大小、精度要求、形状复杂程度和生产条件等多方面进行考虑。

表 2 - 13 中对各种类型冲裁模的性能进行了比较，从中可以较清楚地看出各种型式冲裁模的特点，供选用模具型式时参考。

表 2 - 13　　简单模、级进模和复合模的性能比较

冲模性能	简 单 冲 裁 模		级 进 冲 裁 模	复 合 冲 裁 模
	无 导 向	有 导 向		
工件尺寸精度	低	较低	略高	较高
工件平整程度	不平整	一般	不平整，有时要校平	因压料较好，故工件平整，不翘曲
工件尺寸 工件厚度	不受限制	尺寸达 300 mm，厚度达 60 mm	尺寸小于 250 mm，厚度为 0.2~0.6 mm	尺寸达 1000 mm，厚度为 0.05~3 mm
生产率	低	较低	可用自动送料出料装置，效率最高	工序组合后效率高
使用高速冲床的可能性	只能单冲，不能连冲	有自动送料装置时可连冲，但速度不能高	适用于高速冲床，高达 400 次/分	由于有弹性缓冲器，不宜高速，不易连冲
材料要求	可用边角料	条料要求不严格，小件可用边角料	条料要求严格	除用条料外，小件可用边角料
生产安全性	不安全	手在冲模工作区不安全	比较安全	手在冲模工作区不安全，要求有技术安全装置
冲模制造的难易程度	容易	导柱、导套的装配采用先进工艺后，制造不难	简单形状零件的级进模比复合模制造难度低	形状复杂的冲裁件用的复合模比级进模制造难度低
冲模安装调整与操作	调整麻烦，操作不便	安装调整容易，操作较方便	安装调整容易，操作简单	安装调整容易，操作方便

从表 2 - 13 中可以看出：

（1）复合模冲出的冲裁件精度高于级进模的冲裁件，而级进模的冲裁精度又高于简单模。这是因为用简单模加工多工序的冲裁件时，要经多次定位和变形，会产生较大的积累误差，冲裁件的精度较低。级进模冲裁时存在送料与定位误差，但可用导正销导正，其精度略高。复合模是在冲模同一位置上一次冲出冲裁件，不存在定位误差，故冲裁精度较高。因此，精度要求较高的零件，多采用复合模。

（2）工人操作是否安全方便，也影响冲模结构型式的选用。如小的冲裁件采用简单模冲压，需用手钳放置毛料，不但生产率低，也不安全，最好采用一次冲出成品的复合模，或采用先冲孔再落料的级进模。

（3）冲裁件的生产批量不同，应采用不同型式的冲模。当大批量生产时，应尽量将工序合并，采用级进模或复合模。单工序的简单模适用于小批量生产和试制。

此外，在设计模具时，还必须对其维修性能予以充分注意。

2.10.2　冲模的压力中心

冲裁力合力的作用点称为冲模压力中心。为保证冲模正确和平衡地工作，冲模的压力中心必须通过模柄轴线而和压力机滑块的中心线相重合，以免滑块受偏心载荷，从而减少冲模和压力机导轨的不正常磨损，提高模具寿命，避免冲压事故。

冲模压力中心的计算，是采用空间平行力系合力作用线的求解方法，即根据"合力对某轴之力矩等于各分力对同轴力矩之和"的力学原理求得。有计算法和作图法两种。

1. 求压力中心的计算法

对任何形状，不论单个图形（敞开或封闭的轮廓）或多个图形（如多凸模、复合模和级进模）冲裁，其计算方法均相同。

首先，将组成图形的轮廓线划分为若干基本线段，分别计算其冲裁力 F_i（对于多凸模，分别计算各凸模图形的冲裁力），这些即为分力，由各分力之和算出合力。然后，任意选定直角坐标系 XOY，确定各线段或各图形的重心坐标 (x_i, y_i)，按上述定理列式，即可求出压力中心的坐标 (x_0, y_0)。

$$x_0 = \frac{F_1 x_1 + F_2 x_2 + \cdots + F_n x_n}{F_1 + F_2 + \cdots + F_n} = \frac{\sum\limits_{i=1}^{n} F_i x_i}{\sum\limits_{i=1}^{n} F_i} \qquad (2-33)$$

$$y_0 = \frac{F_1 y_1 + F_2 y_2 + \cdots + F_n y_n}{F_1 + F_2 + \cdots + F_n} = \frac{\sum\limits_{i=1}^{n} F_i y_i}{\sum\limits_{i=1}^{n} F_i} \qquad (2-34)$$

由于线段的长度或图形轮廓的周长与冲裁力成正比，所以可以用线段的长度或图形轮廓的周长 L_i 代替 F_i，这时压力中心坐标公式如下：

$$x_0 = \frac{L_1 x_1 + L_2 x_2 + \cdots + L_n x_n}{L_1 + L_2 + \cdots + L_n} = \frac{\sum\limits_{i=1}^{n} L_i x_i}{\sum\limits_{i=1}^{n} L_i} \qquad (2-35)$$

$$y_0 = \frac{L_1 y_1 + L_2 y_2 + \cdots + L_n y_n}{L_1 + L_2 + \cdots + L_n} = \frac{\sum\limits_{i=1}^{n} L_i y_i}{\sum\limits_{i=1}^{n} L_i} \qquad (2-36)$$

2. 求压力中心的作图法

作图的程序如下（图 2 - 43）：

(1) 按比例画出凸模刃口轮廓图形，选定坐标轴 $X - X$，$Y - Y$。

(2) 算出或量出各图形轮廓周长（对多凸模时）或各基本线段（对复杂形状的凸模）的长度 l_1、l_2、$\cdots$、l_n，并确定其重心位置。

(3) 作图。压力中心的横坐标 x_0 的作图方法为：

① 在图旁作一条平行于 $Y - Y$ 轴的直线 MN。从 M 点开始，依次截取 l_1'、l_2'、l_3'、$\cdots$ 其长度按比例等于对应轮廓线（或基本线段）的长度 l_1、l_2、l_3、$\cdots$（按至 $Y - Y$ 轴由近到远的顺序）。并在 MN 线旁取任意点 0，从 0 点作射线 1、2、3、4$\cdots$分别与代表冲裁力的各线段 l_1'、l_2'、l_3' $\cdots$首尾相连。

② 从各图形（或线段）的重心位置出发，作 $Y - Y$ 轴的平行线延伸至图形外，然后以距 $Y - Y$ 轴最近的一条平行线上任意点 e 为起点，作射线 1 的平行线 $1'$，由该点 e 再作射线 2 的平行线 $2'$，过下一交点依次作射线 3、4$\cdots$的平行线 $3'$、$4'\cdots$，第一条与最后一条射线平行线（图例中为 $1'$ 与 $4'$）的交点，即为压力中心的横坐标 x_0。

（4）用同样方法作出压力中心的纵坐标 y_0（注意截取线段与作图均应根据距 $X - X$ 轴从近到远的顺序）。

（5）纵、横坐标交点 $O(x_0, y_0)$ 即为压力中心。

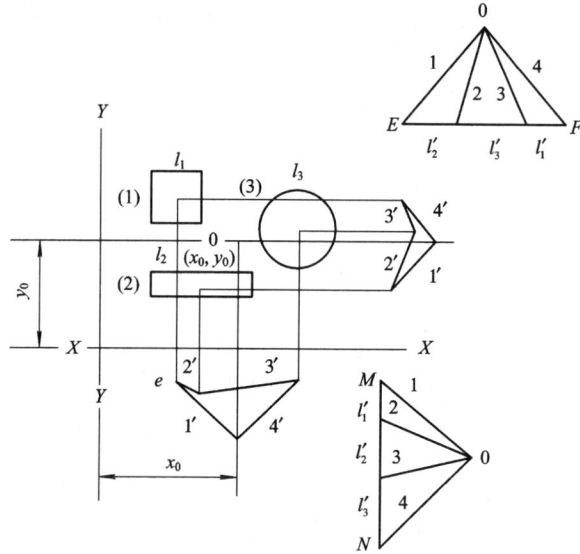

图 2 - 43 用作图法求压力中心

2.10.3 模具闭合高度

模具闭合高度指压力机滑块处于下死点位置时，上模板上平面与下模板下平面之间的距离 H。模具闭合高度必须与压力机的闭合高度相适应。模具闭合高度 H 应介于压力机的最大闭合高度 H_{max} 和最小闭合高度 H_{min} 之间，一般应满足如下关系（如图 2 - 44 所示）：

$$H_{min} + 10 \text{ mm} \leqslant H \leqslant H_{max} - 5 \text{ mm}$$

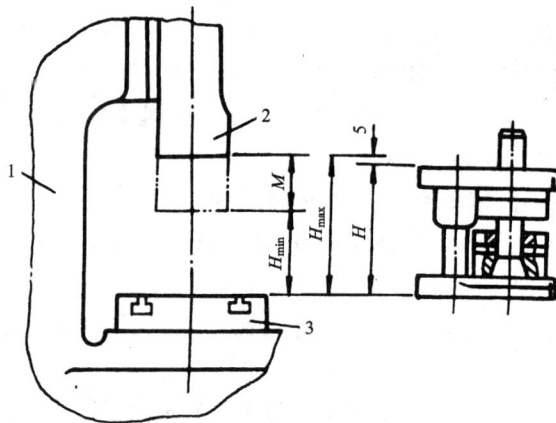

1—床身；2—滑块；3—垫板

图 2 - 44 模具的闭合高度

如果模具闭合高度大于压力机最大闭合高度，显然，模具无法在压力机上安装，冲模不能在该冲床上使用。反之，如果模具闭合高度小于压力机的最小闭合高度，则应增加经过磨平的垫板。

复 习 思 考 题

2-1　普通冲裁板料的分离过程是怎样的？

2-2　冲裁件的断面有何特征？断面质量受哪些因素的影响？

2-3　什么是冲裁间隙？冲裁间隙对冲裁有哪些影响？

2-4　冲裁时，凸、凹模间隙应取在什么方向上？

2-5　什么是冲裁力、卸料力、推件力及顶件力？这些力对选用冲床有何意义？

2-6　什么是排样？排样的方式有哪几种？各有何特点？

2-7　什么是搭边？搭边对冲压有何影响？

2-8　冲裁件的设计应注意些什么？

2-9　什么是整修？冲裁件的整修方法有哪些？

2-10　精密冲裁有何特点？

2-11　冲压生产对冲模结构有哪些要求？

2-12　冷冲模包括哪几种类型？各有何特点？

2-13　冷冲模主要由哪几部分组成？各部分的作用是什么？

2-14　冲模定位零件在冲模中起何作用？它有哪几种类型？

2-15　冲模常用卸料方式有哪几种类型？各有什么特点？

2-16　什么是冲模的闭合高度？在设计冲模时应怎样确定冲模的闭合高度？

2-17　什么是冲模的压力中心？冲模压力中心与冲模设计有何关系？

2-18　设计冲模时，选择冲模结构应注意哪些方面的问题？

2-19　冲裁如图所示零件。其中图(a)冲裁件料厚为 6 mm，图(b)冲裁件料厚为 2 mm，材料均为 45 钢。请计算所用冲裁模的刃口尺寸及其制造公差，并请画出冲裁图(a)零件的落料模结构草图和复合冲裁图(b)零件的复合模结构草图。

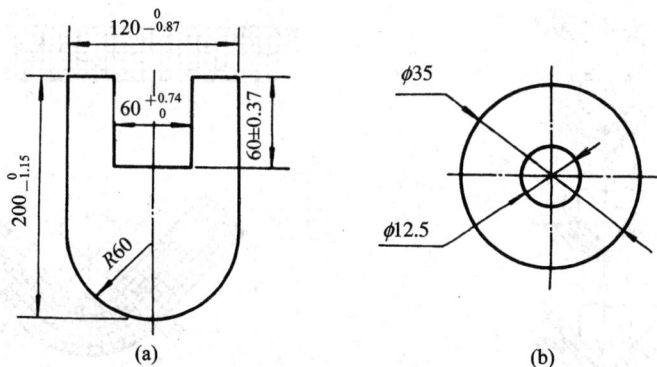

题 2-19 图　冲裁件零件图

第3章　弯曲工艺及弯曲模设计

　　将金属材料弯成一定的角度、曲率和形状的工艺方法称为弯曲。它在冲压生产中占有很大的比例。弯曲所用的材料有板料、棒料、管材和型材。弯曲工作可利用模具在冲床上进行，也可在专用设备——如弯板机、弯管机、滚弯机、拉弯机等上进行。本章主要讨论板料在模具中的弯曲。

3.1　弯曲基本原理

3.1.1　板料的弯曲过程

　　图 3-1 所示为 V 形件弯曲的变形过程。在弯曲的开始阶段，板料是自由弯曲，随着凸模的下压，板料的直边与凹模工作表面逐渐靠紧，曲率半径和弯曲力臂逐渐变小，由 r_0 变为 r_1、l_0 变为 l_1。凸模继续下压，板料弯曲变形区进一步减小，直到板料与凸模形成三点接触，这时的曲率半径由 r_1 变成了 r_2，弯曲力臂由 l_1 变成了 l_2。此后，板料的直边部分向与以前相反的方向弯曲。到行程终了时，凸、凹模对弯曲件进行校正，使其直边、圆角与模具全部靠紧。

3.1.2　弯曲变形特点

　　为了分析观察板料弯曲时所发生的变形情况，将试验用的长方形板料的侧面画以正方形网格，如图 3-2(a)所示，然后弯曲，弯曲后情况如图 3-2(b)所示。

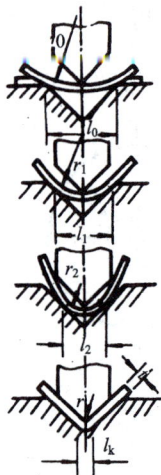

图 3-1　弯曲过程

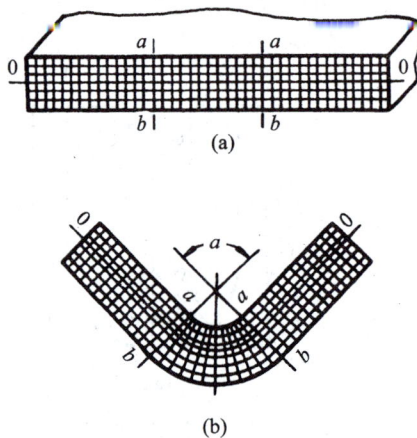

图 3-2　弯曲前后网格的变化
（a）弯曲前；（b）弯曲后

从弯曲前后网格的变化及断面的变化可以看出：

(1) 变形区主要在弯曲件的圆角部分，圆角区内的正方形网格变成了扇形。在远离圆角的两端平直部分几乎没有变形，靠近圆角区的直边部分有少量变形。

(2) 变形区内，板料外区(靠凹模一边)的金属切向受拉而伸长($\overparen{bb}>\overline{bb}$)，内区(靠凸模一边)的金属切向受压而缩短($\overparen{aa}<\overline{aa}$)，由内、外表面至板料中心，其缩短和伸长的程度逐渐变小。在缩短和伸长的两个区之间，总存在一层金属，其长度在变形前后没有变化，称为应变中性层。

(3) 弯曲变形区内板料横断面的变化有两种情况：

① 对于宽板($b>3t$)，弯曲后横断面无明显变化，仍保持为矩形，如图 3-3(b)所示。

② 对于窄板($b<3t$)，弯曲后原矩形断面变成了扇形，如图 3-3(a)所示。

(4) 当相对弯曲半径(r/t)较小时，弯曲变形区中的板料在弯曲后产生厚度变薄现象，即由 t 变为 t_0。

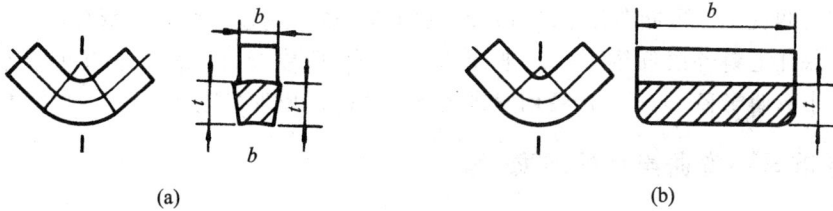

(a) (b)

图 3-3 弯曲变形区断面的变化

(a) 窄板($b<3t$)；(b) 宽板($b>3t$)

3.1.3 变形区的应力应变状态

设切向应力为 σ_θ，应变为 ε_θ；宽度方向应力为 σ_ω，应变为 ε_ω；厚度方向应力为 σ_r，应变为 ε_r。弯曲变形区的应力应变状态如图 3-4 所示。

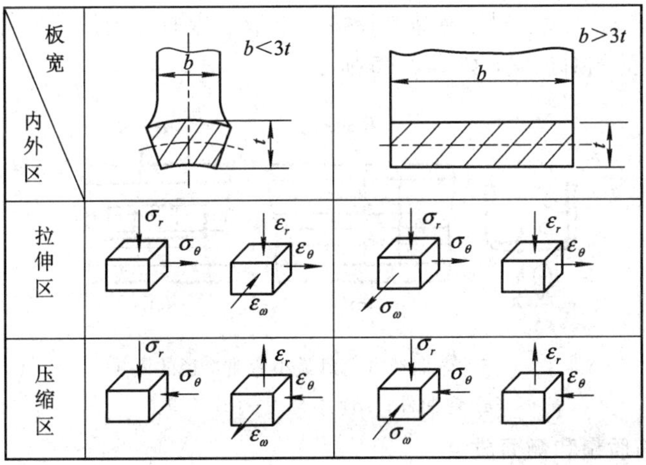

图 3-4 自由弯曲时的应力应变状态

由图可知，就应力状态而言，宽板弯曲是三向应力状态，窄板弯曲是平面应力状态。就应变状态而言，宽板弯曲是平面应变状态，窄板弯曲是三向应变状态。

3.2　最小弯曲半径

弯曲时毛料变形区外表面的金属在切向拉应力的作用下，产生的切向伸长变形 ε_θ 决定于弯曲半径和材料的厚度，并可用下式表示：

$$\varepsilon_\theta = \frac{t}{2\rho} = \frac{1}{2\frac{r}{t}+1} \tag{3-1}$$

式中：r——弯曲件内表面的圆角半径；

　　　t——板料厚度。

由上式可知，相对弯曲半径 r/t 越小，弯曲时的切向变形程度越大。当相对弯曲半径减小到一定程度之后，可能会使毛料外层纤维的伸长变形超过材料性能所允许的界限而发生开裂。在保证毛料外层纤维不发生破坏的条件下，所能弯成零件内表面的最小圆角半径，称为最小弯曲半径 $r_{\min}$。生产中用它来表示弯曲时的成形极限。

3.2.1　影响最小弯曲半径的因素

1. 材料的机械性能

塑性好的材料，外层纤维允许的变形程度大，许可的最小弯曲半径就越小；塑性差的材料，最小弯曲半径就要相应大些。对于加工后硬化的材料，弯曲前需要退火处理。

2. 弯曲线方向

轧制后的钢板具有纤维组织。由于纤维的方向性而导致材料机械性能各向异性。因此，当弯曲线方向与纤维方向垂直时，材料具有较大的拉伸强度，外缘纤维不易破裂，可得到较小的最小弯曲半径；当弯曲线方向平行于纤维方向时，由于拉伸强度较差而容易断裂，最小弯曲半径就要大些。对于弯曲半径接近于最小弯曲半径的弯曲件，必须注意弯曲线与板料纤维方向的相对位置，如图 3-5 所示

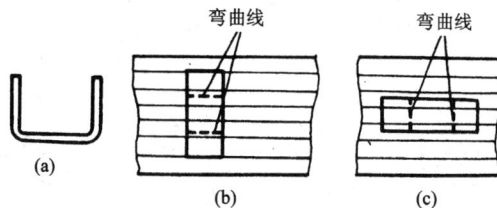

图 3-5　弯曲线方向对最小弯曲半径的影响
（a）弯曲件；（b）不合理；（c）合理

3. 板材的表面质量和侧面质量

板材的表面质量和侧面（剪切断面）质量差时，容易造成应力集中和降低塑性，使材料过早地破坏，所以在这种情况下应采用较大的弯曲半径。在冲压生产中，常采用消除毛刺、把有毛刺的表面朝向弯曲凸模等方法，以提高弯曲变形的成形极限，获得较小的弯曲半径。

4. 弯曲中心角的大小

弯曲变形中，由于纤维的制约作用，接近圆角的直边也参与了变形，从而降低了圆角与直边相邻处外缘纤维的实际变形。在较小中心角的弯曲时，其变形区不大，因此圆角中段的变形程度也得以降低，这时相应的 r/t 就可以小些。弯曲中心角愈小，圆角中段变形程度的降低愈多，所以最小弯曲半径可以更小些。

3.2.2 最小弯曲半径值

各种材料在不同状态下的最小弯曲半径的数值可参见表 3-1。

表 3-1 最小弯曲半径

材　　料	退 火 或 正 火		冷 作 硬 化	
	弯　曲　线　位　置			
	垂直于纤维	平行于纤维	垂直于纤维	平行于纤维
08、10	0.1t	0.4t	0.4t	0.8t
15、20	0.1t	0.5t	0.5t	1t
25、30	0.2t	0.6t	0.6t	1.2t
35、40	0.3t	0.8t	0.8t	1.5t
45、50	0.5t	1.0t	1.0t	1.7t
55、60	0.7t	1.3t	1.3t	2t
65Mn、T7	1t	2t	2t	3t
1Cr18Ni9Ti	1t	2t	3t	4t
软杜拉铝	1t	1.5t	1.5t	2.5t
硬杜拉铝	2t	3t	3t	4t
磷铜	—	—	1t	3t
半硬黄铜	0.1t	0.35t	0.5t	1.2t
软黄铜	0.1t	0.35t	0.35t	0.8t
紫铜	0.1t	0.35t	1t	2t
铝	0.1t	0.35t	0.5t	1t

注：1. 当弯曲线与纤维方向成一定角度时，可采用垂直和平行纤维方向二者的中间数值；

　　2. 在冲裁或剪裁后没有退火的毛料应作为硬化的金属选用；

　　3. 弯曲时应使有毛刺的一边处于弯角的内侧；

　　4. 表中 t 为板料厚度。

3.3 弯曲件的回弹

对弯曲变形过程的分析可知，材料的外层发生拉伸变形，材料的内层发生压缩变形。当变形结束，工件从模具中取出以后，由于弹性回复，外层将发生收缩，内层发生伸长，使工件的弯曲角和弯曲半径发生改变，因而所得工件与模具的形状尺寸不一致，这种现象称为弯曲件的回弹。

一般回弹程度用角度来表示，弯曲半径只有在弯曲圆角半径较大时才有明显变化。

图 $3-6$ 中 α 为模具闭合状态时的工件弯曲角，α_0 为工件自模具中取出后的弯曲角，回弹角 $\Delta\alpha$ 为 $\Delta\alpha=\alpha_0-\alpha$。

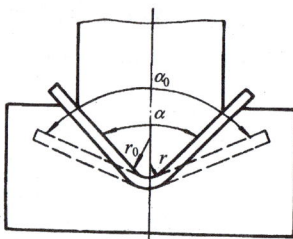

图 3-6　弯曲时的回弹

3.3.1　影响回弹的因素

1. 材料的机械性能

回弹角的大小，与材料的屈服强度 σ_s 成正比，与弹性模数 E 成反比。

材料的屈服强度（σ_s）及硬化模量（D）愈大，则材料在一定变形程度（r/t）时断面内的应力也就愈大，因而会引起更大的弹性变形，所以回弹角 $\Delta\alpha$ 也愈大。材料的弹性模数 E 愈大，则材料抵抗弹性弯曲的能力就愈大，因而回弹角 $\Delta\alpha$ 就愈小。

2. 变形程度 r/t

r/t 愈大，则变形程度就愈小，板材中性层两侧的纯弹性变形区以及塑性变形区总变形中弹性变形的比重将增大，回弹角 $\Delta\alpha$ 也愈大。

3. 弯曲角

α 愈大，则变形区段 $r\alpha$ 就愈大，回弹积累值就愈大，故回弹角 $\Delta\alpha$ 也愈大。

4. 弯曲方式

采用校正弯曲比自由弯曲回弹小，且校正力越大回弹越小。在 V 形弯曲中，其直边部分有校直作用，圆角部分产生的回弹方向 M 与直边部分校直产生的回弹方向 N 相反（见图 3-7），若直边校直的回弹与圆角部分回弹相等，则工件不出现回弹，当直边校直的回弹大于圆角部分的回弹时，则出现负回弹，回弹角 $\Delta\alpha<0$，这种现象出现在 $r/t<0.2\sim0.3$ 的情况下。

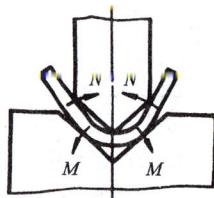

图 3-7　V 形件校正弯曲时的回弹

5. 工件形状

U 形件的回弹由于两边受限制而小于V形件。形状复杂的弯曲件若一次弯成，由于各部分互相牵制，回弹困难，故回弹角减小。

6. 模具间隙

弯曲模的间隙越大，回弹也越大，所以材料厚度公差越大，回弹值也不稳定。

7. 弯曲线长度

在其它条件不变的情况下，弯曲线越长，回弹值越大。

3.3.2　回弹值的确定

如上所述,影响回弹的因素很多,而且各因素又相互影响,用理论计算非常复杂,且不准确,所以实际生产中是按照经验数据确定回弹值,并在试模调整时加以修正。

(1) 当 $r/t < 5$ 时,对于软性材料在 90°单角校正弯曲时,回弹角的数值可按表 3 - 2 选取。因 $r/t < 5$ 时,弯曲半径变化不大,故只考虑角度的回弹。

表 3 - 2　单角 90°校正弯曲时的回弹角 $\triangle \alpha$

材　　料	r/t		
	$\leqslant 1$	$1 \sim 2$	$2 \sim 3$
Q215A、Q235A	$-1° \sim 1°30'$	$0° \sim 2°$	$1°30' \sim 2°30'$
铝、紫铜、黄铜	$0° \sim 1°30'$	$0° \sim 3°$	$2° \sim 4°$

(2) 当 $r/t \geqslant 10$ 自由弯曲时,工件不仅角度有回弹,弯曲半径也有较大的变化,凸模圆角半径与回弹角可按下式进行计算:

凸模圆角半径为

$$r_p = \frac{r_0}{1 + \dfrac{3\sigma_s}{E} \dfrac{r_0}{t}} \qquad\qquad (3-2)$$

回弹角的数值为

$$\Delta \alpha = (180° - \alpha_0)\left(\frac{r_0}{r_p} - 1\right) \qquad\qquad (3-3)$$

式中: r_p ——凸模的圆角半径(mm);

　　　r_0 ——工件的圆角半径(mm);

　　　α_0 ——工件的弯曲角度(°);

　　　σ_s ——工件材料的屈服强度(MPa);

　　　E ——工件材料的弹性模数(MPa);

　　　t ——工件材料厚度(mm)。

初步计算的结果与实际情况可能会有差异,在生产中必须通过试模加以修正。

3.3.3　减小回弹的措施

1. 工件设计方面的措施

主要是改进工件结构,以便减小回弹。例如在弯曲区压制加强筋(见图 3 - 8),以增加弯曲件的刚度和弯曲变形的程度,达到减小回弹的目的。选用材料时可选弹性模量大、屈服极限小、机械性能稳定的材料。

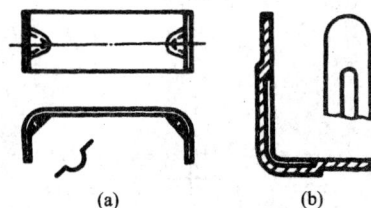

图 3 - 8　在弯曲区压制加强筋

2. 工艺方面的措施

对于经过冷作硬化的硬材料,在弯曲前要先进行退火,降低其硬度以减小回弹,待弯曲后再淬火,这对于热处理不能强化的材料不宜采用。在弯曲工艺方面可采用校正弯曲代替自由弯曲。

3. 模具结构方面的措施

（1）对于软材料（Q215A、Q235A、10、20），其回弹角 $\Delta\alpha < 5°$，可在凸模或凹模上做出补偿角，并用减小凸、凹模间隙的方法克服回弹（见图 3-9）。

（2）对于厚度在 0.8 mm 以上的软材料，弯曲半径又不大时，可把凸模做成局部凸起（见图 3-10），以便对变形区进行整形来减小回弹。

（3）对于较硬材料（45、50、Q275），可在凹模或凸模上做出补偿角，以消除回弹。

（4）对于 U 形件弯曲，可用改变背压（顶板压力）的方法改变回弹角（见图 3-10(c)）。

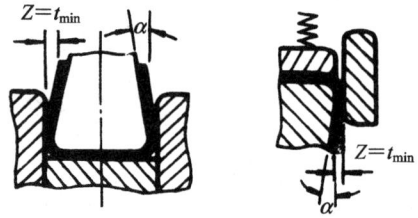

图 3-9　减小回弹措施（之一）

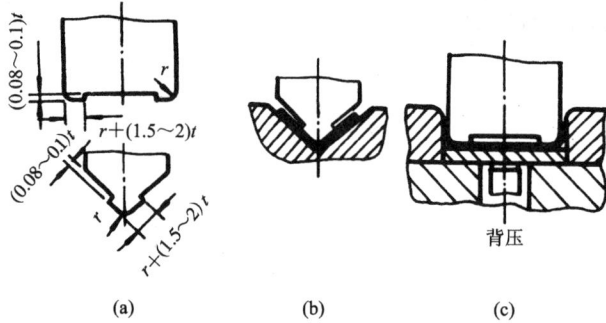

(a)　　　　　　　(b)　　　　　　　(c)

图 3-10　减小回弹措施（之二）

背压加大，工件局部产生的正回弹大于底部正向凸起校平后产生的负回弹，故回弹角加大。背压减小而又作最后底部校平时会产生负回弹。适当调整背压值，可使底部产生的负回弹和角部产生的正回弹互相补偿。U 形件弯曲时，可将工件底部预先压出反向凸起的弧形，当工件自凹模中取出后，由于弧面部分回弹伸直而使两侧产生负回弹，从而补偿了圆角部分的正回弹（如图 3-11 所示）。

（5）采用聚氨酯以及摆动结构的特殊弯曲模以减小回弹。

（6）在弯曲件的端部加压，可以获得精确的弯边高度，并由于改变了应力状态而减小了回弹（如图 3-12 所示）。

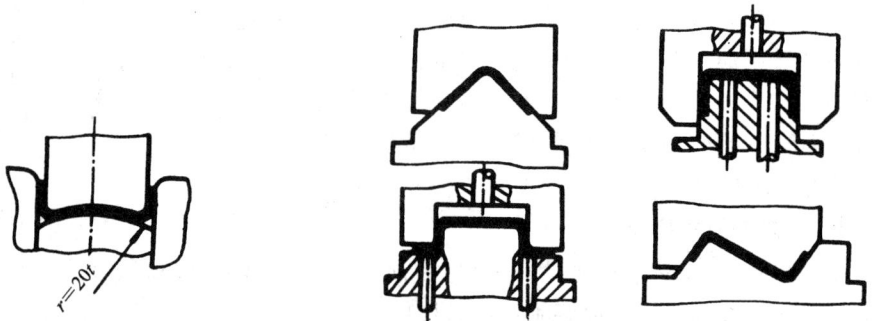

图 3-11　减小回弹措施（之三）

图 3-12　端部加压的弯曲

3.4　弯曲件展开长度的确定

1. 圆角半径 $r>t/2$ 的弯曲件

这类弯曲件的展开长度是根据弯曲前、后中性层长度不变的原则进行计算的。其展开长度等于直线部分的长度和弯曲部分中性层展开长度之和。具体计算步骤如下(见图3-13)：

(1) 算出直线段 a、b、c… 的长度。

(2) 根据 r/t，由表 3-3 查出应变中性层位移系数 x 值。

(3) 计算中性层弯曲半径(见图 3-14)：

$$\rho = r + xt \tag{3-4}$$

(4) 根据 ρ_1、ρ_2…… 与弯曲角 α_1、α_2… 计算 l_1、l_2…弧的展开长度：

$$l = \frac{\pi\rho\alpha}{180°} \tag{3-5}$$

(5) 计算毛料总长度：

$$I = a+b+\cdots+l_1+l_2+\cdots$$

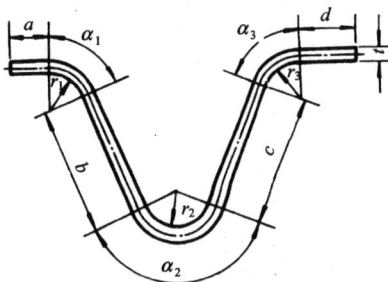

图 3-13　圆角半径 $r>t/2$ 的弯曲件

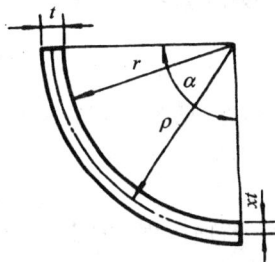

图 3-14　中性层弯曲半径

表 3-3　中性层的位移系数 x 值

$\frac{r}{t}$	0.1	0.2	0.3	0.4	0.5	0.6	0.7	0.8	1.0	1.2
x	0.21	0.22	0.23	0.24	0.25	0.26	0.28	0.3	0.32	0.33
$\frac{r}{t}$	1.3	1.5	2.0	2.5	3.0	4.0	5.0	6.0	7.0	≥8.0
x	0.34	0.36	0.38	0.39	0.40	0.42	0.44	0.46	0.48	0.5

2. 无圆角半径或圆角半径 $r<t/2$ 的弯曲件

这类弯曲件是采用塑性很好的材料制成的，其毛料尺寸是根据弯曲前、后材料体积不变的原则进行计算的(见图 3-15)。

弯曲前的体积：

$$V_0 = Lbt$$

弯曲后的体积：

$$V = (l_1+l_2)bt + \frac{\pi t^2}{4}b$$

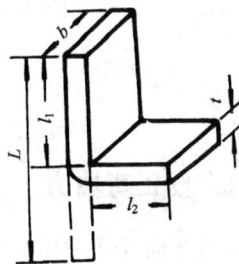

图 3-15　无圆角半径的弯曲件

由 $V_0 = V$ 可得

$$L = l_1 + l_2 + 0.785t \qquad (3-6)$$

用上述各公式计算时,很多因素(如材料性能、模具结构、弯曲方式等)没有考虑,因而可能产生较大的误差,所以只能用于形状简单、弯角个数少和尺寸公差要求不高的弯曲件。对于形状复杂、弯角较多以及尺寸公差较小的弯曲件,应先用上述公式进行初步计算,而准确的毛料长度则应根据试弯结果最后确定。

3.5 弯曲力的计算

为了选择压力机和设计模具,必须计算弯曲力。弯曲力的大小不仅与毛料尺寸、材料机械性能、凹模型腔宽度、弯曲半径以及模具间隙等因素有关,而且与弯曲方式也有很大的关系。因此,要从理论上计算弯曲力是很复杂的,计算的精确度也不高,通常在生产中是采用经验公式或经过简化的理论公式计算的。

3.5.1 自由弯曲力

对于 V 形件(见图 3-16(a)):

$$F_{自} = \frac{0.6kbt^2\sigma_b}{r+t} \qquad (3-7)$$

对于 U 形件(见图 3-16(b)):

$$F_{自} = \frac{0.7kbt^2\sigma_b}{r+t} \qquad (3-8)$$

式中: $F_{自}$ ——弯曲结束时的自由弯曲力(N);

　　　 b ——弯曲件宽度(mm);

　　　 t ——弯曲件厚度(mm);

　　　 r ——弯曲件的弯曲半径(mm);

　　　 σ_b ——材料的强度极限(MPa);

　　　 k ——安全系数,一般取 $k=1.3$。

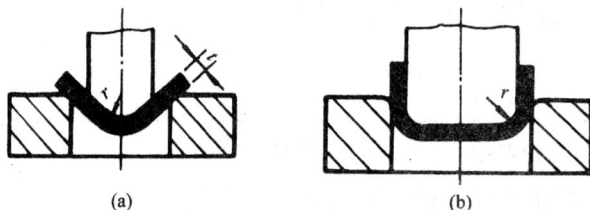

图 3-16 自由弯曲示意图

3.5.2 校正弯曲力

如果弯曲件在冲压行程结束时受到模具的校正(见图 3-17),则校正力按下式近似计算:

$$F_{校} = Ap \qquad (3-9)$$

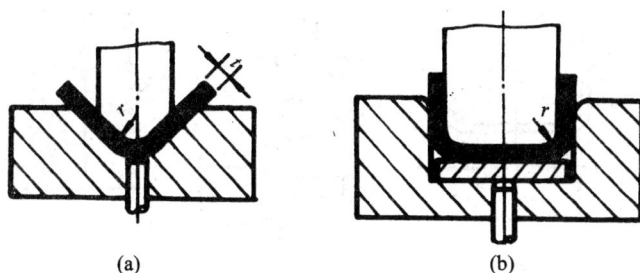

图 3 - 17　校正弯曲示意图

式中：$F_{校}$——校正弯曲力（N）；

　　　　A——校正部分投影面积（mm^2）；

　　　　p——单位校正力（MPa），见表 3 - 4。

表 3 - 4　单位校正力 p 值　　　　　　　　单位：MPa

材　　料	材料厚度 t/mm			
	<1	1～3	3～6	6～10
铝	15～20	20～30	30～40	40～50
黄铜	20～30	30～40	40～60	60～80
10～20 钢	30～40	40～60	60～80	80～100
25～30 钢	40～50	50～70	70～100	100～120

3.5.3　顶件力或压料力

对于设有顶件装置或压料装置的弯曲模，其顶件力或压料力 F 值可近似取自由弯曲力的 30%～80%。即

$$F = (0.3 \sim 0.8)F_{自} \quad (N) \tag{3-10}$$

3.5.4　弯曲时压力机压力的确定

对于有压料的自由弯曲，其压力机压力为

$$F_{压力机} = F_{自} + F$$

对于校正弯曲，由于校正力是发生在接近下死点位置，校正力与自由弯曲力并非重叠关系，而且校正力的数值比压料力大得多，F 值可以忽略不计，因此，只按校正力选择设备就可以了，即

$$F_{压力机} = F_{校}$$

3.6　弯曲件的结构工艺性

具有良好工艺性的弯曲件，能简化弯曲的工艺过程和提高弯曲件的精度。下面对弯曲件的结构提出一些工艺性要求。

（1）弯曲件的形状最好对称，弯曲半径左右一致（见图 3 - 18(a)）。否则，由于摩擦力不均匀，板料在弯曲过程中会产生滑动（见图 3 - 18(b)、(c)）。为了防止板料的偏移，设计模具时应有可靠的定位措施。

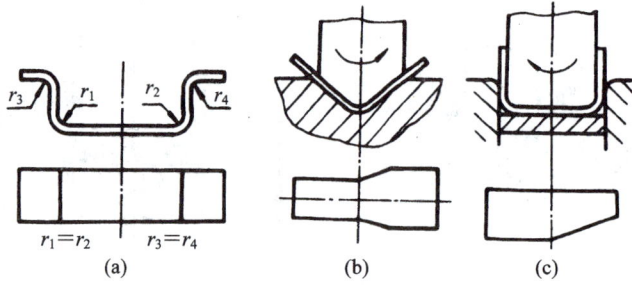

图 3-18 弯曲件形状及滑动现象

（2）弯曲件的圆角半径应大于板料许可的最小弯曲半径。当必须弯曲成很小的圆角时，可进行多次弯曲，中间辅以退火工序。弯曲件的圆角半径也不宜过大，因为过大时，回弹值增大，弯曲件的精度不易保证。

（3）弯曲件的直边高度不宜过小，其值应为 $h > 2t$（见图 3-19）。当 h 较小时，弯边在模具上支持的长度过小，不容易形成足够的弯矩，很难得到准确的形状，此时，可以预先压槽（见图 3-19）或加高直边，弯曲后再切掉。

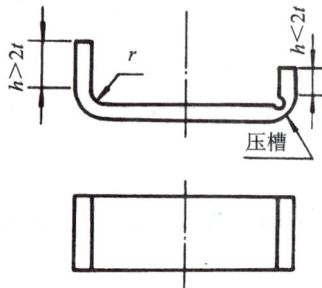

图 3-19 弯曲件直边高度

（4）在弯曲带孔工件时，如果孔的位置处于弯曲变形区，则孔会发生变形。为避免这种情况，必须使孔处于变形区之外。

（5）在局部弯曲某一段边缘时，为避免角部形成裂纹，可预先切工艺槽（见图 3-20（a）），槽深 k 应大于弯曲半径 r。也可将弯曲线移动一距离，以离开尺寸突变处（见图 3-20（b）），或在弯曲前冲制工艺孔（见图 3-21（a））。

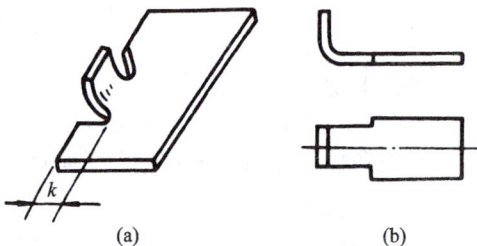

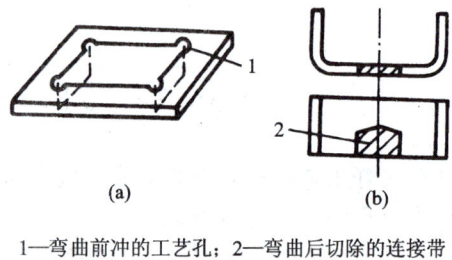

1—弯曲前冲的工艺孔；2—弯曲后切除的连接带

图 3-20 添加工艺槽及转移弯曲线   图 3-21 冲工艺孔和切除连接带

（6）边缘部分有缺口的弯曲件，弯曲时必须于缺口处留连接带，将缺口连住，待弯曲成形后，再将连接带切除（见图 3-21(b)）。若在毛料上先冲缺口再弯曲，会出现叉口甚至无法成形。

3.7　弯曲模工作部分设计

弯曲模工作部分的设计主要是指凸、凹模的圆角半径和凹模的深度。对 U 形件的弯曲模则还有凸、凹模之间的间隙及模具横向尺寸。

3.7.1　凸、凹模的圆角半径及凹模的深度

弯曲凸、凹模的结构尺寸如图 3-22 所示。

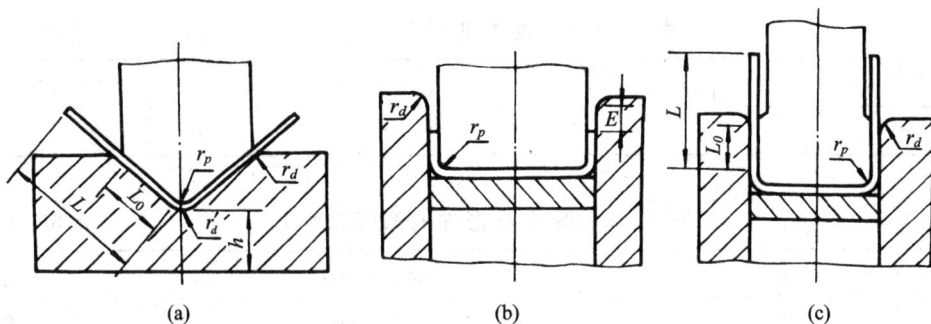

图 3-22　弯曲模的结构尺寸

凸模圆角半径：当 r/t 较小时，凸模圆角半径即等于弯曲件的弯曲半径，但不应小于弯曲件的最小弯曲半径。当弯曲件的弯曲半径较大时（$r/t>10$），则还应考虑回弹，将圆角半径加以修正。

凹模圆角半径：实际生产中，凹模圆角半径通常根据材料的厚度选取。

当 $t \leqslant 2$ mm 时，　　　　　　　$r_d = (3 \sim 6)t$

　　$t = 2 \sim 4$ mm 时，　　　　　　$r_d = (2 \sim 3)t$

　　$t > 4$ mm 时，　　　　　　　$r_d = 2t$

凹模圆角半径不能选取得过小，以免材料表面擦伤，甚至出现压痕。凹模两边的圆角半径应一致，否则在弯曲时毛料会发生移动。

V 形件弯曲凹模的底部可开退刀槽或取圆角半径 $r_d' = (0.6 \sim 0.8)(r_p + t)$。

弯曲凹模深度：指工件位于凹模内的直边长度。凹模深度 L_0 要适当。若过小，工件两端的自由部分太多，弯曲零件回弹大，不平直，影响零件质量。若过大，则过多消耗模具钢材，且需要较大的冲床行程。

弯曲 V 形件时，凹模深度及底部最小厚度可查表 3-5。

弯曲 U 形件时，若弯边高度不大或要求两边平直，则凹模深度应大于零件的高度，如图 3-22(b)所示。图中 m 值见表 3-6。如果弯曲件边长较大，且对平直度要求不高时，可采用图 3-22(c)所示凹模型式，凹模深度 L_0 之值见表 3-7。

表 3 - 5　弯曲 V 形件的凹模深度底部最小厚度值　　　单位：mm

弯曲件边长 L	材料厚度 t					
	≤2		2～4		>4	
	h	L_0	h	L_0	h	L_0
10～25	20	10～15	22	15	/	/
>25～50	22	15～20	27	25	32	30
>50～75	27	20～25	32	30	37	35
>75～100	32	25～30	37	35	42	40
>100～150	37	30～35	42	40	47	50

表 3 - 6　弯曲 U 形件凹模的 m 值　　　单位：mm

材料厚度 t	≤1	1～2	2～3	3～4	4～5	5～6	6～7	7～8	8～10
m	3	4	5	6	8	10	15	20	25

表 3 - 7　弯曲 U 形件的凹模深度 L_0　　　单位：mm

弯曲件边长 L	材料厚度 t				
	<1	1～2	>2～4	>4～6	>6～10
≤50	15	20	25	30	35
>50～75	20	25	30	35	40
>75～100	25	30	35	40	45
>100～150	30	35	40	45	55
>150～200	40	45	55	65	65

3.7.2　凸、凹模间隙

弯曲 V 形零件时，凸、凹模间隙是靠调整冲床的闭合高度来控制的，不需要在设计、制造模具时确定。对于 U 形件的弯曲，则必须选择适当的间隙。间隙的大小对零件质量和弯曲力有很大的影响。间隙愈小，则弯曲力愈大；间隙过小，会使零件边部壁厚减薄，降低凹模寿命。间隙过大，则回弹大，降低零件的精度。凸、凹模单边间隙 Z 一般可按下式计算。

$$Z = T_{max} + ct = t + \Delta_{max} + ct \qquad (3-11)$$

式中：Z——弯曲模凸、凹模的单边间隙；

　　　t——材料厚度的基本尺寸；

　　　Δ_{max}——材料厚度的正偏差；

　　　c——间隙系数，可按表 3 - 8 选取。

当工件精度要求较高时，其间隙值应适当缩小，取 Z＝t。

表 3 - 8 U 形件弯曲模凸、凹模的间隙系数 c 值

弯曲件高度 H /mm	b/H≤2				b/H>2				
	材料厚度 t/mm								
	<0.5	0.6~2	2.1~4	4.1~5	<0.5	0.6~2	2.1~4	4.1~7.5	7.6~12
10	0.05	0.05	0.04	—	0.10	0.10	0.08	—	—
20	0.05	0.05	0.04	0.03	0.10	0.10	0.08	0.06	0.06
35	0.07	0.05	0.04	0.03	0.15	0.10	0.08	0.06	0.06
50	0.10	0.07	0.05	0.04	0.20	0.15	0.10	0.06	0.06
70	0.10	0.07	0.05	0.05	0.20	0.15	0.10	0.10	0.08
100	—	0.07	0.05	0.05	—	0.15	0.10	0.10	0.08
150	—	0.10	0.07	0.05	—	0.20	0.15	0.10	0.10
200	—	0.10	0.07	0.07	—	0.20	0.15	0.15	0.10

3.7.3 凸、凹模工作部分的尺寸与公差

1. 用外形尺寸标注的弯曲件

工件为双向偏差时(见图 3 - 23(a)),凹模尺寸为

$$L_d = \left(L - \frac{1}{2}\Delta\right)^{+\delta_d}$$

工件为单向偏差时(见图 3 - 23(b)),凹模尺寸为

$$L_d = \left(L - \frac{3}{4}\Delta\right)^{+\delta_d}$$

凸模尺寸为

$$L_p = (L_d - 2Z)_{-\delta_p}$$

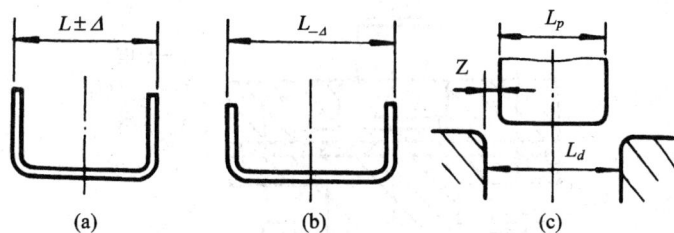

图 3 - 23 用外形尺寸标注的弯曲件

2. 用内形尺寸标注的弯曲件

工件为双向偏差时(见图 3 - 24(a)),凸模尺寸为

$$L_p = \left(L + \frac{1}{2}\Delta\right)_{-\delta_p}$$

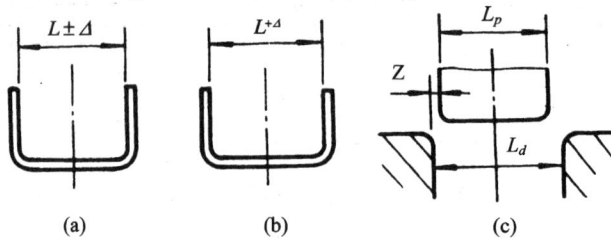

图 3-24　用内形尺寸标注的弯曲件

工件为单向偏差时(见图 3-24(b)),凸模尺寸为

$$L_p = \left(L + \frac{3}{4}\Delta\right)_{-\delta_p}$$

凹模尺寸为

$$L_d = (L_p + 2Z)^{+\delta_d}$$

式中：L_p、L_d——分别为凸模和凹模宽度；

　　　L——弯曲件宽度的基本尺寸；

　　　Δ——弯曲件宽度的尺寸偏差；

　　　δ_p、δ_d——凸、凹模的制造偏差(IT7~IT9)。

3.8　弯曲模典型结构

3.8.1　V 形件弯曲模

　　V 形件形状简单,能一次弯曲成形。最简单的模具结构为敞开式,如图 3-25 所示。这种模具制造方便,通用性强。但采用这种模具弯曲时,板料容易滑动,使弯曲件边长不易控制,影响工件精度。

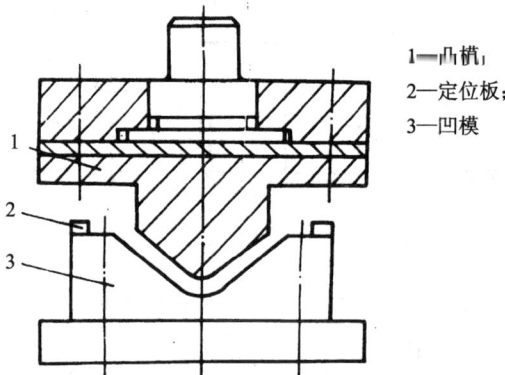

1——凸模；
2——定位板；
3——凹模

图 3-25　敞开式弯曲模

　　为了防止板料滑动,提高 V 形件的弯曲精度,可以采用图 3-26 所示的带有顶件装置的模具结构。

图 3-27 为另一种结构型式的 V 形弯曲模。由于有顶板及定料销，可以防止弯曲时毛料滑动，能得到较高弯曲精度的工件，边长公差可达±0.1 mm，这是其它型式的弯曲模达不到的。

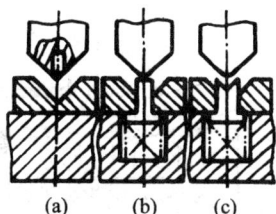

图 3-26　带顶件装置的弯曲模
（a）定位夹；（b）顶杆；（c）V 形顶板

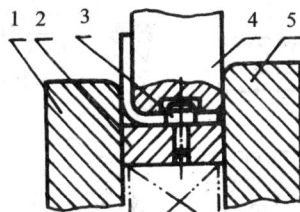

1—凹模；2—顶板；3—定料销；4—凸模；5—侧板

图 3-27　带顶板及定料销的弯曲模

图 3-28 为通用 V 形弯曲模，可弯曲边长较短、宽度较大的多种弯曲件。凹模由两块组成，它具有四个工作面，可以弯曲多种角度。凸模按工件弯曲角和圆角半径的大小更换。

图 3-29 所示为具有翻板的 V 形弯曲模，翻板可绕转轴回转，定位板固定在翻板上。弯曲前，转轴由顶杆顶在最高位置，在弯曲过程中板料两侧始终和定位板接触，以防止弯曲过程中板料的走动。这种结构特别适用于毛料不易放平稳的带窄条的工件以及没有足够压料面的工件。

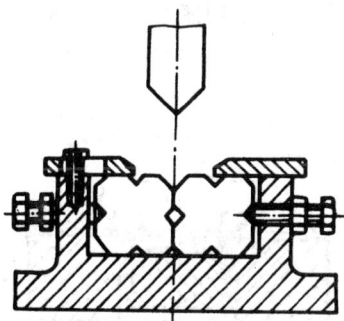

图 3-28　通用 V 形弯曲模

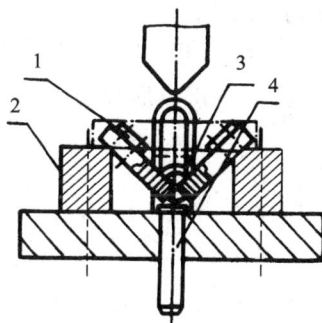

1—定位板；2—支承板；3—转轴；4—顶杆

图 3-29　带翻板的 V 形弯曲模

3.8.2　U 形件弯曲模

图 3-30 所示为 U 形件弯曲模。图 3-30(a)用于底部不要求平整的工件。图 3-30(b)用于底部要求平整的工件。图 3-30(c)用于外侧尺寸要求较高的工件（当毛料厚度公差较大时），凸模两侧做成活动镶块，由于弹簧的作用，可根据料厚自动调整凸模宽度尺寸。图 3-30(d)用于内侧尺寸要求较高的工件（当毛料厚度公差较大时），将凹模两侧做成镶块，由于弹簧的作用，可根据料厚自动调整凹模宽度尺寸。

图3-31是弯曲角小于90°的弯曲模。两侧的活动凹模镶块可在圆腔内回转,当凸模上升后,弹簧使活动凹模镶块复位。

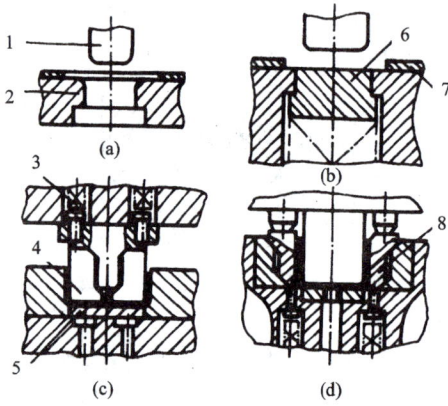

1—凸模；2—凹模；3—弹簧；4—凸模活动镶块；
5、6—顶板；7—定位板；8—凹模活动镶块；

图 3-30　U 形件弯曲模

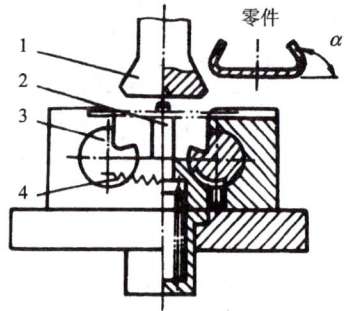

1—凸模；2—顶杆；3—凹模；4—弹簧

图 3-31　弯曲角小于90°的U形弯曲模

3.8.3　帽罩形件弯曲模

帽罩形件如图3-32所示。弯曲这种零件的方法有两种:一次弯曲成形和两次弯曲成形。一般可根据材料厚度 t、圆角半径 r、工件高度 H 和尺寸精度等工艺要求来决定工序次数和模具结构。

例如,$H \leqslant 8t$、$r \leqslant 2t$ 以及 $t \leqslant 1$ mm 的帽罩形弯曲件可以采用图3-33所示的一次成形的弯曲模。但是,一次成形时由于加大了摩擦,工件侧壁会变薄,同时凸缘部分与底部不易平行。

图 3-32　帽罩形弯曲件

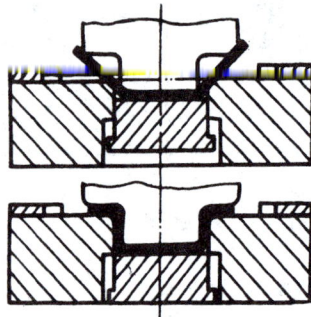

图 3-33　帽罩形件一次弯曲成形模

对于工件高度 H 较高($H \geqslant (12 \sim 15)t$)、圆角半径较小、弯曲角又要求准确的帽罩形弯曲件,一般采用两次弯曲成形。两次成形的模具分别如图3-34和图3-35所示。由图3-35可以看出,工件高度 $H > (12 \sim 15)t$ 时,才能使凹模保持足够的强度。为了防止毛料走动及顶出工件,图3-34和图3-35所示模具设有顶件器。

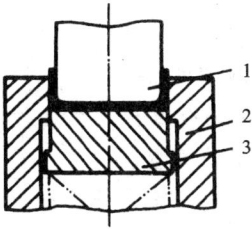

1—凸模；2—凹模；3—顶板

图 3-34　帽罩形件首次弯曲模

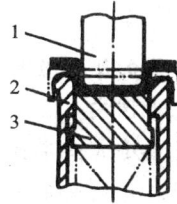

1—凸模；2—凹模；3—顶板

图 3-35　帽罩形件二次弯曲模

3.8.4　Z 形件弯曲模

Z 形件一次弯曲即可成形。图 3-36 所示为 Z 形件弯曲模，凸模 8 装在接板 3 上可随接板上下活动。上模下行时，凸模先将毛料压在顶板 5 上，上模继续下行完成弯曲过程。

3.8.5　冲孔、落料和弯曲的二工位级进模

图 3-37 所示为同时进行冲孔、落料和弯曲的二工位级进模，用以弯制侧壁带孔的双角弯曲件。

工作时用导尺导料送进，将条料从卸料板下面送入模内至挡块 2 的右侧，然后冲床滑块下行，剪切凸模（凸凹模 3 起剪切凸模作用，同时又是弯曲凹模）便切断条料，并随即将所切条料压弯成形。与此同时，

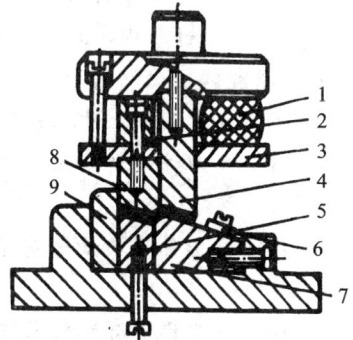

1—橡胶；2—支承块；3—接板；
4、8—凸模；5—顶板；
6—定料板；7—凹模；9—侧板

图 3-36　Z 形件弯曲模

冲孔凸模 6 在条料上冲孔。回程时卸料板卸料，同时顶件销 4 在弹簧 5 的作用下推出制件，然后用手取出。这样不断地重复冲压，除第一件因无孔而成半成品外，以后每次冲压均可得到一件有孔的弯曲工件，若要第一件成为成品，可安置临时挡料销加以解决。

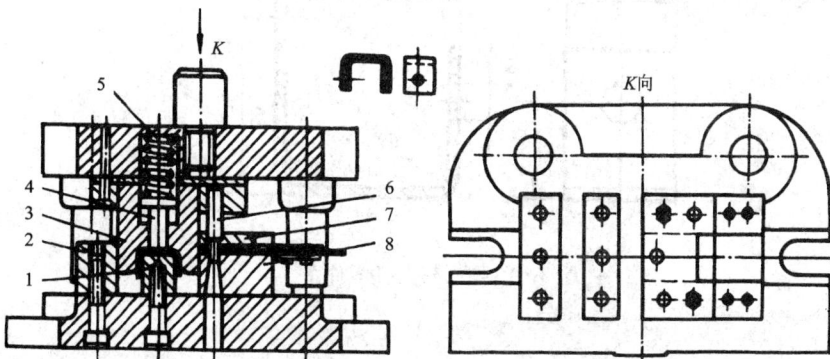

1—弯曲凸模；2—挡块；3—凸凹模；4—顶件销；5—弹簧；6—冲孔凸模；7—卸料板；8—冲孔凹模

图 3-37　冲孔、落料和弯曲的二工位级进模

复习思考题

3-1　板料弯曲的变形过程是怎样的? 其塑性变形区在何处?

3-2　弯曲变形区内,板料的横断面会发生什么变化? 为什么会产生这种变化?

3-3　什么是最小弯曲半径? 影响最小弯曲半径的因素有哪些?

3-4　当要求工件的圆角半径小于材料许可的最小弯曲半径时,采取什么措施可避免工件的外层纤维出现裂纹?

3-5　什么是回弹? 回弹对工件精度有何影响? 影响回弹值大小的主要因素有哪些?

3-6　生产中采取哪些措施控制回弹?

3-7　怎样确定弯曲件毛料的长度尺寸?

3-8　怎样计算弯曲力?

3-9　弯曲过程中,工件发生偏移的原因是什么? 偏移对工件质量有何影响? 生产中采取哪些措施解决偏移问题?

3-10　在弯曲件上冲工艺孔、切槽、添加连接带有何意义?

3-11　弯曲件工作部分的设计包括哪些内容? 各项内容对弯曲件质量或精度有何影响?

3-12　U形件弯曲如果要保证外形尺寸,可采取何种措施? 如果要保证内形尺寸,有什么办法?

3-13　弯曲模中有哪些定位措施?

3-14　罩帽形零件的一次弯曲成形和二次弯曲成形各有何优缺点? 各适用于何种场合?

3-15　用弯曲模冲压生产如图所示零件,材料为35钢,请完成以下工作:

(1) 计算毛料尺寸;

(2) 设计弯曲模工作部分;

(3) 采取什么措施可保证弯曲件的精度符合图纸要求?

(4) 画出模具结构草图。

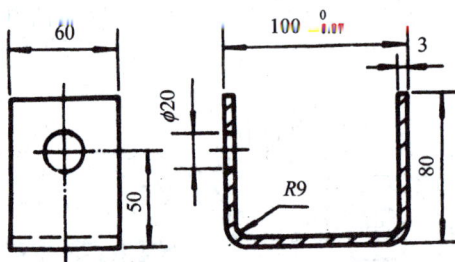

题3-15图　弯曲件零件图

第 4 章　拉深工艺及拉深模设计

拉深也称拉延,它是利用模具使平面毛料变成开口的空心零件的冲压工艺方法。

拉深工作示意图如图 4-1 所示。拉深模的主要零件有凸模 1、凹模 4 和压边圈 2。在凸模的作用下,原始直径为 D_0 的毛料,在凹模端面和压边圈之间的缝隙中变形,并被拉进凸模与凹模之间的间隙里形成空心零件。零件上高度为 H 的直壁部分是由毛料的环形部分(外径为 D_0、内径为 d)转化而成的,所以拉深时毛料的环形部分是变形区,而底部通常认为是不参与变形的不变形区。压边圈 2 的作用主要是防止拉深过程中毛料凸缘部分失稳起皱。拉深模的凸模与凹模和冲裁模不同,它们的工作部分都没有锋利的刃口,而是做成一定的圆角半径,凸、凹模之间的间隙大于冲裁模间隙且稍大于板料厚度。

用拉深工艺可以制成筒形、阶梯形、锥形、球形、方盒形和其它不规则形状的薄壁零件,如果与其它冲压成形工艺配合,还可以制造形状极为复杂的零件。拉深件的可加工尺寸范围也相当广泛,从几毫米的小零件到轮廓尺寸达 2～3 米的大型零件,都可用拉深方法制成。因此,拉深工艺方法的应用范围十分广泛,在电器、仪表、电子、汽车、航空等工业部门以及日常生活用品的冲压生产中,拉深工艺占据着相当重要的地位。

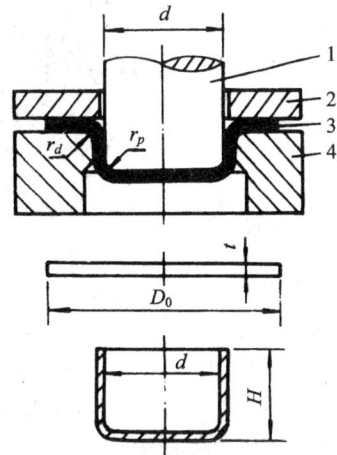

1—凸模;2—压边圈;3—毛料;4—凹模

图 4-1　拉深工作示意图

4.1　拉深的基本原理

4.1.1　首次拉深变形

如图 4-1 所示,直径为 D_0,厚度为 t 的圆板毛料经拉深模拉深,得到了直径为 d 的开口圆筒形工件。

在拉深变形过程中,毛料的环形部分为变形区,变形区内金属因塑性流动而发生了转移。如图 4-2 所示,如果将圆板毛料的三角形阴影部分 b_1、b_2、b_3…切除,留下狭条部分 a_1、a_2、a_3…,然后将这些狭条沿直径为 d 的圆周弯折过来,再把它们加以焊接,就可以得到直径为 d 的圆筒形工件。此时,圆筒形工件的高度 $h=(D-d)/2$。但在实际拉深过程中,三角形阴影部分的材料并没有切掉,而是在拉深过程中由于产生塑性流动而转移了。这部分被转移的三角形

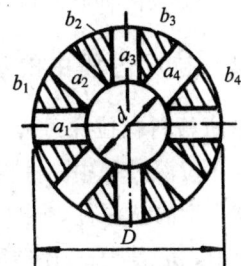

图 4-2　材料的转移

材料，通常称为"多余三角形"。所以，拉深变形过程实际上是"多余三角形"因塑性流动而转移的过程。

"多余三角形"材料转移的结果，一方面要增加工件的高度，使工件的实际高度 $H>(D-d)/2$；另一方面要增加工件口部的壁厚。

为了进一步分析金属的流动情况，可先在毛料上画出间距相等的同心圆和分度相等的辐射线所组成的网格。然后观察拉深后网格的变化情况，如图 4-3 所示。

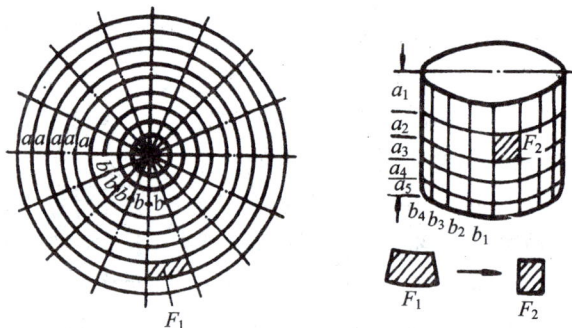

图 4-3 拉深件的网格变化

从图中可以看出，圆筒底部的网格形状在拉深前后基本上没有变化，而圆筒形件壁部的网格则发生了很大的变化：原来的同心圆变成了筒壁上的等高线，而且其间距也增大了，愈靠筒的口部增大愈多，即

$$a_1 > a_2 > a_3 > \cdots > a$$

另外，变形前分度相等的辐射线变成了筒壁上的竖直平行线，其间距则相等，即

$$b_1 = b_2 = b_3 = \cdots = b$$

对于网格来说，是由变形前的扇形网格变成了长方形网格，即由 F_1 变成了 F_2。这种网格的变化是由于应力作用的结果，其应力状态如图 4-4 所示。径向受拉应力 σ_1，切向受压应力 σ_3，如果有压边圈，则在厚度方向受压应力 σ_2。

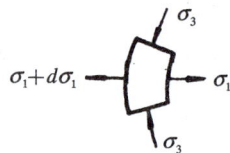

综上所述，拉深过程中，变形区内受径向拉应力 σ_1 和切向压应力 σ_3 的作用，产生塑性变形，将毛料的环形部分变为圆筒形件的直壁。塑性变形的程度，由底部向上逐渐

图 4-4 变形区的应力状态

地增大，在圆筒顶部的变形达到最大值。该处的材料，在圆周方向受到最大的压缩，高度方向获得最大的伸长。拉深过程中，圆筒的底部基本上没有塑性变形。

4.1.2 拉深过程中的应力与应变

分析板料在拉深过程中的应力与应变，有助于拉深工作中工艺问题的解决和保证产品质量。在拉深过程中，材料在不同的部位具有不同的应力状态和应变状态。筒形件是最简单、最典型的拉深件。图 4-5 是筒形件在有压边圈的首次拉深中某一时刻的应力与应变情况。图中，σ_1、ε_1——径向的应力与应变；σ_2、ε_2——厚度方向的应力与应变；σ_3、ε_3——切向的应力与应变。

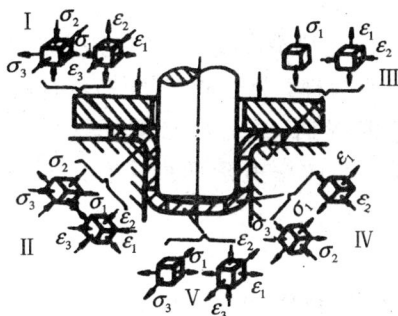

图 4 - 5 拉深过程中的应力应变状态

根据应力应变状态的不同，可将拉深毛料划分为五个区域：I 区为凸缘部分，是拉深工艺的主要变形区；II 区为凹模圆角部分，是一个过渡区域；III 区为筒壁部分，起传递力的作用；IV 区为凸模圆角部分，也是一个过渡区域；V 区是筒形件的底部，可认为没有塑性变形。

在筒壁与底部转角处稍上的地方，由于传递拉深力的截面积较小，因此产生的拉应力 σ_1 较大。同时，在该处所需要转移的材料较少，故该处材料的变形程度很小，加工硬化较低，材料的强度也就较低。而与凸模圆角部分相比，该处又不像凸模圆角处那样存在较大的摩擦阻力。因此在拉深过程中，在筒壁与底部转角处上的地方变薄便最为严重，成为整个零件强度最薄弱的地方，通常称此断面为"危险断面"。若危险断面上的应力 σ_1 超过材料的强度极限，则拉深件将在该处拉裂，如图 4 - 6 所示。或者即使没有拉裂，但由于应力过大，材料在该处变薄过于严重，以致超差而使工件报废。

图 4 - 6 拉深件破裂

4.1.3 拉深时的起皱、厚度变化及硬化

在拉深中经常遇到的问题，除上述的拉破问题外，还会出现起皱、厚度变化及材料硬化等，这会使拉深工作不能顺利进行或造成废品。

1. 起皱

拉深时凸缘部分受切向压应力作用，如果材料较薄，凸缘部分刚度不够，当切向压应力足够大时，凸缘部分材料便会产生受压失稳，在凸缘的整个周围产生波浪形的连续弯曲，这就称为起皱，如图 4 - 7 所示。

当拉深件起皱后，轻者使工件口部产生浪纹，影响拉深件质量。起皱严重时，由于起皱后的边缘不能通过凸、凹模之间的间隙而使拉深件拉破。起皱是拉深中产生废品的主要原因之一。

图 4 - 7 拉深件起皱

防止起皱的有效措施是采用压边圈，用以限制凸缘部分波浪的产生。此外，板料厚度的增加，可以提高凸缘部分抵抗受压失稳的能力，起皱的可能性会减小。

2. 拉深时板料厚度的变化

拉深件的壁厚是不均匀的,壁厚沿高度方向的变化情况如图4-8所示。由图中可以看出,拉深件的上部变厚,愈靠近口部,变厚量愈大;拉深件的下部则变薄,在凸模圆角附近变薄最为严重,使该处成为危险断面,很容易拉破。

拉深件壁厚不均匀的程度与拉深变形的变形程度有关,变形程度越大,壁厚越不均匀。

3. 拉深时的硬化现象

由于拉深时将产生很大程度的塑性变形,故毛料经过拉深后,将引起加工硬化,强度和硬度显著提高,塑性降低,从而给以后继续拉深造成困难。硬度沿拉深件高度的变化情况如图4-8所示。

对于需多次拉深成形的拉深件,一般要采用中间退火工序,以消除拉深过程中产生的加工硬化。

以上关于拉深时所产生的起皱、厚度变化和硬化现象,必须予以重视。起皱现象将会影响拉深件的质量,甚至阻碍拉深工作的顺利进行或产生废品。因此,必须设法避免产生起皱。厚度变化和硬化现象,在拉深工作中是不可避免的,但要设法加以控制,使其不至影响拉深件质量或阻碍拉深工作的顺利进行。

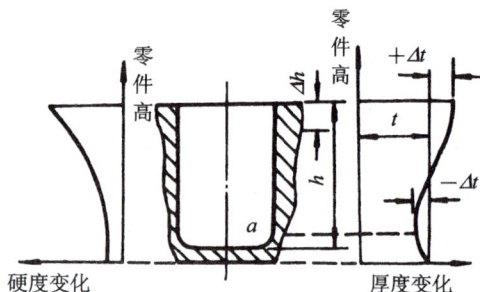

图 4-8 拉深件沿高度的壁厚和硬度变化

4.1.4 以后各次拉深

通常,当筒形件高度较大时,由于受板料成形极限的限制,不可能一次拉成,而需要二次或多次拉深。以后各次拉深,就是指由浅筒形件拉成更深筒形件的拉深。

以后各次拉深大致有两种方法:一种是正拉深,如图4-9(a)所示,为一般所常用;另一种是反拉深,如图4-9(b)所示。反拉深就是将经过拉深的半成品倒放在凹模上再进行拉深。这时,材料的内、外表面将互相转换。

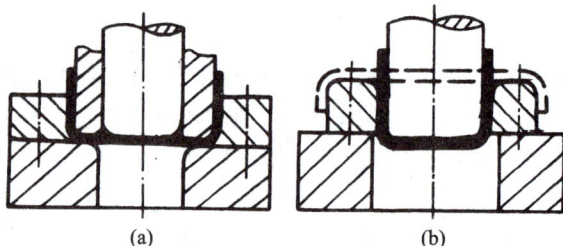

图 4-9 二次拉深方法

(a) 正拉深;(b) 反拉深

反拉深时,由于毛料与凹模的包角为180°(一般拉深为90°),所以材料沿凹模流动的摩擦阻力及弯曲抗力明显大于一般正拉深,这就使变形区的径向拉应力 σ_1 大大增加,从而

使切向压应力 σ_3 的作用相应减小，材料就不易起皱。因此，一般反拉深可以不用压边圈，这就避免了由于压边力不适当或压边力不均匀而造成的拉裂。所以，在某些情况下，反拉深的效果比一般正拉深更好一些。

反拉深可以用于圆筒形件的以后各次拉深，也可用于拉深如图 4-10 所示的特殊零件。锥形、球形和抛物线形等复杂旋转体零件，采用反拉深效果也较好。但

图 4-10　反拉深零件

是，由于模具结构复杂，这种方法主要用于板料较薄的大件和中等尺寸零件的拉深。这种方法的主要缺点是拉深凹模壁部的强度受拉深系数的限制。

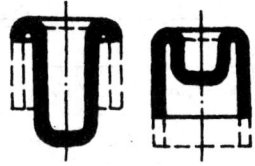

1.5　拉深件的工艺性

1. 拉深件的形状应尽量简单对称

旋转体零件在圆周方向上的变形是均匀的，模具加工也较容易，所以其工艺性最好。其它形状的拉深件，应尽量避免轮廓的急剧变化，否则，变形不均匀，拉深困难。

2. 拉深件凸缘的外轮廓最好与拉深部分的轮廓形状相似

如果凸缘的宽度不一致（如图 4-11(a)所示），不仅拉深困难，需要添加工序，而且还要放宽修边余量，增加材料损耗。

3. 拉深件的圆角半径要合适

如图 4-11(b)所示，一般取 $r_1 \geq (2\sim3)t$，$r_2 \geq (3\sim4)t$。如最后一道工序是整形，则拉深件的圆角半径可取：$r_1 \geq (0.1\sim0.3)t$，$r_2 \geq (0.1\sim0.3)t$。

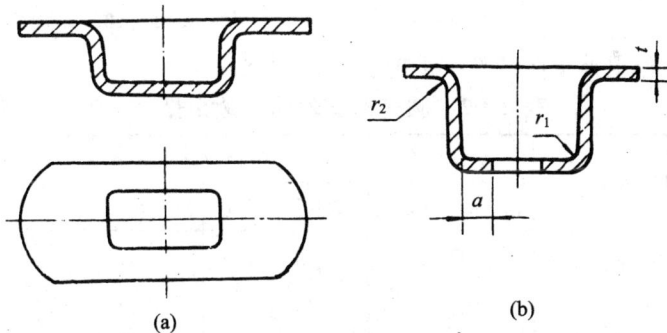

图 4-11　拉深件的工艺性

4. 拉深件底部孔的大小要合适

在拉深件的底部冲孔时，其孔边到侧壁的距离应不小于该处圆角半径加上板料厚度的一半，如图 4-11(b)中，$a \geq r_1 + 0.5t$。

5. 拉深件的精度要求不宜过高

拉深件的精度包括拉深件内形或外形的直径尺寸公差、高度尺寸公差等。其精度等级如表 4-1 所示。

表 4-1　拉深件的精度要求

材料厚度 /mm	基本尺寸/mm											
	≤3	3～6	6～10	10～18	18～30	30～50	50～80	80～120	120～180	180～260	260～360	360～500
	精度等级/GB											
≤1	IT12～IT13											
>1～2	IT14											
>2～3	IT15											
>3～5	IT15											

4.2　圆筒形零件拉深的工艺计算

4.2.1　毛料尺寸的计算

由于拉深后工件的平均厚度与毛料厚度差别不大，厚度的变化可以忽略不计，因此，毛料尺寸的确定可依照拉深前后毛料面积与工件面积相等的原则计算。

由于板料性能的各向异性以及凸、凹模之间间隙不均等原因，拉深后工件口部一般都不平齐，而是在与板料辗压方向成 45° 的方向上产生 4 个凸耳，通常都需要修边，所以在计算毛料尺寸时，要考虑修边余量，即在拉深件高度方向加一段修边余量 δ，如图 4-12 所示。

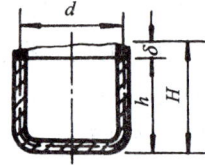

图 4-12　圆筒形拉深件余量图

修边余量的数值根据生产经验，可参考表 4-2 选取。

表 4-2　圆筒形零件的修边余量 δ　　单位：mm

拉深高度 h	拉深相对高度 h/d			
	>0.5～0.8	>0.8～1.6	>1.6～2.5	>2.5～4
≤10	1.0	1.2	1.5	2
>10～20	1.2	1.6	2	2.5
>20～50	2	2.5	3.3	4
>50～100	3	3.3	5	6
>100～150	4	5	6.5	8
>150～200	5	6.3	8	10
>200～250	6	7.5	9	11
>250	7	8.5	10	12

注：1. 对于深拉深件必须规定中间修边工序；

　　2. 对于材料厚度小于 0.5 mm 的薄材料作多次拉深时，应按表值增加 30%。

　　圆筒形件为旋转体零件，通常将旋转体分成几个便于
计算的简单部分，分别求出各部分的面积，然后相加即得
到零件的总面积 F。如图 4 - 13 所示，将零件分成三部分，
各部分的面积分别为

$$F_1 = \pi d(H-r)$$

$$F_2 = \frac{\pi}{4}(2\pi r(d-2r) + 8r^2)$$

$$F_3 = \frac{\pi}{4}(d-2r)^2$$

零件总面积为

$$F = F_1 + F_2 + F_3 = \sum F$$

　　旋转体零件的毛料形状是圆形的，圆板毛料的面积为

$$F_0 = \frac{1}{4}\pi D^2$$

　　依据面积相等原则：$F = F_0$，即

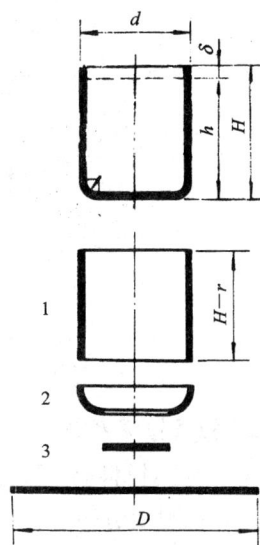

图 4 - 13　筒形件毛料尺寸的确定

$$\frac{1}{4}\pi D^2 = \sum F = \pi d(H-r) + \frac{\pi}{4}(2\pi r(d-2r) + 8r^2)$$

$$+ \frac{\pi}{4}(d-2r)^2$$

因此，毛料直径为

$$D = \sqrt{(d-2r)^2 + 2\pi r(d-2r) + 8r^2 + 4d(H-r)} \qquad (4-1)$$

　　在计算中，工件的直径按厚度中线计算；但当板厚 $t < 1$ mm 时，也可按工件的外径和
内高（或按内径和外高）计算。

4.2.2　拉深系数和拉深次数

1. 拉深系数

　　对于圆筒形零件来说，拉深后零件的直径 d 与毛料直径 D 之比称为拉深系数 m，即

$$m = \frac{d}{D} \qquad (4-2)$$

　　从上式可以看出，拉深系数表示了拉深前后毛料直径的变化量，也就是说，拉深系数
反映了毛料外边缘在拉深时切向压缩变形的大小，因此，拉深系数是拉深时毛料变形程度
的一种简便而实用的表示方法。

　　对于第二次、第三次等以后各次的拉深，其拉深系数也可用类似的方法表示（见图
4 - 14）：

$$m_1 = \frac{d_1}{D}$$

$$m_2 = \frac{d_2}{d_1}$$

$$\vdots$$

$$m_n = \frac{d_n}{d_{n-1}}$$

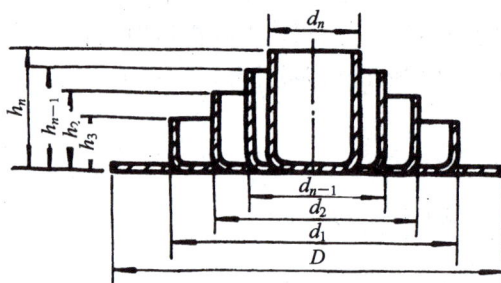

图 4-14　多次拉深时工件尺寸的变化

2. 极限拉深系数

由于受到板料成形极限的限制，每次拉深变形的变形程度不允许太大，即拉深系数不能太小，否则会引起工件的破坏。拉深过程中，工件的主要破坏形式是拉破和起皱，起皱问题可以通过防皱压边装置加以控制，因此，工件在危险断面上的破裂成了拉深工作中的首要问题。所谓极限拉深系数，就是工件在危险断面不至拉裂的条件下，所能达到的最小拉深系数。

图 4-15 是拉深时拉深力 F 和行程 h 的关系曲线。由图可知，最大拉深力的大小与拉深系数有关，拉深系数越小，拉深力曲线的峰值越高，即最大拉深力越大。当拉深系数达到极限值 m 时，拉深力的最大值接近于工件危险断面的承载能力，拉深仍可正常进行。当拉深系数小于极限拉深系数，即 $m' < m$ 时，拉深力的最大值超过危险断面的承载能力，此时，工件在危险断面上会发生破裂。

当前生产实践中采用的各种材料的极限拉深系数见表 4-3 和表 4-4。

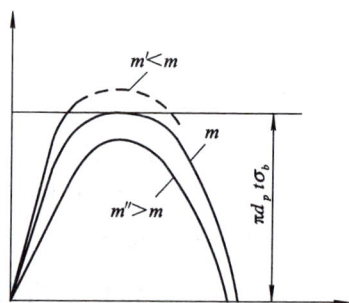

图 4-15　最大拉深力与工件危险断面承载能力的关系

表 4-3　无凸缘筒形件用压边圈拉深时的拉深系数

拉深系数	毛料相对厚度 $\frac{t}{D} \times 100$					
	2~1.5	<1.5~1.0	<1.0~0.6	<0.6~0.3	<0.3~0.15	<0.15~0.08
m_1	0.48~0.50	0.50~0.53	0.53~0.55	0.55~0.58	0.58~0.60	0.60~0.63
m_2	0.73~0.75	0.75~0.76	0.76~0.78	0.78~0.79	0.79~0.80	0.80~0.82
m_3	0.76~0.78	0.78~0.79	0.79~0.80	0.80~0.81	0.81~0.82	0.82~0.84
m_4	0.78~0.80	0.80~0.81	0.81~0.82	0.82~0.83	0.83~0.85	0.85~0.86
m_5	0.80~0.82	0.82~0.84	0.84~0.85	0.85~0.86	0.86~0.87	0.87~0.88

注：1. 凹模圆角半径大时（$r_d = (8 \sim 15)t$），拉深系数取小值，凹模圆角半径小时（$r_d = (4 \sim 8)t$），拉深系数取大值；

2. 表中拉深系数适用于 08、10S、15S 钢与软黄铜 H62、H68。当拉深塑性更大的金属时（05、08Z 及 10Z 钢、铝等），应比表中数值减小 $1.5\% \sim 2\%$。当拉深塑性较小的金属时（20、25、Q215A、Q235A、酸洗钢、硬铝、硬黄铜等），应比表中数值增大 $1.5\% \sim 2\%$（符号 S 为深拉深钢；Z 为最深拉深钢）。

表 4 - 4　无凸缘筒形件不用压边圈拉深时的拉深系数

材料相对厚度 $\dfrac{t}{D} \times 100$	各 次 拉 深 系 数					
	m_1	m_2	m_3	m_4	m_5	m_6
0.4	0.90	0.92	—	—	—	—
0.6	0.85	0.90	—	—	—	—
0.8	0.80	0.88	—	—	—	—
1.0	0.75	0.85	0.90	—	—	—
1.5	0.65	0.80	0.84	0.87	0.90	—
2.0	0.60	0.75	0.80	0.84	0.87	0.90
2.5	0.55	0.75	0.80	0.84	0.87	0.90
3.0	0.53	0.75	0.80	0.84	0.87	0.90
3 以上	0.50	0.70	0.75	0.78	0.82	0.85

注：此表适用于 08、10 及 15Mn 等材料。

在实际生产中，并不是在所有的情况下都采用极限拉深系数。因为过小的接近极限值的拉深系数会引起毛料在凸模圆角部位的过分变薄，而且在以后的拉深工序中这部分变薄严重的缺陷会转移到成品零件的侧壁上，从而降低零件的质量。所以，当对零件质量有较高的要求时，必须采用大于极限值的拉深系数。

3. 影响极限拉深系数的因素

（1）材料的机械性能：σ_s/σ_b 愈小，对拉深愈有利。因为 σ_s 小，材料容易变形，凸缘变形区的变形抗力减小；而 σ_b 大，则提高了危险断面处的强度，减小破裂的危险。因此，σ_s/σ_b 小的材料与 σ_s/σ_b 大的材料相比，其极限拉深系数值小一些。材料延伸率 δ 值小的材料，因容易拉断，故极限拉深系数要大一些。一般认为，$\sigma_s/\sigma_b \leqslant 0.65$，而 $\delta \geqslant 28\%$ 的材料具有较好的拉深性能。

（2）材料的相对厚度 t/D：相对厚度愈大，愈对拉深有利。因为 t/D 大，凸缘处抵抗失稳起皱的能力提高，这样压边力可以减小甚至不需压边，这就可相应地减小甚至完全没有压边圈对毛料的摩擦阻力，从而降低拉深力，减小工件拉破的可能性。

（3）润滑：润滑条件良好对拉深有利，可以减小拉深系数。

（4）模具的几何参数：凸、凹模的圆角半径和凸、凹模之间的间隙值对拉深系数也有影响，因此，决定拉深系数和决定模具几何参数要结合起来加以考虑。

4. 拉深次数

实际上拉深系数有两个不同的概念，一个是零件所需的拉深系数 m_Σ，即

$$m_\Sigma = \frac{d}{D}$$

式中：m_Σ——零件总的拉深系数；

　　　d——零件的直径（mm）；

　　　D——该零件所需毛料的直径（mm）。

另一个是按材料的性能及加工条件等因素在一次拉深中所能达到的极限拉深系数 m，其值见表 4-3、表 4-4。如果零件所要求的拉深系数 m_Σ 值大于极限拉深系数 m，则所给零件可以一次拉深成形，否则必须多次拉深。

多次拉深时的拉深次数，其确定方法如下所述：

1）查表法

筒形件的拉深次数，可根据零件的相对高度 $\frac{h}{d}$ 和毛料的相对厚度 $\left(\frac{t}{D}\times100\right)$，查表 4-5 得出。

表 4-5　拉深件相对高度 h/d 与拉深次数的关系（无凸缘圆筒形件）
（材料：08F、10F）

拉深次数	毛料的相对厚度 $(t/D)\times100$					
	2~1.5	1.5~1.0	1.0~0.6	0.6~0.3	0.3~0.15	0.15~0.08
1	0.94~0.77	0.84~0.65	0.71~0.57	0.62~0.5	0.52~0.45	0.46~0.38
2	1.88~1.54	1.60~1.32	1.36~1.1	1.13~0.94	0.96~0.83	0.9~0.7
3	3.5~2.7	2.8~2.2	2.3~1.8	1.9~1.5	1.6~1.3	1.3~1.1
4	5.6~4.3	4.3~3.5	3.6~2.9	2.9~2.4	2.4~2.0	2.0~1.5
5	8.9~6.6	6.6~5.1	5.2~4.1	4.1~3.3	3.3~2.7	2.7~2.0

注：1. 大的 h/d 值适用于第一道工序的大凹模圆角 $(r_d\approx(8\sim15)t)$；
　　　2. 小的 h/d 值适用于第一道工序的小凹模圆角 $(r_d\approx(4\sim8)t)$。

2）推算法

筒形件的拉深次数，也可根据极限拉深系数 m_1、m_2、m_3……（其值见表 4-3、表 4-4），从第一道工序开始依次求半成品直径，即

$$d_1 = m_1 D$$
$$d_2 = m_2 d_2 = m_1 m_2 D$$
$$\vdots$$
$$d_n = m_n d_{n-1} = m_1 m_2 \cdots m_n D$$

一直计算到得出的直径不大于零件要求的直径为止。这样不仅可求出拉深次数，还可知道中间工序的尺寸。

5. 筒形件各次拉深的半成品尺寸

1）半成品直径

如前所述，半成品直径可根据拉深系数算出，即

$$\left.\begin{aligned}d_1 &= m_1 D\\d_2 &= m_2 d_1 = m_1 m_2 D\\&\vdots\\d_n &= m_n d_{n-1} = m_1 m_2 \cdots m_n D\end{aligned}\right\} \tag{4-3}$$

式中：d_1、d_2、…、d_n——各次半成品直径（mm）；

　　　m_1、m_2、…、m_n——各次拉深系数；

　　　D——毛料直径（mm）。

上述计算所得的最后一次拉深的直径 d_n 必须等于零件直径 d。如果计算所得的 d_n 小于零件直径 d，应调整各次拉深系数，使 $d_n=d$。调整时依照下列原则：变形程度逐次减

小，即后一次的拉深系数大于前一次的拉深系数，$m_1 < m_2 < m_3 < \cdots < m_n$，且都大于相应各次的极限拉深系数。

　　2）半成品高度

　　在设计和制造拉深模及选用合适的冲床时，还必须知道各道工序的拉深高度，因此，工艺计算中必须计算半成品的高度。其值可按下式计算：

$$\left.\begin{aligned}
h_1 &= 0.25\left(\frac{D^2}{d_1} - d_1\right) + 0.43\,\frac{r_1}{d_1}(d_1 + 0.32r_1) \\
h_2 &= 0.25\left(\frac{D^2}{d_2} - d_2\right) + 0.43\,\frac{r_2}{d_2}(d_2 + 0.32r_2) \\
&\vdots \\
h_n &= 0.25\left(\frac{D^2}{d_n} - d_n\right) + 0.43\,\frac{r_n}{d_n}(d_n + 0.32r_n)
\end{aligned}\right\} \tag{4-4}$$

式中：h_1、h_2、$\cdots$、h_n——半成品各次拉深高度（mm）；

　　　　d_1、d_2、$\cdots$、d_n——各次拉深后直径（mm）；

　　　　r_1、r_2、$\cdots$、r_n——各次拉深后底部圆角半径（mm）；

　　　　D——毛料直径（mm）。

　　综上所述，拉深系数是反映毛料变形程度的一种表示方法，拉深系数越小，意味着变形程度越大。拉深系数也是进行工艺计算（如拉深次数的计算和半成品尺寸的计算）的依据。同时，拉深系数值的大小决定着拉深件的精度高低和质量的好坏，拉深系数值取得过小，会使拉深件在凸模圆角处严重变薄，甚至出现起皱或破裂，影响拉深件质量甚至出现废品。一般来说，较大的拉深系数值有利于工件质量的提高。显而易见，拉深系数是拉深工作中十分重要的工艺参数。

4.3　拉深模工作部分设计

4.3.1　凹模和凸模的圆角半径

　　凹模和凸模的圆角半径对拉深工作影响很大，其中凹模圆角半径 r_d 的影响更为显著。

　　如图 4-16 所示，拉深过程中，板料在凹模圆角部位滑动时产生较大的弯曲变形，由凹模圆角区进入直壁部分时又被重新拉直，或者在通过凸、凹模之间的间隙时受到校直作用。若凹模圆角半径过小，则板料在经过凹模圆角部位时的变形阻力以及在模具间隙里通过时的阻力都要增大，势必引起总拉深力增大和模具寿命降低。例如，厚度为 1 mm 的软钢零件的拉深试验结果表

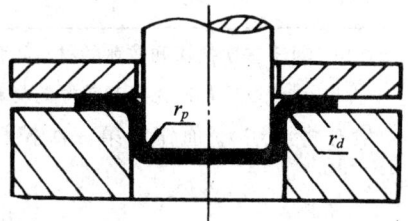

图 4-16　凸、凹模圆角半径

明，当凹模圆角半径由 6 mm 减到 2 mm 时，拉深力增加将近一倍。因此，当凹模圆角半径过小时，必须采用较大的极限拉深系数。在生产中，一般应尽量避免采用过小的凹模圆角半径。

　　凹模圆角半径过大，使在拉深初始阶段不与模具表面接触的毛料宽度加大，因而这部分毛料很容易起皱。在拉深后期，过大的圆角半径也会使毛料外缘过早地脱离压边圈的作用而起皱，尤其当毛料的相对厚度小时，起皱现象十分突出。因此，在设计模具时，应该根据具体条件选取适当的凹模圆角半径值。

　　凸模圆角半径 r_D 对拉深工作的影响不像凹模圆角半径 r_d 那样显著。但是过小的凸模圆角半径会使毛料在这个部位上受到过大的弯曲变形，结果降低了毛料危险断面的强度，这也使极限拉深系数增大。另外，即使毛料在危险断面不被拉裂，过小的凸模圆角半径也会引起危险断面附近毛料厚度局部变薄，而且这个局部变薄和弯曲的痕迹经过后道拉深工序以后，还会在成品零件的侧壁上遗留下来，以致影响零件的质量。在多工序拉深时，后道工序的压边圈的圆角半径等于前道工序的凸模圆角半径，所以当凸模圆角半径过小时，在后道的拉深工序里毛料沿压边圈的滑动阻力也要增大，这对拉深过程的进行是不利的。

　　假如凸模圆角半径过大，也会使在拉深初始阶段不与模具表面接触的毛料宽度加大，因而这部分毛料容易起皱。

　　在一般情况下，可按以下方法选取。

　　(1) 拉深凹模圆角半径可按下式确定：

$$r_d = 0.8 \sqrt{(D-d)t} \quad (\text{mm}) \tag{4-5}$$

式中：D——毛料直径(mm)；

　　　d——凹模内径(mm)；

　　　t——板料厚度(mm)。

　　当工件直径 $d > 200$ mm 时，拉深凹模圆角半径应按下式确定：

$$r_{d\min} = 0.039d + 2 \quad (\text{mm}) \tag{4-6}$$

　　拉深凹模圆角半径也可根据工件材料及其厚度来确定，见表 4-6。一般对于钢的拉深件，$r_d = 10\ t$；对于有色金属的拉深件(铝、黄铜、紫铜)，$r_d = 5t$。

表 4-6　拉深凹模圆角半径 r_d

材　　料	厚度 t/mm	r_d/mm	材　　料	厚度 t/mm	r_d/mm
钢	≤3	$(10\sim6)t$	铝、黄铜、紫铜	≤3	$(8\sim5)t$
	>3～6	$(6\sim4)t$		>3～6	$(5\sim3)t$
	>6	$(4\sim2)t$		>6	$(3\sim1.5)t$

　　注：1. 对于首次拉深和较薄的材料，取表中的上限值；

　　　　2. 对于以后各次拉深和较厚的材料，取表中的下限值。

　　最好将上述 r_d 值作为第一次拉深的 r_d 值。以后各次拉深时，r_d 值应逐渐减小，其关系为

$$r_{dn} = (0.6 \sim 0.8)r_{dn-1} \tag{4-7}$$

但不应小于材料厚度的两倍。

　　(2) 在生产实际中，凸模圆角半径 r_p 决定如下：

　　单次或多次拉深中的第一次：

$$r_p = (0.7 \sim 1.0)r_d \tag{4-8}$$

　　多次拉深中的以后各次：

$$r_{pn-1} = \frac{d_{n-1} - d_n - 2t}{2} \qquad (4-9)$$

式中：d_{n-1}、d_n——前后两道工序中毛料的过渡直径(mm)。

最后一次拉深的凸模圆角半径即等于零件的圆角半径，但不得小于$(2\sim3)t$。如零件的圆角半径要求小于$(2\sim3)t$，则凸模圆角半径仍应取$(2\sim3)t$，最后用一次整形来得到零件要求的圆角半径。

在生产当中，实际的情况是千变万化的，所以时常要根据具体条件对以上所列数值做必要的修正。例如，当毛料相对厚度大而不用压边圈时，凹模圆角半径还可以加大。当拉深系数较大时，可以适当地减小凹模的圆角半径。在实际设计工作中，也可以先取比表中略小一些的数值，然后在试模调整时再逐渐地加大，直到拉深出合格零件为止。

4.3.2　凸、凹模结构

凸、凹模结构形式设计得合理与否，不但关系到产品质量，而且直接影响着拉深变形程度，亦即影响拉深系数的大小。下面介绍几种常见的结构型式。

1. 不用压边圈的拉深

(1) 浅拉深(即一次拉深的情况)如图 4-17 所示。

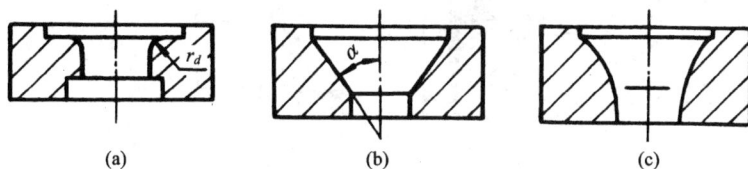

图 4-17　不用压边圈的拉深凹模

(a) 普通平端面凹模；(b) 锥形凹模；(c) 曲面凹模

与普通的平端面凹模(见图 4-17(a))相比，用锥形凹模(见图 4-17(b))拉深时，毛料的极限变形程度大。因为用锥形凹模拉深时，毛料的过渡形状(见图 4-18)呈曲面形状，因而具有更大一些的抗失稳能力，结果就减小了起皱的趋向。另外，用锥形凹模拉深时，由于建立了对拉深变形极为有利的变形条件，如凹模圆角半径造成的摩擦阻力和弯曲变形的阻力都减小到很低的程度，凹模锥面对毛料变形区的作用力也有助于使它产生切向

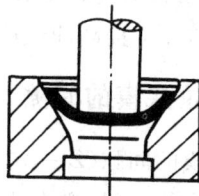

图 4-18　锥形凹模拉深时毛料过渡形状

压缩变形等，这样拉深所需的作用力要小些，因此可以采用较小的拉深系数。从不容易起皱的要求来看，锥形凹模的角度应取 $30°\sim60°$；而从减小拉深力出发，凹模的角度应为 $20°\sim30°$，为了兼顾这两方面的要求，通常采用 $30°$。

近年来，国内外都在对无压边拉深凹模口的成形曲面进行深入的研究，出现了渐开线形凹模、椭圆曲线凹模、正弦曲线凹模、曳物线凹模以及由几种曲线组合而成的凹模等，其中曳物线凹模具有最小的拉深力和最大的抗失稳能力，从而能得到最小的拉深系数。与此同时，用优化方法寻求最合理的成形曲面，近年也取得了显著成效。

(2) 深拉深(二次以上拉深)，其结构如图 4-19 所示。

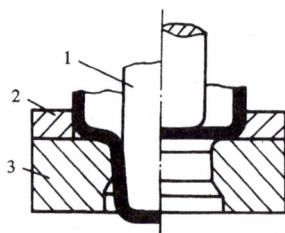

1—凸模；2—定位环；3—凹模

图 4-19　以后各次拉深无压边圈时的模具结构

2. 带压边圈的拉深(见图 4-20)

(1) 当零件尺寸 $d \leqslant 100$ mm 时的多次拉深用(a)型。

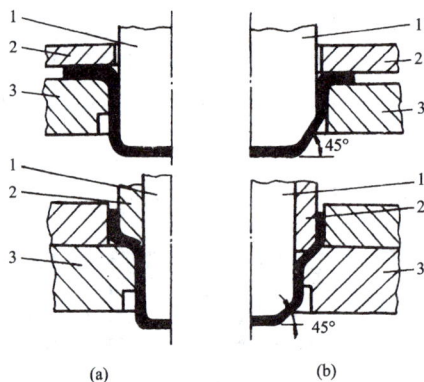

(a)　　　　　　　(b)

1—凸模；2—压边圈；3—凹模

图 4-20　带压边圈的拉深模

(2) 当零件尺寸 $d > 100$ mm 时的多次拉深用(b)型。

图 4-20(b)的斜角形状的结构，除具有一般的锥形凹模的特点外，还可能减轻毛料的反复弯曲变形，提高冲压件侧壁的质量。

4.3.3　拉深模的间隙

拉深模的间隙($Z = (d_d - d_p)/2$)是指单边间隙。间隙的影响如下：

(1) 拉深力：间隙愈小，拉深力愈大。

(2) 零件质量：间隙过大，容易起皱，而且毛料口部的变厚得不到消除。另外，也会使零件出现锥度。而间隙过小，则会使零件容易拉断或变薄特别严重。故间隙过大或过小均会引起工件破坏。

(3) 模具寿命：间隙小，则磨损加剧。

因此，确定间隙的原则为：既要考虑板料本身的公差，又要考虑毛料口部的增厚现象。间隙 Z 一般应比毛料厚度略大一些。其值可按下式计算：

$$Z = t_{\max} + ct \qquad\qquad (4-10)$$

式中：$t_{\max}$——材料的最大厚度，$t_{\max} = t + \Delta$；

Δ——板料的正偏差；

c——增大系数，其值见表 4-7。

表 4 - 7 增大系数 c 值

拉深工序数		材料厚度 t/mm		
		0.5～2	2～4	4～6
1	第一次	0.2/0	0.1/0	0.1/0
2	第一次	0.3	0.25	0.2
	第二次	0.1	0.1	0.1
3	第一次	0.5	0.4	0.35
	第二次	0.3	0.25	0.2
	第三次	0.1/0	0.1/0	0.1/0
4	第一、二次	0.5	0.4	0.35
	第三次	0.3	0.25	0.2
	第四次	0.1/0	0.1/0	0.1/0
5	第一、二次	0.5	0.4	0.35
	第三次	0.5	0.4	0.35
	第四次	0.3	0.25	0.2
	第五次	0.1/0	0.1/0	0.1/0

注：表中数值适于一般精度零件的拉深。具有分数的地方，分母的数值适于精密零件（IT10～IT12）的拉深。

生产实际中，在不用压边圈拉深时，考虑到起皱的可能性，单边间隙值取材料厚度上限值的 1～1.1 倍。间隙较小的数值用于末次拉深或用于精密拉深件，较大数值则用于中间的拉深或不精密的拉深件。

4.3.4 凹模和凸模的尺寸及其公差

对最后一道工序的拉深模，其凹模、凸模的尺寸及其公差应按工件的要求来确定。

当工件要求外形尺寸时（图 4 - 21(a)），以凹模为基准，凹模尺寸为

$$D_d = \left(D - \frac{3}{4}\Delta\right)^{+\delta_d} \qquad (4-11)$$

凸模尺寸为

$$D_p = \left(D - \frac{3}{4}\Delta - 2Z\right)_{-\delta_p} \qquad (4-12)$$

当工件要求内形尺寸时（图 4 - 21(b)），以凸模为基准，凸模尺寸为

$$D_p = (d + 0.4\Delta)_{-\delta_p} \qquad (4-13)$$

凹模尺寸为

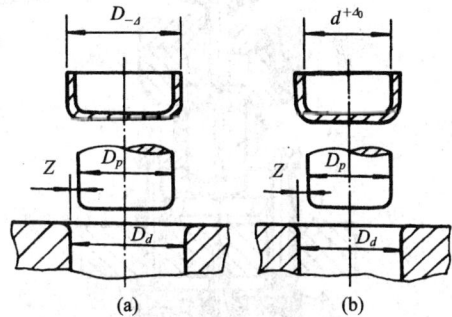

图 4 - 21 工件尺寸与模具尺寸

$$D_d = (d + 0.4\Delta + 2Z)^{+\delta_d} \qquad (4-14)$$

对于多次拉深时的中间过渡拉深，毛料的尺寸公差没有必要予以严格限制，这时模具的尺寸只要等于毛料过渡尺寸即可。若以凹模为基准，则凹模尺寸为

$$D_d = D^{+\delta_d}$$

凸模尺寸为

$$D_p = (D - 2Z)_{-\delta_p}$$

式中：δ_p（凸模制造公差）——一般按公差等级 IT6～IT8 选取；

　　　δ_d（凹模制造公差）——一般按公差等级 IT6～IT8 选取。

4.4　拉深件的起皱及其防止措施

在拉深过程中，假如毛料的相对厚度较小，则拉深毛料的变形区（即凸缘部分）在切向压应力的作用下，很可能因为失稳而发生起皱现象。毛料严重起皱后，由于不可能通过凸模与凹模之间的间隙而被拉断，造成废品。即使轻微起皱的毛料，可能勉强能通过间隙，但也还会在零件的侧壁上遗留下起皱的痕迹，影响拉深件的表面质量。因此，一般来说，拉深过程中的起皱现象是不允许的，必须设法消除。最常用的防止拉深毛料变形区起皱的方法是在拉深模上设置压边圈。

4.4.1　压边装置的形式

目前在生产实际中常用的压边装置有两大类，即弹性压边装置和刚性压边装置。

1. 弹性压边装置

这种装置多用于普通冲床。这一类通常有如下三种：

（1）橡皮压边装置（见图 4-22(a)）；

（2）弹簧压边装置（见图 4-22(b)）；

（3）气垫式压边装置（见图 4-22(c)）。

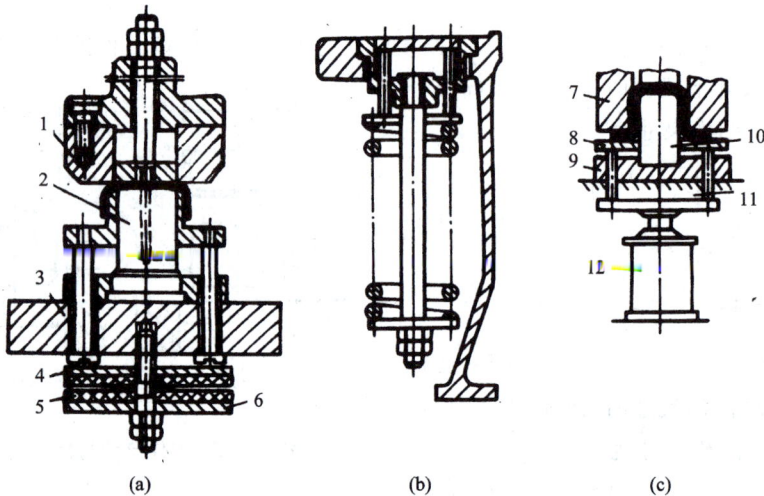

(a)　　　　　　　　(b)　　　　　　　　(c)

1—凹模；2—凸模；3—下模板；4—上托板；5—橡皮；6—下托板；
7—凹模；8—压边圈；9—下模座；10—凸模；11—压力机工作台；12—气缸

图 4-22　弹性压边装置

橡皮及弹簧压边装置的压边力随拉深深度的增加而增大，尤以橡皮压边装置更为严重。这种情况会使拉深力增大，从而导致零件断裂。因此橡皮及弹簧压边装置通常只用于浅拉深。

气垫式压边装置的压边效果较好,是国内目前改进冲床构造的发展方向之一。弹簧与橡皮压边装置虽有缺点,但结构简单,对于单动的中小型压力机使用是很方便的。根据生产经验,只要正确地选择弹簧规格及橡皮的牌号和尺寸,就能尽量减少它们的不利方面,充分发挥作用。

2. 刚性压边装置(见图 4 - 23)

这种装置的特点是压边力不随行程变化,其大小可通过调节压边圈与凹模面之间的间隙来调整。这种压边装置的拉深效果较好,且模具结构简单。这种结构用于双动压力机,凸模装在压力机的内滑块上,压边装置装在外滑块上。

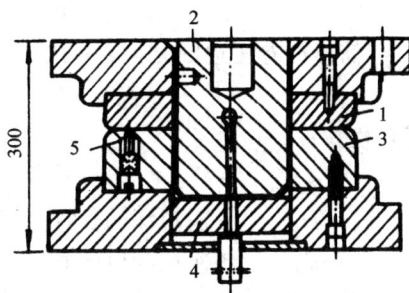

1—压边圈;2—凸模;3—凹模;
4—顶件块;5—定位销

图 4 - 23　刚性压边装置

4.4.2　压边力和拉深力

防皱压边圈的作用力应在保证毛料凸缘部分不致起皱的前提下,选取尽量小的数值。压边力能够引起毛料凸缘部分与凹模平面和压边圈表面之间的摩擦阻力,如果这项阻力过大,就可能引起毛料破裂。为了使压边圈能可靠地工作,通常取压边力 Q 之值稍大于防皱作用所需的最低值,并可用下式求得:

$$Q = \frac{\pi}{4}(D^2 - d^2)q \qquad (4-15)$$

式中:Q——压边力(N);

$\quad\quad D$——毛料直径(mm);

$\quad\quad d$——拉深件直径(mm);

$\quad\quad q$——单位压边力(N/mm²),其值决定于板料的机械性能(σ_b 与 σ_s)、拉深系数、板料的相对厚度和润滑等。一般来说,当板料的强度高、相对厚度小、拉深系数小时,所需的最小单位压边力 q 较大,反之,q 值较小。在生产中可以参考表 4 - 8 选取单位压边力 q 之值,该表适用于圆筒形拉深件。

表 4 - 8　单位压边力 q 之值

材　　料		$q/(\text{N/mm}^2)$
铝		0.8～1.2
铜		1.2～1.8
黄铜		1.5～2.0
深拉深用钢	厚度大于 0.5 mm	2.0～2.5
	厚度小于 0.5 mm	2.5～3.0
不锈钢		3.0～4.5

圆筒形件拉深时的拉深力可按下述经验公式进行计算:

• 筒形件无压边拉深时,第一次拉深为

$$F_1 = 1.25\pi t\sigma_b(D - d_1) \qquad (4-16)$$

以后各次拉深为

$$F_n = 1.3\pi t\sigma_b(d_{n-1} - d_n)　　　　　　　　　(4-17)$$

· 筒形件有压边圈时，第一次拉深为

$$F_1 = \pi d_1 t\sigma_b k_1　　　　　　　　　(4-18)$$

以后各次拉深

$$F_n = \pi d_n t\sigma_b k_2　　　　　　　　　(4-19)$$

式中：$F_1 \cdots F_n$——各次拉深的拉深力（N）；

　　　$d_1 \cdots d_n$——各次拉深后的直径（mm）；

　　　D——毛料直径（mm）；

　　　t——材料厚度（mm）；

　　　σ_b——材料的强度极限（N/mm²）；

　　　k_1、k_2——修正系数，见表 4-9。

表 4-9　修正系数 k_1、k_2 之值

m_1	0.55	0.57	0.60	0.62	0.65	0.67	0.70	0.72	0.75	0.77	0.80
k_1	1.00	0.93	0.86	0.79	0.72	0.66	0.60	0.55	0.50	0.45	0.40
m_2	0.70	0.72	0.75	0.77	0.80	0.85	0.90	0.95			
k_2	1.00	0.95	0.90	0.85	0.80	0.70	0.60	0.50			

选择压力机的总压力应根据拉深力和压边力的总和，即

$$F_总 = F + Q　　　　　　　　　(4-20)$$

式中：F——拉深力（N）；

　　　Q——压边力（N）。

当拉深行程较大，特别是采用落料拉深复合模时，不能简单地将落料力与拉深力叠加去选择压力机，因为压力机的公称压力是指在接近下死点时的压力机压力。因此，应注意压力机的压力曲线。一般可按下式概略计算：第一次拉深时为

$$F_总 \leqslant (0.7 \sim 0.8)F_0　　　　　　　　　(4-21)$$

以后各次拉深时

$$F_总 \leqslant (0.5 \sim 0.6)F_0　　　　　　　　　(4-22)$$

式中：$F_总$——总的冲压力，包括拉深力、压边力，采用落料拉深复合模时，还包括其它力；

　　　F_0——压力机的公称压力。

4.5　拉深模典型结构

拉深工序可在单动冲床上进行，也可在双动冲床上进行。这里仅介绍在单动冲床上的拉深模具。

4.5.1　首次拉深模

1. 无压边装置的简单拉深模（见图 4-24）

这种模具的结构简单，上模往往是整体的。当凸模直径过小时，可以加上模柄，以增加上模与滑块的拉触面积。在凸模中应有直径 φ3 mm 以上的小通气孔，否则，工件有可能

紧贴在凸模上难以取下。凹模下部装有刮件环,其作用是在凸模拉深完后回程时,将工件从凸模上刮下。这种结构一般适用于毛料厚度较大($t>2$ mm)及拉深深度较小的情况。

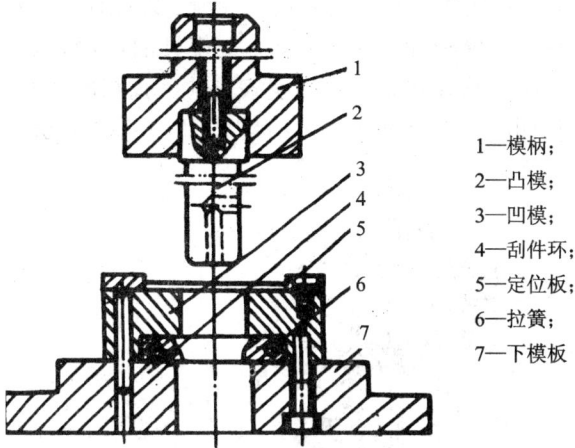

图 4 - 24　无压边的简单拉深模

2. 有压边圈的简单拉深模(见图 4 - 25)

有压边圈的拉深模用于拉深材料薄及深度大易于起皱的工件。与无压边圈的简单拉深模相比,上模部分多了一个弹性压边圈,凹模下部则无需刮件环。工作时,凸模下降,压边圈也一同下降,压边圈接触毛料后停止下行,而凸模部分继续下行,压边圈压住毛料,使工件的环形部分在压紧的状态下变形,不易起皱。凸模回程时,压边圈在弹性力作用下可以将工件从凸模上刮下。

图 4 - 25 所示的模具中,压边圈是通过螺钉与上模部分弹性联接的,压边圈安装在上模部分。由于上模的空间有限,不能安装粗大弹簧,因而这种模具仅适用于压边力小的拉深件。

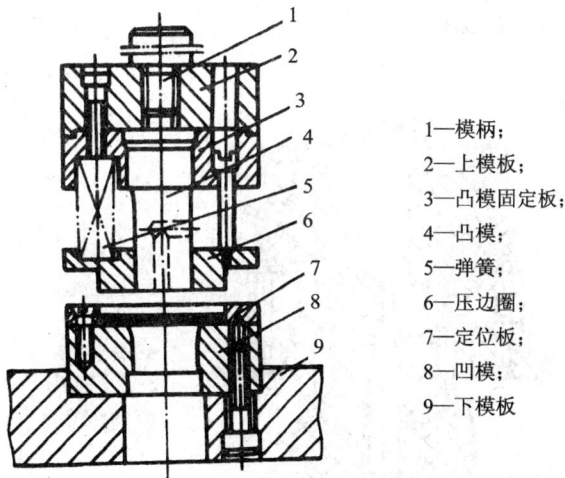

图 4 - 25　压边圈在上模的拉深模

拉深大而厚的工件,需要有较大的压边力,这时,应将压边装置安装在下模部分,压边装置的结构如图 4 - 22(a)所示。这里不再重复。

4.5.2　以后各次拉深模

在大多数情况下,以后各次的拉深模具有压边装置,以保证工件质量。

有压边装置的以后各次拉深模如图4－26所示。模具的压边装置装在下模,毛料为第一次拉深后的半成品,拉深前套在压边圈上,实现定位。拉深时弹性压边装置实现压边。拉深后顶料板将工件顶出凹模,与此同时,压边圈从凸模上把工件卸下。

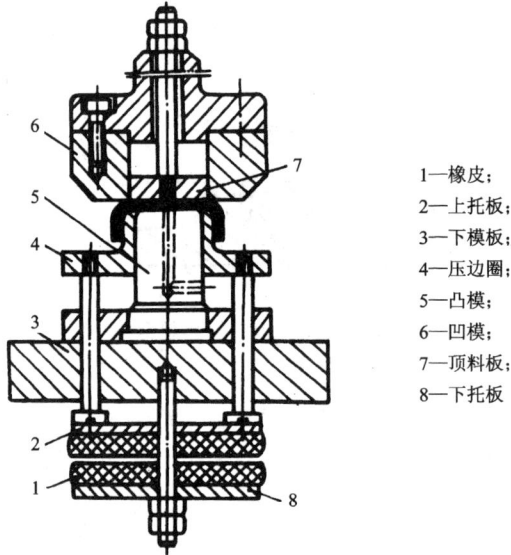

1—橡皮;
2—上托板;
3—下模板;
4—压边圈;
5—凸模;
6—凹模;
7—顶料板;
8—下托板

图4－26　有压边的以后各次拉深模

4.5.3　落料—拉深模

图4－27所示为落料—拉深模。

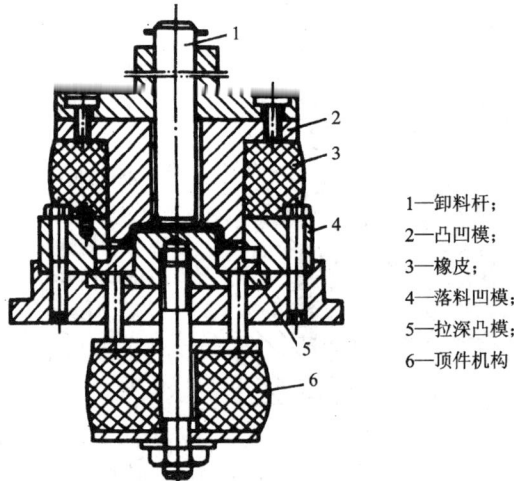

1—卸料杆;
2—凸凹模;
3—橡皮;
4—落料凹模;
5—拉深凸模;
6—顶件机构

图4－27　落料—拉深模

凸凹模 2 既是落料凸模,又起拉深凹模的作用。工作时,在凸凹模和落料凹模作用下进行落料,接着由凸凹模与拉深凸模进行拉深。拉深过程中,顶件器兼起压边圈的作用,可防止工件在拉深过程中产生起皱现象。顶件器上部的压边圈在弹性元件作用下,通过顶杆获得压力,当落料工作完成后,压边圈就将毛料压紧在凸凹模面上,实现压边。当拉深完毕上模回程时,压边圈将工件顶出。如果工件卡在拉深凹模(凸凹模)内,则由卸料杆将工件击落。

4.6　带凸缘圆筒形件的拉深

带凸缘的圆筒形件如图 4-28 所示,在冲压生产中是经常遇到的,它有时是成品零件,有时是形状复杂的冲压件的中间过渡半成品。

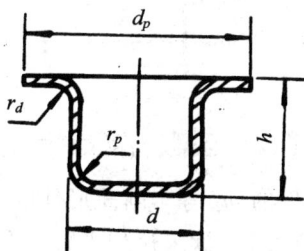

图 4-28　带凸缘的圆筒形件

4.6.1　小凸缘件的拉深

对 $d_p/d=1.1\sim1.4$ 之间的凸缘件称为小凸缘件。这类零件因凸缘很小,可以作一般圆筒形件进行拉深,只在倒数第二道工序时才拉出凸缘或拉成具有锥形的凸缘,而最后通过整形工序压成水平凸缘。若 $h/d\leqslant1$ 时,则第一次即可拉成口部具有锥形凸缘的圆筒形,而后整形即可。

4.6.2　宽凸缘件的拉深

对 $d_p/d>1.4$ 的凸缘件称为宽凸缘件。宽凸缘件的总的拉深系数用下式表示:

$$m = \cfrac{1}{\sqrt{\left(\cfrac{d_p}{d}\right)^2 + 4\cfrac{h}{d} - 1.72\cfrac{r_d+r_p}{d} + 0.56\cfrac{r_d^2-r_p^2}{d^2}}} \tag{4-23}$$

宽凸缘件的第一次拉深与圆筒形件的拉深相似,只是不把毛料边缘全部拉入凹模,而在凹模面上形成凸缘。它是筒形件拉深的一种中间状态。

宽凸缘件允许的第一次极限拉深系数 m_1 一般比相同内径的圆筒形件的拉深系数小些。这时因为一般宽凸缘工件拉深时,凸缘部分并未全部转为筒壁,即当凸缘区的变形抗力还未达到最大拉深力时,拉深工作就中止了。其理由从图 4-29 中可以看出。在图 4-29 中,m 为圆筒形件拉深系数;m_1、m_2 为凸缘件拉深系数,$m_1=m$,$m_2<m_1$;F_b 为危险断面所能承受的载荷。

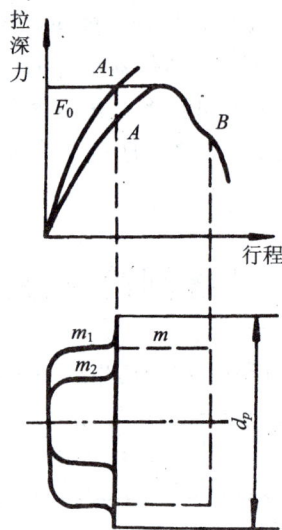

图 4-29 拉深力与拉深过程的关系

从图中可以看出，在取凸缘件的 m_1 等于圆筒形件的极限拉深系数 m 时，凸缘件的拉深工作在拉深力曲线的 A 点就结束了，远未达到极限状态。为了充分利用材料的塑性，可以将 m_1 减小到 m_2，即 A_1 点。

宽凸缘件的变形程度 m 受 d_p/d 和 h/d 的影响，特别是 d_p/d 的影响较大。从图 4-29 中可以看出，当毛料直径一定时，若凸缘直径 d_p 愈大，A 点左移，则极限拉深系数可以取得更小一些。这从表 4-10 中也可以看出来。

表 4-10 凸缘件第一次拉深的拉深系数(适用于 08、10 钢)

凸缘相对直径 d_p/d	毛料相对厚度$(t/D)\times100$				
	>0.06~0.2	>0.2~0.5	>0.5~1	>1~1.5	>1.5
~1.1	0.59	0.57	0.55	0.53	0.50
>1.1~1.3	0.55	0.54	0.53	0.51	0.49
>1.3~1.5	0.52	0.51	0.50	0.49	0.47
>1.5~1.8	0.48	0.48	0.47	0.46	0.45
>1.8~2.0	0.45	0.45	0.44	0.43	0.42
>2.0~2.2	0.42	0.42	0.42	0.41	0.40
>2.2~2.5	0.38	0.38	0.38	0.38	0.37
>2.5~2.8	0.35	0.35	0.34	0.34	0.33

另外，对于一定的凸缘件来讲，总的拉深系数确定后，则 d_p/d 与 h/d 之间的关系也就确定了，因此，也常用 h/d 来表示凸缘件的变形程度。其关系见表 4-11。

表 4-11 凸缘件第一次拉深的最大相对高度 h/d(适用于 0.8、10 钢)

凸缘相对直径 d_p/d	毛料相对厚度$(t/D)\times100$				
	>0.06~0.2	>0.2~0.5	>0.5~1.0	>1.0~1.5	>1.5
~1.1	0.45~0.52	0.50~0.62	0.57~0.70	0.60~0.80	0.75~0.90
>1.1~1.3	0.40~0.47	0.45~0.53	0.50~0.60	0.56~0.72	0.65~0.80
>1.3~1.5	0.35~0.42	0.40~0.48	0.45~0.53	0.50~0.63	0.58~0.70
>1.5~1.8	0.29~0.35	0.34~0.39	0.37~0.44	0.42~0.53	0.48~0.58
>1.8~2.0	0.25~0.30	0.29~0.34	0.32~0.38	0.36~0.46	0.42~0.51
>2.0~2.2	0.22~0.26	0.25~0.29	0.27~0.33	0.31~0.40	0.35~0.45
>2.2~2.5	0.17~0.21	0.20~0.23	0.22~0.27	0.25~0.32	0.28~0.35
>2.5~2.8	0.16~0.18	0.15~0.18	0.17~0.21	0.19~0.24	0.22~0.27
>2.8~3.0	0.10~0.13	0.12~0.15	0.14~0.17	0.16~0.20	0.18~0.22

注: 1. 零件圆角半径较大时(r_d、r_p 为($10\sim20$)t)取较大值;

2. 零件圆角半径较小时(r_d、r_p 为($4\sim8$)t)取较小值。

宽凸缘件的拉深原则:若零件所给的拉深系数 m 大于表 4-10 所给的第一次拉深系数的极限值,零件的相对高度 h/d 小于表 4-11 所给的数值,则该零件可一次拉成。

反之,若零件所给的拉深系数 m 值小于表 4-10 中所给值或其相对高度 h/d 大于表4-11中所给值,则该零件需要多次拉深。

多次拉深的方法:按表 4-10 所给的第一次极限拉深系数或表 4-11 所给的相对拉深高度拉成凸缘直径等于零件尺寸 d_p 的中间过渡形状,以后各次拉深均保持 d_p 不变,只按表 4-12 中的拉深系数逐步减小筒形部分直径,直到拉成所需零件为止。

表 4-12 凸缘件以后各次的拉深系数(适用于 08、10 钢)

拉深系数 m	毛料相对厚度$(t/D)\times100$				
	2.0~1.5	1.5~1.0	1.0~0.6	0.6~0.3	0.3~0.15
m_2	0.73	0.75	0.76	0.78	0.80
m_3	0.75	0.78	0.79	0.80	0.82
m_4	0.78	0.80	0.82	0.83	0.84
m_5	0.80	0.82	0.84	0.85	0.86

以后各道工序的拉深系数按下式决定:

$$m_n = \frac{d_n}{d_{n-1}} \tag{4-24}$$

从表 4-10 可以明显看出,当 $d_p/d<1.1$ 时,带凸缘零件的极限拉深系数与拉深普通圆筒形件时相同,而当 $d_p/d=3$ 时,带凸缘零件的极限拉深系数很小($m=0.33$),但是这并不表示需要完成很大的变形,因为当 $m=d/D=0.33$ 时,可得出:

$$D = \frac{d}{0.33} \approx 3d = d_p$$

即毛料的初始直径等于凸缘直径,这相当于变形程度为零的情况,即毛料直径在变形时不收缩,而靠局部变薄成形。

生产实践中,凸缘件多次拉深工艺过程通常有两种具体情况。

(1) 对于中小型零件($d_p<200$ mm),通常靠减小筒形部分直径、增加高度来达到,这时圆角半径 r_p 及 r_d 在整个变形过程中基本上保持不变,如图 4-30(a)所示。

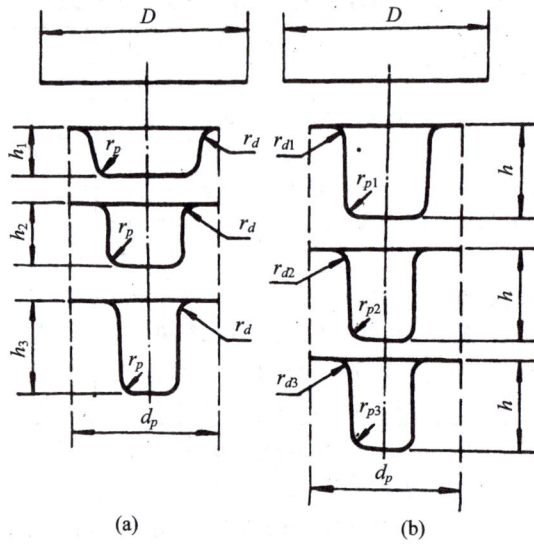

图 4 - 30　凸缘件拉深方法

(a) r_d、r_p 不变，缩小直径增加高度；(b) 高度不变，减小 r_d、r_p 而缩小直径

（2）对于大件（$d_p > 200$ mm），通常采用改变圆角半径 r_d、r_p，逐渐缩小筒形部分的直径来达到。零件高度基本上一开始即已形成，而在整个过程中基本保持不变，如图 4 - 30(b) 所示。此法对厚料更为合适。

自然也可以有以上两种情况的结合。

用第二种方法（见图 4 - 30(b)）制成的零件表面光滑平整，而且厚度均匀，不存在中间拉深工序中圆角部分的弯曲与局部变薄的痕迹。但是，这种方法只能用于毛料相对厚度较大的情况。否则在第一次拉深成大圆角的曲面形状时容易起皱，当毛料的相对厚度小，而且第一次拉成曲面形状具有起皱危险时，则应采用图 4 - 30(a) 所示的方法。用这种方法制成的零件，表面质量较差，容易在直壁部分和凸缘上残留有中间工序中形成的圆角部分弯曲和厚度的局部变化的痕迹，所以最后要加一道需要较大力的整形工序。当零件的底部圆用半径较小，或者当对凸缘有不平度要求时，上述两种方法都需要一道最终的整形工序。

在拉深宽凸缘件中要特别注意的是在形成凸缘直径 d_p 之后，在以后的拉深中，凸缘直径 d_p 不再变化，因为凸缘尺寸的微小变化（减小）都会引起很大的变形抗力，而使底部危险断面处拉裂。这就要求正确计算拉深高度和严格控制凸模进入凹模的深度。

各次拉深高度确定如下：

第一次拉深高度为

$$h_1 = \frac{0.25}{d_1}(D^2 - d_p^2) + 0.43(r_p + r_d) + \frac{0.14}{d_1}(r_p^2 - r_d^2) \qquad (4 - 25)$$

以后各次拉深高度为

$$h_n = \frac{0.25}{d_n}(D^2 - d_p^2) + 0.43(r_{pn} + r_{dn}) + \frac{0.14}{d_n}(r_{pn}^2 - r_{dn}^2) \qquad (4 - 26)$$

凸缘件拉深时，凸、凹模圆角半径的确定与普通圆筒形件拉深一样。

除了精确计算拉深件高度和严格控制凸模进入凹模的深度以外，为了保证凸缘不受拉力，通常使第一次拉成的筒形部分金属表面积比实际需要的多 3%～5%。这部分多余的金属逐步分配到以后各道工序中去，最后这部分金属逐渐使筒口附近凸缘加厚，但这不会影响零件质量。

4.7　盒形件的拉深

4.7.1　盒形件拉深的变形特点

图 4 - 31 所示的盒形件可划分为 $(A-2r)$、$(B-2r)$ 的直边和四个半径为 r 的圆角（1/4 圆柱面）。由平板毛料拉深成盒形件时，直边相当于弯曲变形，圆角相当于圆筒拉深。但由于直边与圆角连成为一个整体，变形时势必互相制约，形成了盒形件拉深变形的特点。从图 4 - 31 可知，毛料表面在变形前划分的网格（圆角由同心圆和半径线组成，直边为矩形网格），拉深后直壁网格发生横向压缩和纵向伸长，即变形前横向尺寸为 $\Delta l_1 = \Delta l_2 = \Delta l_3$，变形后为 $\Delta l_3' < \Delta l_2' < \Delta l_1' < \Delta l_1$，纵向尺寸则由 $\Delta h_1 = \Delta h_2 = \Delta h_3$，变为 $\Delta h_3' > \Delta h_2' > \Delta h_1' > \Delta h_1$。由此可知，直壁中间变形最小（接近弯曲变形），靠近圆角的拉深变形最大。变形沿高度分布也不均匀，靠近底部最小，靠近口部最大。圆角变形与圆筒形件拉深相似，但其变形程度比圆筒小，即变形后的网格不是与底面垂直的平行线，

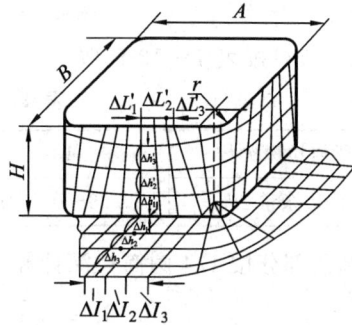

图 4 - 31　盒形件拉深变形特点

而是变为上部间距大，下部间距小的斜线。这说明盒形件拉深时圆角的金属向直边流动，使直边产生横向压缩，从而减轻了圆角的变形程度。

由于直边与圆角的变形情况不同，直边的金属流入凹模快，圆角的金属流入凹模慢，因此，毛料在这两部分连接处产生了剪切变形和剪切应力。这两部分的相互影响程度，与盒形件相对圆角半径 r/B 有关（r 为圆角的半径；B 为短边宽度）。

4.7.2　毛料尺寸的确定

盒形件拉深时，某些圆角部分的金属被挤向直边，r/B 越小，这种现象越严重。在决定毛料尺寸时，必须考虑这部分材料的转移。

对于一次拉深成形的矩形盒，其毛料尺寸可计算如下：先将直边按弯曲件展开计算，圆角部分按 1/4 圆筒拉深件展开计算，于是得出毛料外形（见图 4 - 32）；然后过 ab 的中点 c 作圆弧 R 的切线，再以 R 为半径作圆弧与切线和直边相切，相切后毛料补充的面积与切除的面积近似相等便得最后修正的光滑过渡的毛料外形。

按弯曲展开的直边部分的长度为

$$L = h + 0.57 r_p$$

式中：h——矩形盒高度（包括修边余量 Δh）；

r_p——矩形盒底部圆角半径。

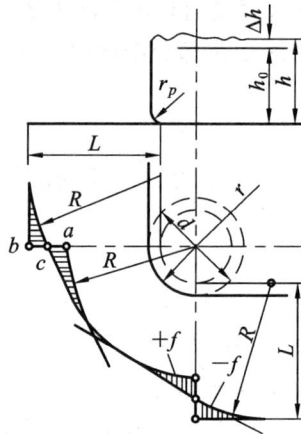

图 4 - 32　盒形件拉深用毛料的概略计算

Δh 值可按表 4 - 13 选取。

表 4 - 13　矩形盒修边余量 Δh　　　　　　　单位：mm

所需拉深次数	1	2	3	4
修边余量 Δh	$(0.03\sim0.05)h$	$(0.04\sim0.06)h$	$(0.05\sim0.08)h$	$(0.063\sim0.10)h$

圆角部分按 1/4 圆筒拉深计算，得

$$R = \sqrt{r^2 + 2rh - 0.86r_p(r + 0.16r_p)}$$

若矩形盒高度较大，则需多次拉深，可采用圆形毛料（见图 4 - 33），其直径为

$$R = 1.13\sqrt{B^2 + 4B(h - 0.43)r_p - 1.72(h + 0.5r) - 4r_p(0.11r_p - 0.18r)}$$

对于高度与角部圆角半径较大的盒形件，可采用图 4 - 34 所示的长圆形或椭圆形毛料。毛料窄边的曲率半径按半个方盒计算，即取 $R' = D/2$。当高度较大需要多次拉深时，也可采用圆形毛料。例如图 4 - 35 所示的零件，虽然长宽比 $A/B \approx 2.3$，但因高度大，也可用 $D = 60$ mm的圆形毛料。

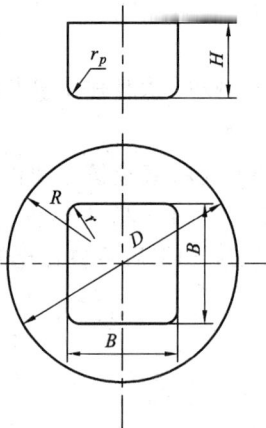

图 4 - 33　高方形盒的毛料形状与尺寸

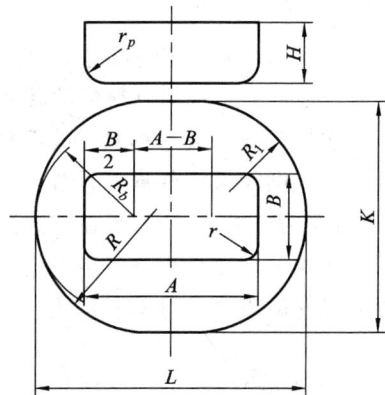

图 4 - 34　高矩形盒的毛料形状与尺寸

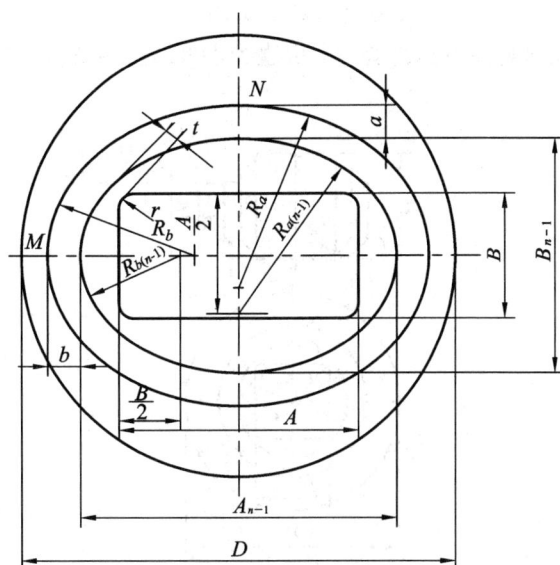

图 4 - 35　矩形盒多工序拉深时半成品的形状与尺寸

4.7.3　盒形件初次拉深的极限变形程度

盒形件初次拉深的极限变形程度，可用其相对高度 h/r 表示。由平板一次拉深成形的矩形盒，其最大相对高度值与 r/B、t/B、板料性能等有关，其值见表 4 - 14。当 $t/B<0.01$，且 $A/B≈1$ 时，取较小值；当 $t/B>0.015$，且 $A/B>2$ 时，取较大值。表中数据适用于软钢板的拉深。

若 h/r 不超过表中极限值，则可一次拉深成形，否则需用多次拉深。

表 4 - 14　矩形盒初次拉深最大相对高度值

相对角部圆角半径 r/B	0.4	0.3	0.2	0.1	0.05
相对高度 h/r	2～3	2.8～4	4～6	8～12	10～15

4.7.4　盒形件的多次拉深

图 4 - 36 所示为方盒多次拉深时中间毛料尺寸的确定方法。将直径 D 的毛料，经中间多次拉深成圆筒形，最后一次拉深成零件尺寸。先计算倒数第二道即第 $(n-1)$ 次拉深的中间毛料直径为

$$D_{n-1} = 1.41B - 0.82r + 2\delta \tag{4-27}$$

式中：D_{n-1}——第 $n-1$ 次拉深后的毛料直径；

B——方盒宽度（按内表面计算）；

r——方盒角部内圆角半径；

δ——毛坯内表面到零件内表面在圆角处的距离，简称为角部壁间距离。

δ 值对拉深变形程度和变形的均匀性有直接影响，当采用图 4 - 36 所示的成形方法时，合理的 δ 值由表 4 - 15 查取或按下式确定：

$$\delta = (0.2 \sim 0.25)r$$

其它各道工序可按圆筒件拉深计算，即由直径 D 的平板毛料拉深成直径为 D_{n-1}，高度为 h_{n-1} 的圆筒。

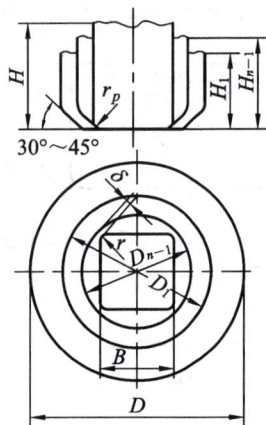

图 4-36　方盒形件多工序拉深的半成品的形状与尺寸

图 4-35 所示为矩形盒多次拉深时中间毛料的尺寸。计算由 $n-1$ 次开始。$n-1$ 次拉深后的椭圆尺寸为

$$R_{a(n-1)} = 0.705A - 0.41r + \delta$$
$$R_{b(n-1)} = 0.705B - 0.41r + \delta \tag{4-28}$$

式中：$R_{a(n-1)}$、$R_{b(n-1)}$——第 $n-1$ 次拉深后的椭圆在其长、短轴上的曲率半径；

A、B——分别为矩形盒的长度、宽度；

δ——第 n 次拉深的角部壁间距离，可由表 4-15 查取。

表 4-15　角部壁间距离 δ

相对圆角半径 r/B	0.025	0.05	0.1	0.2	0.3	0.4
相对壁间距 δ/r	0.12	0.13	0.135	0.16	0.17	0.2

圆弧 $R_{a(n-1)}$ 和 $R_{b(n-1)}$ 的圆心，可按图 4-35 的方法确定，得出第 $n-1$ 次拉深后的中间毛料尺寸后，用矩形盒初次拉深的计算方法检查是否可由平板毛料一次拉成。若否，则须进行第 $n-2$ 次拉深计算。第 $n-2$ 次拉深由椭圆变椭圆，这时应保证

$$\frac{R_{a(n-1)}}{R_{a(n-1)} + a} = \frac{R_{b(n-1)}}{R_{b(n-1)} + b} = 0.75 \sim 0.85 \tag{4-29}$$

式中：a、b——前后椭圆之间在短、长轴上的壁间距离（见图 4-35）。

求出 a、b 后，可在对称轴上找到 M、N 点。然后选定半径 R，以 R 作圆弧过 M、N 点，使外形圆滑连接，并使 R_a 与 R_b 的圆比 $R_{a(n-1)}$、$R_{b(n-1)}$ 的圆心更靠近中心 O。得出第 $n-2$ 次拉深后的毛料尺寸后，重新检查是否可由平板毛料一次拉成。若否，则应继续进行前一道工序的毛料计算。依次类推，直到初次拉深为止。

4.7.5　凸、凹模尺寸设计

凹模圆角半径可取

$$R_d = (4 \sim 10)t$$

设计时取小值，以便在调模时修磨加大。

　　凸、凹模间隙，圆角部分按零件尺寸精度选取。精度较高时，间隙 $Z = (0.9 \sim 1.05)t$，精度较低时，$Z = (1.1 \sim 1.3)t$。因直边部分壁厚增大比圆角部分小，故间隙 Z 在圆角处最大，直边处最小，可做成均匀过渡。当 $r/B < 0.15$ 时，直边中点处间隙可按弯曲选取。当零件高度大需要多次拉深时，前几道工序的模具间隙，可按圆筒拉深选取。凸、凹模尺寸也可按圆筒件多次拉深方法决定。在第 $n-1$ 次拉深后的毛料底面应和零件底面尺寸相同，并用 $30° \sim 45°$ 的斜面过渡到侧壁。此时，第 $n-1$ 次的拉深凸模也要做成相应的尺寸，而最后一次拉深凹模和压边圈尺寸应与此毛料尺寸相适应。

4.8　其它拉深方法

　　在某些情况下，根据零件形状尺寸、材料和产量等特点，采用其它拉深方法，既能保证质量，又可降低成本和缩短试制周期。因此，本节将对一些比较成熟的其它拉深方法，简单说明其工作原理和应用范围。至于比较详细的工艺分析计算和模具设计，请参看有关专著。

4.8.1　软模成形

　　软模成形是用橡胶、液体或气体的压力代替刚性凸模或凹模对板材进行冲压加工的方法。它可以完成弯曲、拉深、翻边、胀形和冲裁等工序。由于该法使模具简单和通用化，故在小批量生产中获得广泛使用。

1. 软凸模拉深

　　图 4-37 所示为用高压液体代替金属凸模，在液体作用下，平板毛料中部产生胀形。当压力继续增大使毛料法兰产生拉深变形时，板材逐渐进入凹模，形成筒壁。

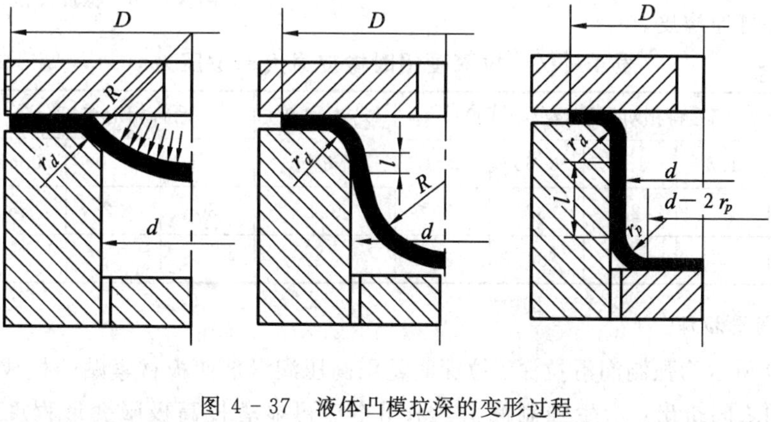

图 4-37　液体凸模拉深的变形过程

毛料法兰拉深所需液体压力，可由平衡条件求出。

$$p_0 \frac{\pi d^2}{4} = \pi dt p$$

即
$$p_0 = \frac{4t}{d}p$$

式中：p_0——开始变形时所需的液体压力，$[p_0]$为 MPa；

t——板料厚度；

d——工件直径；

p——板材拉深所需拉应力。

工件底部圆角半径 r_p 成形时所需液体压力为

$$p = \frac{t}{r_p}\sigma_b$$

用液体凸模拉深时，由于液体与板材之间无摩擦力，毛料容易偏斜，且毛料中部产生胀形变薄是其缺点。但模具简单，甚至不需冲压设备也能进行拉深，故常用于大零件的小量生产。

此外，也有采用聚氨酯橡胶凸模进行拉深，适用于浅拉深件。

2. 软凹模拉深

软凹模拉深是用橡胶或高压液体代替金属凹模，拉深时，软凹模将板材压紧在凸模上，增加了凸模与板材之间的摩擦力，防止毛料变薄拉裂，从而提高了筒壁传力区的能力。同时减少了毛料与凹模之间的滑动和摩擦，降低了径向拉应力。故能显著降低极限拉深系数，即 m 可达 0.4～0.45，且使零件壁厚均匀，变薄率小，尺寸精确，表面光洁。

1）橡皮凹模拉深

图 4-38 所示为橡皮凹模拉深。所需橡皮的单位压力与工件材料、拉深系数和毛料相对厚度等有关。对硬铝拉深可用表 4-16 中的数值，也可用聚氨酯橡胶代替普通橡皮。

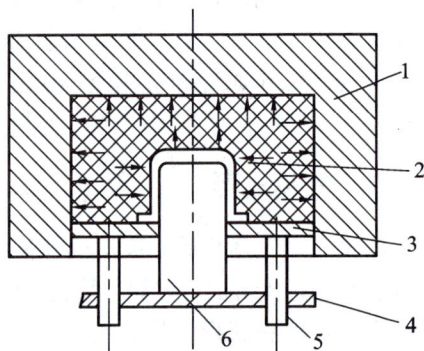

1—容框；2—橡皮；3—压边圈；
4—凸模座；5—顶杆；6—凸模

图 4-38　橡皮凹模拉深

表 4-16　拉深硬铝时橡皮最大单位压力　　　　单位：MPa

拉深系数	毛料相对厚度($t/D\times100$)				拉深系数	毛料相对厚度($t/D\times100$)			
m	1.3	1.0	0.66	0.4	m	1.3	1.0	0.66	0.4
0.6	26	28	32	36	0.4	30	32	35	40
0.5	28	30	34	38					

2）强制润滑拉深

图 4-39 所示为强制润滑拉深。拉深时是用高压润滑剂使板材紧贴凸模成形，并在凹模与毛料表面之间挤出，产生强制润滑。采用本法可显著提高极限变形程度。如厚度为 0.5～1.2 mm 的 08、08F 钢板，$m=0.34～0.37$。

强制润滑拉深所需液体压力与板材性质、厚度、相对工件直径 d/t、变形程度等有关。表 4-17 给出了几种材料所需的最高液体压力，是由实验得出的。

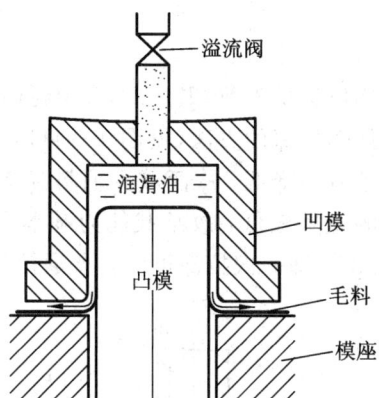

图 4 - 39   强制润滑拉深

表 4 - 17   几种材料所需最高液体压力   单位：MPa

料厚/mm＼材料	纯铝	黄铜	08、08F	不锈钢
1	13.7		47	
1.2		56.8	56.8	117.6

注：拉深系数 $m = 0.4$。

3）橡皮液囊凹模拉深

橡皮液囊凹模拉深过程如图 4 - 40 所示，是在专用机床设备上装有橡皮液囊充当凹模，同时采用刚性凸模和压边圈。液体压力可以调节，随工件形状、材料性质和变形程度而异。

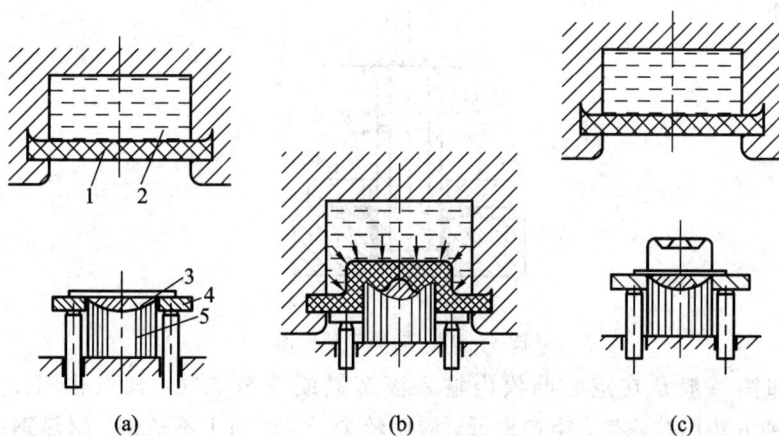

1—橡皮膜；2—液体；3—毛料；4—压边圈；5—凸模

图 4 - 40   橡皮液囊凹模拉深过程

（a）原始位置；（b）拉深过程中；（c）拉深结束后（压边圈上升，推出工件）

4.8.2　差温拉深

圆筒件拉深时，塑性变形环形区的宽度$(D-d)/2$受到筒壁承载能力的限制。若要进一步减小拉深系数，可用局部加热拉深的方法（见图4-41），即将压边圈与凹模平面之间的毛料加热到某一温度，使流动应力降低，从而减少毛料拉深时的径向拉应力。由于凸模中心通水冷却，毛料筒壁部分的温度较低，故承载能力基本保持不变。采用这种方法，可使极限拉深系数减至0.3～0.35，即一次拉深可代替普通拉深2～3次。

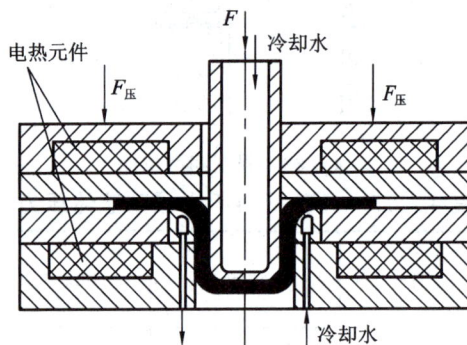

图4-41　局部加热拉深

由于受到模具钢耐热温度的限制，此法主要用于铝、镁、钛等轻合金零件的拉深。毛料局部加热温度：铝合金为310～340℃，黄铜（H62）为480～500℃，镁合金为300～350℃。

此外，也可采用局部冷却拉深方法（见图4-42），使毛料筒壁部分（传力区）局部冷却到-160～-170℃。此时，低碳钢强度可提高到原来的两倍，18-8型不锈钢强度可提高到原来的2～3倍。这样，就显著提高了筒壁的承载能力，使极限拉深系数可达0.35左右。

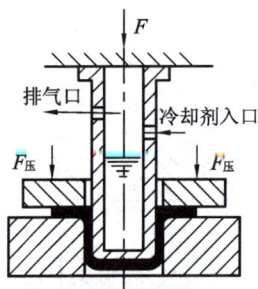

图4-42　局部冷却拉深

局部冷却法一般是在空心凸模内输入液态氮或液态空气，其汽化温度为-183～-195℃。这种方法比较麻烦，生产率低，应用较少，主要用于不锈钢、耐热钢或形状复杂的盒形件。

4.8.3　施加径向压力的拉深

图4-43所示为加径向压力的拉深。随着凸模下降，由高压液体向毛料边缘施加径向压力，使径向拉应力降低，从而减轻了筒壁传力区的载荷，使极限变形程度提高。同时，由

于高压液体在毛料与模具接触表面产生了强制润滑，所以对拉深过程有良好作用。采用这种方法拉深时，极限拉深系数可降低到 0.35 以下。高压液体可由高压容器供给，或在模具内由压力机作用产生，可达几千大气压。

这种方法因模具和设备比较复杂，目前的应用范围不广。

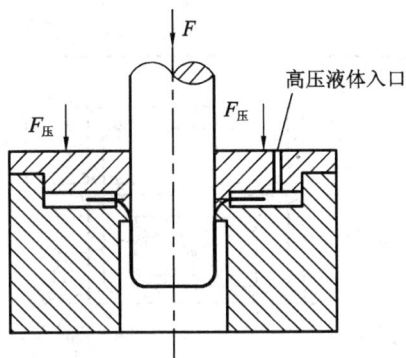

图 4 - 43　施加径向压力的拉深法

4.8.4　爆炸成形

爆炸成形是高能成形方法之一。高能（或叫高速）成形包括爆炸成形、水电成形和电磁成形等方法，下面分别加以介绍。

图 4 - 44 所示为爆炸成形示意图。板料毛料固定在压边圈和凹模之间，整个模具埋在水中，毛料上部放置定量炸药。起爆后，炸药以 2000～8000 m/s 的瞬间高速高压冲击波在水中传播，使毛料成形。成形后的零件形状取决于凹模型腔。

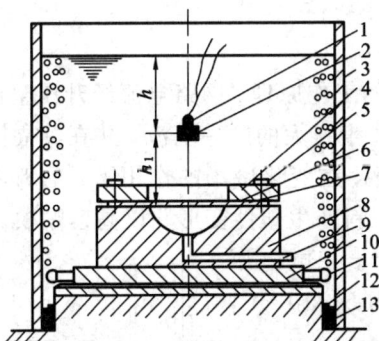

1—电雷管；2—炸药；3—水筒；4—压边圈；5—螺栓；6—毛料；7—密封；
8—凹模；9—真空管道；10—缓冲装置；11—压缩空气管路；12—垫环；13—密封

图 4 - 44　爆炸成形装置

爆炸成形用的模具简单，且不需冲压设备，对于批量小的大型壳体零件成形，具有显著优点，尤其对于某些塑性低的高强度特殊合金零件和形状复杂的零件，更是一种理想的成形方法。

爆炸成形可用于板料的剪切、拉深、冲孔、翻边、胀形、校形、弯曲、扩口和压制花纹等工序。

爆炸成形所需药量和炸药分布，一般根据经验初步确定，最后通过试验进行调整。

4.8.5 水电成形

水电成形分为电极间放电成形与电爆成形。其工作原理如图 4－45 所示。

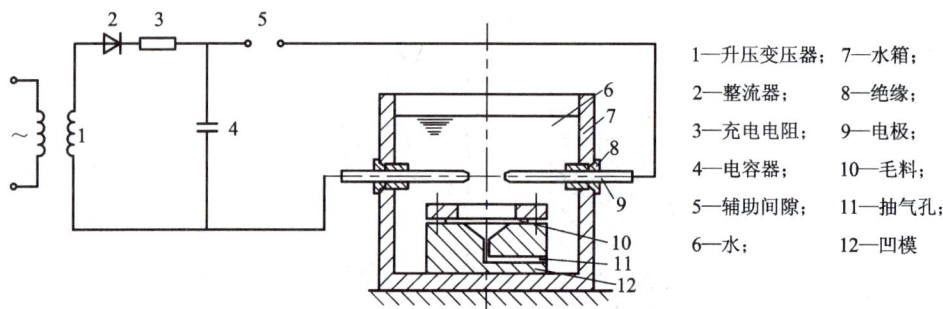

1—升压变压器； 7—水箱；
2—整流器； 8—绝缘；
3—充电电阻； 9—电极；
4—电容器； 10—毛料；
5—辅助间隙； 11—抽气孔；
6—水； 12—凹模

图 4－45 水电成形原理

利用升压变压器将网路电压提高到 20～40 kV，经整流后向电容器充电。当充电电压达某值时辅助间隙被击穿，高电压在瞬间加到两电极上，产生高压放电。于是在放电回路中形成强大的冲击电流(可达三万安培)，在电极周围的液体介质中产生冲击波，使金属毛料成形。

水电成形可对板料和管料进行拉深、胀形、校形和冲孔等。

与爆炸成形相比，本法的能量容易控制，成形过程稳定，操作方便，生产率高。缺点是加工能力受到设备容量的限制，仅用于加工形状简单的小零件(ϕ400 mm 以下)。

4.8.6 电磁成形

图 4－46 所示为电磁成形的工作原理。网路电流经升压整流后向电容器充电。当回路开关 5 闭合时，在放电回路中产生强大的脉冲电流，并在其周围空间产生一个强大的变化磁场。毛料 7 位于成形线圈内部，在变化磁场的作用下，毛料内产生感应电流和磁场，这两种磁场相互作用的结果，使毛料产生塑性变形并以高速贴模。

电磁成形的加工能力决定于充电电压和电容器容量。常用充电电压为 5～10 kV，充电能量约为 5 ～ 20 kJ。

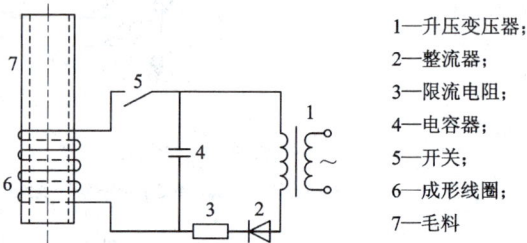

1—升压变压器；
2—整流器；
3—限流电阻；
4—电容器；
5—开关；
6—成形线圈；
7—毛料

为了提高成形效果，应尽量减少放电回路的阻抗，并使毛料靠近成形线圈。回路中脉冲电流可达数万安培，常采用电子开关，以便于控制和防止产生电流振荡。

图 4－46 电磁成形原理

用本法成形的材料，应具有良好的导电性能。若毛料是绝缘材料，应在毛料表面放置薄铝板驱动片，以带动毛料成形。

电磁成形不需要传压介质，设备调整简单，能准确控制能量，成形过程稳定，易于实现机械化和自动化。但由于设备能量的限制，只能加工厚度不大的小件。

4.8.7 带料连续拉深

带料连续拉深是利用多工位级进模在带料上进行多道拉深，最后将工件从带料上冲裁下来。这样就省掉了每道工序的进出料装置，便于自动化生产。它适用于大量生产的小件，但其缺点是模具结构比较复杂。

因带料连续拉深不能进行中间退火，故应审查材料的最大变形程度是否满足工件的总拉深系数。满足工件总拉深系数为

$$m = d/D = m_1 m_2 m_3 \cdots$$

各种材料允许的极限拉深系数见表 4-18。

表 4-18 连续拉深总的极限拉深系数值

材　　料	强度极限 σ_b/MPa	相对延伸率 δ(%)	总的极限拉深系数 m		带推件装置
			不带推件装置		
			料厚 $t \leqslant 1.2$/mm	料厚 $t = 1.2 \sim 2.0$/mm	
08F	300~400	28~40	0.40	0.32	0.16
H62、H68	300~400	28~40	0.35	0.29	0.20~0.24
软铝	80~110	22~25	0.38	0.30	0.18

带料连续拉深分无切口拉深与有切口拉深两种，如图 4-47(a) 为无切口的拉深，如图 4-47(b) 为有切口拉深。

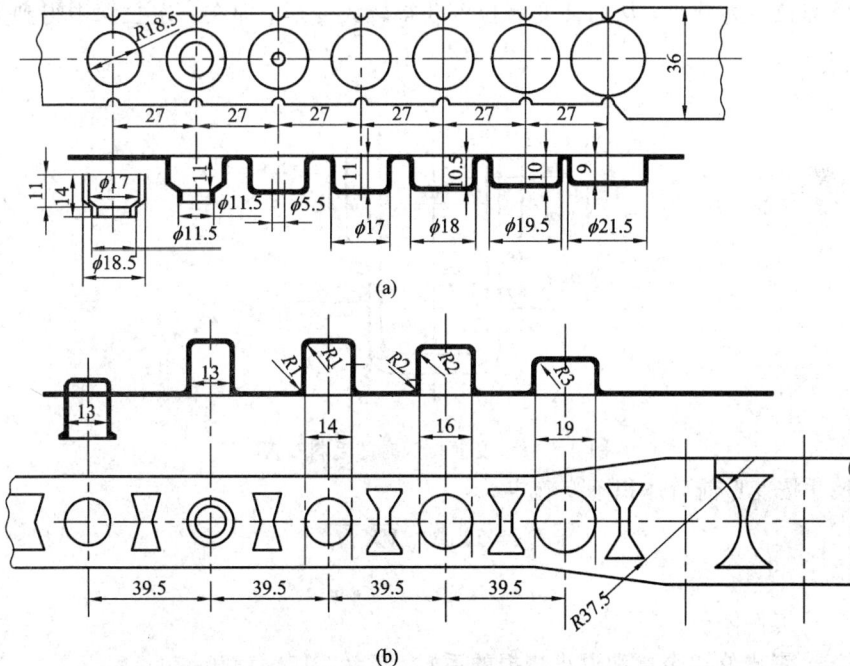

(a)

(b)

图 4-47 带料连续拉深

(a) 无切口带料拉深(材料：黄铜，厚度：0.8 mm)；(b) 带切口带料拉深(材料：08 钢，厚度：1.2 mm)

无切口的连续拉深，即在整体带料上拉深。由于相邻两个拉深件之间相互约束，因此材料在纵向流动较困难，变形程度大时就容易拉裂。为了避免拉裂，就应减小每道工序的变形程度，即采用较大的拉深系数，因而工序就增加了。但这种方法的优点是节省材料(相对于有切口而言)，这对大量生产特别重要。由于这种方法变形困难，故一般用于拉深不太困难的，即有较大的相对厚度($t/D \times 100 > 1$)，其凸缘相对直径较小($d_F/d = 1.1 \sim 1.5$)和相对高度 h/d 较低的拉深件。

有切口的连续拉深是在零件的相邻处切开。这样，两零件相互影响和约束就较小，与单个毛料的拉深很相似。因此，每道工序的拉深系数可小些，即拉深次数可以少些，且模具较简单；但毛料材料消耗较多。这种拉深一般用于拉深较困难的，即零件的相对厚度较小($t/D \times 100 < 1$)，其凸缘相对直径较大($d_F/d > 1.3$)和相对高度较大($h/d \geqslant 0.3 \sim 0.6$)的拉深件。

4.8.8 变薄拉深

1. 变薄拉深的变形特点

变薄拉深时，凸凹模间隙小于毛料厚度。变薄拉深可在第一次或后续拉深中进行。利用变薄拉深，可获得高径比很大的零件，使零件底部厚度大于壁部。

图 4 - 48 所示为变薄拉深时的毛料变形。变形区的内外表面的摩擦力具有不同方向。毛料相对于凹模的移动方向与凸模运动方向相同。故作用于毛料外表面的摩擦力与凸模运动方向相反。厚度变薄使毛料伸长，故在变形区毛料沿凸模向上移动，作用于毛料内表面的摩擦力与凸模运动方向相同。这样，外表面摩擦力使已变形壁部的拉力增大，内表面摩擦力则使壁部拉应力减小，从而使变薄拉深获得较大变形，即在一次拉深中得到大的高径比。

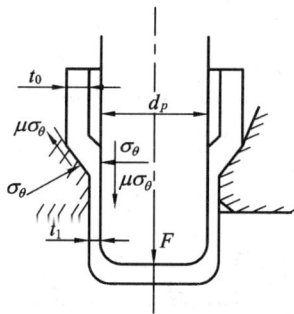

图 4 - 48　变薄拉深时的毛料变形

毛料尺寸按变形前后体积不变确定。

$$D = 1.13 \sqrt{VK/t_0}$$

式中：D —— 毛料直径；

　　　V —— 工件体积；

　　　K —— 考虑修边余量和退火烧损的系数，$K = 1.15 \sim 1.20$；

　　　t_0 —— 毛料厚度。

变薄拉深时毛料的变形程度用变薄系数 φ 表示。

$$\varphi_n = \frac{A_n}{A_{n-1}}$$

式中：A_n、A_{n-1}——n 及 $n-1$ 次变薄拉深后工件的横断面积。

对于内径不变的变薄拉深有

$$\varphi_n = \frac{\pi d_n t_n}{\pi d_{n-1} t_{n-1}} \approx \frac{t_n}{t_{n-1}}$$

式中：t_n、t_{n-1}——n 及 $n-1$ 次拉深后的壁厚；

$\qquad d_n$、d_{n-1}——n 及 $n-1$ 次拉深后的内径。

常用材料的变薄系数见表 4 - 19。

表 4 - 19　变薄系数的极限值

材　　料	首次变薄系数 φ_1	中间工序变薄系数 φ	末次变薄系数 φ_n
铜、黄铜（H68、H80）	0.45 ～ 0.55	0.58 ～ 0.65	0.65 ～ 0.73
铝	0.50 ～ 0.60	0.62 ～ 0.68	0.72 ～ 0.77
低碳钢、拉深钢板	0.52 ～ 0.63	0.63 ～ 0.72	0.75 ～ 0.77
中碳钢	0.70 ～ 0.75	0.78 ～ 0.82	0.85 ～ 0.90
不锈钢	0.65 ～ 0.70	0.70 ～ 0.75	0.75 ～ 0.80

2. 多凹模变薄拉深

采用两个凹模同时进行变薄拉深，可以减小零件壁厚差，减小零件轴线的扭曲，同时也可增大允许变形程度。

如图 4 - 49 ～ 图 4 - 51 所示，当通过一个、两个和三个凹模同时进行变薄拉深时的凸模行程－拉深力曲线。图中示出了与曲线中各点相对应的毛料位置。

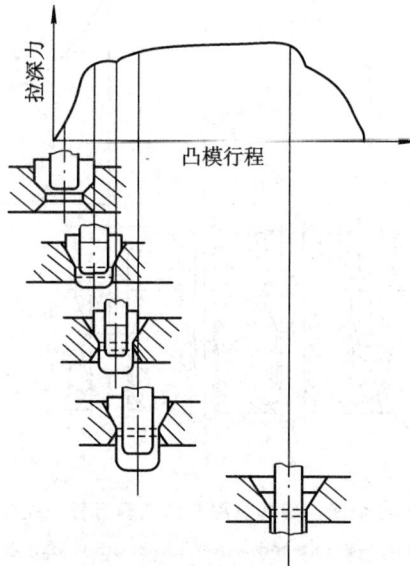

图 4 - 49　一个凹模变薄拉深时的凸模行程－拉深力曲线
（凹模直径为 $d = 22.25$ mm）

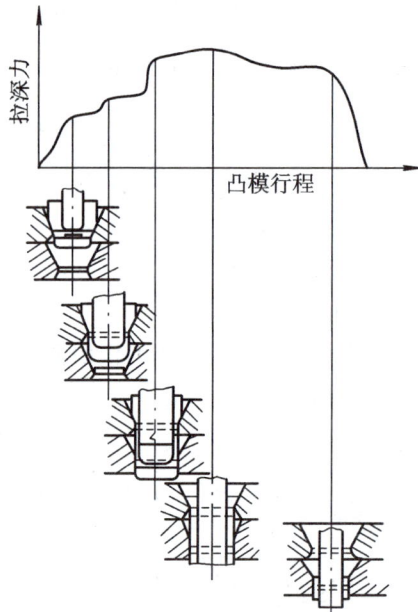

图 4 - 50　两个凹模变薄拉深时的凸模行程－拉深力曲线

（凹模直径为 $d_1 = 22.45$ mm，$d_2 = 22.25$ mm）

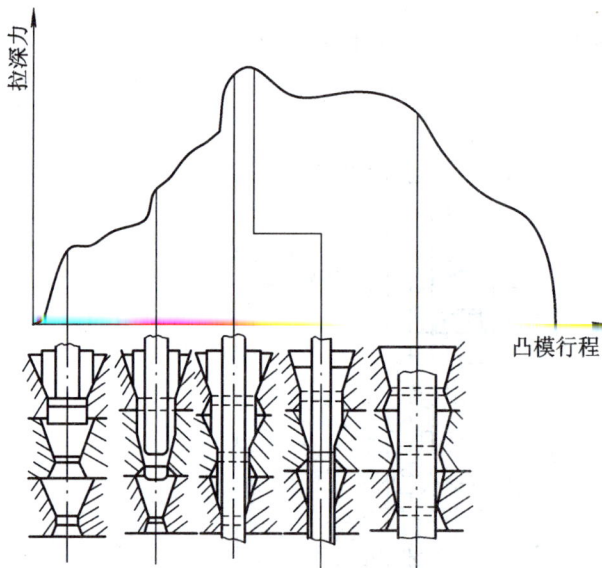

图 4 - 51　三个凹模变薄拉深时的凸模行程－拉深力曲线

（凹模直径为 $d_1 = 22.45$ mm，$d_2 = 22.25$ mm，$d_3 = 22.05$ mm）

当毛料同时在两个或三个凹模中变形时，变形力最大。例如，在同样变形程度下，通过两个凹模拉深的最大变形力较在一个凹模中拉深大。而通过两个凹模拉深的允许变形程度比通过一个凹模的大。因为增大沿凸模的摩擦力，能减小已变薄筒壁中的拉应力，而同时使拉深力增大。

通过两个凹模时摩擦力之所以大，是因为在上下凹模内两个变形区之间的毛料向上移动，在该点凸模表面引起附加摩擦力。

图 4-52 所示为旋转变薄拉深。装有滚珠 4 的转盘 5 以 1000 r/min 左右的速度旋转。毛料 2 在凸模 1 的带动下以 50～150 mm/min 速度沿轴向进给。由于毛料变形区尺寸减小，使变形力显著降低，因此，一次拉深能完成的壁厚变薄量增大，一般可达 $t_2/t_1 = 0.3～0.5$。

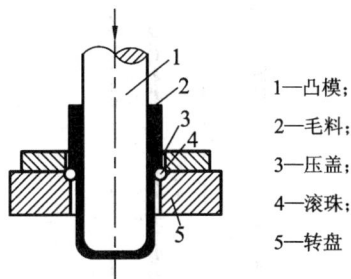

1—凸模；
2—毛料；
3—压盖；
4—滚珠；
5—转盘

图 4-52　旋转变薄拉深

复习思考题

4-1　什么是拉深？拉深过程中，变形区的材料是怎样流动的？

4-2　拉深时材料的应力应变状态怎样？

4-3　什么是拉深系数？拉深系数对拉深工作有何意义？

4-4　旋转体拉深件的毛料尺寸是怎样确定的？

4-5　什么是极限拉深系数？影响极限拉深系数的因素有哪些？怎样确定拉深次数？

4-6　拉深模中，凸、凹模的圆角半径对拉深工作有何影响？怎样选择凸、凹模的圆角半径？

4-7　什么是拉深间隙？拉深间隙对拉深工艺有何影响？

4-8　怎样确定凸、凹模工作部分尺寸及其制造公差？

4-9　压边圈在拉深中起何作用？

4-10　压边装置有哪些常用的形式？各有何优缺点？

4-11　带凸缘筒形件的拉深有何特点？

4-12　宽凸缘件拉深时，其拉深系数与拉深次数应该怎样确定？多次拉深时有哪几种方法？

4-13　圆筒形件及带凸缘件的拉深中，主要有哪些质量问题？可采取什么措施加以解决？

4-14　现有冲孔直径 $\phi100$ mm 的冲孔模及工件直径 $\phi100$ mm 的落料模各一套，能否都将它们改成拉深件外径 $\phi100$ mm、壁厚 2 mm 的拉深模？为什么？若能改，试述你的改造方案。

4-15　冲压生产如图所示零件，材料为 10 钢，请完成以下工作：

(1) 计算该零件的毛料尺寸；

(2) 确定该零件的拉深次数和中间半成品尺寸；

(3) 确定最后一次拉深时模具工作部分的尺寸及其公差；

(4) 画出首次拉深和最后一次拉深的模具结构草图。

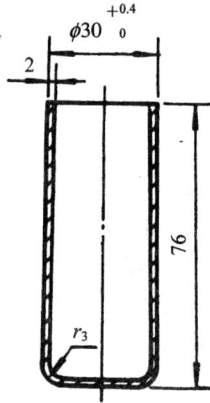

题 4-15 图　拉深件零件图

第 5 章　其它冲压工艺及模具设计

5.1　缩 口 和 胀 形

缩口和胀形是属于二次加工的两个成形工序，其毛料大多是管件或拉深件。缩口是把冲压件或管件的口部缩小，而胀形则是将毛料的某部分胀大。有时这两个工序也在同一零件中出现。

5.1.1　缩口

缩口是将预先拉深好的圆筒形件或管件毛料通过缩口模具将其口部直径缩小的一种成形工序。有时用它来代替拉深工序以加工某些零件，减少成形工序。如图 5-1 所示的工件，原来采用拉深工艺在底部冲孔需要五道工序。改用管料缩口工艺后只要三道工序。

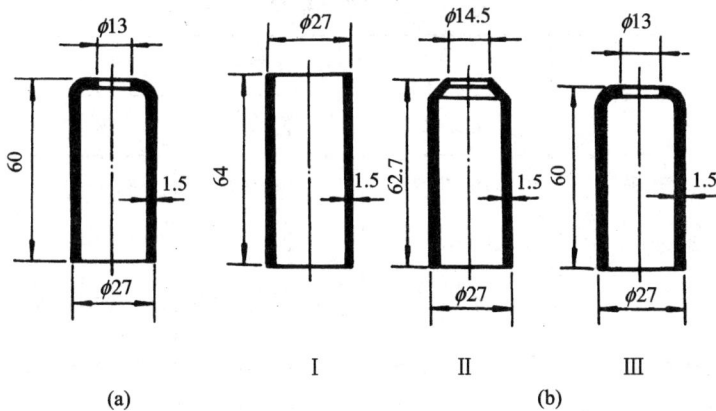

图 5-1　缩口零件

(a) 工件；(b) 缩口工艺

缩口工序的变形特点如图 5-2 所示。在变形区内的应力状态是切向 σ_θ 和径向 σ_ϕ 都为压应力，而应变状态则是厚度方向 ε_t 和径向 ε_ϕ 为拉伸应变，切向 ε_θ 为压缩应变。在缩口变形过程中，材料主要受切向压应力，使直径减小，壁厚增加。切向压应力作用的结果，缩口时毛料便容易失稳起皱。同时，在非变形区的筒壁，由于承受全部缩口压力，也易失稳产生变形。所以防止失稳是缩口工艺的主要问题，因而缩口的极限变形程度也主要是受失稳条件的限制。

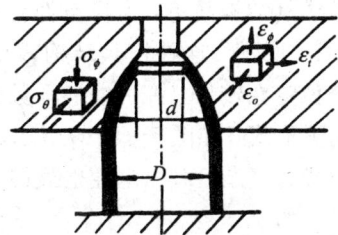

图 5-2　缩口工序变形特点

缩口变形程度用缩口系数 m 表示：

$$m = \frac{d}{D} \tag{5-1}$$

式中：d——缩口后的直径；

　　　D——缩口前的直径。

极限缩口系数的大小主要与材料种类、厚度、模具形式和毛料表面质量有关。

表 5-1 是不同材料、不同厚度的平均缩口系数。表 5-2 是不同材料、不同支承方式的允许缩口系数参考数值。从表 5-1 和表 5-2 所列数值可以看出：材料塑性愈好，厚度愈大，或者模具结构中对筒壁有支承作用的，许可缩口系数便较小。

表 5-1　平均缩口系数 m_0

材　料	材料厚度/mm		
	～0.5	>0.5～1	>1
黄铜	0.85	0.8～0.7	0.7～0.65
钢	0.85	0.75	0.7～0.65

表 5-2　缩口系数 m

材　料	支承方式		
	无支承	外支承	内支承
软钢	0.70～0.75	0.55～0.60	0.3～0.35
黄钢 H62，H68	0.65～0.70	0.50～0.55	0.27～0.32
铝	0.68～0.72	0.53～0.57	0.27～0.32
硬铝（退火）	0.73～0.80	0.60～0.63	0.35～0.40
硬铝（淬火）	0.75～0.80	0.68～0.72	0.40～0.43

缩口模具的支承形式一般有三种：第一种是无支承，这种模具结构简单，但稳定性差；第二种是外支承，如图 5-3(a) 所示，这种模具结构较前者复杂，但缩口过程中毛料稳定性较好，许可缩口系数也可取小些；第三种为内外支承形式，如图 5-3(b) 所示，这种模具结构在三种形式中最为复杂，但稳定性也最好，许可缩口系数也是三者中最小的。

当工件需要进行多次缩口时，其中各次缩口系数可参考下面公式：

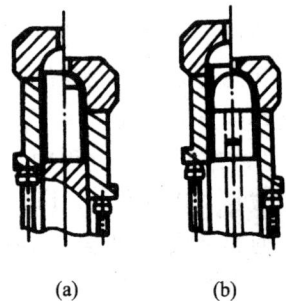

(a)　　　　　(b)

图 5-3　缩口模具的支承形式

首次缩口系数　　　　　　　　　　$m_1 = 0.9m_0$

再次缩口系数　　　　　　　　　　$m_2 = (1.05 \sim 0.10)m_0$

式中：m_0——平均缩口系数，参看表 5-1。

缩口次数可按下式确定：

$$n = \frac{(\lg d_n - \lg D)}{\lg m_0} \qquad (5-2)$$

缩口后，工件端部壁厚略为变大，一般可忽略不计。精确时可计算如下：设备缩口前的厚度为 t_{n-1}，缩口后的厚度为 t_n，则

$$t_n = t_{n-1}\sqrt{\frac{d_{n-1}}{d_n}} \qquad (5-3)$$

缩口后，工件高度有变化。缩口毛料高度 H 按式(5-4)～式(5-6)计算。式中符号参看图 5-4。

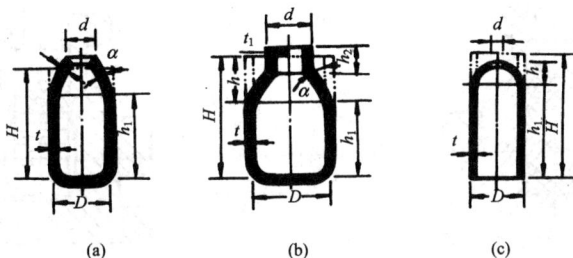

图 5-4　缩口工件的尺寸

图(a)型式：

$$H = 1.05\left[h_1 + \frac{D^2 - d^2}{8D \sin\alpha}\left(1 + \sqrt{\frac{D}{d}}\right)\right] \qquad (5-4)$$

图(b)型式：

$$H = 1.05\left[h_1 + h\sqrt{\frac{d}{D}} + \frac{D^2 - d^2}{8D \sin\alpha}\left(1 + \sqrt{\frac{D}{d}}\right)\right] \qquad (5-5)$$

图(c)型式：

$$H = h_1 + \frac{1}{4}\left(1 + \sqrt{\frac{D}{d}}\right)\sqrt{D^2 - d^2} \qquad (5-6)$$

缩口凹模的半锥角 α 对缩口成形过程有重要作用，一般使 $\alpha < 45°$，最好使 α 在 30°以下。当模具有合理的半锥角 α 时，允许的极限缩口系数 m 可以比平均缩口系数 m_0 小 10%～15%。缩口后，由于回弹，工件尺寸要比模具增大 0.5%～0.8%。

图 5-5 是一种缩口模原理图。缩口时工件由下模的夹紧器夹住。夹紧器的夹紧动作由上模带锥度的套筒实现。凹模装在上模，通过凹模锥角的作用使工件逐步形成。

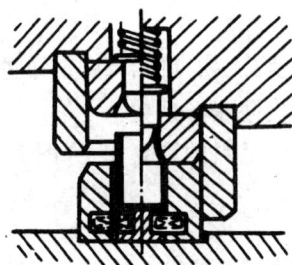

图 5-5　缩口模原理图

5.1.2　胀形

胀形是通过模具使空心件或管状毛料向外扩张，胀出所需的凸起曲面。

胀形可以采用不同的方法来实现，一般有机械胀形、橡皮胀形和液压胀形三种。机械胀形是利用分块的凸模，由锥形心块将其顶开，以使毛料胀出所需形状，如图 5-6 所示。

橡皮胀形(图 5-7)是以聚氨酯橡胶作为凸模，在压力作用下聚氨酯橡胶(80A)变形而使工件沿凹模胀出所需的形状。

图 5-8 所示的是液压胀形的一种。工作前先在毛料内灌注液体，当压床外滑块下行时先把工件的口边压住，然后内滑块下行，通过橡皮垫使液体产生高压将毛料胀压成形。

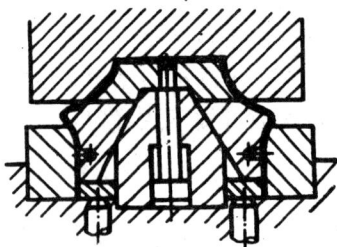

图 5-6 机械胀形

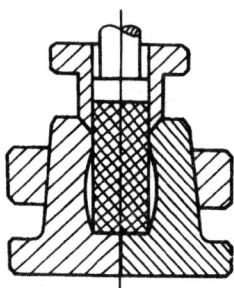

图 5-7 聚氨酯橡胶胀形

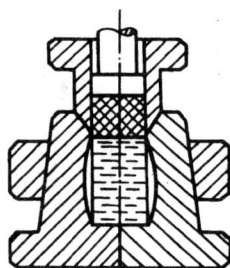

图 5-8 液压胀形

胀形的变形特点主要是材料受切向和母线方向拉伸。胀形的变形程度受材料的极限延伸率限制，常以胀形系数 k 表示胀形变形程度。

$$k = \frac{d_{\max}}{d_0} \qquad (5-7)$$

式中：$d_{\max}$——胀形后的最大直径；

d_0——毛料原始直径。

胀形系数 k 和毛料延伸率 ε 的关系为

$$\varepsilon = \frac{d_{\max}-d_0}{d_0} = k-1$$

或 $$k = 1+\varepsilon \qquad (5-8)$$

由式(5-8)可知，只要知道材料的延伸率，便可以求出相应的极限胀形系数。

胀形毛料的计算如下(图 5-9)：

毛料直径 $$d_0 = \frac{d_{\max}}{k} \qquad (5-9)$$

毛料长度 $$L_0 = L(1+(0.3\sim0.4)\varepsilon)+b \qquad (5-10)$$

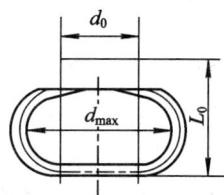

图 5-9 胀形零件的尺寸

式中：L——零件的母线长度；

ε——工件切向最大延伸率；

b——切边留量，一般 $b=10\sim20$ mm。

系数 0.3~0.4 为因切向伸长而引起高度缩小所需的留量。

综上所述，缩口和胀形工序有以下特点：

（1）缩口变形时工件主要是受切向压应力，而胀形时工件则主要是受切向拉应力；

（2）缩口成形中主要是防止工件失稳起皱，而胀形时则主要是防止毛料受拉而胀裂；

（3）缩口变形程度和胀形变形程度都采用变形前后工件的直径比来表示，即

$$变形程度 = \frac{变形后直径}{变形前直径}$$

其区别在于：胀形变形程度 $k>1$，缩口变形程度 $m<1$。

5.2　翻边与局部成形

翻边和局部成形都是局部变形的工序。翻边工序是在工件预制孔附近或边缘区域产生局部变形以形成竖边。而局部成形是使板料在凸模和凹模作用下，通过材料的变薄伸长，冲压出某些形状（如压筋、压印等），以达到零件的要求，其变形只限于这些筋和印的伸长变形及其附近的少量变形。

5.2.1　翻边

翻边是将工件的孔边缘或外边缘在模具的作用下翻出竖立或一定角度的直边。

翻边是冲压生产中常用的工序之一。根据制件边缘的性质和应力状态的不同，翻边可分为内孔翻边和外缘翻边（见图 5-10）。外缘翻边又可分为外凸的外缘翻边和内凹的外缘翻边。

1. 内孔翻边

1）内孔翻边的变形特点和翻边系数

内孔翻边时，主要是材料沿切线方向产生拉深变形，愈接近口部，其变形愈大。因此，主要危险在于边沿被拉裂。破裂的条件取决于变形程度的大小。变形程度以翻边前孔径 d 与翻边后孔径 D 的比值 m 来表示。

$$m = \frac{d}{D} \tag{5-11}$$

m 称为翻边系数。显然，m 值愈大，变形程度愈小；m 值愈小，则变形程度愈大。翻边时孔边不破裂所能达到的最大变形程度即为许可的最小 m 值，称为极限翻边系数。极限翻边系数与许多因素有关，主要有：

（1）材料的塑性：塑性好的工件，极限翻边系数可以小些。

（2）孔的边缘状况：翻边前孔边表面质量高（无撕裂、无毛刺）时就有利于翻边成形，极限翻边系数可小些。因此，为了提高变形程度，有时采用先钻孔再翻边或整修冲孔边缘后再翻边的工艺。

（3）翻边前的孔径 d 和材料厚度 t 的比值 d/t 愈小，即相对材料厚度大时，在断裂前材料的绝对伸长可以大些。因此，较厚材料的极限翻边系数可以小些。

（4）凸模的形状：球形（抛物线形或锥形）凸模较平底凸模对翻边有利，因为前者在翻边时孔边是圆滑地逐渐胀开，所以极限翻边系数可以小些。

（5）翻边孔的形状：内孔翻边可分为圆孔翻边和非圆孔翻边，图 5-10 中(a)为圆孔翻

边，图5-11为非圆孔翻边。如图5-11所示的非圆孔翻边时，从变形情况看，可以沿孔边分成 a、b、c 三种性质不同的变形区，其中只有 c 区属于圆孔翻边变形，b 区为直边，属于弯曲变形，而 a 区和拉深变形情况相似。由于 a 区和 b 区非翻边部分的变形性质可以减轻翻边部分的变形程度，因此，非圆孔翻边系数 m'（一般指小圆弧 c 部分的翻边系数）可小于圆孔翻边系数 m，两者的关系大致是：

$$m' = (0.85 \sim 0.95)m$$

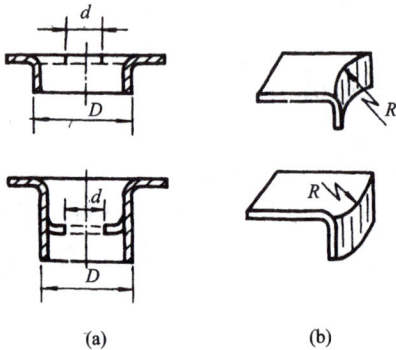

图 5 - 10　翻边示意图
（a）内孔翻边；（b）外缘翻边

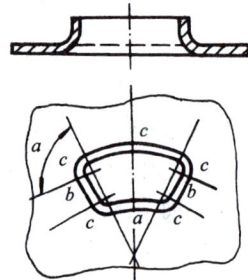

图 5 - 11　非圆孔内孔翻边

表5-3所列的是低碳钢圆孔翻边的极限翻边系数。从表中的数值可以看出，翻边的凸模型式、孔的加工方法以及材料的相对厚度对极限翻边系数均有影响。对于其它材料，按其塑性情况，可参考表列数值适当增减。

表 5-3　低碳钢圆孔极限翻边系数

凸模型式	孔的加工方法	比值 d/t										
		100	50	35	20	15	10	8	6.5	5	3	1
球　形	钻孔去毛刺	0.70	0.60	0.52	0.45	0.40	0.36	0.33	0.31	0.30	0.25	0.20
	冲孔	0.75	0.65	0.57	0.52	0.48	0.45	0.44	0.43	0.42	0.42	/
圆柱形平底	钻孔去毛刺	0.80	0.70	0.60	0.50	0.45	0.42	0.40	0.37	0.35	0.30	0.25
	冲孔	0.85	0.75	0.65	0.60	0.55	0.52	0.50	0.50	0.48	0.47	/

2）翻边的工艺计算

进行翻边的工艺计算时（见图5-12），需要根据工件的尺寸 D 计算出预冲孔直径 d，并核算其翻边高度 H。当采用平板毛料不能直接翻边出所要求的高度 H 时，则应预先拉深，然后在此拉深件的底部冲孔，再进行翻边。有时也可以进行多次翻边。由于翻边时材料主要是切向拉伸，厚度变薄，而径向变形不大，因此，在进行工艺计算时可以根据弯曲件中性层长度不变的原则近似地进行预冲孔孔径大小的计算。实践证明这种计算方法误差不大。现分别就平板毛料翻边和拉深后冲孔翻边两种情况进行讨论。

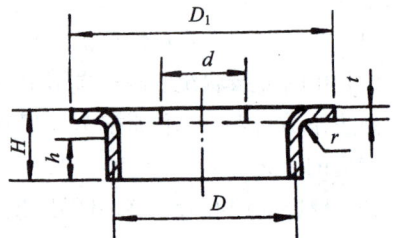

图 5 - 12　翻边工艺计算示意图

当在平板毛料上翻边时，其预冲孔直径 d 可按下式计算（见图 5-12）：

$$d = D_1 - \left[\pi \left(r + \frac{t}{2} \right) + 2h \right] \qquad (5-12)$$

式中符号均表示于图 5-12 中。因为

$$D_1 = D + 2r + t, \quad h = H - r - t$$

以此代入式（5-12），并简化之，则翻边高度 H 的表达式如下：

$$H = \frac{D-d}{2} + 0.43r + 0.72t \qquad (5-13)$$

或

$$H = \frac{D}{2} \left(1 - \frac{d}{D} \right) + 0.43r + 0.72t$$

$$= \frac{D}{2}(1-m) + 0.43r + 0.72t \qquad (5-14)$$

由式（5-14）可见，当已知工件尺寸 D、r、t 时，只要翻边系数 m 选定后，翻边高度 H 也就相应确定了。根据式（5-14）还可以知道，在极限翻边系数 $m_{\min}$ 时的许可最大翻边高度 $H_{\max}$ 为

$$H_{\max} = \frac{D}{2}(1-m_{\min}) + 0.43r + 0.72t \qquad (5-15)$$

当工件要求高度 $H > H_{\max}$ 时，就难以一次直接翻边成形，这时可以先拉深，再在拉深件底部冲孔翻边。

在拉深件底部冲孔翻边时，应先决定翻边所能达到的最大高度，然后根据翻边高度及工件高度来确定拉深高度。由图 5-13 可知，翻边高度 h 为

$$h = \frac{D-d}{2} - \left(r + \frac{t}{2} \right) + \frac{\pi}{2} \left(r + \frac{t}{2} \right)$$

$$\approx \frac{D}{2} \left(1 - \frac{d}{D} \right) + 0.57r + 0.28t \qquad (5-16)$$

若以极限翻边系数 $m_{\min}$ 代入式（5-16），可求得翻边的极限高度 $h_{\max}$ 为

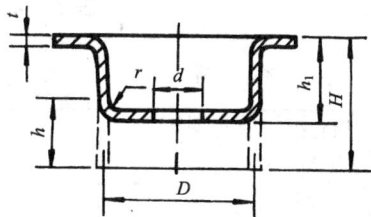

图 5-13　拉深件底部冲孔翻边
　　　　　工艺计算示意图

$$h_{\max} = \frac{D}{2}(1-m_{\min}) + 0.57r + 0.28t \qquad (5-17)$$

此时，预冲孔直径 d 应为

$$d = m_{\min}D$$

或

$$d = D + 1.14r - 2h \qquad (5-18)$$

于是，拉深高度 h_1，为

$$h_1 = H - h_{\max} + r + t \qquad (5-19)$$

式中：H——工件总高度；

　　　D——翻边后直径（中径）。

2. 外缘翻边

外缘翻边如图 5-14 所示。图（a）为外凸的外缘翻边，其变形情况近似于浅拉深，变形区主要为切向受压，在变形过程中，材料容易起皱。图（b）为内凹的外缘翻边，其变形特点近似于内孔翻边，变形区为切向拉伸，边缘容易拉裂。

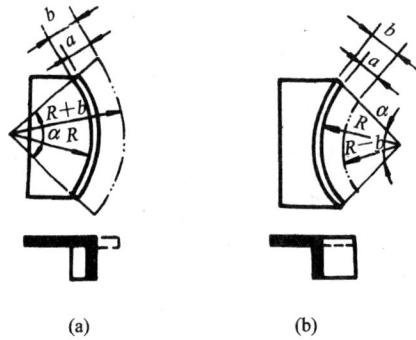

图 5-14 外缘翻边示意图

(a) 外凸的外缘翻边；(b) 内凹的外缘翻边

外缘翻边的变形程度可用下式表示：

$$\varepsilon_p = \frac{b}{R+b} \qquad (5-20)$$

$$\varepsilon_d = \frac{b}{R-b} \qquad (5-21)$$

式(5-20)适用于外凸的外缘翻边，式(5-21)适用于内凹的外缘翻边。

外缘翻边的极限变形程度可参考表 5-4。

表 5-4 外缘翻边允许的极限变形程度

材　　料	$\varepsilon_p(\%)$		$\varepsilon_d(\%)$	
	橡皮成形	模具成形	橡皮成形	模具成形
铝合金				
L4 M	25	30	6	40
L4 Y1	5	8	3	12
LF21 M	23	30	6	40
LF21 Y1	5	8	3	12
LF2 M	20	25	6	35
LF3 Y1	5	8	3	12
LF12 M	14	20	6	30
LY12 Y	6	8	0.5	9
LY11 M	14	20	4	30
LY11 Y	5	6	0	0
黄铜				
H62 软	30	40	8	45
H62 半硬	10	14	4	16
H68 软	35	45	8	55
H68 半硬	10	14	4	16
钢				
10	/	38	/	10
1Cr18Ni9 软	/	15	/	10
1Cr18Ni9 硬	/	40	/	10
2Cr18Ni9	/	40	/	10

3. 翻边模

图 5-15 为典型的内孔翻边模,其结构与拉深模相似,但需注意以下几点:

(1) 翻边模凸模圆角半径一般做得较大,有的做成球形或抛物线形的头部,以利于翻边时金属的流动。

(2) 凹模圆角半径取为工件的圆角半径。

(3) 模具间隙小于材料厚度,一般取单边间隙 $Z=0.85t$。

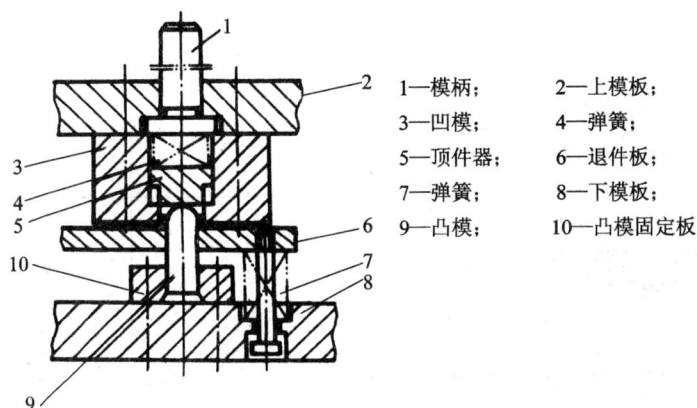

1—模柄;	2—上模板;
3—凹模;	4—弹簧;
5—顶件器;	6—退件板;
7—弹簧;	8—下模板;
9—凸模;	10—凸模固定板

图 5-15 翻边模

5.2.2 局部成形

局部成形时,在局部区域内材料两向受拉、厚度变薄,从而形成要求的局部形状。根据工件的要求,局部成形可以压出各种形状,生产中常见的有压筋、压棱、压包、压字、压花等。经过局部成形后的工件,特别是生产中广泛应用的压筋成形,由于压筋后工件惯性矩的改变和材料加工硬化的作用,能够有效地提高工件的刚度和强度。

在局部成形过程中,由于材料主要是承受拉应力,当变形量太大时,可能产生裂纹。

对于一般比较简单的局部成形工件,可以近似地根据下式确定其极限变形程度:

$$\delta_n = \frac{l_1 - l_0}{l_0} < (0.7 \sim 0.75)\delta \tag{5-22}$$

式中:δ_n——局部成形时极限变形程度;

δ——材料单向拉伸的延伸率;

l_0、l_1——工件变形前后的长度(见图 5-16)。

系数 $0.7 \sim 0.75$ 视局部成形的形状而定,球形筋取大值,梯形筋取小值。

表 5-5 和表 5-6 分别列出了加强筋的形式和尺寸,以及加强筋间距和加强筋与工件边缘之间距离的数值,可供参考。局部成形的筋与边框的距离如果小于 $(3 \sim 3.5)t$ 时,由于成形过程中边缘材料要往内收缩,成形后需增加切边工序,因此,应预先留出切边余量。

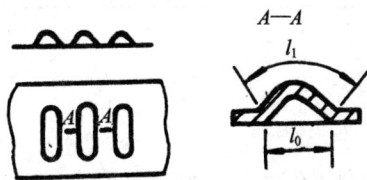

图 5-16 局部成形零件

综上所述,除外凸的外缘翻边外,翻边和局部成形有以下共同的特点:

（1）翻边和局部成形时，材料主要是受拉而变形，因此，在变形部位及其附近处的材料主要是受拉应力，其变形是拉伸变形，厚度变薄。

（2）由于材料主要是受拉变形，因此，其破坏特点主要是拉裂。

（3）翻边和局部成形的极限变形程度都和工件所用材料的延伸率有关。延伸率大的材料，其极限变形程度越大。

表 5-5　加强筋的形式和尺寸

名　称	图　例	R	h	D 或 B	r	$\alpha°$
压筋		$(3\sim4)t$	$(2\sim3)t$	$(7\sim10)t$	$(1\sim2)t$	—
压凸		—	$(1.5\sim2)t$	$\geqslant3h$	$(0.5\sim1.5)t$	$15\sim30$

注：表中数值下限为极限尺寸，上限为正常尺寸。

表 5-6　加强筋间距和加强筋与工件边缘之间的距离　　　单位：mm

图　例	D	L	l
	6.5	10	6
	8.5	13	7.5
	10.5	15	9
	13.0	18	11
	15.0	22	13
	18.0	26	16
	24.0	34	20
	31.0	44	26
	36.0	51	30
	43.0	60	35
	48.0	68	40
	55.0	78	45

5.3　校平与整形

利用模具使冲件局部或整体产生不大的塑性变形，以消除平面度误差和提高制件形状及尺寸精度的冲压成形方法叫校平与整形。这种工序大多在其它冲压工序之后进行。

1. 校平与整形工艺特点

校平与整形允许的变形量都很小，因此必须使冲件的形状和尺寸相当接近制件。校平与整形后制件精度高，因而模具成形部分的精度也相应地提高。

校平与整形时，应使冲件内的应力、应变状态有利于减少卸载过程中由于材料的弹性形而引起制件形状和尺寸的弹性恢复。在各种不同整形工艺中，由于制件的形状尺寸要求不同，冲件所处的应力状态和产生的变形都不一样，所以要比一般成形过程复杂得多。

由于校平与整形需要在曲轴压力机下死点进行，因此，对所使用设备的刚度、精度要求高，通常在专用的精压机上进行。若采用普通的压力机，则必须设有过载保护装置，以防损坏设备。

2. 校平

校平多用于冲裁件，消除其穿弯造成的不平。表面不允许有压痕的制件，一般用光面校平模（见图 5－17）。对较厚制件常采用齿形校平模（见图 5－18）。

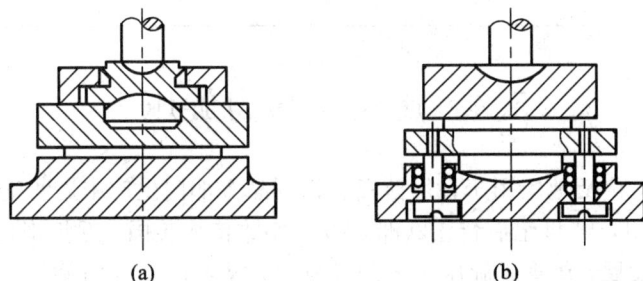

图 5－17　通用光面校平模
（a）浮动上模；（b）浮动下模

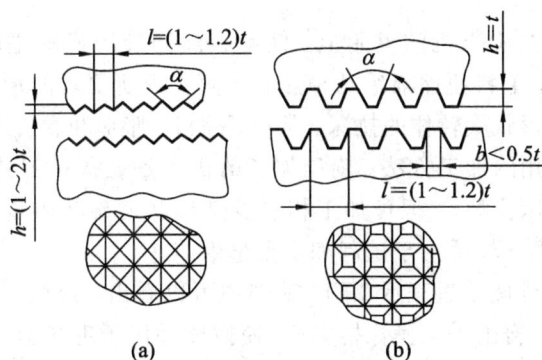

图 5－18　校平模齿形
（a）尖齿齿形；（b）平顶齿形

3. 整形

整形一般用于弯曲、拉深成形工序之后。整形模与一般成形模具相似，只是工作部分的定形尺寸精度高，粗糙度 R_a 值要求更低，圆角半径和间隙值都较小。

整形时，必须根据制件形状的特点和精度要求，正确地选定产生塑性变形的部位、变形的大小和恰当的应力状态。

4. 校平、整形力的计算

用模具校平与整形时的压力，主要取决于材料的力学性能、板料厚度等因素。校平、整形力 P 可按下式计算：

$$P = Fp$$

（5－23）

式中：p —— 单位压力(MPa)，见表 5 - 7；

　　　　F —— 校平、整形面积(mm^2)。

表 5 - 7　校平、整形时单位压力　　　　　　单位：MPa

校平(整形)材料	平板校平	齿形校平、整形
软钢	8 ～ 10	25 ～ 40
软铝	2 ～ 4	2 ～ 5
硬铝	5 ～ 8	30 ～ 40
软黄铜	5 ～ 8	10 ～ 15
硬黄铜	8 ～ 10	50 ～ 60

5.4　旋压与强力旋压

旋压也称赶形，广泛地应用于日用搪瓷和铝制品等部门生产中。早在 10 世纪初，就由我国劳动人民所发明，14 世纪后传入欧洲，1840 年才传入美国。近年来，随着航空工业和火箭、导弹生产的发展，在普通旋压工艺的基础上，又发展了强力旋压工艺。强力旋压又称旋薄。

5.4.1　旋压

旋压是将毛料固定在旋压机的模胎上，使毛料随同旋压机的主轴旋转，同时操作擀棒，使擀棒加压于毛料，毛料便逐渐紧贴模胎，从而获得所要求的形状和尺寸的制件。用旋压方法可以完成各种形状旋转体的拉深、翻边、缩口、胀形和卷边等工序。

旋压是一种比较通用的加工方法。旋压加工的优点是设备和工具都比较简单(没有专用的旋压机时可以用车床代替)，但可加工相当复杂形状的旋转体零件；缺点是生产率较低，劳动强度较大，因而比较适用于试制和小批量生产。

图 5 - 19 是圆筒形件旋压过程示意图。从图中可以看出，顶块 3 把毛料压紧在模胎 2 上，随同主轴一起旋转，再由手工操作擀棒 5，使擀棒加压于毛料上反复赶辗，由点到线，由线及面，使毛料逐渐紧贴于模胎上而成形。

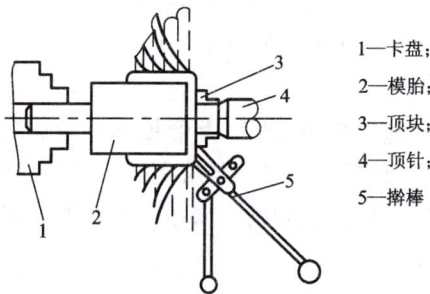

1—卡盘；
2—模胎；
3—顶块；
4—顶针；
5—擀棒

图 5 - 19　圆筒形件旋压过程示意图

在平板毛料通过旋压加工成为圆筒形制件的过程中，主要是切向受压，径向受拉，但其变形过程和普通的冲模拉深并不一样。旋压时擀棒与毛料之间基本上是点接触。毛料在擀棒的作用下，产生两种变形：一种是擀棒直接接触的材料产生局部塑性变形；另一种是毛料沿着擀棒加压的方向倒伏。在操作过程中控制擀棒很重要，如操作不当，则会引起材料失稳起皱、振动或撕裂。

旋压时，恰当地选择合理的主轴转速、变形的过渡形状以及擀棒旋压力的大小是关系到旋压质量的重要问题。

擀棒施加压力于毛料的大小，一般凭经验，加压不能太大，否则易于起皱。同时，擀棒着力点必须逐渐转移，使毛料均匀延伸变形。

旋压成形的变形程度以旋压系数 m 表示：

$$m = \frac{d}{D} \tag{5-24}$$

式中：D——毛料直径（mm）；

　　　　d——制件直径（制件若是锥形件，则 d 为圆锥最小直径）（mm）。

圆筒形件的极限旋压系数可取：

$$m = 0.6 \sim 0.8$$

当相对厚度 $(t/D) \times 100 = 0.5$ 时 m 取大值，$(t/D) \times 100 = 2.5$ 时 m 取小值。

圆锥形件的极限旋压系数可取：

$$m = 0.2 \sim 0.3$$

制件需要的变形程度比较大时，便需要多次旋压。多次旋压是由连续几道工序在不同的模胎上进行的，并且都以锥形过渡。由于加工硬化，多次旋压时必须进行中间退火。

旋压毛料的直径 D 可以参照拉深件计算毛料直径的方法求得。由于旋压时材料的变薄比拉深大，因此，实用时应将计算值减少 $5\% \sim 7\%$。

5.4.2　强力旋压

强力旋压也称旋薄。

强力旋压是在普通旋压的基础上发展起来的，在航空工业、导弹制造和其他一些军用和民用工业中得到应用。图 5-20 所示便是一些用强力旋压加工成的零件。这些火箭、导弹和飞机上的零件，原先采用机械加工或用板料弯曲、焊接再成形等方法加工，其质量和成本都不及用强力旋压好。

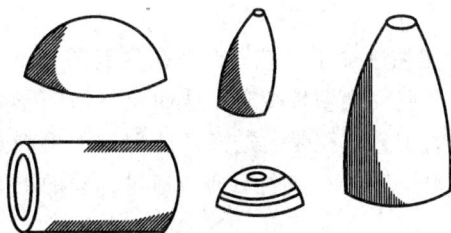

图 5-20　强力旋压加工成的零件

强力旋压的加工过程如图 5-21 所示。旋压机的尾架顶块 3 把毛料 2 紧压于芯模 1 的顶端，芯模、毛料和顶块随同旋压机的主轴一起旋转。旋轮 5 靠模板沿一定轨迹移动，旋轮移动时与芯模保持一定间隙,旋轮加压于毛料。毛料在旋轮压力作用下,按主模形状逐渐成形,并使毛料厚度产生预定的变薄而加工成所需的制件。

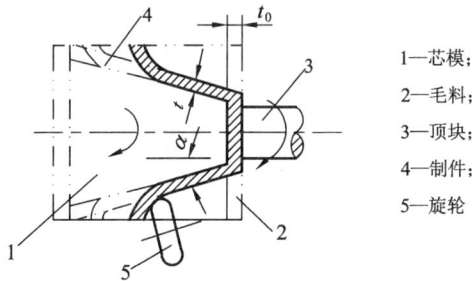

1—芯模;
2—毛料;
3—顶块;
4—制件;
5—旋轮

图 5 - 21　强力旋压加工过程示意图

强力旋压的主要特点是:

(1)与普通旋压相比,强力旋压在加工过程中毛料凸缘不产生收缩变形,因此没有凸缘起皱的问题,也不太受毛料相对厚度的限制。普通旋压通常限于加工有色金属零件和变形程度较小的钢零件,而强力旋压则可不受此限制,可以一次旋压出相对深度较大的零件。

(2)与冷挤压相比较,强力旋压是用局部变形逐步扩展的办法,因此所需变形力较冷挤压小。某些用冷挤压加工困难的材料,用强力旋压也可加工。

(3)经强力旋压后,材料晶粒紧密细化,强度提高,表面质量也比较好。

(4)强力旋压一般要使用专门的强力旋压机,设备的刚度要求比较高,所需功率也比较大。采用强力旋压不只对制件形状有一定的限制,而且对制件批量的大小也应具体进行经济分析。如果制件批量大,用冷挤压或其它冲压方法也能加工时,则以不用强力旋压更为经济合理。如果制件批量不大或者用其它方法加工困难时,则用强力旋压就合理了。当然,如果制件数量很小,由于需要加工某些专用工具,用强力旋压时制件成本也会增加。

在强力旋压的变形过程中,毛料外径保持不变,这是强力旋压的一个变形特点。如图 5 - 21 所示,在变形过程中制件凸缘直径和毛料的外径基本相等。变形过程中制件表面积的增加只是通过材料的变薄来实现的。

5.5　冷　挤　压

冷挤压是一种先进的少无切削加工工艺。它是在常温条件下,利用模具以一定的速度对金属施加很大的压力,使金属产生塑性变形,从而获得所需形状、尺寸和性能的零件的一种塑性成形方法。冷挤压的工艺过程是:先将经处理过的毛料放在凹模内,借凸模的压力使金属处于三向受压应力状态下产生塑性变形,通过凹模的下通孔或凸模与凹模的环形间隙将金属挤出。

5.5.1　冷挤压类型

根据冷挤压时金属流动方向与凸模运动方向间的关系,可将常用的冷挤压方法分为正挤压、反挤压和复合挤压三种(见图 5 - 22)。

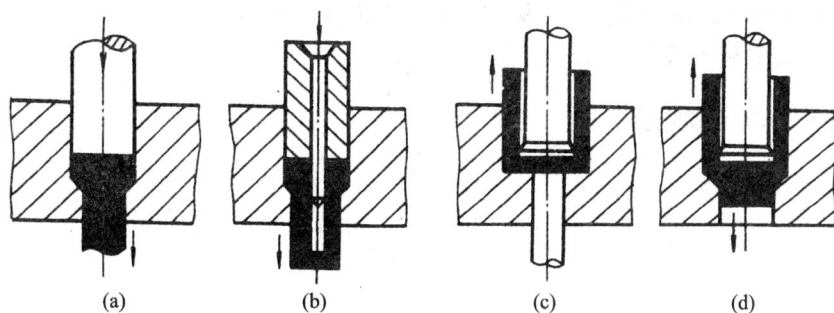

图 5 - 22　冷挤压方法

(a)、(b) 正挤压；(c) 反挤压；(d) 复合挤压

1. 正挤压

正挤压时，金属的流动方向与凸模运动的方向相同。图 5 - 22(a)为正挤压实心零件的情形。将经过处理的毛料放在凹模内，凸模挤压毛料，强迫金属从凹模上与工件尺寸相当的底孔中流出，从而获得所需工件。

图 5 - 22(b)为正挤压空心件的情形。先将杯形毛料置于凹模内，凹模底部有一与工件外形尺寸相当的孔，凸模由凸模本体与芯轴两部分组成，芯轴直径与工件内径相等，芯轴与凹模底孔之间在半径方向上的间隙等于工件壁厚，这样，凸模往下挤压，即可获得空心工件。

2. 反挤压

反挤压时，金属的流动方向与凸模运动的方向相反，如图 5 - 22(c)所示。其加工过程是：先将扁平毛料置于凹模内，凸模与凹模之间的间隙等于工件壁厚，凸模向下加压，金属便在凸模和凹模之间的间隙内向上流动，形成空心工件。

3. 复合挤压

复合挤压时，金属向凸模运动的方向及相反的方向同时流动，如图 5 - 22(d)所示。

5.5.2　冷挤压的优越性

冷挤压的优越性体现在以下三个方面。

1. 节约原材料，提高生产效率

冷挤压是少无切削加工工艺，与切削加工相比，其节约原材料的优越性是显而易见的。冷挤压是在压力机简单的往复运动中生产零件，其生产效率很高。

2. 提高零件的机械性能

在冷挤压过程中，金属处于三向受压应力状态，变形后材料的组织致密，又有连续的纤维流向，变形中的加工硬化也使材料的强度增加。因此，冷挤压零件与切削加工的零件相比，其机械性能大大提高。

3. 提高零件的精度，降低表面粗糙度

冷挤压零件的精度可达 IT8～IT9 级，有色金属冷挤压零件的表面粗糙度可达 R_a = 1.6～0.4 μm。因此，有的冷挤压件无需切削加工。

综上所述，冷挤压是一种高产、优质、少消耗的先进加工工艺，在我国各工业部门中得到了广泛的应用和飞速的发展。

5.5.3 冷挤压的变形程度

1. 变形程度的表示方法

变形程度的表示方法最常用的有两种：断面缩减率和挤压比。

（1）断面缩减率：

$$\psi = \frac{F_0 - F_1}{F_0} \times 100\% \qquad (5-25)$$

式中：ψ——冷挤压的断面缩减率；

F_0——冷挤压变形前毛料的横截面积；

F_1——冷挤压变形后工件的横截面积。

（2）挤压比：

$$G = \frac{F_0}{F_1} \qquad (5-26)$$

式中：G——挤压比；

F_0——冷挤压变形前毛料的横截面积；

F_1——冷挤压变形后工件的横截面积。

ψ 与 G 之间存在如下关系：

$$\psi = \left(1 - \frac{1}{G}\right) \times 100\% \qquad (5-27)$$

2. 许用变形程度

冷挤压的变形程度越大，挤压的变形抗力也就越大，它会引起凸模、凹模等模具零件的破裂。冷挤压的许用变形程度是指在目前模具强度条件下（目前一般模具材料的许用应力为 2500～3000 N/mm²），可以采用的每次冷挤压的变形程度。从提高生产率的角度来说，冷挤压的许用变形程度值越大越好，使得零件能一次成形。但太大的变形程度势必产生过大的变形抗力，使得模具寿命降低甚至损坏。因此，在冷挤压生产中，必须选择合适的变形程度，使得在保证模具具有一定使用寿命的条件下尽量减少冷挤压工序。

冷挤压的许用变形程度取决于下列各方面的因素：

（1）可挤压材料的机械性能。材料越硬，许用变形程度就越小。

（2）模具强度。模具钢材好，模具制造中冷、热加工工艺合理，模具结构较合理，这样的模具强度就高，许用变形程度可以大一些。

（3）冷挤压的变形方式。在变形程度相同的条件下，反挤压的力大于正挤压的力。反挤压的许用变形程度比正挤压的应该小些。

（4）毛料表面处理与润滑。毛料表面处理越好，润滑越好，许用变形程度也就大些。

（5）冷挤压模具的几何形状。冷挤压模具工作部分的几何形状对金属的流动有很大影响。形状合理时，有利于挤压时的金属流动，单位挤压力降低，许用变形程度可以大些。

在一般生产条件下，模具强度、润滑条件及模具的几何形状都是尽量做到最理想的情况，因此许用变形程度主要是取决于被挤压材料和变形方式两个因素。

有色金属一次挤压时的许用变形程度见表 5－8。

表 5－8　有色金属一次挤压的许用变形程度

金属材料	断面缩减率 ψ (%)		附　　注
锌、铝、无氧铜等	正挤	95～99	低强度的金属取上限，高强度的金属取下限
	反挤	90～99	
紫铜、黄铜 硬铝、镁	正挤	90～95	
	反挤	75～90	

5.5.4　冷挤压的主要技术问题

在冷挤压变形过程中，被挤压材料处于三向受压应力状态，其变形抗力大大增加，所需的挤压力很大，较之一般板料冲压成形的力要大得多。因此，冷挤压时材料的变形力与模具所能承受载荷的能力之间的矛盾是十分突出的，这是冷挤压技术问题的关键所在。要解决这一问题，必须从以下几方面着手。

（1）选用适合于冷挤压的材料，要求材料具有一定的塑性、较低的强度和较低的加工硬化敏感性。

（2）正确选用冷挤压的变形程度，避免因变形程度过大而使挤压力增大，导致模具损坏。

（3）要使变形的金属材料强度尽可能低，一般要对挤压毛料进行软化退火处理。

（4）要采用表面处理与润滑，使变形毛料与模具间有一润滑层，避免变形毛料与模具直接接触，以降低摩擦阻力、变形力和减少模具磨损。

（5）正确设计与制造冷挤压模具，合理选择冷挤压模具材料，合理确定模具的冷、热加工工艺。

（6）选用合适的设备，要求设备具有良好的刚性和良好的导向性能。

5.5.5　温热挤压

1. 温挤的优点与存在的问题

温热挤压（简称温挤）是在冷挤压基础上发展起来的一项新工艺。由前已知，冷挤压是无切削、少切削的加工方法之一。温热挤压有很多优点：节约原材料、生产率高、产品强度大，而且产品的公差等级与光洁度高。但是冷挤压的变形力相当大。金属变形抗力大，就限制了零件的尺寸，同时也限制了难变形材料采用冷挤压这项工艺。当变形抗力大到超过模具材料的允许强度时，就造成模具破坏。此外，由于变形抗力大，就需要大吨位的压力机。

热挤压成形法一般将毛料加热至热锻温度，虽然可使材料变形抗力降低，但是加热产生氧化、脱碳及热膨胀等问题，降低了产品的尺寸公差等级和表面质量，因而一般都需要经过大量的切削加工，才能得到最后的成品。

温挤的温度一般是在再结晶温度以下或者是在一般热压力加工温度以下。由于金属被加热,毛料的变形抗力比冷挤时要小,成形比冷挤时容易,压力机的吨位也可以降低,而且如果控制合适,模具的寿命也比冷挤时要高。与热挤压不同,因为在较低温度范围内加热,氧化、脱碳的可能性小或大大减轻,产品的尺寸公差等级与光洁度较高,产品的机械性能也比退火材料要高。如在低温范围内温挤,产品的机械性能与冷挤压的产品差别不大。特别是在室温下难加工的材料,例如,析出硬化相的不锈钢和中、高碳素钢、含铬量高的一些钢、高温合金、钛及钛合金等,在加温时,可能变得可以加工或容易加工,甚至对合金工具钢和高速工具钢也可以进行一定变形程度的温挤变形。

温挤不仅适用于变形抗力高、加工困难的材料,就是对于冷挤压适宜的低碳钢,也适合作为温挤的对象。因为温挤在较高温度范围内进行时(例如钢在 650～800℃ 温挤时),有一个很大的优点是便于组织连续生产。在冷挤压时,包括挤压低碳钢在内,一般在加工前要进行预先软化退火,在各道冷挤压工序之间也要进行退火。在冷挤压钢以前要进行磷酸盐处理(对不锈钢是草酸盐处理)。这就使组织连续生产产生困难。在较高温度(650～800℃)范围内进行温挤时可以不进行预先软化退火和各工序之间的退火,也可以不进行表面磷酸盐处理,这就使得组织连续生产成为可能,至少可以减少许多辅助工序(如磷酸盐处理、退火等)。

温挤可以采用大的变形量,这样就可以减少工序数目。模具费用也可以大为减少,而且不一定需要刚性极高的高价专用冷挤压机,可以采用通用压力机。所以,虽然温挤需要加热金属,但是总的加工费用还是比较便宜。特别是在制造工序复杂的非轴对称的异形零件时,温挤尤可发挥它的作用。

当然,温挤与冷挤相比,需要加热设备,产品尺寸公差等级与表面光洁度虽与冷挤压较接近,但总不免稍差一些,劳动条件由于毛料加热也较冷挤时为差。所以温挤虽有一系列优点,但一般说来,在下列三种情况下采用温挤是比较适宜的。

(1) 对于高合金钢、高强度材料,用冷挤压进行大变形加工有困难时。

(2) 对于一般材料,用于冷挤压而压力机吨位不够时。

(3) 打算组织连续生产时。

对可热处理强化铝合金的温热挤压研究结果表明:LY12 和 LC4 等可热处理强化铝合金,是很适宜于温热挤压的结构材料。采用温热挤压,可以克服这一类材料室温下塑性差、容易引起产品表面出现裂纹的缺点,同时可以降低变形抗力。400℃ 以上挤压 LY12 和 LC4 后,产品机械性能接近或超过原材料淬火时效状态的机械性能。这是因为在 300℃ 以上,随挤压温度升高,合金元素溶入基体更多,变形后的空冷使合金保持部分甚至大部淬火效应,随后在室温下自然时效而使强度提高。同时,还保留部分加工硬化效应,因此强度可能达到甚至超过淬火时效状态的水平。这一结论具有现实的经济意义。

目前,对温挤采用的润滑剂的研究,虽有许多进展,但还不能十分令人满意。同时,也还缺乏加工方面的一些实际数据,完全适合温挤的模具材料还正在试验研究中。所以,今后要使温挤加工应用范围迅速发展,还有许多技术问题有待解决。

2. 温挤压力的计算

图 5-23 是钢的温挤压力计算图表。图中虚线上的箭头表明了查图的方法。例如,当加工温度为 650℃ 挤压 35 钢时,可沿图中 550℃ 向上虚线交到 35 钢的曲线上,然后箭头向

左标到正挤压断面缩减率 80％ 曲线上的一点，这一点在水平轴上的投影数据为 1900 MPa，这就是 35 钢在 550℃ 作 80％ 正挤压变形时的单位挤压力（最大凹模压力）。如果是反挤压，则箭头向右标去，同样可查到某一断面缩减率时的单位挤压力（最大凸模压力）数据。图中断面缩减率 40％ 与 60％ 的曲线相当接近，说明在 60％ 以下，断面缩减率大小对单位挤压力的影响不太显著。

图中的中部曲线是各种材料的平均变形抗力曲线。采用的钢种共计 12 种，其它钢种的变形抗力，可以和这 12 种钢种比较近似地推断出来。

试验所用正挤凹模锥角为 120°，反挤凸模锥角为 176°（无平底部分）。试验所用毛料，除 GCr15 是经球化退火的以外，其余毛料均是热轧材料。试验在曲柄压力机上进行。模具在 60～100℃ 预热。润滑剂使用以油为介质的石墨胶质溶液，涂刷在模具上。加工温度在 600℃ 以下者，毛料作磷酸盐表面处理。在 600℃ 以上者，毛料不作预先表面处理。

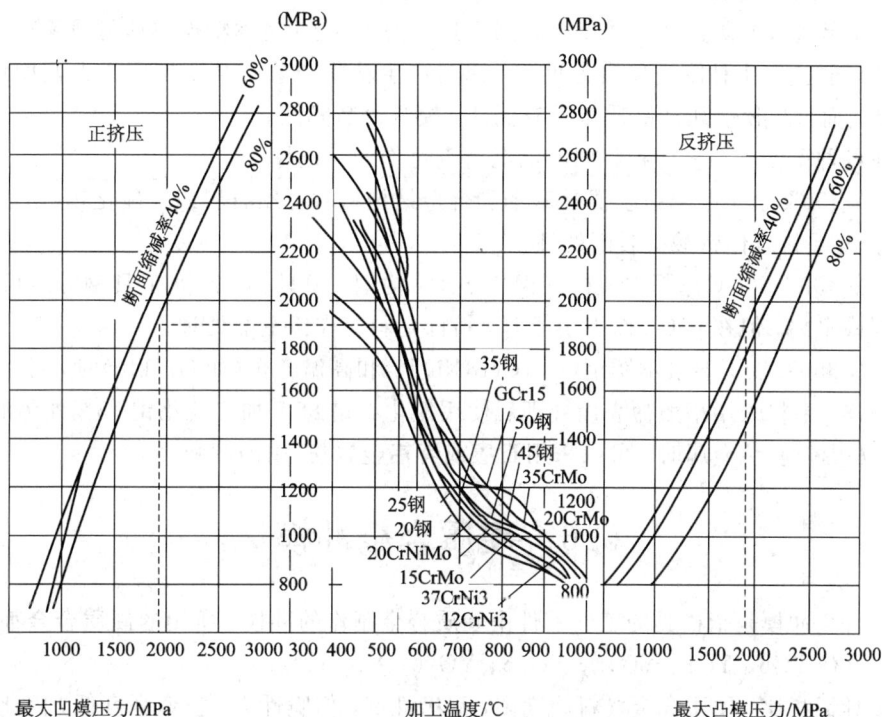

图 5 - 23 钢温热正挤和反挤时最大凹模压力与最大凸模压力的计算图表

关于正挤

$$最大凹模压力 = \frac{最大挤压力}{凹模受压面在轴向的投影面积} = \frac{P}{\frac{\pi}{4}(D^2 - d_d^2)}$$

关于反挤

$$最大凸模压力 = \frac{最大挤压力}{凸模断面积} = \frac{P}{\frac{\pi}{4}d_t^2}$$

式中：P —— 最大挤压力（N）；

d_d —— 凹模挤出出口的直径（mm）；

　　D —— 凹模内径(mm)；

　　d_t —— 凸模直径(mm)。

3. 温挤润滑剂的选择

目前温挤用的润滑剂还不像冷挤压时用的润滑剂那样成熟，由于温挤这种加工的特点，对润滑剂有下列要求：

（1）可耐 2000 MPa 以上的高压；

（2）能覆盖挤压时形成的大片新生表面；

（3）尽量保持低的摩擦系数；

（4）适合大约 800℃ 以下的温热温度范围，要求在这一温度范围内性能不产生变化，就是说能保持稳定性；

（5）在温热温度范围内，有足够的粘度和附着性能；

（6）在温挤时能防止金属质点粘附到模具上去的现象(简称粘模或粘附现象)。

其中以防止产生粘附现象最为重要。因为产生粘附现象则会使挤压力大幅度地增加。不但如此，而且也使挤压产品质量没有保证，模具寿命降低。

对在各种温度下温挤各种材料时的润滑剂可作如下选择：

（1）在 450℃ 以下室温以上温挤碳钢和合金结构钢时可用石墨或二硫化钼(用水或油调和)，挤压前毛料应作磷酸盐表面处理；

（2）在 400～800℃ 范围内温挤碳钢、合金结构钢、模具钢、高速工具钢等时可以采用石墨油剂或水剂，但在 600℃ 以下挤压时，挤前毛料应作磷酸盐处理；

（3）在 350℃ 以下温挤不锈钢(如 1Cr18Ni9Ti)和高温合金(如 GH140)时，可以与冷挤它们时一样，毛料采用草酸盐表面处理后使用氯化石蜡 85% 加二硫化钼 15% 作为润滑剂；

（4）在温挤有色金属时，可以采用石墨或者铝金属粉(用油调和)。

5.6　硬质合金冲模

硬质合金冲模是指模具的工作零件由硬质合金制作的冲模。所用的硬质合金都为钨钴类，常用的有 YG6、YG8、YG11、YG15、YG20、YG25。

与工具钢相比，硬质合金材料硬度高，耐磨性好，但脆性大，抗弯强度低，因此设计时要注意以下几点。

1. 模架选择

上、下模板宜采用 45 钢，调质处理，25～30HRC，也可采用 Q235A，但不宜采用灰铸铁。

导向装置应采用滚珠式导柱导套，以提高导向精度。

模柄应采用浮动式模柄。

2. 凸、凹模紧固型式

常见的凸、凹模紧固型式有机械固定和热套固定。

机械固定型式如图 5-24 所示，该法固定时牢固可靠，且不易产生内应力，但配合面的精度要求较高。

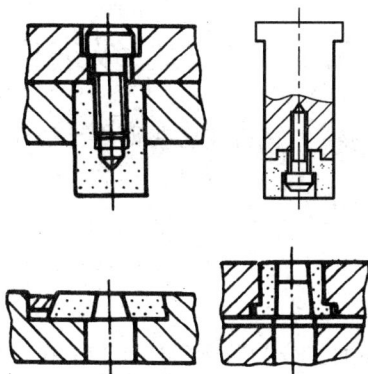

图 5 - 24　凸、凹模的机械固定

热套固定如图 5 - 25 所示，由于钢的线膨胀系数比硬质合金大，故装拆都较方便，过盈量一般取直径的 $0.6\%\sim1\%$，加热温度 $500\sim600℃$，易产生内应力。

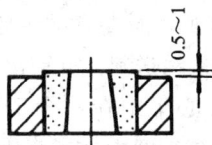

图 5 - 25　凸、凹模的热套固定

3. 弹压卸料板设计

弹压卸料板应有可靠导向，避免对刃口的冲击，模具闭合时卸料板与硬质合金凹模平面间的间距应超过板料最大厚度 0.05 mm，如图 5 - 26 所示。卸料板材料可用 T10A($42\sim46$HRC)。

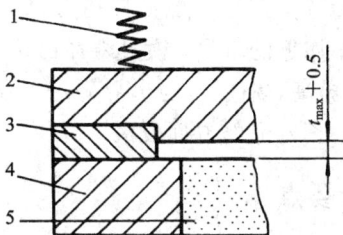

1—弹簧；2—卸料板；3—导料板；4—模框；5—凹模

图 5 - 26　弹压卸料板与凹模平面间的间距

4. 垫板设计

为提高硬质合金凹模刚度，防止碎裂，在凹模底面应加淬硬的厚垫板，材料可用 T10A，$56\sim60$HRC，厚度不小于一般钢制冲模垫板的 $1.2\sim1.25$ 倍。

5. 模具刃口受力均匀

硬质合金冲裁模设计时，应防止单边冲裁，避免刃口崩裂。

6. 冲压设备的选择

硬质合金模适用于大批量的生产，因此以采用快速冲床为宜，并配备自动送料装置。

5.7　多工位级进模

多工位级进模在电子、仪表、机械行业已获得广泛的应用。它已成为当今在技术水平上有代表性的重要模具。

5.7.1　概述

1. 多工位级进模的含义

多工位级进模是将冲压件加工分为若干等距工位，在每个工位上设置一定的冲压工序或空位，条料在送进机构控制下，连续完成冲裁、弯曲、拉深、成形等加工。其中以冲裁、弯曲、拉深为主的多工位级进模为基本形式。工位数可由几个工位至几十个工位，如有的工位数多达 55 个。

2. 多工位级进模的特点

多工位级进模适用于小型金属件的大批量生产；连续完成多道工序，生产效率高；操作时手不需进入危险区，操作安全；自动送料，自动出件，易于实现冲压自动化；可将复杂形状分解为简单形状的分步冲裁，不必集中在一个工位，因而模具强度较高，寿命较长；模具结构复杂，加工精度要求高，制造难度大，在使用过程中必须有具备一定技术水平的维修工人和维修设备。

3. 多工位级进模的发展趋势

多工位级进模的设计和制造技术已有了很大发展。在先进工业国家已广泛采用了模具的计算机辅助设计和辅助制造(CAD/CAM)，从而大大提高了模具设计和制造水平，缩短了设计制造周期。冲压速度，带弯曲工序的多工位级进模已达 500～600 次/分，纯冲裁加工的多工位级进模已超过 1000 次/分，对于一般冲件约为 200 次/分。零件制造精度及步距精度达到 μm 级，且提出向零公差靠近的口号。模具寿命已达 3 亿次。目前，我国多工位级进模的设计与制造水平已有很大提高，缩短了与世界先进工业国家在模具领域的差距。多工位级进模正向高精度、高效率、长寿命的方面发展。

5.7.2　多工位级进模的设计要点

1. 工艺分析

任何一个冲压件在考虑采用多工位级进模进行冲压生产时，首先应对该零件进行全面的工艺分析。要求冲压件的产量、批量足够大，能够稳定、持久地生产。要有质量稳定的带料供应。零件的尺寸精度、加工难点用多工位级进模能够完成完整的加工，满足质量要求。

2. 进行必要的工艺计算，画出冲压件展开图

以产品零件图为依据，进行必要的工艺计算，如弯曲成形的展开尺寸计算，拉深成形的毛料尺寸计算等。必要时还应制作简易模予以验证、修改，再画出展开图。展开图的作用：决定模具步距，即步距为展开尺寸的最宽处尺寸加上一定搭边量(0.2～2.2 mm)；决定凸模上的各部分尺寸；推导模具各零件的部分尺寸。

3. 精心设计排样图

排样图是设计多工位级进模的重要依据。要设计出多种方案，加以分析、比较，采用最佳排样方案。

在设计排样图工位时应注意以下几点：

（1）为了准确排样，可先制作一个冲压件展开图，初步确定各道工位的先后顺序及冲压终了成形零件留在载体上的方法和出模形式。

（2）尽量避免采用复杂形状的凸、凹模，宁可增加一个工位，以简化凸、凹模结构。

（3）零件若有弯曲，在弯曲前应将弯曲部分周围的余料分段逐次冲裁后，才能进行弯曲成形。对弯曲要求高时应加整形工序。

（4）对于有严格相对位置要求的局部内、外形，应尽可能安排在同一工位冲出，以保证其位置精度。

（5）靠近弯边的孔，应先弯曲后冲孔，防止弯曲时孔发生变形。

（6）为避免应力集中，提高凹模、凸模的强度及冲压工艺的需要，要适当设置空位。

（7）为了保证条料送进的步距精度，必须设置导正销。第一工位冲导正孔，第二工位开始导正。导正孔尽可能设置在废料上，这样可用较大的导正销。

（8）对于冲裁周界较大的部分，应尽可能安排在中间位置，使压力中心与模具中心尽可能重合或接近。

（9）应使条料的纤维方向与工件的弯曲线相垂直。由于条料是采用自动送料，因此，应按条料纤维方向来确定工件的排样。

（10）由于多数多工位级进模在冲压过程中工件与条料始终连在一起，到最后一个工位才将工件与条料分离。因此，为保证工件与条料有足够的连接强度，常在排样中加大中间搭边或侧搭边。

4. 模具结构设计

在排样方案确定之后，可以进行模具结构设计。多工位级进模结构由凹模组件、凸模组件、导正销、卸料板、模架、导料装置等组成。

1）凹模组件

确定凹模周界，计算压力中心。凹模多采用高速钢或钢结硬质合金制造，凹模比较大，为节约昂贵合金材料，便于加工、维修和互换，多采用镶拼式凹模。镶件用方套、楔铁紧固，用螺钉固定到垫板上。根据冲压设备及送料高度确定下模高度及模具的闭合高度。

2）凸模组件

凸模多用高速钢或钢结硬质合金制成，小凸模硬度高，脆性大，易于折断，还要适于高速冲裁，因而采用导向块导正。为保证凸模通过孔中心与凹模孔中心尺寸相一致，使导向块与凸模的工作间隙小于模具的冲裁间隙，防止凸模与凹模刃口相碰。凸模及其固定板尽可能从上模板下面分块式固定、拆卸。这样，当某个凸模折断时，不必把整副冲模拆离压力机，而仅需把损坏部分取下，换上备用凸模即可恢复冲压。单面受力的凸模要有挡块，只有在挡块挡住凸模时才能进行冲压。必要时，凸模要有防止废料跟上来的措施：如用弹簧顶料销，凸模端面中间挖空和冲孔凸模端面制成锥形等。

3）导正销

为了保证条料送进的步距精度，必须设置导正销。导正销对连续工步引起的误差偏移有自动修正作用。在多个工位合理设置导正销,零件落料时,凸模上也可安装导正销。导正销尺寸要稳定,用耐磨材料制作。导正销直径取 $d \geqslant 4t$ (带厚)。

4) 卸料板

卸料板在多工位级进模中不仅卸料,还起导正凸模、压平材料的作用。卸料板常由模架导柱或小导柱导向。如果需要在行程下限压平条料或压平连续拉深的凸缘,则卸料板必须与各固定板及上模座(或板)同时保持接触。

5) 模架

模架由模座(或板)、导柱、导套和滚珠架等组成。模座用碳素钢制作,厚度较厚,用四根导柱和导套联接。导柱、导套和滚珠之间应保持适度的过盈量(0.01~0.02 mm)来保证导向精度。通常还配有滑动或滚动小导柱、小导套导向,以保持卸料板的运动平稳性。

6) 其它

导料装置,浮料装置和安全检测装置等的设计。

5. 设计后的审查

多工位级进模设计、制造难度大,成本高,应把问题发现在设计阶段,这样修改容易,损失小。若在加工完成后发现设计问题,更改极为困难,甚至导致整套模具的报废,损失巨大。因此,设计之后,必须进行认真的审查。一般简单的多工位级进模由专人审查即可。对于结构复杂、精密的多工位级进模则要组织有关人员进行设计质量评审,对其结构的可靠性、合理性、冲压件质量的保证措施、模具零件的工艺性、设计计算的准确性和安全保护机构的可靠性等内容进行评审。评审通过之后,才能进行加工制造。

5.7.3　多工位级进模设计实例

现以安装板多工位级进模设计为例进行介绍。

1. 工艺分析

安装板是音响磁头中的一个零件,年产量为 2000 万件以上,批量较大;材料为 0Cr18Ni9 不锈钢,材料供应为带料,带厚为 0.4 mm,质量稳定,零件形状、尺寸如图 5 - 27 所示。从主视图知,冲裁一个 $\phi 2^{+0.10}_{0}$ 通孔;冲裁一个带半圆的开口长槽:半圆 $R=1$,长槽 $2^{+0.01}_{0} \times 4.36$;冲裁两个带半圆的开口长槽:半圆 $R=0.4$,长槽分别为 0.8×8 和 0.8×8.5 ;冲三个焊点包: $\phi 0.7$,高 $0.11^{+0.02}_{0}$;四周边的冲裁。从俯视图知,有两个弯曲成形,角度分别为 $89°^{-0}_{-1°31'}$ 、 $89°^{-0}_{-1°}$ 。从右视图知,冲裁开口槽: $3.82^{+0.05}_{0} \times 3$,这是磁头通过的地方,不允许有大于 0.01 mm 的毛刺,两边端部带有斜角和圆弧 $R=0.6$ 、 $R=0.4$ 。 2.59 ± 0.03 是弯曲成形后形成的尺寸,是个难点,是在设计模具时应注意的重点部位。

综上分析可知,该冲压件采用多工位级进模制造能够满足技术要求,能稳定、持久地生产。

2. 画出安装板零件的展开图

弯曲成形展开尺寸计算:圆角半径 $R=0.5$,带厚 $t=0.4$, $R>t/2$,即 $0.5>0.2$,展开长度根据中性层长度不变的原则进行计算。查表得中性层位移系数 $x \approx 0.349$,中性层弯曲半径为

$$\rho = R + xt = 0.5 + 0.349 \times 0.4 = 0.64 \quad (mm)$$

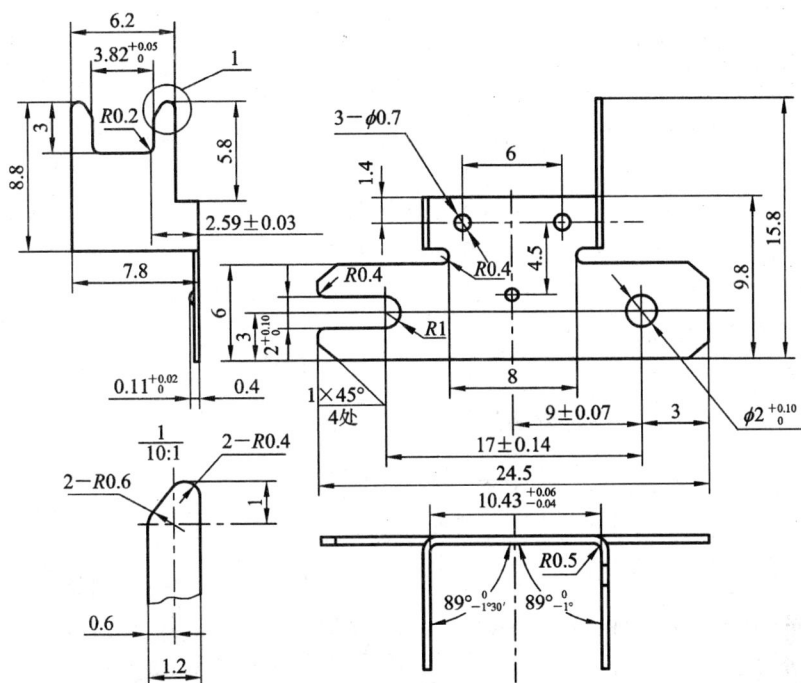

图 5-27   安装板零件图

直线段分布如图 5-28 所示。计算其长度。

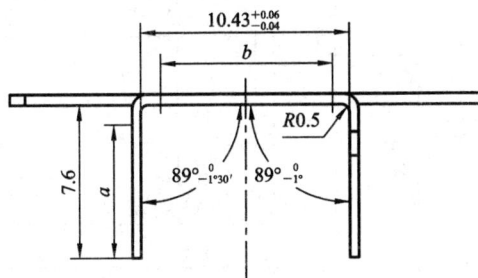

图 5-28   两个弯曲成形直线段分布

圆弧中心角取平均值：

$$\alpha_1 = 88.5°, \quad \alpha_2 = 88.25°$$

弯曲圆弧展开长度：

$$l_2 = \frac{\pi \rho_1 \alpha_1}{180°} = \frac{3.14 \times 0.64 \times 88.5°}{180°}$$

$$= 0.988 \quad (mm)$$

$$l_2 = \frac{\pi \rho_2 \alpha_2}{180°} = \frac{3.14 \times 0.64 \times 88.25°}{180°}$$

$$= 0.985 \quad (mm)$$

零件展开长度：

$$L_1 = a \times 2 + b + l_1 + l_2$$
$$= (7.6 - 0.64) \times 2 + (10.43 + 0.4 - 0.64 \times 2) + 0.988 + 0.985$$
$$= 25.44 \quad (\text{mm})$$

带料宽度：

$$L_2 = L_1 + 搭边量 = 25.44 + 1.28 \times 2 = 28 \quad (\text{mm})$$

画出安装板零件的展开图如图 5-29 所示。为便于说明冲裁部位，采用边名及代号来表示。如以展开图中心线为基准分上边、下边、左边、右边。代号如冲圆孔 1、冲固定槽 2……表示出冲裁部位和加工内容。

决定模具步距

$$L = 15.6(零件外廓尺寸) + 2.4(搭边值) = 18 \quad (\text{mm})$$

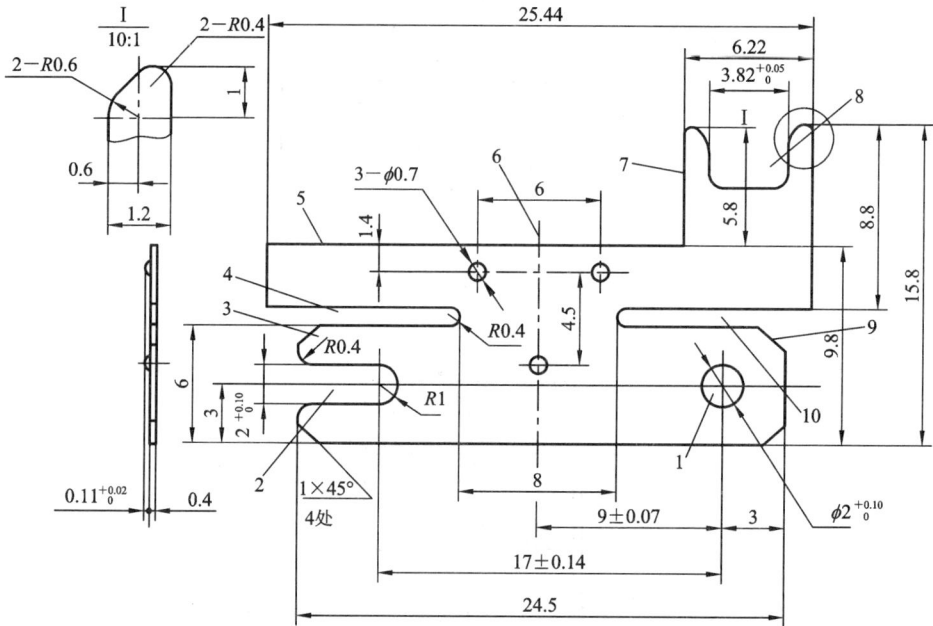

1—冲圆孔；2—冲固定槽；3—冲左上边角；4—冲左结构槽；5—冲左弯曲上边；
6—冲上边；7—冲过道架左边；8—冲过道；9—冲右上边角；10—冲右结构槽

图 5-29 安装板零件展开图

3. 排样图设计

安装板的排样图如图 5-30 所示。第(1)工位冲导正孔。第(2)工位冲圆孔及左右结构槽，导正销开始导正。过道及其弯曲成形有公差要求，是加工难点。第(6)工位用一个冲模完成过道及其端部圆角加工。第(14)工位采用弯曲校正工序，还可调整角度，有利于保证弯曲精度。第(2)～(10)工位逐次将弯曲部位周围废料切除后，第(12)工位开始弯曲。冲裁过程中注意到左右对称或左右轮流加工，使条料受力尽可能均衡。导正孔安置在中间废料上，可适当加大导正孔尺寸和搭边尺寸，有利于提高步距精度和载体强度。

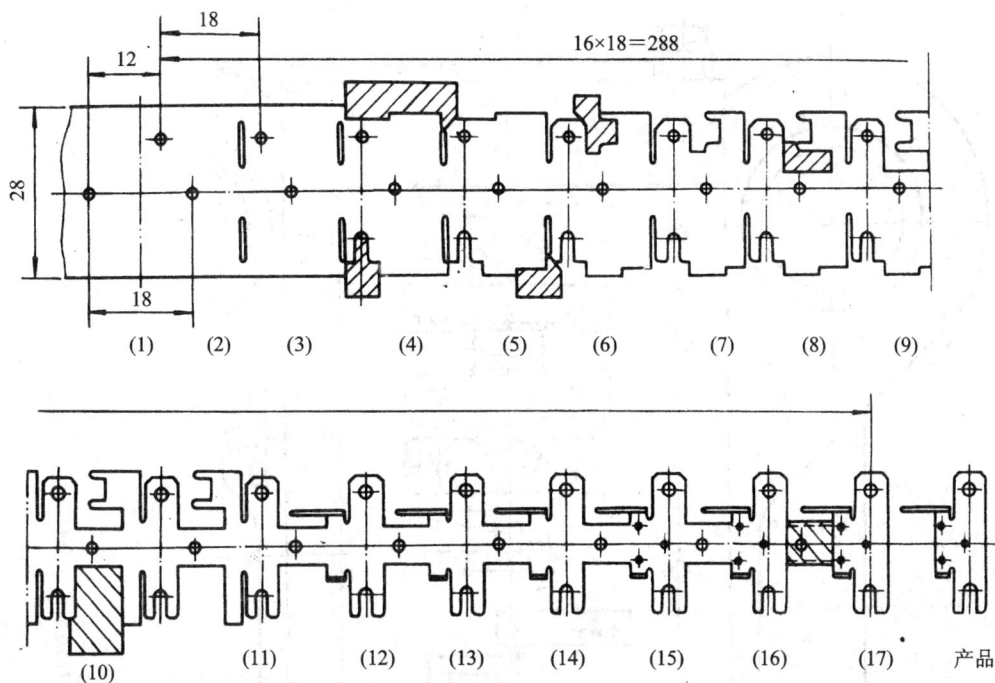

(1)—冲导正孔；(2)—导正、冲圆孔及左右结构槽；(3)—导正、空位；(4)—冲固定槽、右边及右上边角；

(5)—导正、冲左边及左上边角；(6)—冲过道及其端部圆角；(7)—导正、空位；(8)—冲过道架左边；

(9)—导正、空位；(10)—冲左弯曲上边及左下角边；(11)—导正、空位；(12)—左右弯曲初弯；

(13)—空位；(14)—弯曲校正；(15)—打三个焊点包、校正角度；(16)—导正、空位；(17)—切断载体、出料

图 5-30 安装板的排样图

4. 画出模具装配图

安装板多工位级进模装配图如图 5-31 所示。图(a)为凹模俯视图，图(b)为凸模顶视图，图(c)为装配图的主视图。图中各代号意义如下：

1—冲导正销孔凹模；

2—冲圆孔凹模；

3—冲左右结构槽凹模；

4—冲固定槽及左边凹模镶件；

5—冲右边及右上边角凹模镶件；

6—冲左边及左上边角凹模镶件；

7—冲过道及其端部圆角凹模镶件；

8—冲过道架左边凹模镶件；

9—冲左弯曲上边及左下边角凹模镶件；

10—左右弯曲初弯凹模镶件；

11—顶料块；

12—右弯曲整形调整块；

13—打焊点包凸模导向块；

14—切断废料凹模；

15—凹模固定板；

16—下垫板；

17—冲圆孔凸模；

18—冲导正孔凸模；

19—冲左右结构槽凸模；

20—冲固定槽凸模；

21—冲右边及右上边角凸模；

22—冲左边及左上角边凸模；

23—冲过道及其端部圆角凸模；

24—冲过道架左边凸模；

25—冲左弯曲上边及左下角边凸模；

26—冲左右弯曲凸模；

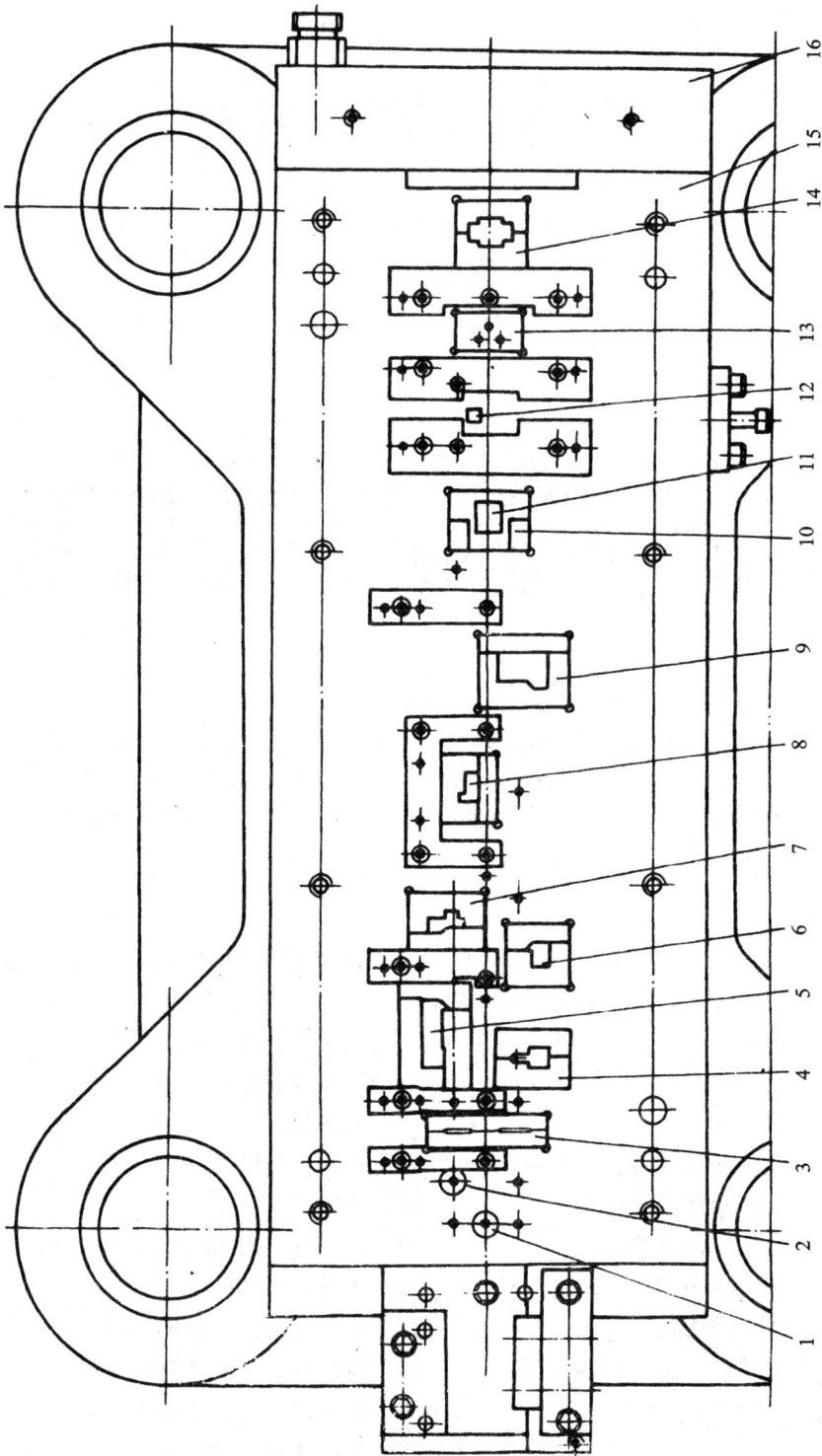

(a)

图 5－31　安装板多工位级进模装配图（一）

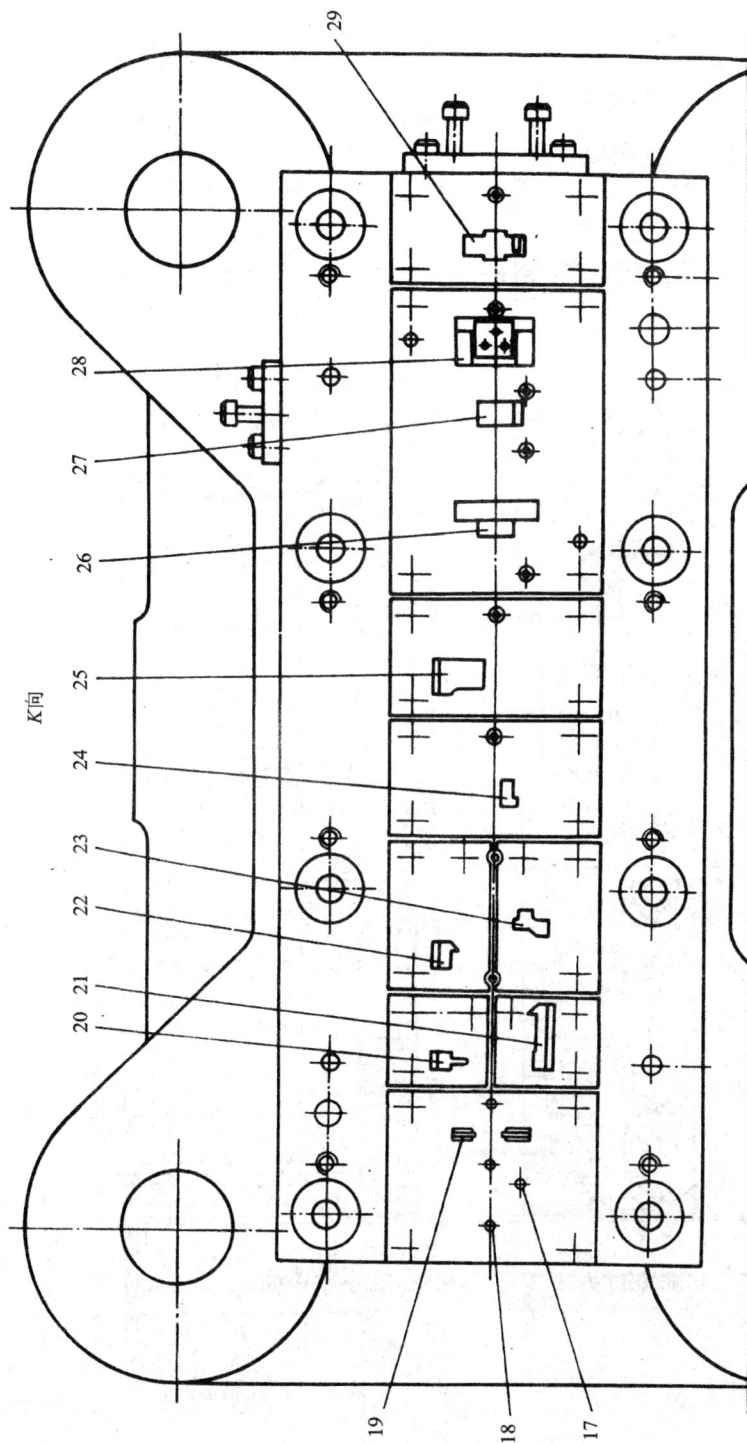

图 5 - 31　安装板多工位级进模装配图 (二)

(b)

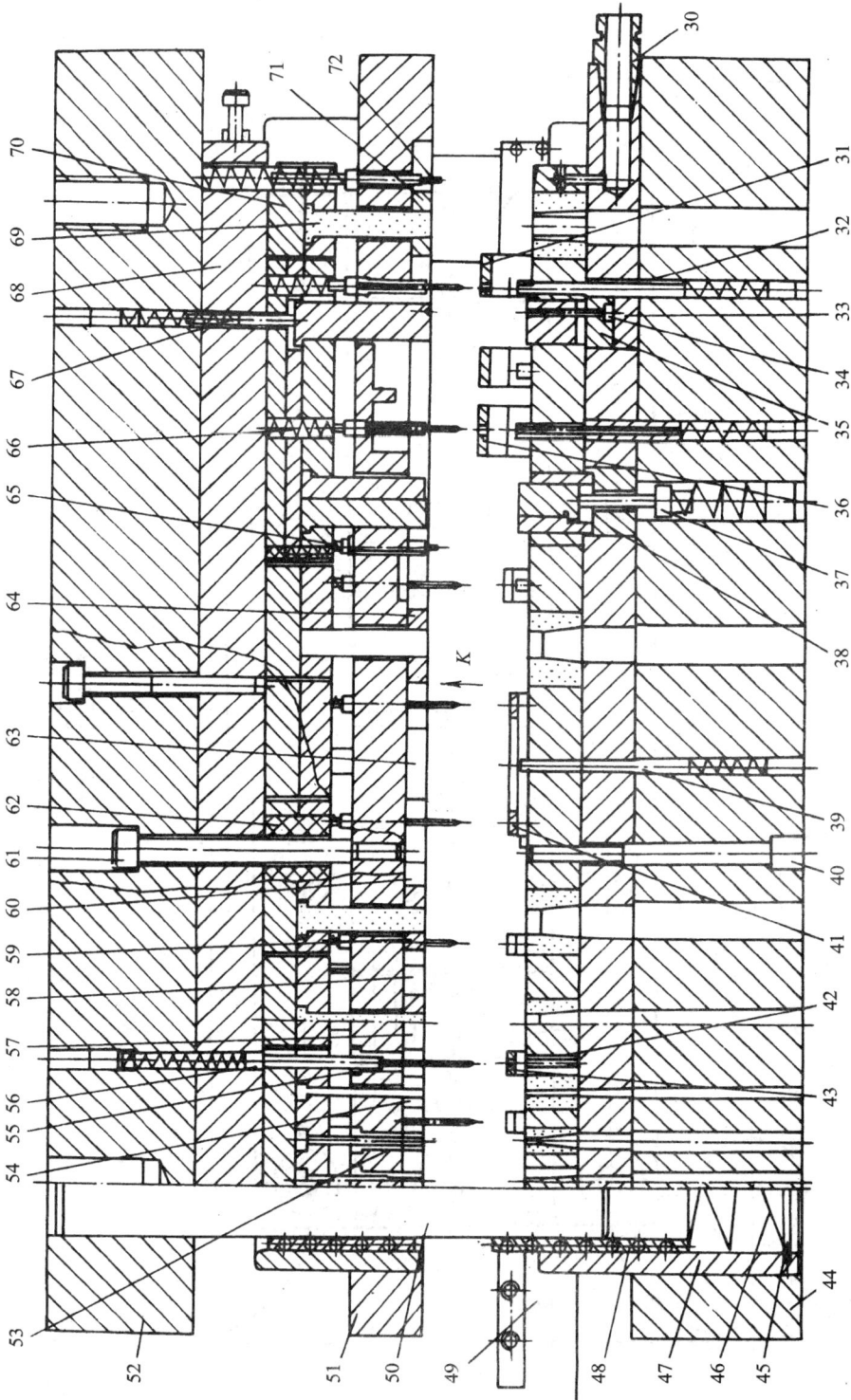

(c)

图 5-31 安装板多工位级进模装配图（三）

27—右弯曲整形调整块；
28—打焊点包凹模；
29—切断废料凸模；
30—通气管接头；
31、36、41、43—固定卸料板；
32—套式浮料器；
33—打焊点包凸模垫板；
34—打焊点包凸模；
35—打焊点包凸模固定板；
37—弯曲顶料块；
38—弯曲凹模垫板；
39—杆式浮料器；
40—螺钉；
42—固定导套；
44—下模板；
45—孔用挡圈；
46—弹簧；
47—导套；
48—滚珠架；

49—导料装置；
50—导柱；
51—卸料板；
52—上模板；
53、55—导向套；
54—导向块；
56—长导正销；
57、58、59、60、63、64、71—冲裁凸模
导向块；
61—卸料螺钉；
62—聚胺脂弹性体；
65—安全检测销；
66—短导正销；
67—压料杆；
68—上垫板；
69—切断废料凸模；
70—挡板；
72—压料杆。

该模具由 17 个工位组成，可完成冲裁、弯曲、局部成形等工序，为高速、精密、多工位级进模。其冲压速度为 150～180 次/分，冲床冲力为 196 kN。

凹模组件分布与排样图相一致。各个组件由凹模镶件、固定板、垫板组合而成，可单独拆卸、维修和互换。

凸模组件分布与凹模组件分布相对应。各个冲裁凸模、弯曲凸模、切断凸模分别用小块固定板、垫板固定于上模垫板上，便于加工、拆卸和修磨刃口。凸、凹模材料选用硬质合金。

导正销直径为 $\phi 2$ mm，与孔采用较小间隙配合，为保持稳定的尺寸精度，材料用 Gr12，热处理硬度为 58～62HRC。为防止条料跟上来可采用固定卸料板。

冲裁凸模的卸料采用弹性卸料板机构。

模架采用四导柱、三板式(上下模板、卸料板)滚珠模架，具有优良的刚性、稳定性和导向精度。

条料自始至终浮动送进，现采用了套式、杆式浮料器。

该模具已用于批量生产。实践证明设计合理，工作可靠，使用方便，冲件质量符合要求。

5.8 特种冲压模具的特点与使用范围

在冲压加工工艺中，不同的产品与技术条件，对冲压件的质量要求是不同的。例如仪器仪表上的传动零件的断面质量和尺寸精度要求比较高，而拖拉机等农用机械上的一般冲

压件的质量要求就比较低。再加上对各种冲压件的需求批量不同，所以，我们在进行冲压件的工艺分析、制订工艺规程、选择模具的结构类型时，就不能采用统一的标准模式。为了降低工件成本，提高产品质量，以便获得更好的技术－经济效益，就必须根据各种冲压件的具体技术要求与所需批量的大小，选择各种不同的模具结构、模具材料以及制模方法，即必须按件选模。

根据国内外的实际生产经验和作者的多年研究成果，除了前面介绍的常规的冲压模具（冲裁模、弯曲模、拉深模、翻边模等）以外，尚有 19 种冲压模具可供实际使用，我们将之称为特种冲压模具。按照特种冲压模具的分类、加工工序、模具构造特点、适用范围以及所能获得的技术－经济效益等方面，将 19 种特种冲压模具的特点与使用范围归纳如表5－9 所列。详细内容请参见由机械工业出版社出版的翟建军教授等编著的《板料和型材的冲压与成形技术》一书。

表 5－9　特种模具的特点与适用范围

分类	模具名称		加工工序	模具结构要素	技术－经济效益	适用范围
按模具间隙分类	1. 合理大间隙冲模		冲裁	1. 按件定隙； 2. 采用一坯两件的制模方法； 3. 采用浮动模柄与回升弹簧	1. 寿命可提高 3～5 倍[注]； 2. 间隙均匀； 3. 成本低、工时少	与常规冲裁相同
	2. 精密冲裁模（微间隙）	液压精密冲裁模（微间隙）	冲裁（冲裁兼弯曲、压埋头窝、起伏成形、冲缺口、下陷）	1. 通用的液压模架与滚珠模架； 2. 专用的模芯附有齿圈压板与反向凸模； 3. 微间隙（$Z_双 \approx 1\% \ t$ 或 0.01 mm）	1. 精度为 IT7～IT9； 2. 粗糙度 $R_a6.3\sim12.5$； 3. 垂直度与平整度高； 4. 节省大量的机械加工工时； 5. 节约大量的钻头与绞刀（对于多孔零件）	1. 外形复杂或多孔的板状（$t \geqslant 8$ mm）冲压件； 2. 大批与中批量生产
		简易精密冲裁模		齿圈压板与反向凸模采用碟形弹簧（或聚氨酯橡胶）作为动力	1. 精度为 IT10～IT12（碟形弹簧作动力）； 2. 粗糙度 $R_a6.3$ 以上； 3. 对于冲裁后必须机械加工的零件提高生产效率 7 倍以上	1. 外形复杂或多孔的厚板状（$t \leqslant 8$ mm）冲压件； 2. 大批与中批量生产
	3. 聚氨酯橡胶冲裁模（无间隙）		冲裁	1. 聚氨酯橡胶的硬度达 95A 以上； 2. 橡胶容框与凸凹模的单边间隙为 0.5～1.5 mm； 3. 橡胶模垫高度为 12～15 mm； 4. 卸料板与顶杆有倒角且行程受限制	1. 零件无毛刺； 2. 凸、凹模不必修配间隙	厚度 $t \leqslant 0.2$ mm 的金属与非金属薄板（65Mn 除外）

分类	模具名称		加工工序	模具结构要素	技术—经济效益	适用范围
按模具结构分类	4. 钢带冲模	常规式钢带冲模	同上	1. 封闭式通用模架； 2. 模板采用桦木层压板或酚醛布机板； 3. 钢带采用线切割机床组合切割； 4. 顶件器与卸料器采用聚氨酯橡胶(70～80A)； 5. 采用低熔点合金充填紧固螺钉头与螺帽孔	1. 节约工时 80%； 2. 节约成本 80%； 3. 节约刃口钢材 90%～96%	1. 轮廓尺寸大于 50×50 mm 冲裁件； 2. 中批与小批量生产
		样板式钢带冲模	同上	1. 凸模采用厚度 20 mm 钢块； 2. 凹模及模架与常规式相同	同上	1. 窄条状的零件； 2. 孔边距较小的零件
		切刀式钢带冲模	同上	1. 钢带刃口最佳角度 45°； 2. 模板采用聚氯乙烯塑料板； 3. 顶件器与卸料器采用聚氨酯橡胶(70～80A)； 4. 采用硬铝板(LY12M δ2.0)作为凹模平板	同上	1. 厚度 $t \leqslant 1.2$ mm 的有色金属； 2. 小批生产与产品试制
	5. 厚板模		同上	1. 通用模架系列化； 2. 模芯元件系列化与标准化； 3. 模板厚度约 15 mm； 4. 模板采用斜楔装置夹紧	1. 制模周期短； 2. 成本低	与常规模相同
	6. 薄板模		同上	1. 通用模架系列化； 2. 模芯元件系列化与标准化； 3. 模板厚度约 5～6 mm； 4. 模板采用弹簧销钉夹紧； 5. 凸模与凸模固定板铆接	1. 以冲代铣； 2. 制模周期短； 3. 成本低	1. 大、小型有色金属零件； 2. 小批量生产与产品试制
	7. 薄片模		冲裁	1. 通用模架； 2. 凹模板厚度为 0.5～0.8 mm； 3. 凹模板可利用凸模冲制而成； 4. 附有翻件机构	1. 制模周期短； 2. 成本低	1. 黑色金属零件厚度 $t \leqslant 3$ mm； 2. 小批量生产
	8. 夹板模		冲裁	凸模固定板采用弹簧钢板	1. 制模周期短； 2. 成本低	1. 有色金属零件厚度 $t \leqslant 3$ mm； 2. 黑色金属零件厚度 $t \leqslant 2$ mm； 3. 小批量生产
	9. 组合冲模		冲裁	1. 模具元件包括：基础件、支承件、导向件、定位件、刃口件、卸料件及紧固件； 2. 模具元件应具有较高的协调性和必需的精度	1. 制模周期短； 2. 成本低； 3. 显著减少多品种生产中专用模具的数量	多品种、小批量生产

续表二

分类	模具名称	加工工序	模具结构要素	技术－经济效益	适用范围
按模具寿命分类	10. 硬质合金冲模	冲裁	1. 刃口采用碳化钨硬质合金； 2. 模板厚度为常规模具的1.5倍； 3. 导柱应加粗，采用滚珠导柱； 4. 凹模采用拼块式； 5. 采用浮动模柄； 6. 间隙比常规钢模大30％；冲裁力大30％～100％	一次刃磨寿命可达百万次以上（国内），总寿命可达8亿次（国外）	1. 大批量生产； 2. 高速冲床
	11. 叠装级进模	冲裁叠装	1. 采用高速冲床、圆滚剪床、自动送料机构、校平机、自动出件机构； 2. 控制步距； 3. 控制送料方向； 4. 叠装； 5. 计数； 6. 旋片； 7. 废料切断与集中； 8. 安全装置； 9. 高精度导向； 10. 补偿凸模磨损机构	一次冲压可完成8～55个工序	1. 大批量生产； 2. 小型电机的定子与转子； 3. 小型变压器的硅钢片
按模具材料分类	12. 聚氨酯橡胶弯曲模	成形	1. 橡胶凹模通用； 2. V形与浅凹形零件采用敞开式成形法；各种U形零件采用封闭成形法； 3. 模垫采用聚氨酯橡胶（70～80A）	1. 对于有色金属零件回弹角可达到零度； 2. 制模周期短； 3. 成本低	中、小批量生产与产品试制
	13. 聚氨酯橡胶胀形模	成形	1. 采用组合式凹模； 2. 采用80A与90A的聚氨酯组合成橡胶凸模	1. 生产成本高； 2. 成本低	大批量生产
	14. 铋基低熔点合金成形模	成形	1. 采用铋－锡二元共晶合金（Bi：Sn＝58：42）； 2. 采用钢制压边圈与凹模板； 3. 采用电热管加热； 4. 采用温控仪控制温度； 5. 采用定值器调整液面高度	1. 制模工时4～6小时； 2. 拉深零件质量与钢模相同； 3. 成本低	1. 中、小型零件； 2. 小批量生产
	15. 锌基低熔点合金成形模	成形	1. 采用锌－铝－铜－镁四元合金； 2. 采用封闭补缩铸模法	同上	1. 中、小型零件； 2. 小批量生产
	16. 锌基低熔点合金冲裁模	冲裁	采用锌－铝－铜－镁四元合金	1. 制模工时少； 2. 成本低	小批量生产

续表三

分类	模具名称	加工工序	模具结构要素	技术—经济效益	适用范围
按成形温度分类	17. 冷挤压	冷成形	1. 挤压力较大时可采用2～3层组合凹模； 2. 凸模顶部工作韧带不宜过宽； 3. 凸模端面增加工艺凹槽； 4. 可采用通用模架（带脱件机构）	1. 以一次成形代多次拉深； 2. 成本低； 3. 空心件内腔形状越复杂优越性越大	1. 变形抗力小、塑性好的材料； 2. 极限尺寸：最小内径 1～3 mm；最小壁厚 0.05～0.08 mm； 3. 高径比 60∶1～8∶1
	18. 温挤压	低温成形（加热温度低于再结晶温度）	1.2.3.（同冷挤压）； 4. 模具必须预热	1. 可节约材料50%～80%； 2. 劳动生产率大幅度提高； 3. 可节约大量机械加工刀具	1. 制造机械加工毛料； 2. 加工精度与粗糙度要求不很高的产品零件； 3. 尺寸精度：直径公差为 0.1～0.3 mm；壁厚公差为 0.4～0.8 mm；同轴度为 0.1～0.3 mm；粗糙度 R_a6.3～3.2
	19. 热挤压	高温成形（加热温度达再结晶温度）	1.2.3.4.（同温挤压）	可节约大量原材料、工时与刀具	1. 制造机械加工毛料； 2. 尺寸精度为 IT13～IT14； 3. 粗糙度高于 R_a6.3～3.2

注：与采用小间隙对比。

复 习 思 考 题

5-1　什么是缩口？什么是胀形？它们有何特点？

5-2　怎样确定缩口和胀形的变形程度？

5-3　冲压生产中常用的缩口方式有哪些？

5-4　内孔翻边和外缘翻边各有什么特点？

5-5　怎样描述内孔翻边时的变形程度？

5-6　局部成形有何特点？

5-7　什么是冷挤压？它有哪几种类型？

5-8　冷挤压时材料变形的特点是什么？冷挤压工艺对金属材料性能主要有哪些要求？

5-9　硬质合金模有何特点？

5-10　多工位级进模的含义、特点和发展方向有哪些？

5-11　以安装板为例说明多工位级进模设计包含的主要内容。

第6章　冲压工艺规程的编制

　　工艺规程是指导零件生产过程的技术文件，是生产准备的基础，也是生产过程的重要依据。好的工艺规程，能指导人们将零件以最合理、最经济的方式生产出来。

　　冲压零件的生产过程，通常包括原材料的准备，各种冲压工序和必要的辅助工序。有时还需配合一些非冲压工序，如切削加工、焊接、铆接等，才能完成一个冲压零件的全部制作过程。

　　在编制冲压工艺规程时，通常是根据冲压件的特点、生产批量、现有设备和生产能力等，拟订出数种可能的工艺方案，在对各种工艺方案进行全面的综合分析和比较之后，选定一种较先进、最经济、最合理的工艺方案。

6.1　编制冲压工艺规程的内容和步骤

6.1.1　分析零件图

　　产品零件图是分析和制订冲压工艺方案的重要依据。编制冲压工艺规程要从分析产品的零件图开始。

1. 冲压加工的经济性分析

　　冲压加工方法是一种先进的工艺方法，但不是在任何条件下都是最经济的方法。生产批量的大小对冲压加工的经济性起决定性作用，批量越大，冲压加工的单件成本就越低。批量小时，采用其它方法制作可能有更好的经济效益。例如在零件上加工孔，在批量小的情况下，采用钻孔比冲孔要经济得多；有些旋转体零件，在小批生产时，采用旋压加工比拉深会有更好的经济效益。总之，审查零件图时要根据批量大小及零件的质量要求决定是否采用冲压加工。

2. 冲压件的工艺性分析

　　冲压件的工艺性是指该零件在冲压加工中的难易程度。良好的冲压工艺性应保证材料消耗少、工序数目少、模具结构简单且寿命长、产品质量稳定、操作简单等。在一般情况下，对冲压件工艺性影响最大的是冲压件结构尺寸和精度要求。各类冲压件的工艺性详见本书前面的有关章节。

　　在审查零件图时，如果发现冲压件工艺性不好，则应在不影响产品使用性能的前提下，向设计部门提出修改意见，经协商同意后对产品图纸作出适合工艺性的修改。如图6-1所示的汽车前灯的外壳，按原设计(见图6-1(a))需要拉深五次，酸洗退火两次，虽然能够冲压出来，但既费工又费料。修改后的灯壳(见图6-1(b))，可一次拉深成功，既保证了使用要求，又节省材料，减少工序，从而降低了成本。

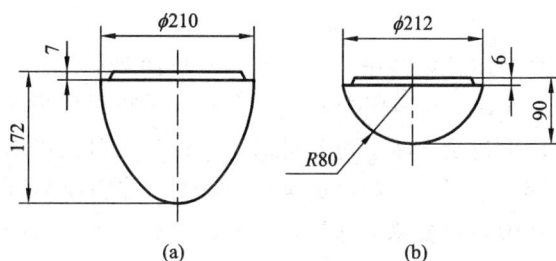

图 6-1　汽车前灯外壳零件
(a) 原设计；(b) 改进后

3. 冲压工作中的难点分析

分析零件图的另一个目的在于明确冲压该零件的难点所在。因而要特别注意零件图上的极限尺寸、设计基准以及变薄量、翘曲、回弹、毛刺大小和方向要求等。因为这些因素对所需工序的性质、数量和顺序的确定，对工件定位方法、模具制造精度和模具结构型式的选择等，都有较大的影响。

6.1.2　拟订冲压件的总体工艺过程

在工艺性分析的基础上，根据产品零件图和生产批量的要求，初步拟订出备料、冲压工序和必要的辅助工序(如去毛刺、清理、表面处理、酸洗、热处理等)的先后顺序。有些零件还需配合一些非冲压工序(如切削加工、焊接、铆接等)，才能完成其全部制作加工过程。

6.1.3　确定毛料形状、尺寸和下料方式

根据产品零件图，计算和确定毛料尺寸和形状，拟订既能保证产品质量、又能节省材料的最佳排样方案，然后确定合适的下料方式。

6.1.4　拟订冲压工艺方案

拟订冲压工艺方案是编制冲压工艺规程的主要工作，通常包括冲压基本工序的选择、冲压基本工序的顺序安排和数目的确定、工序合并的安排及中间工序尺寸的计算等工作。

1. 选择冲压基本工序

冲压基本工序的选择，主要是根据冲压件的形状、尺寸、公差及生产批量确定的。

1) 剪裁和冲裁

剪裁与冲裁都能实现板料的分离。在小批量生产中，对于尺寸和公差大而形状规则的外形板件毛料，可采用剪床剪裁。对于各种形状的平板毛料和零件，在批量生产中通常采用冲裁模冲裁。对于平面度要求较高的零件，应增加校平工序。

2) 弯曲

对于各种弯曲件，在小批量生产中常采用手工工具打弯。对于窄长的大型件，可用折弯机压弯。对于批量较大的各种弯曲件，通常采用弯曲模压弯。当弯曲半径太小时，应加整形工序使之达到要求。

3）拉深

对于各类空心件，多采用拉深模进行一次或多次拉深成形，最后用修边工序达到高度要求。当径向公差要求较小时，常采用变薄量较小的变薄拉深代替末次拉深。当圆角半径太小时，应增加整形工序以达到要求。对于批量不大的旋转体空心件，当工艺允许时，用旋压加工代替拉深更为经济。对于带凸缘的无底空心件，当直壁口部要求不严，且工艺允许时，可考虑冲孔翻边达到高度要求，这样较为经济。对于大型空心件的小批量生产，当工艺允许时，可用焊接代替拉深，这更为经济。

2. 确定冲压工序的顺序与数目

冲压工序的顺序，主要是根据零件的形状而确定的，确定其顺序的一般原则如下：

（1）对于有孔或有切口的平板零件，当采用单工序模冲裁时，一般应先落料，后冲孔（或切口）；当采用级进模冲裁时，则应先冲孔（或切口），而后落料。

（2）对于多角弯曲件，当采用简单弯曲模分次弯曲成形时，应先弯外角，后弯内角。如果孔位于变形区（或靠近变形区）或孔与基准面有较高的要求时，必须先弯曲，后冲孔。否则，都应先冲孔，后弯曲。这样安排工序可使模具结构简化。

（3）对于旋转体复杂拉深件，一般是由大到小为序进行拉深，或先拉深大尺寸的外形，后拉深小尺寸的内形；对于非旋转体复杂拉深件，则应先拉深小尺寸的内形，后拉深大尺寸的外形。

（4）对于有孔或缺口的拉深件，一般应先拉深，后冲孔（或缺口）。对于带底孔的拉深件，有时为了减少拉深次数，当孔径要求不高时，可先冲孔，后拉深。当底孔要求较高时，一般应先拉深后冲孔，也可先冲孔，后拉深，再冲切底孔边缘，使之达到要求。

（5）校平、整形、切边工序，应分别安排在冲裁、弯曲（或拉深）之后进行。

工序数目主要是根据零件的形状与公差要求、工序合并情况、材料极限变形参数（如拉深系数）来确定的。其中工序合并的必要性主要取决于生产批量。一般在大批生产中，应尽可能把冲压基本工序合并起来，采用复合模或级进模冲压，以提高生产率，减少劳动量，降低成本；反之以采用单工序模分散冲压为宜。但是，有时为了保证零件公差的较高要求，保障安全生产，批量虽小，也需要把工序作适当的集中，用复合模或级进模冲压。工序合并的可能性主要取决于零件尺寸的大小、冲压设备的能力和模具制造的可能性与使用的可能性。

在确定冲压工序顺序与数目的同时，还要确定各中间工序的形状和半成品尺寸。

6.1.5 确定模具类型与结构型式

在冲压工艺方案确定后，各道工序采用何种类型的模具也就相应确定了，再选定合适的定位装置、卸料装置、出件装置、压料装置和导向装置，那么模具的结构型式就基本确定了。

6.1.6 选择冲压设备

根据冲压工序的性质选定设备类型，根据冲压工序所需的冲压力和模具尺寸选定冲压设备的技术规格。

必须指出，编制冲压工艺规程的各步骤是相互联系的，很多工作都交叉进行或同时进行。

6.2 制订冲压工艺方案实例

图 6 - 2 为底部带孔的圆筒形零件，材料为 10 钢，板厚 3 mm，其冲压工艺方案的确定如下。

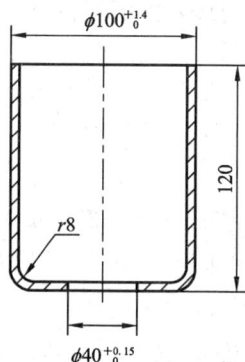

图 6 - 2 底部带孔的圆筒形零件

6.2.1 工艺分析

该零件为空心的圆筒形零件，在满足工艺性要求时，如进行大批量生产，一般是采用拉深成形的。圆筒形件的毛料为圆形板料，可以通过落料获得。零件底部的孔如满足工艺性要求，可通过冲孔得到。因此，该零件在满足冲压工艺性要求的前提下，采用的冲压工序是落料、拉深和冲孔，最后再安排一道切边工序。

该零件外径为 $\phi 100_0^{+1.4}$，其精度大致为 IT15 级，拉深工艺可以保证；

该零件底部孔为 $\phi 40_0^{+0.15}$，其精度大致为 IT11 级，普通冲裁工艺可以保证；

该零件的圆角半径 r8 能满足拉深工艺对该处圆角的要求（$r \geqslant (2 \sim 3)t$）；

该零件底部孔的尺寸 $\phi 40$ 远远大于冲裁工艺对最小孔径的要求（$d \geqslant 1.0t$）；

该零件底部孔壁到筒形件壁部距离为 $a = 50 - 20 - 3 = 27$ mm，远离圆角处。

综上所述，该零件的精度及结构尺寸都能满足冲压工艺性的要求，在大批量生产时，可用冲压加工。冲压的基本工序为落料、拉深和冲孔。

6.2.2 工艺计算

由图可知，

工件直径为 $\qquad d = 100 - 3 = 97$ （mm）

工件高度为 $\qquad h = 120 - 1.5 = 118.5$ （mm）

圆角半径为 $\qquad r = 8 + 1.5 = 9.5$ （mm）

板料厚度为 $\qquad t = 3$ （mm）

1. 毛料尺寸计算

因 $\qquad \dfrac{h}{d} = \dfrac{118.5}{97} = 1.22$

查表 4-2 得修边余量 $\delta = 5$ mm，则
$$H = h + \delta = 118.5 + 5 = 123.5 \quad (\text{mm})$$
依据圆筒形件拉深时的毛料尺寸计算公式（式 4-1）：
$$D = \sqrt{(d-2r)^2 + 2\pi r(d-2r) + 8r^2 + 4d(H-r)}$$
代入各数值，可得
$$D \approx 236 \quad (\text{mm})$$

2. 拉深次数

因
$$\frac{t}{D} \times 100 = 1.27$$

查表 4-3 得极限拉深系数：
$$m_1 = 0.5 \sim 0.53 \quad \text{取} \ 0.53$$
$$m_2 = 0.75 \sim 0.76 \quad \text{取} \ 0.76$$

零件所需拉深系数：
$$m = \frac{d}{D} = \frac{97}{236} = 0.411 < m_1$$

所以该零件不能一次拉深成形。
$$d_1 = m_1 D = 0.53 \times 236 = 125.08 \quad (\text{mm})$$
$$d_2 = m_2 d_1 = m_1 m_2 D = 0.53 \times 0.76 \times 236$$
$$= 95.06 < 97 \quad (\text{mm})$$

所以该零件需二次拉深成形。

3. 中间工序尺寸计算

因按极限拉深系数计算后，$d_2 < d$。对各道工序的拉深系数做适当调整，取第一次拉深后直径为 $\phi 126$，此时 $m_1 = 0.534$。

第一次拉深后的半成品尺寸为
$$d_1 = 126 \quad (\text{mm})$$
$$h_1 = 0.25\left(\frac{D^2}{d_1} - d_1\right) + 0.43\frac{r_1}{d_1}(d_1 + 0.32r_1) = 82.5 \quad (\text{mm})$$

第二次拉深成零件需要的尺寸为
$$d_2 = 97 \quad (\text{mm}) \quad (\text{此时} \ m_2 = 0.77)$$
$$h_2 = 123.5 \quad (\text{mm})$$

6.2.3　工艺方案

根据以上分析，冲压该零件可能有以下几种方案（模具结构见图 6-3）：

方案一：落料（图(a)）→冲孔（图(b)）→一次拉深（图(c)）→二次拉深（图(d)）

方案二：落料（图(a)）→一次拉深（图(c)）→二次拉深（图(d)）→冲孔（图(e)）

方案三：落料与冲孔复合（图(f)）→一次拉深（图(c)）→二次拉深（图(d)）

方案四：落料与一次拉深复合（图(g)）→二次拉深（图(d)）→冲孔（图(e)）

方案五：落料与冲孔复合（图(f)）→一次拉深与二次拉深在同套模具上完成（图(h)）

方案六：落料、冲孔与一次拉深三工序复合（图(i)）→二次拉深（图(d)）

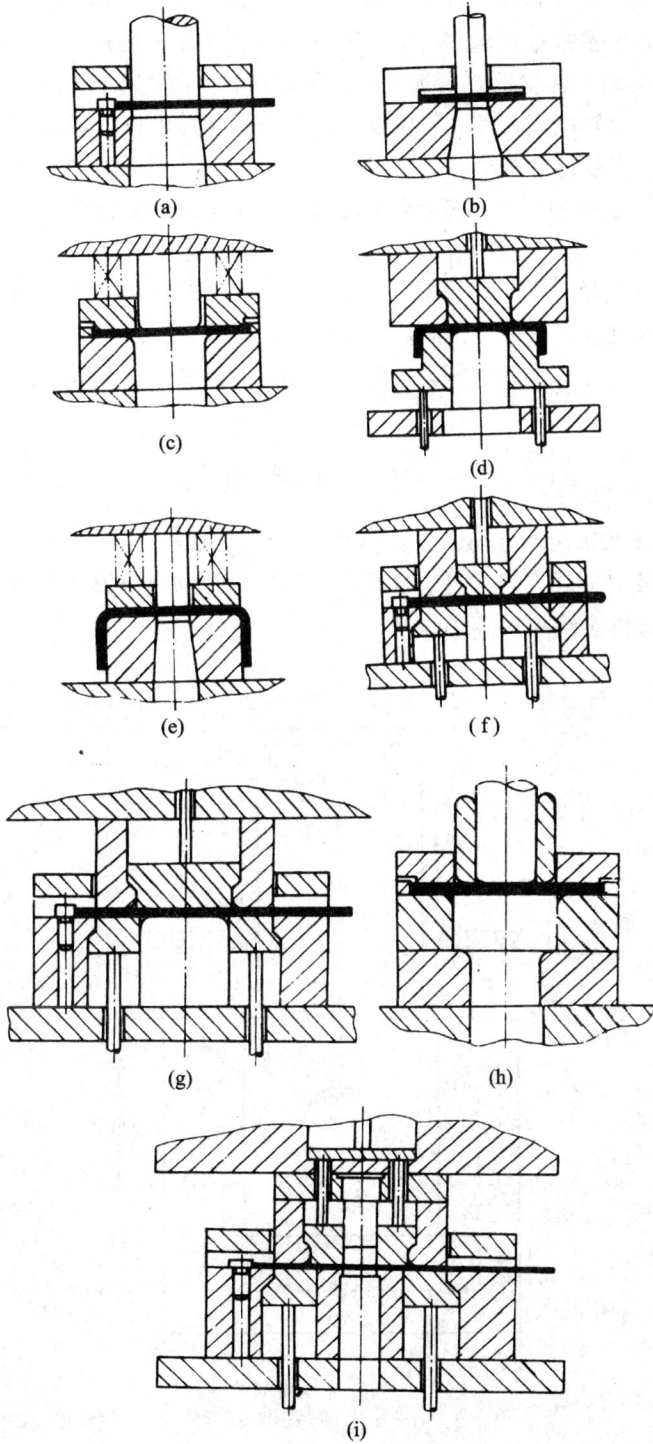

图 6-3 各种方案的模具结构草图

除此之外，还有其它一些方案，这里不再一一列举。

以上几种方案中，方案一和方案二都是用单工序模冲压，模具简单，制造周期短，但工序分散，模具和设备数量要求多，生产率低。其中方案一是先冲底部孔后拉深的，这只在底部孔较小且距筒形件壁部距离远的情况下才适合。当底部孔较大、离筒形件壁部距离近时，拉深变形中会影响底部的孔，甚至使底部成为变形的弱区而成为内孔翻边，在这种情况下，是要先拉深后冲孔的。

方案三采用了落料冲孔复合模，方案四采用了落料拉深复合模，此时，工序相对集中，有利于提高生产率，但复合模比简单模结构复杂，制造也较麻烦。

方案五采用两套模具即可完成零件的生产，当一次拉深与二次拉深在一起进行时，要有双动压力机，这是选用这种方案的基本条件。

方案六采用了三工序的复合模，工序最集中，但模具结构复杂，制造困难，模具寿命也低。

复习思考题

6-1　编制冲压工艺相程的内容有哪些？

6-2　大量生产如图所示零件，材料为 08 钢，请分析其冲压工艺性能，并请拟订其冲压工艺方案，画出模具结构草图。

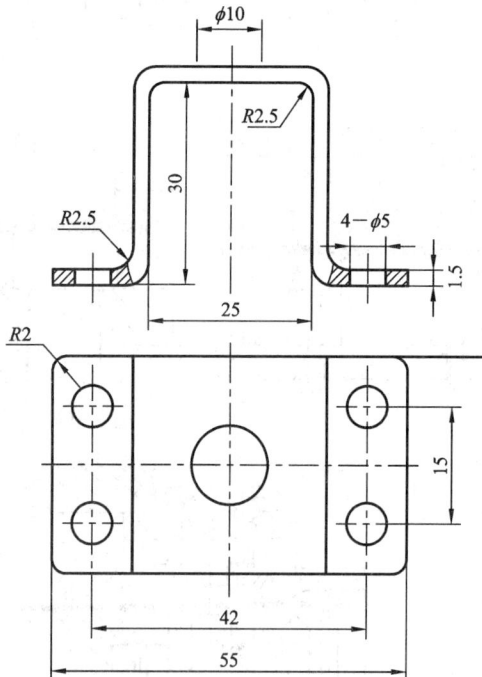

题 6-1图　冲压生产的零件

第二篇　塑料模具设计

塑件已在工业、农业、国防和日常生活等方面获得广泛的应用。为生产这些塑件，必须设计出相应的塑料模具。因此，学习塑料模具设计的基本知识，掌握塑料模具设计的基本方法就显得十分重要。

第 7 章　塑料模具设计基础

高质量的塑料模具与塑料性能、成型工艺及塑件设计密切相关，在学习塑料模具设计之前先了解塑料性能、成型工艺和塑件设计，为设计高质量塑料模具奠定基础。

7.1　塑　料　概　述

7.1.1　塑料的组成和特性

1. 塑料的组成

塑料由合成树脂和添加剂组成。

合成树脂是构成塑料的主要成分，它决定了塑料的类型和基本性能(如名称、热塑性或热固性、物理性能、化学性能、力学性能等)。常用的合成树脂有 60 多种。合成树脂是高分子聚合物，它是由许许多多结构相同的普通分子组成的大分子，其分子量一般都在 5000～10 000 以上，其原料为煤和石油。合成树脂的合成方法主要有聚合反应和缩聚反应两种。

塑料中常用的添加剂及作用如下：

(1) 填充剂，又称填料。在塑料中加入填充剂可减少贵重树脂含量，降低成本。同时还可起到增强作用，改善塑料性能，扩大使用范围。填充剂按其形态有粉状、纤维状和片状三种：常用的粉状填充剂有木粉、大理石粉、滑石粉、石墨粉、金属粉等；纤维状填充剂有石棉纤维、玻璃纤维、碳纤维、金属须等；片状填充剂有纸张、麻布、石棉布、玻璃布等。填充剂的组分一般不超过塑料组成的 40%(质量分数)。

(2) 稳定剂。其作用是防止塑料在光照、热和其它条件影响下过早老化，以延长其使用寿命。稳定剂可分为光稳定剂、热稳定剂、抗氧剂等。常用的稳定剂有硬脂酸盐、铝化合物及环氧化合物等。

(3) 增塑剂。其作用是降低聚合物分子之间的作用力，改善树脂成型时的流动性和提高塑件的柔顺性。它是熔点较低、沸点较高、能与高聚物相互溶解的有机化合物，配比适当时可以增加塑料的柔软性、耐寒性和抗冲击强度等。常用的增塑剂有邻苯二甲酸二丁酯、磷酸三苯脂和氧化石蜡等。

（4）润滑剂。其作用是防止塑料在成型过程中粘模，同时改善塑料的流动性，使塑件表面光亮美观。常用的润滑剂有硬脂酸、石墨、二硫化钼等。

（5）固化剂，又称硬化剂。其作用是使树脂大分子链受热时发生交联，形成硬而稳定的体型网状结构。如在酚醛树脂中加入六亚甲基四胺，在环氧树脂中加入乙二胺、顺丁烯二酸酐等固化剂，均可使塑料成型为坚硬的塑件。

（6）着色剂。其作用是使塑件获得美丽的色泽，使其美观宜人，提高塑件的使用品质。常用有机染料或无机染料。

此外，根据塑料用途不同，还可以加入其它添加剂，如发泡剂、抗静电剂、阻燃剂、导电剂和导磁剂等。

2. 塑料的特性

塑料特性包括使用性能、加工性能和技术性能。其中技术性能是物理性能、化学性能、力学性能等的统称。塑料品种繁多，性能、用途也各不相同，其主要特性如下：

（1）质量轻。塑料是一种轻质材料。普通塑料的密度约在 $0.83\sim2.3$ g/cm^3，大约是铝材的 1/2，钢材的 1/5。如用发泡法得到的泡沫塑料，其密度可以小到 $0.01\sim0.5$ g/cm^3。利用这一特点，以塑代钢应用于汽车工业，已经取得重大的经济效益；对于需要全面减轻自重的飞机、船舶、建筑、宇航工业等，也具有重要的意义；由于质量轻，塑料还特别适合制作轻巧的日用品和家用电器等零件。

（2）电气绝缘性好。塑料具有优良的电气绝缘性能，其相对介电常数低至 2.0（比空气高一倍），而高值可达十几甚至更高。发泡塑料的相对介电常数为 $1.2\sim1.3$，接近空气。常用塑料的电阻通常在 $10^{14}\sim10^{16}$ Ω 范围之内。无论是在高频还是低频，在高压还是低压下，大多数塑料都有较高的介电强度，绝缘性能十分优良。且耐电弧性好，介电损耗极小，所以被广泛用于电机、电器、电子工业中。

目前，采用先进的工艺技术，可将塑料制造成半导体、导电和导磁的材料，它们对电子工业的发展具有特殊的意义。

（3）比强度比刚度高。塑料的力学性能相对金属要差。塑件的刚度与木材相近，抗拉强度一般为 $10\sim500$ MPa。但由于塑料的密度小，所以按单位质量计算相对的强度和刚度，即比强度和比刚度（强度与相对密度之比称为比强度；弹性模量与密度之比称为比刚度）比较高。一些特殊塑料如纤维增强塑料拉伸比强度可高达 $170\sim400$ MPa，比一般钢材（约为 160 MPa）要高得多。通常，塑料的比强度接近或超过普通的金属材料，因此可用于制造受力不大的一般结构件。一些玻璃纤维、碳纤维增强塑料的比强度和比刚度相当高，甚至超过钢、钛等金属，已在汽车、造船、航天和国防工业中应用。

（4）化学稳定性好。一般塑料均具有一定的抗酸、碱、盐等化学腐蚀的能力。有些塑料除此之外还能抗潮湿空气、蒸汽的腐蚀作用，在这方面它们大大地超过了金属。其中最突出的代表是聚四氟乙烯，它对强酸、强碱及各种氧化剂等腐蚀性很强的介质都完全稳定，甚至在沸腾的"王水"中也无动于衷，核工业中用的强腐蚀剂五氟化铀对它也不起作用。另外，聚氯乙烯可以耐 90%浓度的硫酸、各种浓度的盐酸和碱液等，因此常用作耐腐蚀材料。

由于塑料具有优越的化学稳定性，因此在化工设备制造中有极其广泛的用途。如制造各种管道、密封件、换热器和在腐蚀介质中有相对运动的零部件等。

（5）减摩、耐磨性能优良，减振消声性好。塑料的摩擦系数小，具有良好的减摩、耐磨性能。某些塑料摩擦副、传动副，可以在水、油和带有腐蚀性的溶液中工作；也可以在半干摩擦、全干摩擦条件下工作，具有良好的自润滑性能。这一性能比一般金属零件要好。

同时，一般塑料的柔韧性比金属要大得多，当其受到频繁机械力冲击与振动时，因阻尼较大而具有良好的吸振与消声性能，这对高速运转的摩擦零部件以及受冲击载荷作用的零件具有重要意义。如一些高速运转的仪表齿轮、滚动轴承的保持架、机构的导轨等可采用塑料制造。

（6）热导率低，一些塑料具有良好的光学性能。塑料的热导率比金属低得多，一般为 $0.17 \sim 0.35$ W/(m.℃)；而钢的热导率为 $46 \sim 70$ W/(m.℃)，它们之间相差数百倍。利用热导率低的特点，塑料可以用来制作需要保温和绝热的器皿或零件。

有些塑料具有良好的透明性，透光率高达 90% 以上，如有机玻璃、聚碳酸酯、聚苯乙烯等都具有良好的透明性，它们可用于制造光学透镜、航空玻璃、透明灯罩以及光导纤维材料等。

此外，塑料还具有良好的成型加工性、焊接性、可电镀性和着色能力。但与其它材料相比，塑料也有一定的缺陷：如塑料成型时收缩率较高，有的高达 3% 以上，这使得塑件要获得较高的精度难度很大，故塑件精度普遍不如金属零件；塑件的使用温度范围较窄，塑料对温度的敏感性远比金属或其它非金属材料大，如热塑性塑件在高温下易变软产生热变形；塑件在光和热的作用下容易老化，使性能变差；塑件若长时间受载荷作用，即使温度不高，其形状也会产生"蠕变"，且这种变形是不可逆的，从而导致塑件尺寸精度的丧失。这些缺陷，使塑料的使用受到了一定的限制。

7.1.2　塑料的分类与应用

1. 塑料的分类

1）按合成树脂受热时的行为分类，分为热塑性塑料和热固性塑料

（1）热塑性塑料，又称受热可熔性塑料。在常温下，它是硬的固体，加热时变软以至流动，冷却时变硬，这一过程可以反复进行，废品可以回收利用。如聚苯乙烯、聚酰胺、聚甲醛、聚砜等。由于其具有成型工艺简便、生产效率高和高的物理力学性能等优点，应用十分广泛，但耐热性和刚性较低。

热塑性塑料中的合成树脂分子链都是线型或带有支链线型结构，分子链之间无化学键产生，加热、冷却过程只产生物理变化。

（2）热固性塑料，又称受热不可熔塑料。第一次加热时可以软化以至流动，加热到一定温度后，塑料产生交联化学反应，结构固化而变硬，这一过程是不可逆的，因此只能一次成型，废品不能回收利用。如酚醛树脂、环氧树脂、不饱和聚酯、聚酰亚胺等。这类塑料具有较高的耐热性能，一般工作在 $100 \sim 200℃$ 温度范围内。常温下变形小，尺寸稳定性好，弹性模量较高，表面硬度较大，具有良好的力学性能。自采用注射成型新工艺后，生产效率提高，成本下降，应用广泛。

热固性塑料中的合成树脂分子链在第一次加热前是线型或带支链线型结构，交联反应后成为体型网状结构，若再次加热，就不能再熔融。

2) 按塑料的应用范围分类,可分为通用塑料、工程塑料和特种塑料

(1) 通用塑料。一般指产量大、用途广、价格低的一类塑料。其中聚乙烯、聚丙烯、聚苯乙烯、聚氯乙烯、酚醛塑料合称五大通用塑料,其它聚烯烃、乙烯基塑料、丙烯酸塑料、氨基塑料等也都属于通用塑料。它们的产量占塑料总产量的一大半以上,构成了塑料工业的主体。

(2) 工程塑料。常指在工程上作结构材料应用的各种塑料。其特点是具有较高的力学性能和耐高低温、耐腐蚀等优良的综合性能,可替代某些有色金属和各种合金钢塑件作机械零件。该类塑料主要是指聚碳酸酯、聚酰胺、聚甲醛、ABS(丙烯腈 – 丁二烯 – 苯乙烯共聚物)、聚砜、聚苯醚、聚对苯二甲酸丁二醇脂(PBT)等。

(3) 特种塑料,又称功能塑料。是指具有某些特殊功能的塑料,如用于导电、压电、热电、导磁、感光、防辐射、光导纤维、液晶、高分子分离膜、专用于减摩耐磨用途等的塑料。特种塑料一般是由通用塑料或工程塑料经特殊处理或改性获得的,也有一些是由专门合成的特种树脂制成的。

2. 塑料在机械、电子工业中的应用

选用塑料时应注意以下事项:

(1) 了解塑件的工作条件,仔细分析所选用塑料的特性,选定最合适的树脂品种、添加剂类型和确定配比,以期得到所要求的性能。然后选定最合适的成型方法。

(2) 塑料的导热性差,在用作旋转零件时,必须注意设计出最有利于散热的结构,如采用以金属为基体的复合塑料,或加入导热性良好的填料,或采取有利于散热的机械设计及塑件设计等。

(3) 工程塑料一般都易吸湿、吸水,特别是聚酰胺较为严重。选用要慎重,适当加入填料以降低其吸湿、吸水性。

(4) 塑料蠕变性较大,在设计和制造时,必须预防蠕变和内应力的出现。如添加玻璃纤维后,可明显地改善其抗蠕变性。聚酰胺加入30%玻璃纤维填料后,其蠕变可减少到未加填料时的10%左右。

塑料在机械工业中的应用,见表7 – 1;塑料在电子工业中的应用,见表7 – 2。

表7 – 1　塑料在机械工业中的应用举例

零件类型	举　　例	特性要求	适用塑料
一般结构零件	罩壳,支架,管接头,手柄	较低的强度和耐热性,有较好的外观	改性聚苯乙烯,低压聚乙烯,改性聚丙烯,ABS等
耐磨、传动零件	轴承,齿轮,凸轮,涡轮,蜗杆,齿条	较高的强度、刚性、韧性、耐磨性、耐热变形	各种尼龙,聚甲醛,聚碳酸酯等
减摩自润滑零件	活塞环,密封圈,轴承	力学强度要求不高,运动速度高,要求低摩擦系数	聚四氟乙烯,填充聚甲醛,低压聚乙烯等
耐腐蚀零部件	化工容器,管道,泵,阀门,仪表等	耐强酸或强氧化性酸,耐碱	聚三氟,氯乙烯,聚氯乙烯,聚乙烯,聚丙烯,聚四氟乙烯等
耐高温零部件	高温下工作的结构传动件	能在150℃以上环境长期工作	氟塑料,聚笨硫醚,聚酰亚胺,聚砜,玻璃纤维增强塑料等

表 7 - 2　塑料在电子工业中的应用举例

应用举例	特性要求	适用塑料
偏转线圈骨架	尺寸较大,形状特殊,在力学强度和绝缘性能满足的前提下,要壁薄	木粉填料的胶木粉,尼龙,增强尼龙,改性聚丙烯,聚对苯二甲酸丁二醇酯等
波段开关,微动开关,底座,隔板,外壳	介电性能好,结构牢固,耐热性好,不产生腐蚀性气体	主要采用热固性塑料如三聚氰胺,胶木粉,层压板等
通信机天线的绝缘子	绝缘性能和抗张强度好	可着色的增强尼龙或 ABS
机外壳,外框	外形美观,有一定强度、韧性和耐腐蚀性,价廉	聚苯乙烯,ABS,聚丙烯,结构泡沫塑料,改性胶木粉等

7.2　塑料成型的工艺性能

7.2.1　聚合物的热力学性能与加工工艺

1. 聚合物的热力学性能

聚合物的物理、力学性能与温度密切相关,当温度变化时,聚合物的受力行为发生变化,呈现出不同的力学状态,表现出分阶段的力学性能特点。

1) 线型无定形(非结晶型)聚合物的热力学性能

图 7 - 1 为线型无定形聚合物在恒应力作用下变形量与温度的关系曲线,也叫热力学曲线。该曲线明显分三个阶段,即线型无定形聚合物常存在的三种物理状态:玻璃态、高弹态和粘流态。

在温度较低时(低于 T_g 温度),变形量小,而且是可逆的,但弹性模量较高,聚合物处于此状态时表现为玻璃态。此时,物体受力时的变形符合胡克定律,应变与应力成正比。当温度上升时(在 $T_g \sim T_f$ 之间),曲线开始急剧变化。聚合物的体积膨胀,表现为柔软而富有弹性的高弹态(或橡胶态)。此时,变形量很大,弹性模量显著降低,外力去除后变形可以回复。如果温度继续上升(高于 T_f 温度),变形迅速发展,弹性模量再次很快下降,聚合物产生粘性流动,成为粘流态。此时,变形是不可逆的,物质成为液体。这里,T_g 为玻璃态

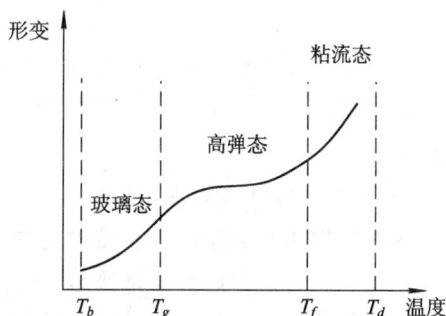

图 7 - 1　线型无定形聚合物的热力学曲线

与高弹态间的转变温度,称为玻璃化温度;T_f 为高弹态与粘流态间的转变温度,称为粘流温度。在常温下玻璃态的典型材料是有机玻璃,高弹态的典型材料是橡胶,粘流态的典型材料是熔融树脂(如胶粘剂)。

聚合物处于玻璃态时硬而不脆,可作结构件使用。但塑料的使用温度不能太低,当温

度低于 T_b 时，物理性能发生变化，在很小的外力作用下就会发生断裂，使塑料失去使用价值。通常称 T_b 为脆化温度，它是塑料使用的下限温度。当温度高于 T_g 时，塑料不能保持其尺寸的稳定性和使用性能，因此，T_g 是塑料使用的上限温度。当聚合物的温度升到 T_d 温度时，便开始分解，所以称 T_d 为分解温度。聚合物在 $T_f \sim T_d$ 温度范围内是粘流态，塑料的成型加工大多是在这个范围内进行的。这个范围越宽，塑料成型加工就越容易进行。

2）线型结晶型聚合物的热力学性能

图 7-2 为线型结晶型聚合物的热力学曲线。图中 1 所示为聚合物分子量较低的完全线型结晶型聚合物的热力学曲线。温度低于 T_m 时，物体受力时的变形符合胡克定律，应变与应力成正比。加热到 T_m 时开始转化为液态，其对应的温度叫做熔点 T_m，它是线型结晶型聚合物熔融或凝固的临界点。对于相对分子量较高的聚合物，通常结晶区和非结晶区共存，如图中的 2 所示。加热到 T_m 时，开始熔化，至 T_f 时完全转化为粘流态，其熔化是一个温度范围，通常称结晶型塑料从开始熔融到全部熔化的温度范围为"熔限"。线型结晶型聚合物的"熔限"随聚合物的相对分子量增大而变宽，有时 T_f 温度甚至高于分解温度，所以采用一般方法难以成型，例如聚四氟乙烯，由于它的粘流温度高于分解温度，在未完全达到粘流态之前就发生分解，所以一般的成型方法无法加工聚四氟乙烯，通常其塑件采用高温烧结法制成。

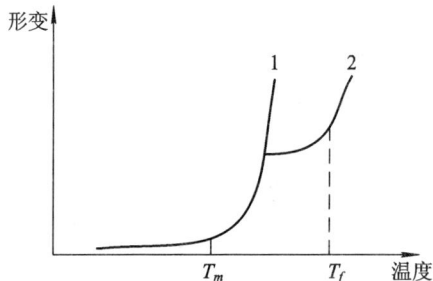

图 7-2　结晶型聚合物的热力学曲线

与线型无定形聚合物相比，结晶型聚合物在低于熔点时的变形量很小，因此其耐热性能较好；且由于不存在明显的高弹态，可在脆化温度与熔点之间应用，其使用温度范围增宽。

3）热固性树脂的热力学性能

热固性树脂在成型前分子结构是线型的或带有支链线型的，成型时在热和压力的作用下可达到一定的高弹态甚至粘流态，具有变形和可成型的能力。但在热力作用下，大分子间的交联化学反应也同时进行，直至形成高度交联的体型聚合物，此时，由于分子运动的阻力很大，随温度变化发生的力学状态变化很小，高弹态和粘流态基本消失，即转变成遇热不熔，高温时分解的物体。因此，热固性树脂成型时，应注意成型温度和成型时间的控制。

2. 聚合物的加工工艺

聚合物在温度高于 T_f 时为粘流态，统称为熔体。从 T_f 开始分子热运动激烈，塑料的弹性模量急剧降低，其形变特点为在不大的外力作用下就能产生不可逆的粘性变形。此时，塑料在 T_f 以上不高的温度范围一般表现出类似乳胶流动的行为。这一温度范围常用来进行压延成型、某些挤出成型和吹塑成型等。比 T_f 更高的温度使分子热运动大大激化，塑料的弹性模量降低到最低值，这时聚合物熔体形变的特点是在很小的外力作用下就能引起宏观流动，其形变是更加不可逆的液态流动。这一温度范围常用来进行熔融纺丝、注射、挤出和粘合等加工。过高的温度将使聚合物的粘度大大降低，不适当地增大流动性容易引起诸如注射成型中的溢料、挤出塑件的形状扭曲、收缩和纺丝过程纤维的毛细断裂等现象。温度高到 T_d 附近还会引起聚合物分解，以致降低产品物理性能、力学性能以及引起外观不良等。因此，T_f 与 T_d 是聚合物进行成型加工的重要工艺参数。不同状态下塑料的物理性能与加工工艺关系见表 7-3。

表 7-3　热塑性塑料在不同状态下的物理性能和加工工艺

状态	玻璃态	高弹态	粘流态
温度	T_g 以下	$T_g \sim T_f$	$T_f \sim T_d$
分子状态	分子纠缠为无规则线团或卷曲状	分子链展开，可链段运动	高分子链运动，彼此可滑移
工艺状态	坚硬的固态	高弹性固态	塑性状态或高粘滞液态
可加工工艺	可作为结构材料进行锉、锯、车、铣、钻等机械加工	可弯曲、吹塑、真空成型等。成型后内应力较大	可注射、挤出、压延、模压等。成型后内应力较小

7.2.2　塑料成型工艺性

塑料成型工艺性是指塑料在成型过程中表现出的特有性能，影响着成型方法及工艺参数的选择和塑件的质量，并对模具设计的要求及质量影响很大。

1. 热塑性塑料成型的工艺性能

热塑性塑料成型的工艺性能除了前面介绍过的热力学性能外，还应包括结晶性、流动性、收缩性、相容性、吸湿性及热稳定性等。

（1）结晶性。一般热塑性塑料的结构分为结晶型和非结晶型两种。结晶型的塑料有聚乙烯、聚丙烯、聚酰胺（尼龙）等；非结晶型的塑料有聚苯乙烯、聚氯乙烯、ABS 等。非结晶型结构是各向同性体，而结晶型结构是各向异性体。结晶型塑料成型时具有以下特性：

① 因为结晶熔解需要热量，故使其达到成型温度要比非结晶型塑料达到成型温度需要更多的热量；

② 冷凝时，结晶型塑料放出热量多，需要较长的冷却时间；

③ 由于结晶型塑料硬化状态时的密度与熔融时的密度差别很大，成型收缩大，易发生缩孔、气孔；

④ 由于分子的定向作用和收缩的方向性，结晶型塑件易变形、翘曲；

⑤ 冷却速度对结晶型塑料的结晶度影响很大，缓冷可提高结晶度，急冷则降低结晶度，因此，控制模具温度十分重要。

　　(2) 流动性。塑料熔体在一定温度与压力作用下充填模腔的能力称为流动性。所有塑料都是在熔融塑化状态下加工成型的，因此，流动性是塑料加工成塑件过程中所应具备的基本特性。塑料流动性的好坏，在很大程度上影响着成型工艺的许多参数，如成型温度、压力、模具浇注系统的设计及其它结构参数等，在设计塑件大小与壁厚时，也要考虑流动性的影响。流动性差的塑料，在注射成型时不易充满模腔，使塑件产生"缺肉"，有时采用多个浇口时，塑料熔体的汇合处会因熔接不好而产生"熔接痕"；相反，若塑料的流动性太好，注射时容易产生流涎和造成塑件溢边，成型的塑件容易变形。

　　热塑性塑料流动性的大小，一般用分子量大小、熔融指数（在一定温度和压力下，熔体在 10 min 内通过标准毛细管的质量值）、阿基米德螺旋线长度、表观粘度、流动比（流程长度/塑件壁厚）及溢料间隙（塑料熔体在成型压力下不得溢出的最大间隙值）等一系列指数进行分析。分子量小、熔融指数高、螺旋线长度长、表观粘度小、流动比大、溢料间隙小的则流动性好。部分热塑性塑料的流动性及溢料间隙见表 7－4。

表 7－4　部分热塑性塑料的流动性

塑 料 名 称	溢料间隙/mm	流动性
尼龙，聚乙烯，聚苯乙烯，聚丙烯，醋酸纤维素，聚(4)甲基戊烯	≤0.03	好
改性聚苯乙烯(如 ABS，AS)，有机玻璃，聚甲醛，聚氯醚	0.03～0.05	中等
聚碳酸酯，硬聚氯乙烯，聚苯醚，聚砜，聚苯砜，氟塑料	0.05～0.08	差

　　(3) 收缩性。一定量的塑料在熔融状态下的体积总比其固态下的体积大，说明塑料在成型及冷却过程中发生了体积收缩，这种性质称为收缩性。产生收缩的原因，除热胀冷缩外，往往还因为聚合物在固化过程中高分子堆砌密度的不同以及聚集状态的改变等造成。不同聚集状态的塑料其收缩率不同。一般结晶塑件的收缩率为 1.2%～4%，非结晶塑件的收缩率为 0.3%～1.0%。熔融状态的塑料有明显的可压缩性，利用这种可压缩性，成型时对塑料融体施加压力，可以预防塑件的凹痕和缩孔的形成，提高塑件的尺寸精度。

　　影响塑料收缩性的因素很多，主要有塑料的组成及塑件结构、成型工艺方法、工艺条件、塑件几何形状及金属镶件的数量、模具结构及浇口形状与尺寸等。收缩性的大小以单位长度塑件收缩量的百分率来表示，叫收缩率。

$$Q = \frac{L_m - L}{L_m} \times 100\% \qquad (7-1)$$

式中：S——塑料的收缩率(%)；

　　　　L_m——模具在室温时的型腔尺寸(mm)

　　　　L——塑件在室温时的尺寸(mm)。

　　收缩率可查有关手册或材料供应部门提供的图表确定。表 7－5 列出了几种塑料收缩率的经验数据，可供参考。从表可知，收缩率范围的大小，因塑件壁厚不同以及尺寸方向不同而有所区别。另外，还可以利用注射成型工艺参数对塑件的收缩率进行调节，一般为注射压力越高，收缩率越小；注射温度越高，收缩率越大；注射时间越短，收缩率越大。此外，塑件结构对收缩性也有影响：带有嵌件比不带嵌件的收缩小；形状复杂比形状简单的收缩小。

表 7 - 5　几种塑料收缩率的经验数据

塑料名称	塑料壁厚/mm									高度方向为水平方向的百分比
	1	2	3	4	5	6	7	8	＞8	
尼龙 1010	0.5~1.0				1.8~2.0				2.5~4.0	70
		1.1~1.3				2.0~2.5				
			1.4~1.6							
聚丙烯	1.0~2.0			2.0~2.5		2.5~3.0				120~140
低压聚乙烯	1.5~2.0		2.0~2.5					2.5~3.5		110~150
聚甲醛	1.0~1.5			1.5~2.0		2.0~2.6				105~120

塑料平均收缩率为

$$Q = \frac{Q_1 + Q_2}{2} \tag{7 - 2}$$

式中：Q_1——塑料的最大收缩率；

Q_2——塑料的最小收缩率。

由于塑料收缩性影响着塑件的尺寸精度，所以在设计模具时必须精确地考虑计算收缩率的大小。又由于塑件的收缩是体积收缩，所以模具各项尺寸均应考虑其收缩的补偿问题。由式(7 - 1)整理得：

$$L_m = \frac{L}{1 - Q} \tag{7 - 3}$$

而

$$\frac{1}{1 - Q} = 1 + Q + Q^2 + Q^3 + \cdots$$

当 Q 很小时，高次项可忽略，因此：

$$L_m = L(1 + Q) \tag{7 - 4}$$

式(7 - 4)是模具型腔尺寸计算时经常应用的基本公式。但对于收缩性较大的大型塑件，建议采用式(7 - 3)为好。

(4) 热稳定性。热稳定性是指塑料在受热时性能上发生变化的程度。有些塑料在长时间处于高温状态下时会发生降解、分解和变色等现象，使其性能发生变化。如聚氯乙烯、聚甲醛、ABS 等塑料在成型时，如在料筒停留时间过长，就会有一种气味放出来，塑件颜色变深，所以它们的热稳定性不好。因此，这类塑料成型加工时必须正确控制温度及加工周期，选择合适的加工设备或在塑料中加入稳定剂。

(5) 吸湿性。吸湿性是指塑料对水分的亲疏程度。据此塑料大致可分为两种类型：第一类是具有吸湿或粘附水分倾向的塑料，如聚酰胺、聚碳酸酯、ABS、聚苯醚、聚砜等；第二类是吸湿或粘附水分倾向极小的塑料，如聚乙烯、聚丙烯等。塑料因吸湿、粘附水分，在成型加工过程中如果水分含量超过一定程度，则水分会在成型机械的高温料筒中变成气体，促使塑料高温水解，从而导致塑料降解、起泡、粘度下降，给成型带来困难，使塑件外观质量及力学性能明显下降。因此，塑料在成型加工前，一般都要经过干燥，使水分含量

(质量分数)控制在 0.5%～0.2%以下。

（6）相容性。相容性是指两种或两种以上不同品种的塑料，在熔融状态下不产生相互分离的能力，俗称为共混性。通过塑料的这一性质，可以得到类似共聚物的综合性能，这是改进塑料性能的重要途径之一，例如聚碳酸酯与 ABS 塑料相容，在聚碳酸酯中加入 ABS 能改善其成型工艺性。如果两种塑料不相容，则混熔时塑件会出现分层、脱皮等表观缺陷。

此外，塑料的相容性对成型加工操作过程有影响。当改用不同品种的塑料时，应首先确定清洗料筒的方法（一般用清洗法或拆洗法）：如果是相容性塑料，只需要将所要加工的原料直接加入成型设备中清洗即可；如果是不相容的塑料，就应更换料筒或彻底清洗料筒。

2. 热固性塑料成型的工艺性能

热固性塑料同热塑性塑料相比，具有塑件尺寸稳定性好、耐热和刚性大等特点，所以在工程上应用十分广泛。热固性塑料的热力学性能明显不同于热塑性塑料，其成型工艺性能也不同于热塑性塑料。其主要的工艺性能指标有收缩性、流动性、水分及挥发物含量、固化速度等。

（1）收缩率。同热塑性塑料一样，热固性塑料也具有因成型加工而引起尺寸减小的特性，计算方法与热塑性塑料收缩率相同。

影响热固性塑料收缩率的因素主要有原材料、模具结构、成型方法及成型工艺条件等。塑料中树脂和填料的种类及含量，会直接影响收缩率的大小：当所用树脂在固化反应中放出的低分子挥发物较多时，收缩率较大，放出的低分子挥发物较少时，收缩率较小；在同类塑料中，填料含量多，收缩率小；填料中无机填料比有机填料所得到的塑件收缩小，例如以木粉为填料的酚醛塑料的收缩率，比相同数量无机填料（如硅粉）的酚醛塑料收缩率大（前者为 0.6%～1.0%，后者为 0.15%～0.65%）。凡有利于提高成型压力、增大塑料充模流动性、使塑件密实的模具结构，均能减小塑件的收缩率，例如用压塑成型工艺模塑的塑件比用注射成型工艺模塑的塑件收缩率小。凡能使塑件密实、成型前使低分子挥发物溢出的工艺因素，都能使塑件收缩率减小，例如成型前对酚醛塑料预热、加压等。

（2）流动性。流动性的意义与热塑性塑料流动性类同，但热固性塑料流动性通常以拉西格流动性来表示。所谓拉西格流动性，是将一定质量的塑料置于拉西格流动仪中，在规定温度、压力和时间内所挤出的长度。数值大则流动性好。

每一品种塑料的流动性分为三个不同的等级，其适用范围如表 7-6 所示。

表 7-6　热固性塑料流动性等级及应用

流动性等级	适宜成型方法	适宜塑件
一级（拉西格流动性值 100～130 mm）	压塑成型	形状简单，壁厚一般，无嵌件
二级（拉西格流动性值 131～150 mm）	压塑成型	形状中等复杂
三级（拉西格流动性值 151 mm 以上）	压塑、压铸成型；拉西格流动性值 200 mm 以上可用于注射成型	形状复杂、薄壁、大件或嵌件较多的塑件

流动性过大容易造成溢料过多，填充不密实，塑件组织疏松，树脂与填料分头聚集，易粘模而使脱模和清理困难，早期硬化等缺陷；流动性过小则填充不足，不易成型，成型压力增大。

（3）水分及挥发物含量。塑料中的水分及挥发物的含量主要来自两方面：一是热固性塑料在制造中未除尽的水分或储存过程中由于包装不当而吸收的水分；二是来自塑料中树脂制造时化学反应的副产物。

适当的水分及挥发物含量在塑料中可起增塑作用，有利于成型，有利于提高充模流动性。例如，在酚醛塑料粉中通常要求水分及挥发物含量为 1.3% 时合适，若过多，则会使流动性过大，导致成型周期增长，塑件收缩率增大，易发生翘曲、变形、出现裂纹及表面粗糙，同时，塑件性能，尤其是电绝缘性能将会有所下降。

（4）硬化速度，又称固化速度。它是指热固性塑料在压制标准试样时，于模内变成为坚硬而不熔、不溶状态的速度，通常以硬化 1 mm 厚试样所用时间来表示，单位为 min/mm。

每一种热固性塑料的硬化速度都是一定的。硬化速度太低，会使塑件成型周期延长；硬化速度太高，不易于用来成型形状复杂的塑件。

硬化速度与所用塑料的性能、预压、预热、成型温度和压力的选择有关，采用预热、预压、提高成型温度和压力时，有利于提高硬化速度。

热固性塑料成型工艺性能除上述指标外，还有颗粒度、比体积、压片性等。成型工艺条件不同，对塑料的工艺性能要求也不同，可参照有关资料和具体成型要求选择确定。

7.3　塑　件　设　计

7.3.1　塑件的选材

塑件的选材应考虑以下几个方面，以判断其是否能满足使用要求。

（1）塑料的力学性能，如强度、刚性、韧性、弹性、弯曲性能、冲击性能及对应力的敏感性等。

（2）塑料的物理性能，如对使用环境温度变化的适用性、光学特性、绝热和电气绝缘性、精加工和外观的圆满程度等。

（3）塑料的化学性能，如对接触物（水、溶剂、油、药品）的耐性、卫生程度以及使用上的安全性等。

（4）必要的精度，如收缩率的大小及各向收缩率的差异。

（5）成型工艺性，如塑料的流动性、结晶性、热敏性等。

对于塑料的这些要求往往是通过塑料的特性表进行选择比较，表 7 - 7 给出了常用塑料的特性。选出合适的材料后，再判断所选材料是否满足塑件的使用条件，最好是通过试样做实验。

需要指出的是：采用标准试样所得到的数据（如力学性能）并不能代替或预测塑件在使用条件下的实际性能，只有当使用条件与测试条件相同时，试验才可靠。因此，最后是按照试验所形成的设想来制作原形模具，再通过原形模具生产的试验塑件来确认目标值，这样能使塑料的选择更为准确。

表7－7　常用塑料特性

塑料名称	成型性	机械加工性	耐冲击性	韧性	耐磨性	耐蠕变性	挠性	润滑性	透明性	耐候性	耐溶剂性	耐药性	耐燃性	热稳定性	耐寒性	耐湿性	尺寸稳定性
聚乙烯	好	好	好		好		较好	较好			较好	较好			好	较好	
聚丙烯	好	好	较好		较好		较好				较好	较好				较好	
聚氯乙烯	好	较好			较好		较好		较好	较好		较好	较好			较好	较好
聚苯乙烯	好								较好							较好	较好
ABS	好	好	好	较好					较好							较好	较好
聚碳酸酯	较好	好	好	好	较好	较好			较好	好			较好	好	较好		较好
聚酰胺	较好	好	较好	好	好	较好			较好	较好		较好	好	较好			
聚甲醛	较好	好	较好	好	好	较好	较好					较好	好	较好			
酚醛树脂	好	较好			较好	好		较好				好	好	较好			好
尿素树脂	好				较好	好						较好	好	较好			好
环氧树脂	较好		较好	较好	较好		较好		较好	较好		较好	好	较好			
聚氨酯	较好	较好	较好	较好	较好		较好		较好			较好			好	较好	

7.3.2　塑件结构设计

塑件的结构设计，包括塑件的内外形状、脱模斜度、塑件壁厚、加强筋及其它防变形结构、圆角、孔、支承面及凸台、标志及花纹等的设计。

1. 塑件的内外表面形状

塑件的内外表面形状应尽可能保证有利于成型。由于侧型芯或瓣合式模具会使模具结构复杂，制造成本提高，而且还会在分型面上留下飞边，增加塑件的修整量，因此，塑件设计时应尽量避免侧向凹凸，如果有侧向凹凸，在模具设计时应在保证塑件使用要求的前提下适当修改塑件的结构，以简化模具结构。表7－8为改变塑件形状以利于成型的几个实例。

表7－8　改变塑件结构以利于成型的典型实例

序号	不 合 理	合 理	说 明
1			应避免塑件表面横向凸台，尤其是内表面凸台，以便于脱模
2			将左图侧孔改为右图侧凹，可不用侧向抽芯机构或瓣合模

续表

序号	不合理	合理	说　明
3			塑件外表面有侧凹，必须采用瓣合凹模，使模具结构复杂，且塑件表面有接缝
4			左图内侧凹，需采用内侧抽芯，抽芯困难；改为右图外侧凹，采用外侧抽芯，相对较为方便
5			将横向侧孔改为垂直方向孔，可不用侧向抽芯机构

2．脱模斜度

脱模斜度又称拔模斜度、出模斜度。

塑料成型后塑件紧紧抱住模具型芯或型腔中凸出部位，给取出塑件带来困难。为便于从模具内取出塑件或从塑件内抽出型芯，设计塑件结构时，必须考虑足够的脱模斜度。

脱模斜度如图 7-3 所示。塑件的内、外表面沿脱模方向均应有脱模斜度，所取值按经验确定，必须限制在制造公差范围内。

型芯长度及型腔深度越大，斜度适当缩小，一般最小斜度为 15′，通常取 0.5° 即可。厚壁塑件成型收缩较大，故斜度应放大。若斜度不妨碍塑件的使用，则可将斜度取大一些。热固性塑料比热塑性塑料的收缩小些，脱模斜度也相应小些。复杂及不规则形状塑件其斜度应大些。要求开模后塑件保持

图 7-3　脱模斜度

在型芯一边，可使塑件内表面的脱模斜度比外表面的脱模斜度小一些。不通孔深度小于 10 mm，外形高度不大于 20 mm 时，允许不设计斜度。有时根据塑件预留的位置来确定脱模斜度。总之，在满足塑件尺寸公差要求的前提下，脱模斜度可以取大一些。

塑件高度与脱模斜度的关系见表 7-9。塑件材料与脱模斜度的关系见表 7-10。

表 7-9　塑件高度与脱模斜度的关系

塑件高度/mm	外表面斜度		内表面锥度
	一般部位	配合部位	
～100	1∶50	1∶200	3～4
＞100～200	1∶100	1∶400	3～4

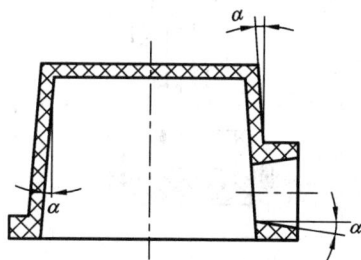

表 7 - 10　塑件材料与脱模斜度的关系

塑件材料	脱模斜度	
	型腔	型芯
聚酰胺	$20' \sim 40'$	$25' \sim 40'$
ABS	$40' \sim 1°20'$	$35' \sim 1°$
热固性塑料	$20' \sim 1°$	

3. 塑件壁厚

任何塑件均需要有一定的壁厚。这是因为塑料在成型时要有良好的流动性，并保证塑件有足够的强度和刚度，也便于从模具中顶出塑件。部件的装配操作也需要塑件有一定的壁厚。

塑件的壁厚应力求均匀、厚薄适当，以减少应力的产生。壁太厚既增加成型时间，又不能使塑件完全硬化，壁内易产生气泡，还由于中心变硬时发生的内收缩，形成"沉陷点"或产生翘曲。为此，常将厚的部分挖空，使壁厚尽量一致。若壁太薄则不但影响塑件强度，而且会使成型困难，甚至根本无法成型。如果在结构上要求具有不同的壁厚时，不同壁厚的比例不应超过 1∶3，且不同壁厚应采用适当的修饰半径使厚薄部分缓慢过渡。

表 7 - 11 为改善塑件壁厚的典型实例。

表 7 - 11　改善塑件壁厚的典型实例

序号	不　合　理	合　理	说　明
1	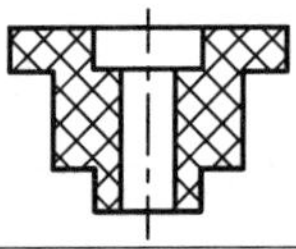	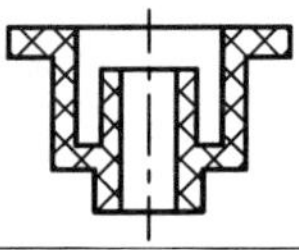	左图塑件壁厚不均匀，易产生气泡及使塑件变形；改善后的右图塑件壁厚均匀，改善了成型工艺条件，有利于保证塑件质量
2	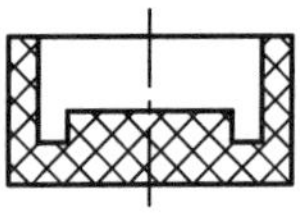	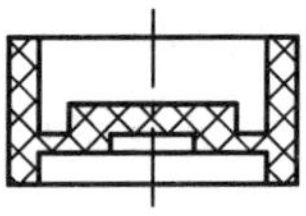	
3		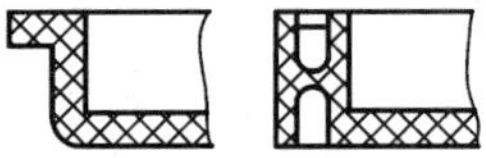	
4	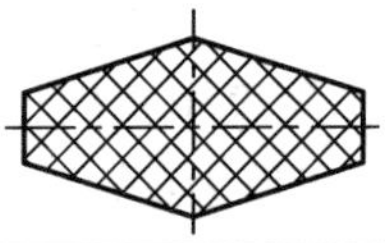	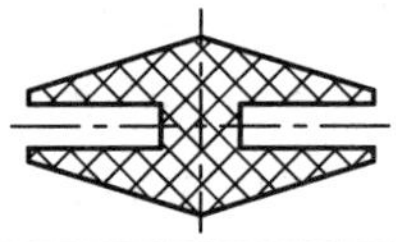	
5	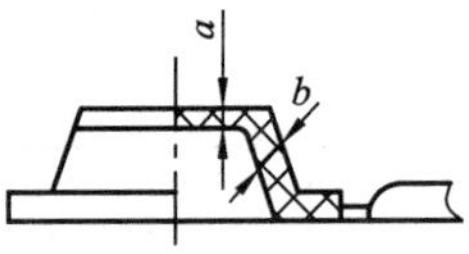	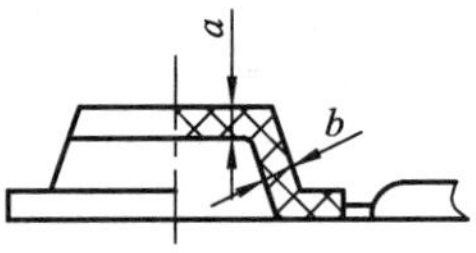	平顶塑件，当采用侧浇口进料时，为避免顶面熔接痕，应保证 a＞b
6	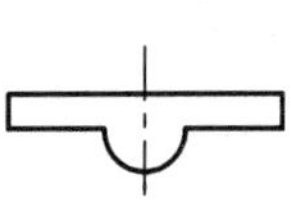	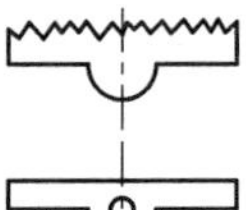	壁厚不均匀塑件，可在易产生凹痕的表面采用波纹形式或在厚壁处开设工艺孔，以方便掩盖或消除凹痕

　　热固性塑件的壁厚一般在 1~6 mm 之间，最大不得超过 13 mm。在保证成型和使用要求的前提下，应力求采用均匀和最小壁厚，以得到快速、完全的固化。热固性塑件最小壁厚的参考值见表 7-12。

　　热塑性塑料易于成型薄壁塑件，最小壁厚能达 0.25 mm，但一般不宜小于 0.6~0.9 mm，常取 2~4 mm。薄壁塑件如果强度不够，可采用加强筋结构。热塑性塑件最小壁厚的参考值见表 7-13。

表 7-12　热固性塑件最小壁厚　　　　　　单位：mm

塑件高度	最小壁厚		
	酚醛塑料	氨基塑料	纤维素塑料
~40	0.7~1.5	0.9~1.0	1.5~1.7
>40~60	2.0~2.5	1.3~1.5	2.5~3.5
>60	5.0~6.5	3.0~3.5	6.0~8.0

表 7-13　热塑性塑件最小壁厚及推荐壁厚　　　　　　单位：mm

塑料品种	最小壁厚	一般件壁厚	大件壁厚
聚苯乙烯	0.75	1.6	3.2~5.4
聚甲醛	0.80	1.6	3.2~5.4
聚碳酸酯	0.95	2.3	3.0~4.5
有机玻璃(372)	0.80	2.2	4.0~6.5

4. 加强筋

　　加强筋的主要作用是增加塑件的强度和刚度，避免塑件翘曲变形，而不增加壁厚。合理布置加强筋还起着改善充模流动性、减少内应力、避免气孔、缩孔和凹陷等缺陷的作用。

　　加强筋的典型结构如图 7-4 所示。

　　设计加强筋时应注意以下问题：

　　(1) 加强筋的厚度应小于被加强的塑件壁厚，防止连接处产生凹陷。

　　(2) 加强筋的高度不宜过高，否则会使筋部受力损坏，降低自身刚性。

　　(3) 加强筋的斜度可大些，以利于脱模。

　　(4) 使多数加强筋的方向与型腔塑料的流向一致，避免塑料流向的干扰而损害塑件的质量。

　　(5) 多条加强筋要分布得当，排列相互错开，以减少收缩不均。

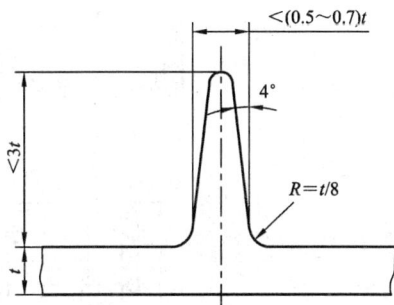

图 7-4　加强筋尺寸

　　加强筋与支承面如图 7-5 所示。加强筋的端面不应与支承面相平，至少低于支承面 0.5 mm，加强筋中心距不应小于加强筋厚度的两倍。

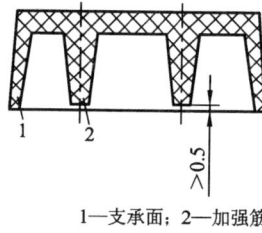

1—支承面；2—加强筋

图 7 - 5　加强筋与支承面

对于圆筒形薄壁塑件可设计成球面或拱曲面，这样可有效地增加刚性和减少变形，如图 7 - 6 所示。对于薄壁容器的边缘，可按图 7 - 7 所示设计来提高刚性和减少变形。

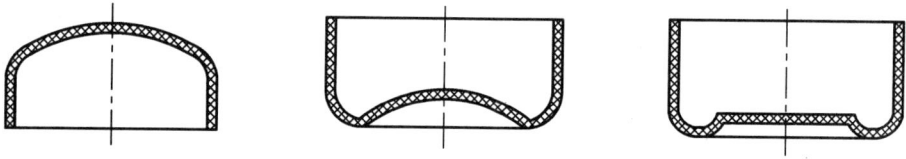

图 7 - 6　容器底和盖的增强

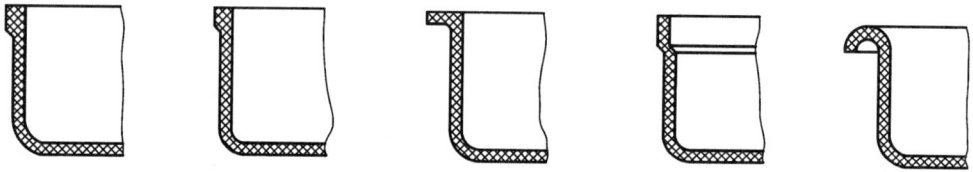

图 7 - 7　容器边缘的增强

5. 支承面及凸台

支承面选用整平面结构是不适宜的，因为要使整平面达到绝对平直是十分困难的，所以通常采用底脚支承或边框支承。图 7 - 8 为常见支承面的结构形式。凸边或底脚的高度应高出平面 0.3～0.5 mm。

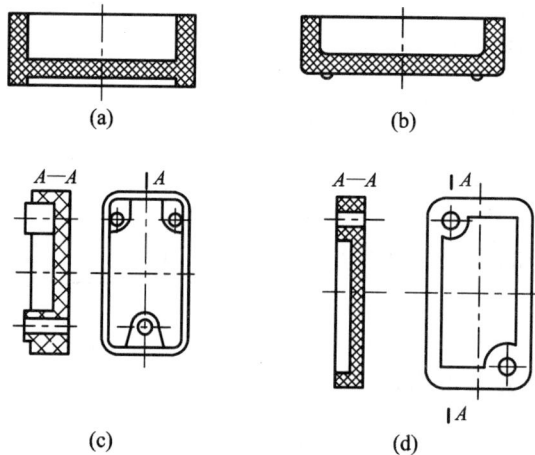

图 7 - 8　常见支承面的结构形式

（a）凸边支承；（b）加强筋支承；（c）底脚支承；（d）边框支承

凸台是用来增强孔或装配附件的凸出部分的。设计时，凸台应当尽可能位于边角部位，其几何尺寸应小，高度不应超过其直径的两倍，并应具有足够的脱模斜度。设计固定用的凸台时，除应保证有足够的强度以承受紧固时的作用力外，在转折处还不应有突变，连接面应局部接触。如图 7-8(c)所示。

6. 孔

塑件上的孔有通孔、盲孔和复杂形状的孔。孔的位置应尽可能设置在最不易削弱塑件强度的地方，在相邻孔之间以及孔到边缘之间，均应留出适当的距离，且尽可能使壁厚大一些，以保证有足够的强度。塑件上的孔间距、孔边距的最小值与孔径的关系见表 7-14。

表 7-14　孔间距、孔边距与孔径的关系　　　　　　　单位：mm

孔　　径		<1.5	1.5~3	3~6	6~10	10~18	18~30
孔间距、孔边距	热塑性塑料	1~1.5	1.5~2	2~3	3~4	4~5	5~7
	热固性塑料	0.8	1	1.5	2	3	4

孔的成型方法有：

(1) 用模具单面直接压出完整的浅孔($h<2d$)，也可以用两个型芯分别由两端进入模具双面成型深孔($h>2d$)。成型深孔时使一个型芯比另一个型芯直径大 0.5~0.8 mm，这样芯子既不容易变形，又便于从塑件中取出。

(2) 太深的孔采用先成型一部分，另一部分由机械加工完成。

(3) 直径 $d<1.5$ mm 的深孔，且中心距要求精度高时，应以钻孔为宜。一般应在钻孔位置成型出定位浅孔，以使钻孔方便、精确定位。

成型孔的深度、直径、最小孔边壁厚与塑料的关系见表 7-15。

表 7-15　成型孔的尺寸与塑料的关系　　　　　　　单位：mm

塑料名称	最小直径 d	竖孔最大深度 h 注射成型等方法		小孔边壁厚度 b
		盲孔	通孔	
压塑粉	3	压塑：$2d$	压制：$4d$	$1d$
纤维素塑料	3.5	压铸：$4d$	压铸：$8d$	
尼龙	0.2	$4d$	$10d$	$2d$
聚乙烯				
聚甲醛	0.3			
硬聚氯乙烯	0.25	$3d$	$8d$	
改性聚苯乙烯	0.3			
聚碳酸酯	0.35	$2d$	$6d$	$2.5d$
聚砜				$2d$

(4) 对于斜孔与形状复杂孔的成型方法，可采用拼合型芯来实现，以避免抽侧型芯结构，如图 7-9 所示。

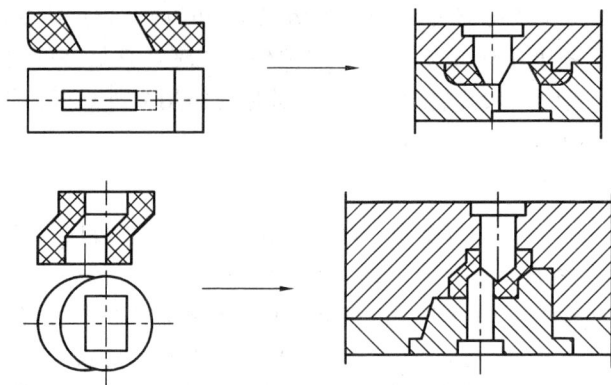

图 7 - 9   复杂孔的成型方法

7. 圆角

在塑件的拐角处设置圆角，可增加塑件的力学强度，改善成型时材料的流动性，也有利于塑件的脱模。因此，在设计塑件结构时，应尽可能采用圆角。

圆角半径的大小主要取决于塑件的壁厚，通常，内壁圆角半径应是壁厚的一半，而外壁圆角半径可为壁厚的 1.5 倍，一般圆角半径大于 0.5 mm。壁厚不等的转角可按平均壁厚确定内、外圆角半径。如图 7 - 10 所示。

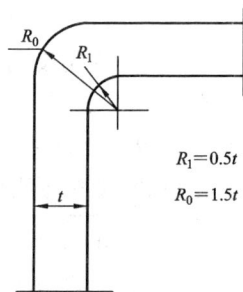

$$R_1 = 0.5t$$
$$R_0 = 1.5t$$

图 7 - 10   塑料的圆角

7.3.3   螺纹与齿轮的设计

塑件上的螺纹和塑料齿轮可以直接成型，一般情况下成型后无需机械加工，故应用范围越来越广泛。但是，塑料螺纹和齿轮与金属螺纹和齿轮是有区别的，在设计时应予以注意。

1. 螺纹设计

塑件上获得螺纹的方法有：

(1) 直接成型法。此法可得到外径大于 3 mm，螺距大于 0.7 mm 的螺纹，且具有较好的质量，精度低于 IT8。

(2) 经常装拆和受力较大的螺纹，常采用金属螺纹嵌件结构，在塑料成型时或成型后用压入塑件的方法来实现。这样，可提高螺纹强度，增加耐磨性，但是成本提高。

(3) 用机械加工方法加工螺纹。对于成型直径小于 10～12 mm 的外螺纹和直径小于 4 mm 的内螺纹应该用此法。但是，该法得到的螺纹强度总是低于直接成型的同种螺纹。

因为加工螺纹时，其顶角处常常产生裂纹，引起螺纹断裂，以至使塑件开裂。

塑料螺纹力学强度比金属螺纹力学强度要低 5～10 倍，因此，对塑料螺纹成型直径有一定要求，如注射成型螺纹直径不得小于 2 mm，压塑成型螺纹直径不得小于 3 mm，精度不高于 IT8。塑件螺纹、螺距的选用见表 7 - 16。

表 7 - 16　塑件螺纹、螺距的选用

螺纹直径/mm	螺　纹　种　类				
	公制标准	1 级细牙	2 级细牙	3 级细牙	4 级细牙
＜3	+	−	−	−	−
＞3～6	+	−	−	−	−
＞6～10	+	+	−	−	−
＞10～18	+	+	+	−	−
＞18～30	+	+	+	+	−
＞30～50	+	+	+	+	+

塑件上的螺纹在冷却后要收缩，螺距会发生变化，影响螺纹的旋出。因此，在保证使用要求的前提下，螺纹拧合长度要短些，一般不大于螺纹直径的 1.5～2 倍。常用螺纹长度见表 7 - 17。

表 7 - 17　塑料螺纹的长度　　　　　　　　　单位：mm

螺纹直径 d	螺纹长度 L	螺纹直径 d	螺纹长度 L
≤6	2.5d	＞24～36	0.7～1.4d
＞6～12	2～2.5d	＞36	0.5d
＞12～24	1.4～2d		

当需要在塑件的同一轴线上压制两段或几段螺纹时，必须使螺纹和旋向相同，否则就无法拧下来。

塑件上螺纹不能有退刀槽，因为有退刀槽时无法脱模。

为防止最外圈螺纹崩裂或变形，外螺纹的始端与末端到端面和底面应有高大于 0.2 mm 的距离，如图 7 - 11 所示。同样，内螺纹的始端应有 0.2～0.8 mm 的台阶孔，内螺纹末端与底面应有 0.2 mm 以上的距离。

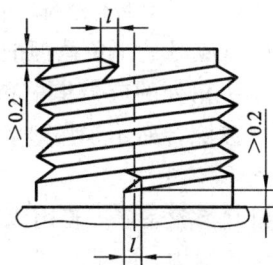

图 7 - 11　塑料螺纹的结构

塑料螺纹的始端与未端均不应突然开始和结束，而应设计过渡区 l，l 的值可按表 7－18 选用。

表 7－18　型芯、型腔螺纹的过渡尺寸　　　　单位：mm

螺纹直径 d	螺距 t		
	<1	1～2	>2
	过渡区尺寸 l		
≤10	2	3	4
>10～20	3	4	5
>20～30	4	6	8
>30～40	6	8	10

2. 齿轮设计

塑料齿轮主要用于精度和强度不太高的传动机构，如在无线电设备、电器、仪器仪表、机械工业、汽车工业等方面已获得应用。

为使塑料齿轮适应注射成型工艺，齿轮的轮缘、辐板和轮毂应有一定的厚度，如图 7－12 所示。要求轮缘宽度 t_1 至少为全齿高 t 的 3 倍；辐板厚度 H_1 应小于或等于轮缘厚度 H；轮毂厚度 H_2 应大于或等于轮缘厚度 H，并相当于轴孔直径 D，最小轮毂外径 D_1 应为 D 的 1.5～3 倍。

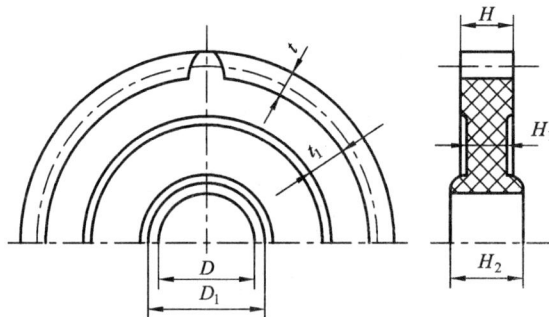

图 7－12　塑料齿轮结构尺寸

由于齿轮承受的是交变载荷，所以应尽量避免截面的突然变化，各表面相接或转折处应尽可能采用大的圆角过渡，以减小尖角处的应力集中和成型时应力的影响。为了避免装配时产生应力，轴与孔尽可能采用过渡配合而不采用过盈配合，并用销钉固定或半月形孔配合的形式传递扭矩，如图 7－13 所示。

对于薄形齿轮，厚度不均匀会引起齿轮歪斜，若用无轮毂、无轮缘的齿轮可以很好地改善这种情况。但如在辐板上采用大孔结构，由于在成型时很少向中心收缩，会使齿轮歪斜；若采用薄筋结构，在成型时轮缘能向中心收缩，就不会产生歪斜。

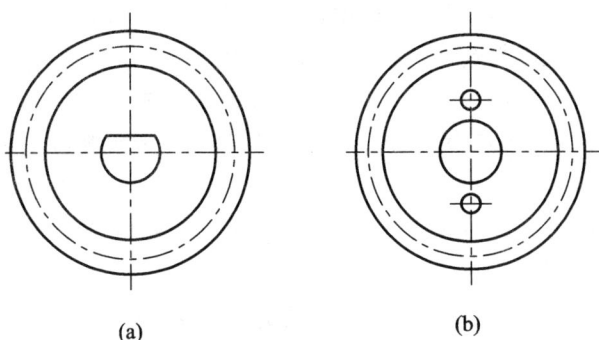

图 7 - 13 塑料齿轮的固定形式
(a) 半月形孔配合；(b) 销钉固定配合

7.3.4 金属嵌件、饰纹、文字、符号及标记的设计

1. 金属嵌件设计

金属嵌件是模塑在塑件中的金属零件，简称嵌件。

金属嵌件的作用是：提高塑件的力学强度和使用寿命，构成导电、导磁通路，满足其它特殊技术要求。

为使嵌件与塑件牢固地结合成一体，可采用多种方法，如用粘结方法将嵌件镶装在已生产好的塑件中；将嵌件压入塑件中，利用塑料冷却时的收缩作用而固紧；而用得最多的方法是将嵌件事先安装在模具中，在成型时直接实现结合。

包在嵌件外面的塑料层应有足够的厚度，以克服塑料冷缩时所产生的应力，避免因强度不足而破裂。厚度越大，破裂的可能性越小。塑料层最小厚度与塑料品种、嵌件直径有关，见表 7 - 19。

表 7 - 19　嵌件直径与外包塑料层最小厚度　　　　　单位：mm

塑料品种	嵌件直径	3.2	9.5	19.0	32	44	51
热固性塑料	酚醛树脂(一般用)	2.4	4.8	8.0	9.6	11.0	12.0
	酚醛树脂(耐冲击)	1.6	3.6	6.4	7.9	9.5	10.3
	酚醛树脂(耐热)	3.2	5.6	8.7	10.3	11.9	12.7
	脲醛树脂	2.4	4.8	8.0	9.5	11.1	12.0
	三聚氰胺树脂(含纤维)	3.2	5.6	8.7	10.3	12.0	12.7
热塑性塑料	醋酸纤维素	3.2	9.5	19.0	31.8	44.5	51.0
	乙基纤维素	1.6	3.2	4.8	6.4	8.0	8.7
	聚苯乙烯	4.8	14.3	28.6	47.6	66.7	76.2
	尼龙 66	1.6	3.2	4.8	6.4	8.0	8.7
	氯化醋酸乙烯树脂	2.4	4.8	9.5	16.0	22.2	25.4

通常，先设计嵌件，再设计塑件。在设计嵌件时，应注意以下几点：

（1）嵌件的膨胀系数应与塑件的膨胀系数尽可能接近。

（2）嵌件周围塑料厚度不宜太薄，以避免因收缩而破裂。

（3）嵌件尽可能采用圆形对称形状，以利均匀收缩。其边棱应倒成圆弧或倒角，以免棱边损伤周围塑料。

（4）为防止嵌件受力时转动或拔出，嵌件部分表面应制成交叉滚花、沟槽、开孔、弯曲或采用合适的标准件等结构，以便与塑料牢固地连接。

（5）嵌件应准确、可靠地安装在模具上，为此，嵌件的孔、突边应取一定的滑动配合。

（6）若嵌件的自由长度超过 $2d$，又位于垂直压制方向，为防止其变形，应设置支撑支柱。

值得注意的是，嵌件使塑件生产不易实现自动化，因此，在设计塑件时，应尽可能不用嵌件。

2. 饰纹、文字、符号及标记

由于装饰或某些特殊要求，塑件上常常要求有饰纹、文字、符号及标记等。对这些有标记设计的基本原则是：它们的设置不应引起脱模的困难。

塑件上的饰纹、文字、符号及标记有凸形和凹形两类。饰纹、文字、符号及标记在塑件上为凸形时，在模具上就为凹形；饰纹、文字、符号及标记在塑件上为凹形时，在模具上则为凸形。模具上的凹形饰纹、文字、符号及标记易于加工，文字可用刻字机刻制，图案可用手工雕刻或电加工等；模具上的凸形饰纹、文字、符号及标记难以加工，直接做出凸形一般需要采用电火花、电铸或冷挤压成型。另外，有时为了便于更换标记、符号，也可以在模具内镶入可成型标记、符号部分的镶件，但这种方法会在塑件上留下凹或凸的痕迹。

塑件上标记的凸出高度不小于 0.2 mm，线条宽度一般不小于 0.3 mm，通常以 0.8 mm 为宜。两条线的间距不小于 0.4 mm，边框可比字高出 0.3 mm 以上，标记的脱模斜度可大于 10°。

7.3.5　塑件的尺寸精度和表面粗糙度

塑件的尺寸精度是指所得塑件的尺寸与图纸尺寸的符合程度。影响塑件精度的因素十分复杂，其中有模具制造精度、型腔磨损、工艺条件、塑料的收缩率、塑件的结构形状和成型后的条件等。所以，确定塑件的尺寸精度应该慎重，以免给模具制造和工艺操作带来困难。因为模具成型部件的制造精度总要高于塑件的精度。

目前，塑件尺寸精度在国际上尚无统一标准，许多国家都有塑件尺寸公差标准，如美国的 SH 标准、德国的 DIN16901 标准、日本的 JISK 标准、中国的 GB/T14486 - 1993 标准等。

我国工程塑料模型塑料件《常用材料分类和公差等级选用》见表 7 - 20，《国家标准塑件尺寸公差》见表 7 - 21。

表 7 – 20　常用材料分类和公差等级选用

类别	塑 料 品 种	公差等级		
		标注公差尺寸		未注公差尺寸
		高精度	一般精度	
1	聚苯乙烯(PS) 聚丙烯(PP，无机填料填充) ABS 丙烯腈－苯乙烯共聚物(AS) 聚甲基丙烯酸甲酯(PMMA) 聚碳酸酯(PC) 聚醚砜(PESU) 聚砜(PSU) 聚苯醚(PPO) 聚苯硫醚(PPS) 聚氯乙烯(硬)(RPVC) 尼龙(PA，玻璃纤维填充) 聚对苯二甲酸丁二醇酯(PBTP，玻璃纤维填充) 聚邻苯二甲酸二丙烯酯(PDAP) 聚对苯二甲酸乙二醇酯(PETP，玻璃纤维填充) 环氧树脂(EP) 酚醛塑料(PF，无机填表料填充) 氨基塑料和氨基酚醛塑料(VF/MF，无机填料填充)	MT2	MT3	MT5
2	醋酸纤维素塑料(CA) 尼龙(PA，无填料填充) 聚甲醛(≤150 mmPOM) 聚对苯二甲酸丁二醇酯(PBTP，无填料填充) 聚对苯二甲酸乙二醇酯(PETP，无填料填充) 聚丙烯(PP，无填料填充) 氨基塑料和氨基酚醛塑料(VF/MF，有机填料填充) 酚醛塑料(PF，有机填表料填充)	MT3	MT4	MT6
3	聚甲醛(>150 mmPOM)	MT4	MT5	MT7
4	聚氯乙烯(软)(SPVC) 聚乙烯(PE)	MT5	MT6	MT7

表 7 - 21　国家标准塑件尺寸公差 (GB/T14486 - 1993)

单位：mm

公差等级	公差种类	>0~3	3~6	6~10	10~14	14~18	18~24	24~30	30~40	40~50	50~65	65~80	80~100	100~120	120~140	140~160	160~180	180~200	200~225	225~250	250~280	280~315	315~355	355~400	400~450	450~500
		标注公差的尺寸公差值																								
MT1	A	0.07	0.08	0.09	0.10	0.11	0.12	0.14	0.16	0.18	0.20	0.23	0.26	0.29	0.32	0.36	0.40	0.44	0.48	0.52	0.56	0.60	0.64	0.70	0.78	0.86
MT1	B	0.14	0.16	0.18	0.20	0.21	0.22	0.24	0.26	0.28	0.30	0.33	0.36	0.39	0.42	0.46	0.50	0.54	0.58	0.62	0.66	0.70	0.74	0.80	0.88	0.96
MT2	A	0.10	0.12	0.14	0.16	0.18	0.20	0.22	0.24	0.26	0.30	0.34	0.38	0.42	0.46	0.50	0.54	0.60	0.66	0.72	0.76	0.84	0.92	1.00	1.10	1.20
MT2	B	0.20	0.22	0.24	0.26	0.28	0.30	0.32	0.34	0.36	0.40	0.44	0.48	0.52	0.56	0.60	0.64	0.70	0.76	0.82	0.86	0.94	1.02	1.10	1.20	1.30
MT3	A	0.12	0.14	0.16	0.18	0.20	0.24	0.28	0.32	0.36	0.40	0.46	0.52	0.58	0.64	0.70	0.78	0.86	0.92	1.00	1.10	1.20	1.30	1.44	1.60	1.74
MT3	B	0.32	0.34	0.36	0.38	0.40	0.44	0.48	0.52	0.56	0.60	0.66	0.72	0.78	0.84	0.90	0.98	1.06	1.12	1.20	1.30	1.40	1.50	1.64	1.80	1.94
MT4	A	0.16	0.18	0.20	0.24	0.28	0.32	0.36	0.42	0.48	0.56	0.64	0.72	0.82	0.92	1.02	1.12	1.24	1.36	1.48	1.62	1.80	2.00	2.20	2.40	2.60
MT4	B	0.36	0.38	0.40	0.44	0.48	0.52	0.56	0.62	0.68	0.76	0.84	0.92	1.02	1.12	1.22	1.32	1.44	1.56	1.68	1.82	2.00	2.20	2.40	2.60	2.80
MT5	A	0.20	0.24	0.28	0.32	0.38	0.44	0.50	0.56	0.64	0.74	0.86	1.00	1.14	1.28	1.44	1.60	1.76	1.92	2.10	2.30	2.50	2.80	3.10	3.50	3.90
MT5	B	0.40	0.44	0.48	0.52	0.58	0.64	0.70	0.76	0.84	0.94	1.06	1.20	1.34	1.48	1.64	1.80	1.96	2.12	2.30	2.50	2.70	3.00	3.30	3.70	4.10
MT6	A	0.26	0.32	0.38	0.46	0.54	0.62	0.70	0.80	0.94	1.10	1.28	1.48	1.72	2.00	2.20	2.40	2.60	2.90	3.20	3.50	3.80	4.30	4.70	5.30	6.00
MT6	B	0.46	0.52	0.58	0.66	0.74	0.82	0.90	1.00	1.14	1.30	1.48	1.68	1.92	2.20	2.40	2.60	2.80	3.10	3.40	3.70	4.00	4.50	4.90	5.50	6.20
MT7	A	0.38	0.48	0.58	0.68	0.78	0.88	1.00	1.14	1.32	1.54	1.80	2.10	2.40	2.70	3.00	3.30	3.70	4.10	4.50	4.90	5.40	6.00	6.70	7.40	8.20
MT7	B	0.58	0.68	0.78	0.88	0.98	1.08	1.20	1.34	1.52	1.74	2.00	2.30	2.60	2.90	3.20	3.50	3.90	4.30	4.70	5.10	5.60	6.20	6.90	7.60	8.40
		未注公差的尺寸允许偏差																								
MT5	A	±0.10	±0.12	±0.14	±0.16	±0.19	±0.22	±0.25	±0.28	±0.32	±0.37	±0.43	±0.50	±0.57	±0.64	±0.72	±0.80	±0.88	±0.96	±1.05	±1.15	±1.25	±1.40	±1.55	±1.75	±1.95
MT5	B	±0.20	±0.22	±0.24	±0.26	±0.29	±0.32	±0.35	±0.38	±0.42	±0.47	±0.53	±0.60	±0.67	±0.74	±0.82	±0.90	±0.98	±1.06	±1.15	±1.25	±1.35	±1.50	±1.65	±1.85	±2.05
MT6	A	±0.13	±0.16	±0.19	±0.23	±0.27	±0.31	±0.35	±0.40	±0.47	±0.55	±0.64	±0.74	±0.86	±1.00	±1.10	±1.20	±1.30	±1.45	±1.60	±1.75	±1.90	±2.15	±2.35	±2.65	±3.00
MT6	B	±0.23	±0.26	±0.29	±0.33	±0.37	±0.41	±0.45	±0.50	±0.57	±0.65	±0.74	±0.84	±0.96	±1.10	±1.20	±1.30	±1.40	±1.55	±1.70	±1.85	±2.00	±2.25	±2.45	±2.75	±3.10
MT7	A	±0.19	±0.24	±0.29	±0.34	±0.39	±0.44	±0.50	±0.57	±0.66	±0.77	±0.90	±1.05	±1.20	±1.35	±1.50	±1.65	±1.85	±2.05	±2.25	±2.45	±2.70	±3.00	±3.35	±3.70	±4.10
MT7	B	±0.29	±0.34	±0.39	±0.44	±0.49	±0.54	±0.60	±0.67	±0.76	±0.87	±1.00	±1.15	±1.30	±1.45	±1.60	±1.75	±1.95	±2.15	±2.35	±2.55	±2.80	±3.10	±3.45	±3.80	±4.20

本标准根据塑料收缩特性值(收缩特性值(%)：$S=|V_{sr}|+|V_{sr}-V_{st}|$，式中，$V_{sr}$ 为径向收缩率(%)；V_{st} 为切向收缩率(%))将常用塑料分成四大类，7 个公差等级。通常，推荐使用"一般精度"，塑件精度要求较高时，可选用"高精度"。未注尺寸公差者，采用表中较低公差等级。

模具制造精度对塑件尺寸精度具有决定性影响，二者之间的对应关系见表 7 - 22。实践证明，这一对应关系对模具制造具有指导意义。

表 7 - 22 塑件与模具公差精度等级间的对应关系

塑件(GB/T14486 - 1993)	MT1	MT2	MT3	MT4	MT5	MT6	MT7
模具(GB/T1800.3 - 1998)	IT7	IT8	IT9	IT10	IT11	IT12	IT13

塑件的表面粗糙度主要取决于模具型腔的表面粗糙度。一般模具表面粗糙度比塑件表面粗糙度小一级，而塑件表面粗糙度随着模具型腔的磨损增大而增加。塑件表面粗糙度见表 7 - 23。

表 7 - 23 塑件的表面粗糙度

塑件的表面分类	表面粗糙度 $R_a/\mu m$
一般结构件(包括螺纹孔、轴)的表面	0.8
外装结构件(如表箱、表盖)的表面	0.4
透明塑件的表面	0.2
镜类塑件的表面	0.012

7.4 塑料成型方法及塑料模的种类

塑料成型方法很多，其模具的种类也有很多，常用的塑料成型方法及塑料模有以下几种。

1. 注射成型及注射模

注射成型是指通过注射机的螺杆或柱塞的作用，将熔融塑料注入闭合的模具型腔，经过保压、冷却、硬化定型后，即可得到由模具成型出的塑件。注射成型所使用的模具即为注射模(也称注塑模)。注射成型主要用于热塑性塑料的成型，也有用于热固性塑料的成型，在塑件的生产中占有很大的比重，据统计，注射模的产量占塑料成型模具产量的一半以上。

随着注射成型工艺的发展，许多新的注射成型工艺方法不断涌现，种类繁多，其中包括 BMC 注射成型、气体辅助注射成型、共注射成型、结构发泡注射成型、多级注射成型等，这些新的注射成型工艺方法具有广阔的应用前景。

2. 压塑成型及压塑模

压塑成型是将预热过的塑料原料放在经过加热的模具型腔(加料室)内，凸模向下运动，在热和压力的作用下，塑料呈熔融状态并充满型腔，然后固化成型。压塑成型所使用的模具即为压塑模(也称压缩模)。压塑成型多用于热固性塑料的成型，所使用的成型设备为液压机。这是塑料成型中较早采用的一种方法。

3. 压铸成型及压铸模

压铸成型是指通过压料柱将加料室内受热熔融的塑料经浇注系统压入加热的模具型腔，然后固化定型。压铸成型所使用的模具即为压铸模（也称压注模、传递模），与压塑成型一样，压铸成型也主要用于热固性塑料的成型。

4. 挤出成型及挤出模

挤出成型是利用挤出机的螺杆旋转加压，连续地将熔融的塑料从料筒中挤出，通过特定截面形状的机头口模成型并借助于牵引装置将挤出的塑件均匀拉出，同时冷却定型，获得截面形状一致的连续型材。挤出成型所使用的模具即为挤出模（也称挤出机头）。

除以上介绍的几类常用的塑料成型方法外，还有气动成型、浇铸成型、滚塑（包括搪塑）成型、压延成型以及聚四氟乙烯冷压成型等。

复习思考题

7-1　何谓热塑性塑料与热固性塑料？各有何优缺点？试各举两个实例。

7-2　塑料的主要性能参数、含义有哪些？

7-3　塑料成型工艺特性的内容、应用有哪些？

7-4　塑件结构设计包括哪些内容？

第 8 章　热塑性塑料注射成型工艺及模具设计

8.1　注射成型原理及工艺

注射成型又称注射模塑或注塑，是热塑性塑件成型的一种重要方法，也已成功地用于成型某些热固性塑件。其加工的塑件在塑件总量中约占 20％～30％，塑件的用途已扩大到各个领域。

8.1.1　注射成型原理及分类

注射成型的工作原理如图 8-1 所示。将粒状或粉状塑料从料斗 1 送进料筒，经加热器 5 加热熔化呈流动状态后，由螺杆 4（或柱塞）以一定的压力与速度推动，通过喷嘴 6 和模具的浇注系统注入温度较低的闭合的模具型腔各处，经一定时间保压、冷却、硬化定型得到所需形状和尺寸的塑件。开启模具，由顶出杆顶出塑件，完成一个注射成型周期。注射成型周期从几秒钟至几分钟不等，它取决于塑件的大小、形状与厚度。

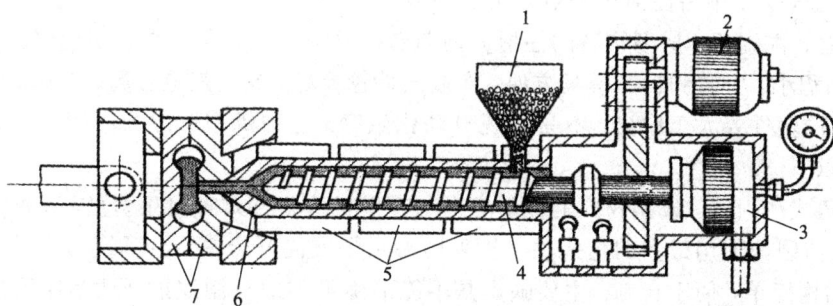

1—料斗；2—螺杆传动装置；3—注射液压缸；4—螺杆；5—加热器；6—喷嘴；7—模具

图 8-1　注射成型工作原理

注射成型分为普通注射成型、精密注射成型和特种注射成型三类：

（1）普通注射成型。主要针对要求较低的热塑性塑料和一些热固性塑件成型。

（2）精密注射成型。可以成型要求较高的塑件。

（3）特种注射成型。这种成型方法很多，主要有气体辅助注射成型、共注射成型、动力熔融注射成型、结构发泡注射成型、排气注射成型、BMC 注射成型、多级注射成型、反应注射成型、液态注射成型、高速注射成型、复合注射成型、多材质注射成型及内加饰注射成型等，随着注射成型工艺技术的不断发展，定会有更多的方法涌现出来。

8.1.2 注射机

1. 注射机的分类、应用

不同的注射成型方法，对注射机的要求及装置配置是不同的。用于注射成型的设备有：通用注射机、热固性塑料注射机、特种注射成型工艺用注射机等类别。

通用注射机主要用于热塑性塑料注射成型，是一类应用很广泛的注射机。在这种注射机上加上特定的辅助设施，可以用于热流道注射成型、气体辅助注射成型、多级注射成型等。

热固性塑料注射机用于热固性塑料注射成型，在其上面添加流道的温度调节与控制系统，或在锁模机构上加设二次合模系统，可用于热固性塑料冷流道注射成型或热固性塑料压铸成型。

特种注射机有很多，如动力熔融注射机、排气注射机、结构发泡注射机、BMC 注射机、液态注射机、反应注射机等，它们主要用于不同的特种注射成型工艺。

这里，主要介绍应用广泛的通用注射机。

通用注射机按分类方式不同，有多种形式：

(1) 按注射机的注射方向和模具的开合方向分类，可分为三类。

① 卧式注射机。这种注射机成型物料的注射方向与合模机构开合方向均沿水平方向。其特点是重心低、稳定，加热、操作及维修均很方便，塑件推出后可自行脱落，便于实现自动化生产。其缺点是模具安装较麻烦，嵌件放入模具有倾斜和脱落的可能，机床占地面积较大。目前，大、中型注射机一般采用这种形式。

② 立式注射机。成型物料的注射方向与合模机构开合方向均垂直于地面。其主要优点是占地面积小，安装和拆卸模具方便，安放嵌件较容易。缺点是重心高、不稳定，加料较困难，推出的塑件要人工取出，不易实现自动化生产。这种机型一般为小型的，最大注射量在 60 g 以下。

③ 角式注射机。成型物料的注射方向与合模机构开合方向相互垂直，又称为直角式注射机。目前国内使用最多的角式注射机采用沿水平方向开合模，沿垂直方向注射。其主要优点是结构简单，便于自制。主要缺点是不能准确可靠地控制注射压力、保压压力和锁模力，模具受冲击和振动较大。

(2) 按注射装置分类，可分为三类。

① 螺杆式。以同一螺杆来实现成型物料的塑化和注射。它能使成型物料的混炼塑化均匀，无材料滞流，构造简单，但压力损失较大，是当前使用较广泛的机型。

② 柱塞式。以加热料筒、分流梭和柱塞来实现成型物料的塑化和注射。它构造简单，适合于小型塑件的成型，但材料滞流严重，压力损失大。

③ 螺杆预塑化型。这是双料筒形式，螺杆、料筒进行塑化，柱塞、料筒进行注射。它能使塑化均匀，计量准确，适合于精密成型。但其结构复杂，材料滞流大。

(3) 按锁模装置分类，可分为两类。

① 直压式。以液压缸直接锁模。这种形式调整、保压都较容易，但能量消耗较大。

② 肘拐式。以连杆机构实现锁模，常与液压缸一起组合使用。它可以实现高速合模，锁模可靠，产品不易出现飞边，但调整复杂，需要经常保养。

2. 注射机的组成

无论是哪一类注射机，它们都是由以下几大部分组成：

（1）注射机构。其主要作用是使固态的成型物料均匀地塑化成熔融状态，并以足够的压力和速度将熔融物料注入到闭合的模具型腔中。注射机构包括加料器、料筒、螺杆（或柱塞与分流梭）及喷嘴等部件。

（2）锁模机构。其作用有三点：① 锁紧模具；② 实现模具的开合动作；③ 开模时顶出模内塑件。锁模机构可以是全液压式（直压式），也可以是液压－机械联合作用式（肘拐式）；顶出机构也有机械式顶出和液压式顶出两种。

（3）液压传动和电器控制系统。液压传动和电器控制系统是为保证注射成型过程按照预定的工艺要求（压力、速度、温度、时间）和动作程序能准确进行而设置的。液压传动系统是注射机的动力系统，而电器控制系统则是各动力液压缸完成开启、闭合和注射等动作的控制系统。

8.1.3　热塑性塑料注射成型工艺

1. 注射成型工艺过程

注射成型工艺过程包括成型前准备、注射成型过程和塑件的后处理。

1）成型前的准备

为保证塑件质量，在成型前应作一些工艺准备，包括：对成型物料进行外观（如物料的色泽、颗粒大小及均匀度等）检验；对成型物料的工艺性能（如熔融指数、流动性、收缩性及热性能等）进行测试；对于某些容易吸湿的塑料（如聚酰胺、聚碳酸酯、ABS 等），成型前应进行充分的干燥，以避免产品表面出现银丝、斑纹和气泡等缺陷；成型不同种类塑料前，应对料筒进行清洗；对成型带有嵌件的塑料，应先对嵌件进行预热；对脱模困难的塑件，预备好合适的脱模剂等等。

2）注射工艺过程

注射过程一般包括加料、塑化、注射、冷却和脱模几个步骤。

（1）加料。注射成型是一个间歇过程，因而需定量（或定容）加料，以保证操作稳定，塑料塑化均匀，最终获得良好的塑件。

（2）塑化。加入的塑料在料筒中进行加热，由固体颗粒转变成粘流态并且具有良好的可塑性的过程称为塑化。决定塑料塑化质量的主要因素是物料的受热情况和所受到的剪切作用：一定的温度是塑料得以形变、熔融和塑化的必要条件，通过料筒对物料加热，使聚合物分子松弛，出现由固体向液体转变；而剪切作用则以机械力的方式强化了混合和塑化过程，使混合和塑化扩展到聚合物分子的水平（而不是静态的熔融），它使塑料熔体的温度分布、物料组成和分子形态都发生改变，并更趋于均匀，同时螺杆的剪切作用能在塑料中产生更多的摩擦热，促进了塑料的塑化。因此，螺杆式注射机对塑料的塑化比柱塞式注射机要好得多。对塑料的塑化要求是：塑料熔体在进入型腔之前要充分塑化，既要达到规定的成型温度，又要使塑化料各处的温度尽量均匀一致，还要使热分解物的含量达到最小值；并能提供满足上述质量的足够的熔融塑料以保证生产连续并顺利进行。这些要求与塑料的特征、工艺条件的控制及注射机塑化装置的结构等密切相关。

（3）注射。不论何种形式的注射机，注射的过程可分为充模、保压、倒流、浇口冻结后的冷却和脱模等几个阶段，如图 8 - 2 所示。

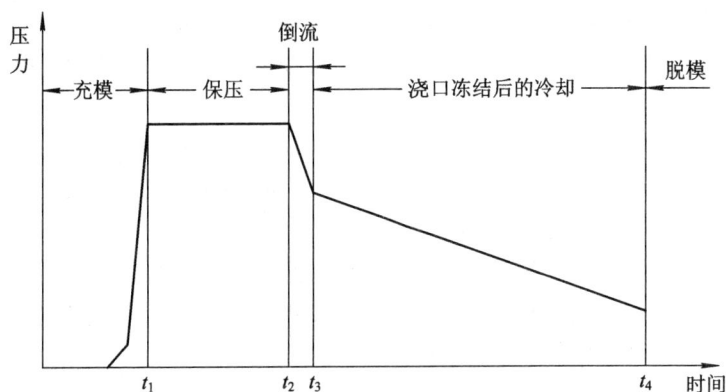

图 8 - 2　成周期中的压力变化曲线

① 充模。塑化好的熔体被柱塞或螺杆推挤至料筒前端，经过喷嘴及模具浇注系统进入并充满型腔，此时（$t=t_1$），型腔内熔体压力迅速上升，达到最大值，这一阶段称为充模。

② 保压。在模具中熔体冷却收缩时，继续保持施压状态的柱塞或螺杆迫使浇口附近的熔料不断补充进入模具中（时间 $t_1 \sim t_2$），使型腔中的塑料能成型出形状完整且致密的塑件，这一阶段称为保压。

③ 倒流。保压结束后，柱塞或螺杆后退，型腔中的压力解除（时间 $t_2 \sim t_3$），这时型腔中的熔料压力将比浇口前方的高，如果浇口尚未冻结，就会发生型腔中的熔料通过浇口流向浇注系统的倒流现象，使塑件产生收缩、变形及质地疏松等缺陷。如果保压结束之前浇口已经冻结，那就不存在倒流现象。

④ 浇口冻结后的冷却。当浇注系统的塑料已经冻结后，继续保压已无必要，因此可以退回柱塞或螺杆，卸除料筒内塑料的压力，并加入新料，同时通过模具冷却系统对模具进行进一步的冷却，这一阶段称为浇口冻结后的冷却（时间 $t_3 \sim t_4$）。

⑤ 脱模。塑件冷却到一定的温度即可开模，在推出机构的作用下将塑件推出模外。

3）塑件的后处理

塑件脱模后常需要进行适当的后处理（退火后调湿），以便改善和提高塑件的性能和尺寸稳定性。退火处理是使塑件在定温的加热介质或热空气循环烘箱中静置一段时间。一般，退火温度比塑件使用温度高 10～20℃，或比塑料热变形温度低 10～20℃，以消除塑件的内应力、稳定结晶结构。有些塑件（如聚酰胺等）在高温下与空气接触会氧化变色或容易吸收水分而膨胀，此时需进行调湿处理，即将刚脱模的塑件放在热水中处理，这样既可以隔绝空气，进行无氧化退火，又可以使塑件快速达到吸湿平衡状态，从而使塑件尺寸稳定。

2. 注射成型工艺参数

注射成型最重要的工艺参数为影响熔体流动和冷却的温度、压力及相应的作用时间。

1）温度

在注射成型过程中需要控制的温度有料筒温度、喷嘴温度和模具温度等。前两种温度主要影响塑料的塑化和流动，而后一种温度主要影响塑料的流动和冷却。

（1）料筒温度。料筒温度的选择与塑料的特性有关。每一种塑料都具有不同的粘流态温度 T_f（对结晶型塑料即为熔点 T_m），为了保证塑料熔体的正常流动，不使塑料在料筒中发生热降解，料筒温度需控制在粘流态温度 T_f 与热分解温度 T_d 之间。料筒温度的分布，一般是从料斗一侧（后端）起至喷嘴（前端）止逐步升高，以使塑料温度平稳地上升以达到均匀塑化的目的。对于螺杆式注射机，因剪切摩擦热有助于塑化，因而前端的温度也可略低于中段，以防止塑料的过热分解。

（2）喷嘴温度。喷嘴温度一般略低于料筒的最高温度，以防止直通式喷嘴发生"流涎现象"。喷嘴低温产生的影响可以从塑料注射时所产生的摩擦热得到一定的补偿。但应注意，温度低得太多可能导致熔体早凝而将喷嘴堵死。

料筒和喷嘴温度的选择不是孤立的，与其它工艺条件存在一定的关系。如注射压力的大小对温度有直接影响：在保持同样流速的前提下，较低的注射压力一般对应较高的温度，反之，较高的注射压力对应于较低的温度。

（3）模具温度。模具温度对塑料熔体的充型能力及塑件的内在性能和外观质量影响很大。模具温度的高低决定于塑料结晶性的有无、塑件尺寸和结构、性能要求以及其它工艺条件（熔体温度、注射速度、注射压力、成型周期等）。

模具温度由模具温度调节系统来调节控制。

2）压力

注射成型过程中的压力包括塑化压力和注射压力两种。

（1）塑化压力。塑化压力又称背压，是指注射机螺杆顶部的熔体在螺杆转动后退时所受到的压力。增加背压能提高熔体温度并使温度均匀，但会降低塑化的速度。背压可以通过液压系统中的溢流阀来调整。注射中，塑化压力的大小是随螺杆的设计、塑件的质量要求以及塑料的种类不同而异的。

（2）注射压力。注射压力用以克服熔体从料筒流向型腔的流动阻力，提供充模速度以及对熔体进行压实等。注射压力的大小与塑件的质量和生产率有直接关系。影响注射压力的因素很多，有塑料品种、注射机类型、塑件和模具结构以及其它工艺条件等，而各因素之间的关系十分复杂。近年来，国内外成功地采用注射流动模拟计算机软件，对注射压力进行了优化设计。

3）时间

完成一次注射成型过程所需的时间称为成型周期，它包括以下几个部分：

$$
成型周期 \begin{cases} 注射时间 \begin{cases} 充模时间（螺杆前进时间） \\ 保压时间（螺杆停留在前进位置的时间） \end{cases} \\ 闭模冷却时间（螺杆后退时间也包括在这段时间内） \\ 其它时间（开模、脱模、涂脱模剂、安放嵌件和合模等） \end{cases} \left.\begin{array}{} \\ \\ \end{array}\right\} 冷却总时间
$$

在保证塑件质量的前提下，应尽量缩短成型周期中各段时间，以提高生产率。其中最重要的是注射时间和冷却时间，它们对产品的质量有着决定性的影响。在生产中，充模时间一般为 3～5 s，保压时间一般为 20～120 s，冷却时间一般为 30～120 s。

8.2　注射模分类及典型结构

注射模主要用于热塑性塑件的成型，也已成功地用于成型某些热固性塑件。它是塑件生产中十分重要的工艺装置。

8.2.1　注射模的结构组成

注射模由动模和定模两大部分组成。动模安装在注射机的移动模板上，在注射机锁模机构的驱动下可往复运动，定模安装在注射机的固定模板上固定不动。注射前，动、定模沿分模面闭合，形成型腔和浇注系统，注射机将塑化的塑料熔体通过浇注系统注入型腔，经冷却凝固后，动、定模打开，脱模机构推出塑件，获得所需的塑件。

图 8-3 为一典型的单分型面注射模。

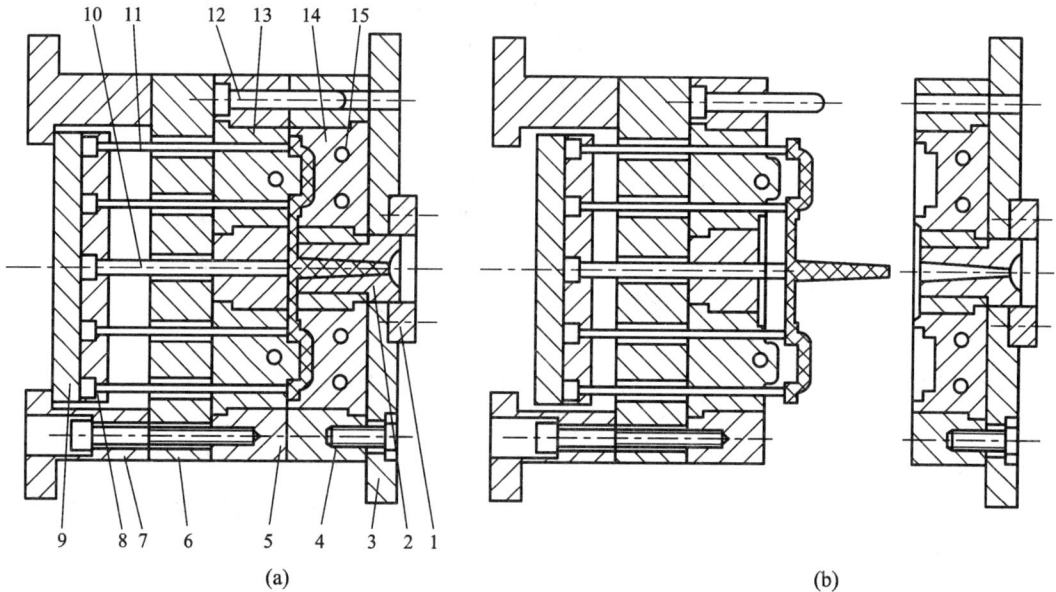

(a)　　　　　　　　　　　　　　(b)

1—定位圈；2—主流道衬套；3—定模座板；4—定模板；5—动模板；6—动模垫板；7—支架(模脚)；8—推杆固定板；
9—推板；10—拉料杆；11—推杆；12—导柱；13—凸模；14—凹模；15—冷却水通道

图 8-3　单分型面注射模
(a) 闭模状态；(b) 开模状态

根据模具中各个零件的不同功能，注射模由以下七个(或部分)系统或机构组成：

(1) 成型零部件。成型零部件是指构成模具成型塑件型腔，并与塑料熔体直接接触的模具零件或部件。一般有型腔(凹模)、型芯(凸模)、成型杆、镶件等，在动、定模闭合后，成型零件便确定了塑件的内外形状和尺寸。

(2) 浇注系统。浇注系统是将熔融塑料引向闭合型腔的通道。通常由主流道、分流道、浇口和冷料穴组成。

（3）导向装置。导向装置是用以保证动模和定模闭合时位置准确。它由导柱和导套组成。对于多型腔注射模，其脱模机构也设置了导向装置，以免推杆弯曲和折断。

（4）脱模机构。脱模机构是实现塑件脱模的装置。常见的有推杆式、推管式、推板式和滑块式等。

（5）侧向分型与抽芯机构。当塑件上带有侧孔或侧凹结构时，在塑件被脱出模具之前，必须先侧向分型并将侧向型芯抽出。完成上述动作的零部件所构成的机构，称侧向分型与抽芯机构。

（6）温度调节系统。为了满足注射成型工艺对模具的温度要求，模具应设有冷却或加热系统。模具的冷却通常采用循环水冷却。模具的加热可通入热水、蒸汽、热油或在模具中设置加热元件，对于温度要求较高的还需配置温控系统。

（7）排气系统。排气系统是为了把型腔内原有的空气以及塑料受热过程中产生的气体排出，而在模具分型面处开设的排气槽。利用推杆、镶件的配合间隙也可排气。

8.2.2　注射模的分类

1. 按注射模的总体结构特征分

（1）单分型面注射模。又称双板式注射成型模，如图 8 - 3 所示。开模时动、定模分开，从单一的分型面取出塑件和浇注系统冷凝料。

（2）双分型面注射模。如图 8 - 4 所示，它有两个不同的分型面，用于分别取出塑件和浇注系统凝料。在动模板和定模板之间增加一块可往复移动的型腔板（又称中间板或流道板），因此又称三板式注射成型模。适用于点浇口形式的注射成型模。

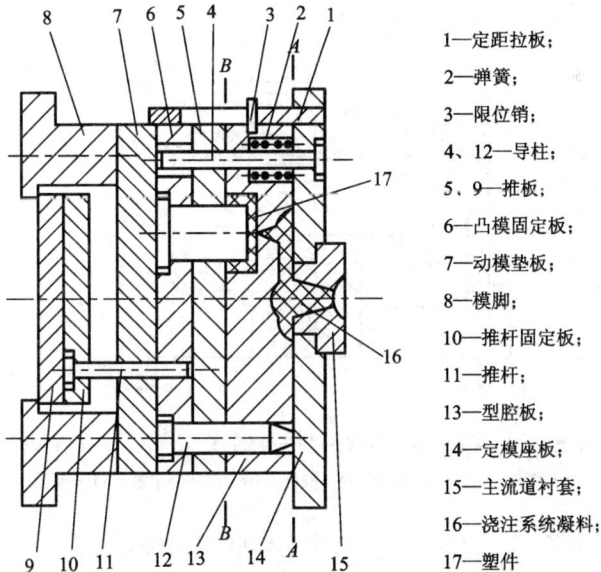

1—定距拉板；
2—弹簧；
3—限位销；
4、12—导柱；
5、9—推板；
6—凸模固定板；
7—动模垫板；
8—模脚；
10—推杆固定板；
11—推杆；
13—型腔板；
14—定模座板；
15—主流道衬套；
16—浇注系统凝料；
17—塑件

图 8 - 4　双分型面注射模

（3）带有侧向分型与抽芯机构的注射模。当塑件有侧凹或侧孔时，需采用有可侧向移动的型芯或滑块成型。如图 8 - 5 所示为斜导柱驱动的侧向抽芯注射模。

（4）带有活动成型零件的注射模。由于塑件的某些特殊结构，要求模具设置可活动的成型零件，开模时活动成型零件可与塑件一起从模具内取出，然后由手工或简单工具使活动成型零件与塑件分离并将活动成型零件放回模具中，如图 8-6 所示。如活动型芯、活动型腔、活动镶件、活动螺纹型芯或型环等。

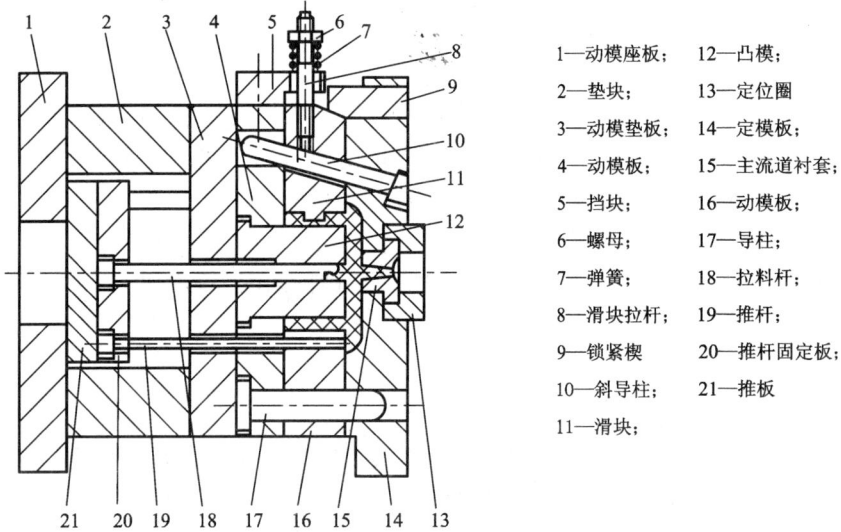

1—动模座板；   12—凸模；
2—垫块；   13—定位圈
3—动模垫板；   14—定模板；
4—动模板；   15—主流道衬套；
5—挡块；   16—动模板；
6—螺母；   17—导柱；
7—弹簧；   18—拉料杆；
8—滑块拉杆；   19—推杆；
9—锁紧楔   20—推杆固定板；
10—斜导柱；   21—推板
11—滑块；

图 8-5 侧向抽芯机构的注射模

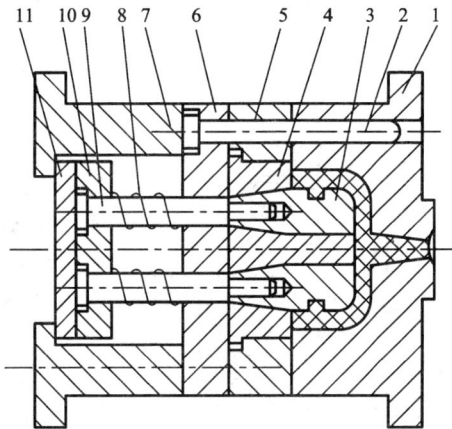

1—定模板；2—导柱；3—活动镶件；4—滑套；5—动模板；6—动模垫板；
7—模脚；   8—压缩弹簧；9—推杆；10—推杆固定板；11—推板

图 8-6 活动成型零件的注射模

（5）机动脱螺纹的注射模。对于有螺纹的塑件，当要求自动脱模时可在模具上设置转动的螺纹型芯或型环。它是利用注射机的开模动作设置传动装置（或专门传动装置），带动螺纹型芯或型环转动，从而脱出塑件。图 8-7 为在较简单的角式注射机上用的机动脱螺纹注射模。

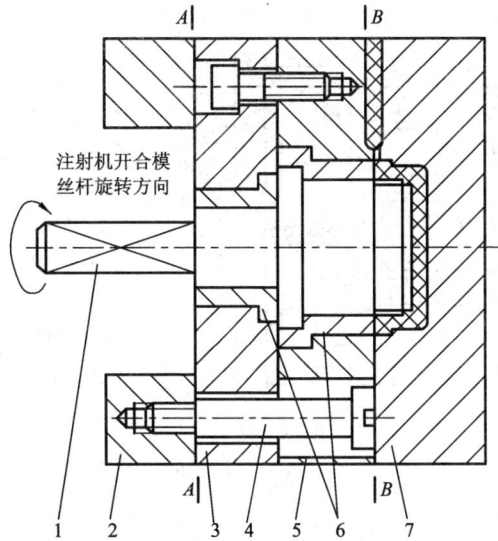

1—螺纹型芯；2—垫头；3—支承板；4—定距螺钉；5—动模板；6—衬套；7—定模板

图 8 - 7　自动脱螺纹的注射模

（6）热流道注射模。热流道注射模是指在浇注系统中无流道凝料的注射模，它包括用于热塑性塑料的绝热流道和热流道模具，以及用于热固性塑料的温流道注射模等。这类模具通过对流道加热或绝热的方法来保证从注射机喷嘴到浇口之间的塑料始终保持熔融状态，这样，在每次注射成型后，没有浇注系统冷凝料，从而降低注射压力、缩短成型周期、减少回收料，有利于提高生产效率和改善产品质量。图 8 - 8 所示为一模两腔热流道注射模。

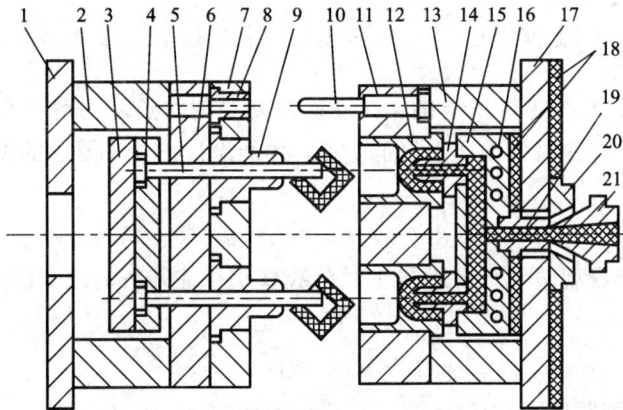

1—动模座板；2—垫块；3—推板；4—推杆固定板；5—推杆；6—动模垫板；7—动模板；8—导套；
9—凸模；10—导柱；11—定模板；12—凹模；13—支架；14—喷嘴；15—热流道板；
16—加热器孔道；17—定模座板；18—绝热层；19—浇口套；20—定位圈；21—注射机喷嘴

图 8 - 8　热流道注射模

（7）定模推出机构注射模。由于塑件结构特殊，要求在定模设置推出机构。如图 8 - 9 所示。

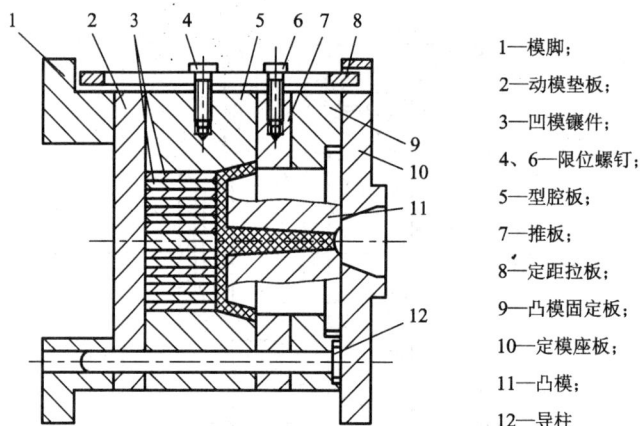

1—模脚；

2—动模垫板；

3—凹模镶件；

4、6—限位螺钉；

5—型腔板；

7—推板；

8—定距拉板；

9—凸模固定板；

10—定模座板；

11—凸模；

12—导柱

图 8 - 9　定模设置推出机构的注射模

2. 按所用注射机类型不同分

分为卧式注射成型模、立式注射成型模和角式注射成型模。

3. 按塑料品种不同分

分为热塑性塑料注射成型模和热固性塑料注射成型模。目前，除此之外，应用较多的还有橡塑改性的材料如 TPR、TPE 的注射成型，低发泡注射成型，多种物料或多色的共注射成型等。

4. 按模具型腔的容积分

有大型注射模(模具型腔容积达 3000 cm^3 以上)、中型注射模(模具型腔容积为 100～3000 cm^3)和小型注射模(模具型腔容积在 100 cm^3 以下)。

8.3　注射机基本参数与注射模的关系

注射成型模具是安装在注射机上的。在设计注射模时，必须了解注射机的技术规格(基本参数)，正确处理好注射模与注射机的关系，才能设计出合乎要求的模具。

8.3.1　最大注射量

设计模具时，应使成型塑件每次所需注射总量 G 小于注射机的最大注射量 G_{max}，即：

$$G < G_{max} \tag{8-1}$$

$$G = nG_1 + G_2 \tag{8-2}$$

式中：n——模具中的型腔数；

　　　G_1——每个塑件的重量；

　　　G_2——浇注系统的重量。

通常，要求注射成型时的总重量应是注射机最大注射量的 80% 以下，即：

$$G \leqslant 80\% G_{max} \tag{8-3}$$

最大注射量的标定随注射机结构不同而异。柱塞式注射机的最大注射量是以一次注射聚苯乙烯的最大重量为标准规定的。当注射其它塑料时，其最大注射量应进行换算：

$$G_{\max} = G_0 \frac{\gamma}{\gamma_0} \qquad (8-4)$$

式中：G_0—— 一次注射聚苯乙烯的最大注射量(N)；

$G_{\max}$——注射其它塑料的最大注射量(N)；

γ_0——常温下聚苯乙烯的重度(N/m^3)；

γ——常温下其它塑料的重度(N/m^3)。

对于螺杆式注射机，其最大注射量是以螺杆一次注射的最大推进容积 $V(10^{-6} \ m^3)$ 来表示。它与塑料品种无关，使用比较方便。

8.3.2 锁模力

锁模力是在成型时锁紧模具的最大力。用于实现动、定模紧密闭合，保证塑件的尺寸精度，尽量减少分型面处的溢边(或毛边)厚度和确保操作者的人身安全。因此，成型时高压熔融塑料在分型面上显现的涨力应小于锁模力。该涨力大小等于塑件加上浇注系统在分型面上垂直投影面积之和乘以型腔内熔融塑料的平均压力。如图 8-10 所示。

$$F \geqslant \frac{kpA}{1000} \quad (kN) \qquad (8-5)$$

式中：F——注射机的额定锁模力(N)；

A——塑件与浇注系统在分型面上的总投影面积(m^2)；

p——熔融塑料在型腔内的平均压力(MPa)；

k——安全系数，常取 $k=1.1\sim1.2$。

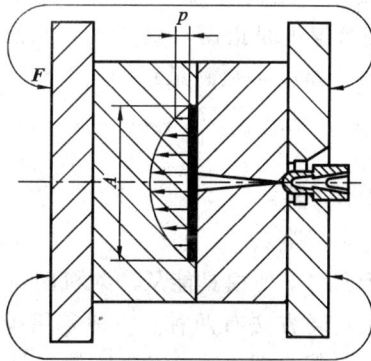

图 8-10 涨模力与锁模力

型腔内平均压力 p 约为注射压力的 $25\%\sim50\%$，表 8-1 列出了塑件形状和精度不同时可选用的型腔压力。

表 8-1 塑件形状和精度不同时的型腔压力

条 件	型腔平均压力/MPa	举 例
易成型塑件	25	聚乙烯、聚苯乙烯等壁厚均匀塑件
普通塑件	30	薄壁容器类塑件
粘度高、精度高	35	ABS、聚甲醛等精度高塑件
粘度特高、精度高	40	高精度的机械零件

型腔平均压力还根据注射机种类不同而异，通常设定值是：柱塞式为 40～50 MPa，螺杆式为 20～35 Mpa。

8.3.3　注射压力

注射压力是成型时柱塞或螺杆施加于料筒内熔融塑料上的压力，常取 70～150 MPa。注射机的最大注射压力要大于成型塑件所需要的注射压力。

8.3.4　注射速率

注射速率即注射过程中每秒钟通过喷嘴的塑料容量。在一定注射压力和温度下的最大注射率，受喷嘴孔的尺寸、塑料种类和注射柱塞的最大速度制约。柱塞注射速度常取 33～58 mm/s。小型注射机较快，而大型注射机则较慢。

8.3.5　模具在注射机上的安装尺寸

不同型号的注射机安装模具部分的形状和尺寸各不相同，为了使模具能顺利地安装在注射机上并生产出合格的塑件，在设计模具时必须校核注射机上与模具安装有关的尺寸。需校核的主要内容有喷嘴尺寸、定位圈尺寸、模具闭合厚度和安装螺孔尺寸。

（1）喷嘴尺寸。注射机喷嘴头一般为球面，球面半径应与其相接触的模具主流道入口端凹下的球面半径相适应（详见浇注系统设计）。角式注射机喷嘴头多为平面，模具与其相接触处也应做成平面。

（2）定位圈尺寸。为保证模具主流道的中心线与注射机喷嘴的中心线相重合，模具定模板上凸出的定位圈必须与注射机固定模板上的定位孔呈较松动的间隙配合。

（3）模具闭合厚度。模具闭合厚度是指模具处于闭合状态时，定模板安装端面到动模板安装端面之间的距离。模具闭合厚度必须满足：

$$H_{min} \leqslant H_m \leqslant H_{max} \tag{8-6}$$

式中：H_m——模具的闭合厚度；

$\quad\quad H_{min}$——动、定模间的最小开距；

$\quad\quad H_{max}$——动、定模间的最大开距。

同时，应该校核模具的外形尺寸，使模具能从注射机的拉杆间装入。

（4）螺孔尺寸。模具常用的安装方法有两种：一种是用螺钉直接固定；另一种是用螺钉压板固定。采用前一种方法设计模具时，动、定模座板上螺孔位置及尺寸应与注射机对应模板上的螺孔位置和尺寸相适应；而采用后一种方法，则比较灵活。

8.3.6　开模行程和顶出机构

对液压-机械式锁模机构，其最大开模行程由连杆机构的最大行程决定，而与模具厚度无关。

（1）单分型面注射模的开模行程，如图 8-11 所示。

$$L \geqslant H_1 + H_2 + (5 \sim 10) \quad (mm) \tag{8-7}$$

式中：L——注射机开模行程（即移动模板行程）(mm)；

$\quad\quad H_1$——脱模距离(mm)；

$\quad\quad H_2$——包括浇注系统在内的塑件高度(mm)。

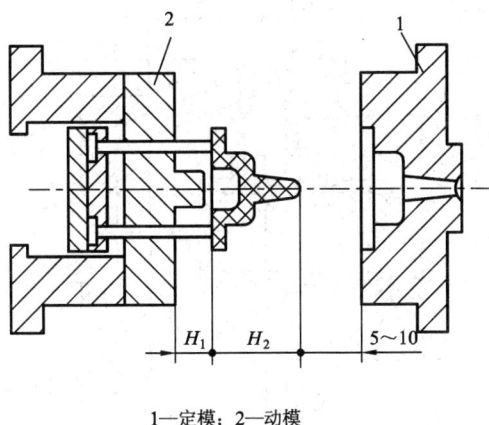

1—定模；2—动模

图 8-11　单分型面模具开模行程的校核

（2）双分型面注射模的开模行程，如图 8-12 所示。

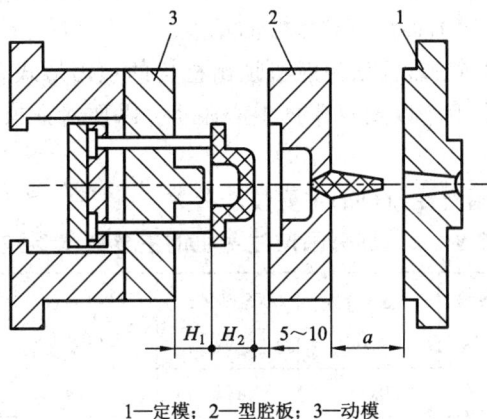

1—定模；2—型腔板；3—动模

图 8-12　双分型面模具开模行程的校核

为取出浇注系统凝料，开模行程中必须增加定模板 1 与型腔板 2 的分离距离 a，即：

$$L \geqslant H_1 + H_2 + (5 \sim 10) + a \quad (\text{mm}) \tag{8-8}$$

对于全液压式锁模机构，其最大开模行程等于动模与定模之间的最大开距（L_k）减去模具的闭合厚度（H_m）。当模具厚度增大，则开模行程减小。

（1）单分型面注射模的开模行程

$$L = L_k - H_m \geqslant H_1 + H_2 + (5 \sim 10) \quad (\text{mm})$$

或　　　　　$$L_k \geqslant H_m + H_1 + H_2 + (5 \sim 10) \quad (\text{mm}) \tag{8-9}$$

（2）双分型面注射模的开模行程

$$L = L_k - H_m \geqslant H_1 + H_2 + (5 \sim 10) + a \quad (\text{mm})$$

或　　　　　$$L_k \geqslant H_m + H_1 + H_2 + (5 \sim 10) + a \quad (\text{mm}) \tag{8-10}$$

当模具需要利用开模动作完成侧向抽芯时，开模行程应考虑加上完成抽芯所需的距离 H_c，如图 8-13 所示。

（1）当 $H_c > H_1 + H_2$ 时，以上各式中的 $H_1 + H_2$ 项均用 H_c 代替，其它各项不变。

（2）当 $H_c < H_1 + H_2$ 时，可不考虑侧向抽芯的影响。

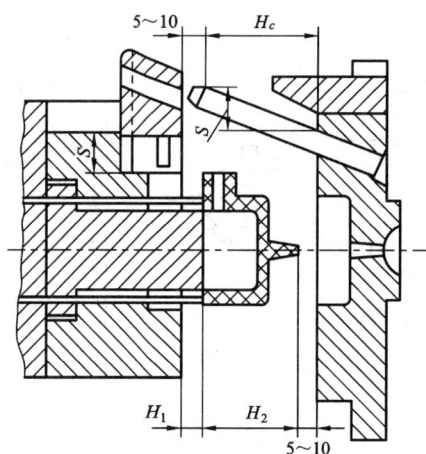

图 8 - 13 有侧向抽芯时的开模行程

除上所述而外,当成型带螺纹的塑件时,如需要在注射机上完成脱螺纹型芯的动作,则在考虑开模行程时还要增加旋出螺纹型芯的距离。

在设计模具顶出机构时,需校核注射机顶出机构的顶出形式(是中心顶杆顶出还是两侧顶杆顶出等)、最大顶出距离以及双顶杆中心距等,以便保证模具的顶出机构与注射机的顶出机构相适应。

表 8 - 2 列出了部分国产注射机的主要技术参数。

表 8 - 2 部分国产注射机的主要技术参数

技术参数 \ 型号	XS - ZS —22	XS - ZY —125	G54 - S —200/400	SX - ZY —1000	SZY —2000
公称注射量/cm³	20,30	125	200~400	1000	2000
螺杆(柱塞)直径/mm	20,25	42	55	85	110
注射压力/MPa	75,117	119	109	121	90
锁模力/kN	250	900	2540	4500	6000
最大成型面积/cm²	90	320	645	1800	2600
模板最大行程/mm	160	300	260	700	750
模具最大厚度/mm	180	300	406	700	800
模具最小厚度/mm	60	200	165	300	500
模板尺寸 a×b/mm	250×280	420×450	532×634	750×850	1180×1180
拉杆空间 a 或 a×b/mm	235	260×290	290×368	550×650	700×760
定位圈尺寸/mm	Φ63.5	Φ100	Φ125	Φ150	
顶出形式/mm	两侧顶出 中心距70	两侧顶出 中心距230	中心顶出	两侧顶出 中心距350	
生产厂家	上海塑机厂	上海塑机厂	无锡红旗机厂	上海塑机厂	大连橡塑机厂

8.4 塑件在模具中的位置

塑件在成型模具中的位置，是由模具的分型面决定的。在注射模具的设计中，必须根据塑件的结构、形状，首先确定成型时塑件在模具中的位置，亦即确定分型面，再根据成型塑料的性能特点、塑件的生产批量，确定一模中成型件数（即一模几腔）、浇口形式、排气系统及脱模方式等。

8.4.1 分型面设计

1. 选择分型面的基本原则

模具上用以取出塑件和浇注系统凝料的可分离的接触表面称为分型面。分型面的正确选择，对塑件的质量、工艺操作和模具制造均有很大的影响。

分型面的形式有：平直分型面、倾斜分型面、阶梯分型面、曲面分型面及瓣合分型面等，如图 8-14 所示。其中平直分型面结构简单，加工方便，经常采用。

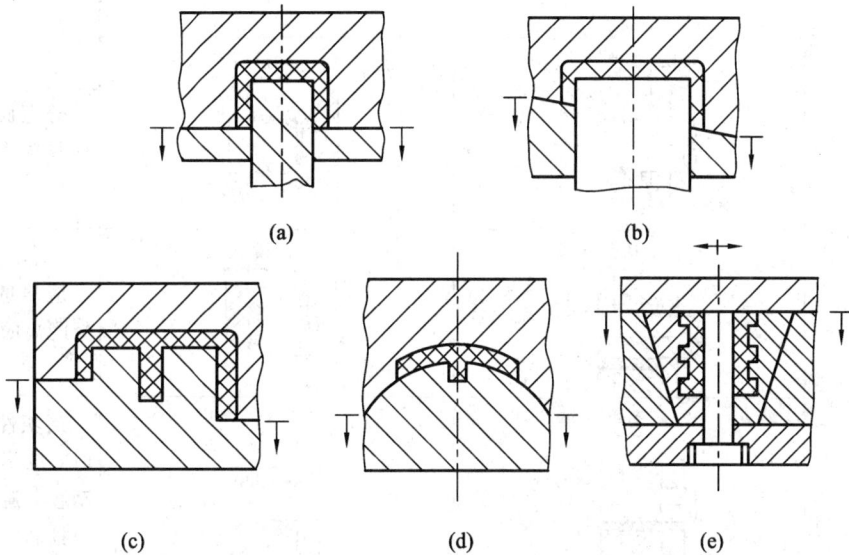

图 8-14 分型面的形式

(a) 平直分型面；(b) 倾斜分型面；(c) 阶梯分型面；(d) 曲面分型面；(e) 瓣合分型面

一副模具至少有一个分型面，有的有多个分型面。

选择分型面的基本原则是：分型面应选择在塑件断面轮廓最大的位置，以便顺利脱模。同时在选择分型面时考虑以下因素：

(1) 不应影响塑件的尺寸精度和外观；

(2) 尽量简单，避免复杂形状，使模具制造容易；

(3) 不妨碍塑件脱模和抽芯；

(4) 有利于浇注系统的合理设置；

(5) 尽可能与料流的末端重合，有利于排气。

2. 合理选择分型面

图例见表 8 – 3。

表 8 – 3　合理选择分型面的图例与说明

选择原因	图　　例		说明
	合理	不合理	
保证塑件外观质量	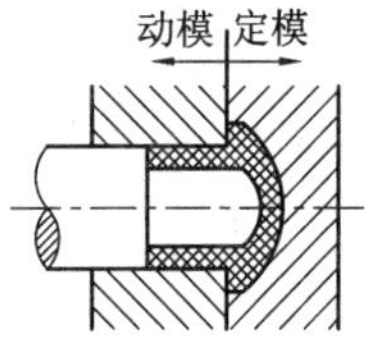	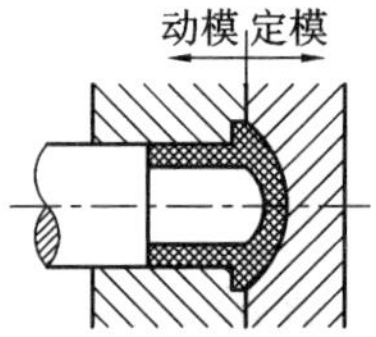	采用圆弧部分分型会影响塑件表面质量
有利于模具制造	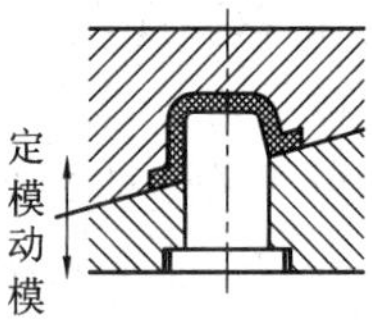	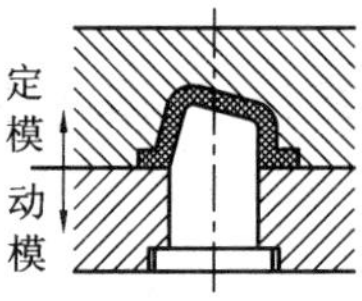	考虑斜分型面比平分型面的型腔加工容易，故采用左图分型面
有利于脱模	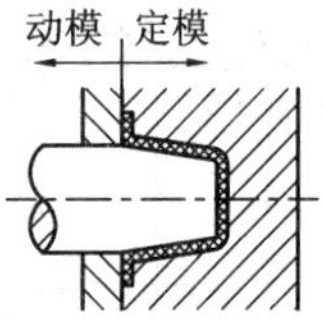	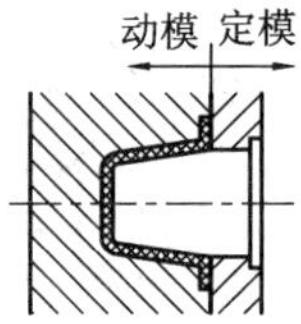	分型面应使塑件留在动模
有利于抽芯	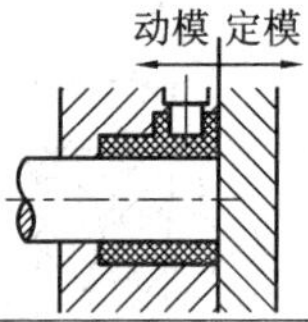	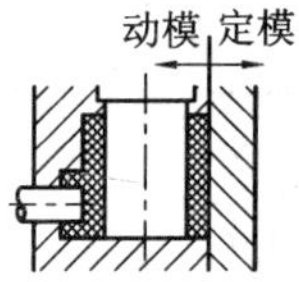	应尽量选择较短距离的孔抽芯
	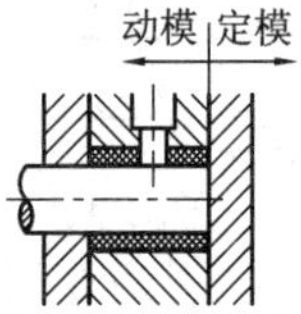	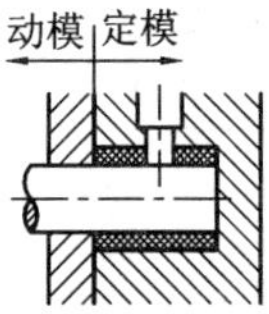	当塑件有抽芯时，应尽量放在动模，避免在定模抽芯
有利于排气	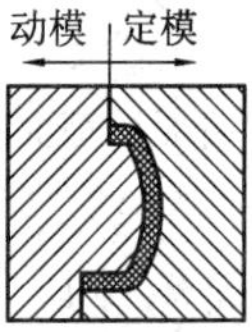	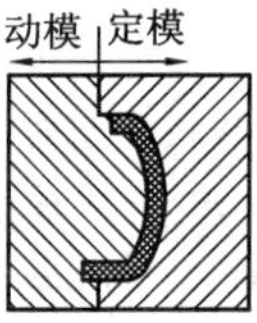	一分型面应尽可能设在塑料熔体流动的末端，以利于排气
有利于成型	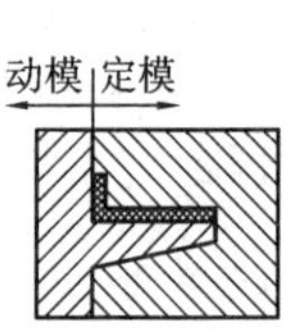	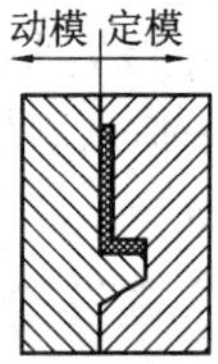	选择塑件在合模方向上投影面积较小的表面，以减小锁模力

8.4.2　型腔布置

型腔布置包括两方面的内容,即模具型腔的数目和各型腔在模具中的排列。

1. 型腔数目的确定

确定合适的型腔数目可选用下列方法:

(1) 根据注射机的注射能力确定型腔数

以注射机的注射能力为基础,每次注射量不超过最大注射量的 80%。

$$n = \frac{0.8G_{\max} - G_2}{G_1} \tag{8 - 11}$$

式中:$G_{\max}$——注射机的最大注射量(N);

　　　G_1——塑件的重量(N);

　　　G_2——浇注系统冷凝料的重量(N)。

(2) 根据锁模力确定型腔数

$$n = \frac{\dfrac{F}{p} - A_2}{A_1} \tag{8 - 12}$$

式中:F——注射机的额定锁模力(kN);

　　　p——熔融塑料在型腔内的平均压力(MPa);

　　　A_1——塑件在分型面上的投影面积(m^2);

　　　A_2——浇注系统在分型面上的投影面积(m^2)。

(3) 根据塑件的精度高低确定型腔数

一般多型腔模具的制造精度低,因而塑件精度也低。根据经验,每增加一个型腔,塑件尺寸精度降低约 4%。设塑件的基本尺寸为 L,多型腔时塑件尺寸公差为 $\pm x$,单腔时塑件尺寸公差为 $\pm \delta\%$(聚甲醛为 $\pm 2\%$,尼龙 66 为 $\pm 0.3\%$,聚碳酸酯、聚氯乙烯、ABS 为 $\pm 0.05\%$),则型腔数目为

$$n = \frac{\left(|x| - \dfrac{|\delta| L}{100} \right)}{\left(\dfrac{|\delta| L}{100} \dfrac{4}{100} \right)} + 1 = 2500 \frac{|x|}{|\delta| L} - 24 \tag{8 - 13}$$

式中:$|x|$——多型腔时塑件尺寸公差(mm);

　　　$|\delta|$——单型腔时塑件尺寸公差(mm);

　　　L——单件塑件的基本尺寸(mm)。

一般当 $n > 4$ 时,生产不出高精度塑件。

(4) 确定型腔数目应考虑塑件的产量。

对于试塑件或小批量塑件宜取单腔或少腔;对于大批量塑件宜取多型腔。

2. 多型腔的布置

多型腔的布置与浇注系统的流道、浇口的配置密切相关。

多型腔的布置若按分流道的布置特点,可分为平衡式布置和非平衡式布置。平衡式布置是指主流道到各型腔的通道长度、截面形状、尺寸都对应相同;非平衡式布置是指分流道到各型腔浇口的长度不相等的布置形式。若按分流道的布置形状,可分为 O 形排列(辐

射形排列）、I 形排列、H 形排列、X 形排列和混合形排列等多种形式。

图 8 - 15 是 O 形排列。其主要优点是分流道至各型腔的流程相等，属于分流道的平衡式布置形式，其缺点是所占模板尺寸较大，加工较麻烦，也不便于热交换系统的设计。

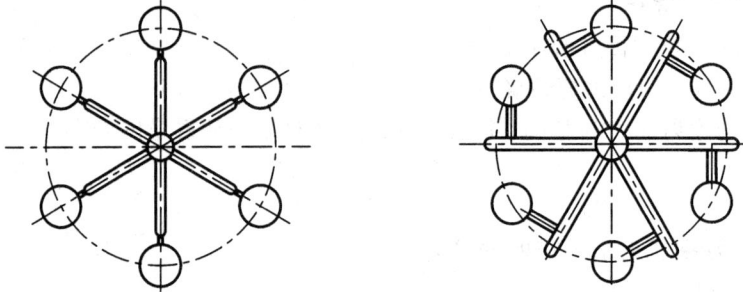

图 8 - 15　分流道的 O 形排列

图 8 - 16 是分流道的 H 形排列，属于分流道的平衡式布置形式。其缺点是在多型腔模具中，因流道转弯较多，其分流道的流程较长，热量损失较多，压力损失较大。

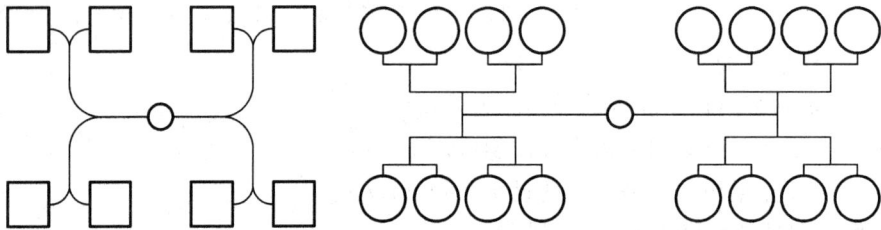

图 8 - 16　分流道的 H 形排列

图 8 - 17 是分流道的非平衡式布置形式。其优点是型腔排列紧凑，分流道设计简单，便于冷却系统的设计安排。缺点是浇口必须进行适当修正。

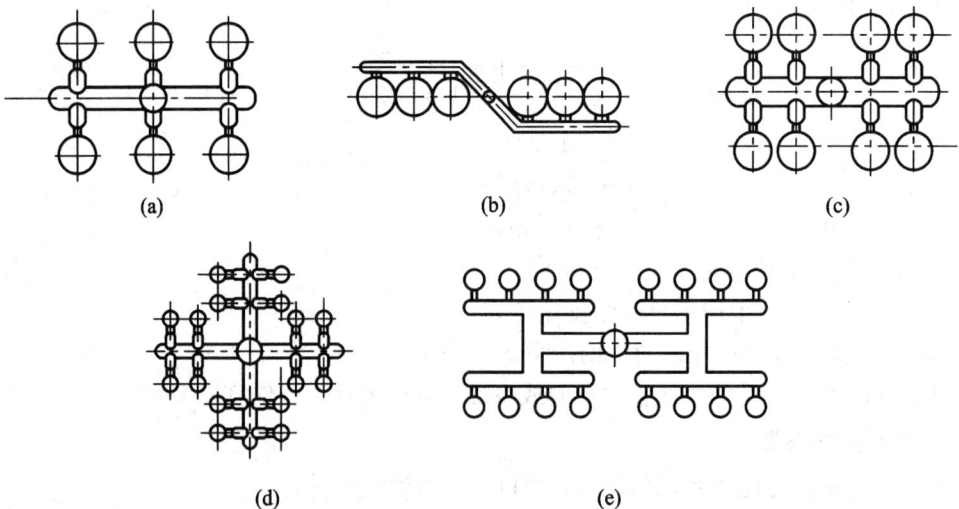

(a)　　　　　　　　(b)　　　　　　　　(c)

(d)　　　　　　　　(e)

图 8 - 17　分流道的非平衡布置

8.5　成型零部件设计

注射模的成型零部件是指构成模具型腔的零件，通常包括型腔（凹模）、型芯（凸模），以及各种成型杆和成型镶件（块）。按功能划分，成型零部件可分为安装部分和工作部分。安装部分起安装和固定成型零件的作用；工作部分与塑料直接接触，用来成型塑件。成型零部件工作部分的形状和尺寸决定塑件的形状和尺寸。

8.5.1　成型零件的结构设计

进行成型零部件的结构设计时，既要考虑保证获得合格的塑件，又要便于加工制造，还要注意尽量节约贵重的模具材料，以降低模具成本。

1. 凹模的结构设计

凹模也称为型腔、凹模型腔，用以形成塑件的外形轮廓。按结构形式的不同可分为整体式、整体嵌入式、局部镶拼式和四壁拼合式四种类型。

1) 整体式凹模

如图 8-18 所示，这种凹模由整块材料制成，结构简单，成型处塑件的质量较好，模具强度高，不易变形。但其加工工艺性差，热处理不方便，内尖角处易开裂，所以只适用于形状简单的塑件成型。

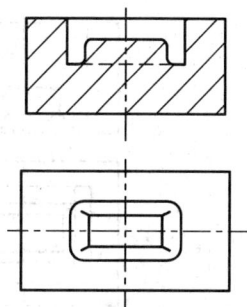

图 8-18　整体式凹模

2) 整体嵌入式凹模

对于多型腔模具，一般情况都是将每个型腔单独加工，然后压入模板中。凹模与模板采用小间隙配合或过渡配合。如图 8-19 所示。图(a)、(b)、(c)是反装式，其中图(b)、(c)的型腔有方向性，用圆柱销或平键进行止转定位；图(d)、(e)是正装式，可省去支承板。

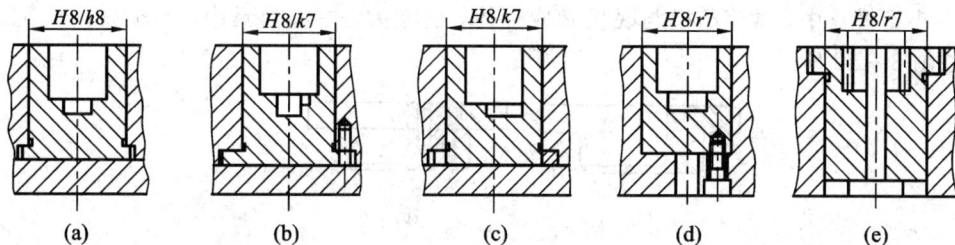

图 8-19　整体嵌入式凹模及固定

3) 局部镶拼式凹模

对于形状复杂或易损坏的凹模，将难以加工或易损坏的部分设计成镶件形式，嵌入型腔主体上，以方便加工和更换。常用结构如图 8-20 所示。嵌入部分与凹模采用过渡配合 $H7/m6$。

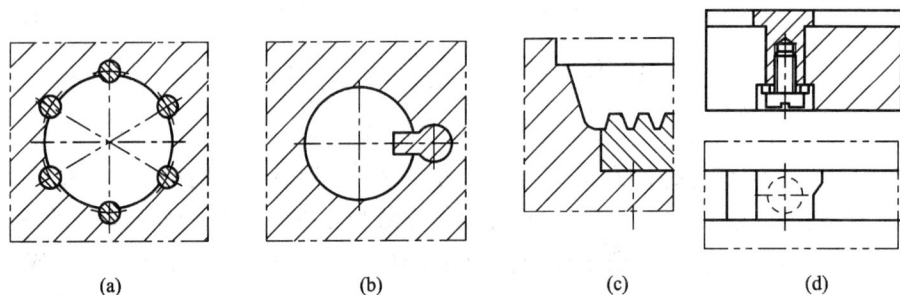

图 8-20　局部镶拼式凹模

4）四壁拼合式凹模

对于大型的复杂凹模，可以采用将凹模四壁单独加工后镶入模套中，然后再和底板组合的方式，如图 8-21 所示。

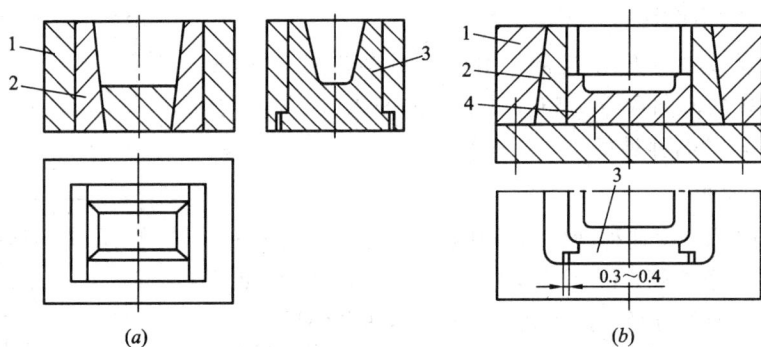

1—模套　2、3—侧拼块　4—底拼块

图 8-21　四壁拼合式凹模

2. 凸模和成型杆的结构设计

凸模又称型芯，是用以成型塑件内表面的零部件。成型杆是指能形成塑件孔、槽的小型芯。

在小型模具中，常将凸模与底板做成一体，而在大、中型模具中，凸模常用装配式结构，如图 8-22 所示。

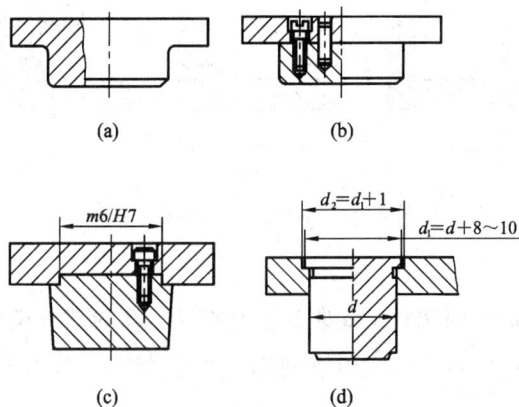

图 8-22　凸模的结构形式

图(a)为模体与底板做成一体的凸模,其优点是结构牢靠、不易变形、塑件无拼缝的溢料痕迹;缺点是当塑件内表面形状复杂时难加工,且模具材料损耗量大,主要适用于成型一些小型塑件。图(b)是凸模与凸模固定板用螺钉联接、销钉定位,该结构适用于任何截面形式凸模的固定,但装配工艺性差。图(c)是凸模与凸模固定板用螺钉联接,靠过渡配合 ($H7/m6$)定位,适用于任何异形截面凸模的固定。图(d)是凸模与凸模固定板用台肩联接、定位,适用于方形、圆形截面凸模的固定。用于固定圆形截面凸模时,注意采用销或键定位,以防止凸模与凸模固定板发生相对转动。

成型杆单独加工后,再嵌入到模具中的安装孔内固定,其固定方式如图 8 - 23 所示。

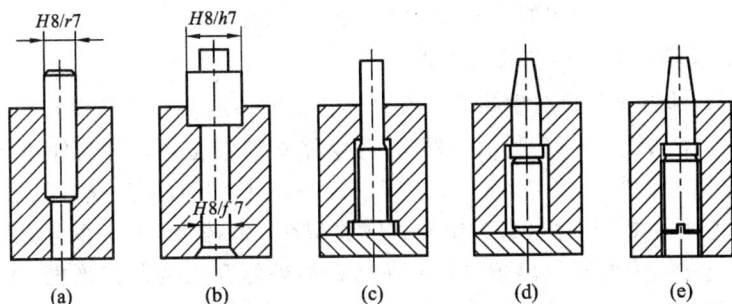

图 8 - 23　成型杆的固定方法

最为简单的固定方式是压入式,如图(a)所示;图(b)的形式是从正面镶入模板后在反面铆接;图(c)为最常用的台阶式固定形式;若固定的模板太厚,可采用图(d)的形式,在下面用一圆柱垫块;图(e)采用螺钉压紧。图(c)、(d)、(e)成型杆与固定板的配合可采用 $H7/m6$。

3. 螺纹型芯和螺纹型环的结构设计

塑件上的内螺纹是用螺纹型芯来成型,而外螺纹则用螺纹型环成型。在经常装拆和受力较大之处,常用金属螺纹嵌件。而金属螺纹嵌件必须用螺纹定位芯棒和螺纹定位环来固定。它们按模具装拆方法不同分为自动装拆和手动装拆两种类型。这里仅介绍手动装拆类型。

1)螺纹型芯及螺纹定位芯棒的安装形式

螺纹型芯有装于凹模,有装于凸模,也有装于模具侧面的,其安装形式如图 8 - 24 所示。

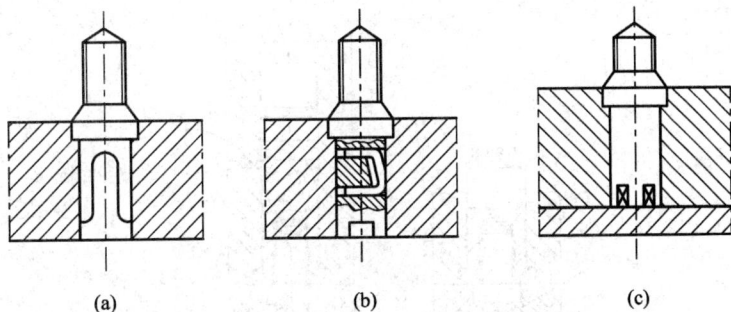

图 8 - 24　螺纹型芯的安装形式

(a)用开口涨力装固式;(b)用弹簧钢丝装固式;(c)用圆柱形的配合体及底板固定

金属螺纹嵌件用螺纹定位芯棒的安装形式如图 8 - 25 所示。图(a)用圆柱体配合及底台固定;图(b)用开口涨力固定;图(c)用尾耳及底板固定,嵌件插入光杆芯棒上。

螺纹型芯与模具孔一般采用间隙配合，如 $H8/r8$。

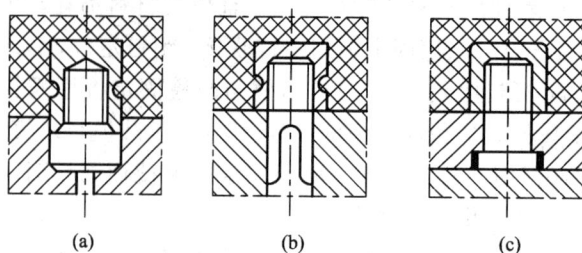

图 8 - 25　螺纹定位芯棒的安装形式

2）螺纹型环及螺纹定位环的安装形式

螺纹型环在模具闭合前装在型腔内，成型后随塑件一起脱模，在模外卸下。螺纹型环常见两种结构形式，如图 8 - 26 所示。图（a）为整体式螺纹型环，它的外径与模具孔采用 $H8/f8$ 配合，配合高度为 3～10 mm，其余倒成 3°～5°角，下面加工成台阶平面（约 $H/2$），可用扳手将其从塑件上旋下；图（b）为组合式螺纹型环，由两半组成，两半之间用定位销定位，可放入锥模套中，为便于取出塑件，可在结合面外侧开出两条楔形槽，用尖劈状分模器分开，此方法卸螺纹快而省力，但产生溢边难以修整。

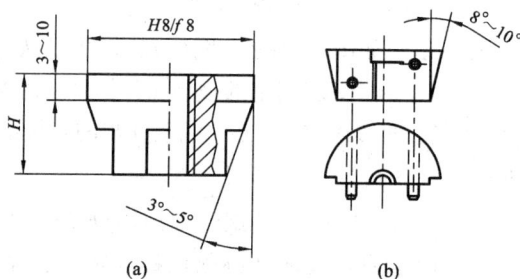

图 8 - 26　螺纹型环结构形式

螺纹定位环的结构形式如图 8 - 27 所示。螺纹杆的成型部分刻出花纹，以加强结合牢固性。连接嵌件用的螺纹按一般螺纹制造。

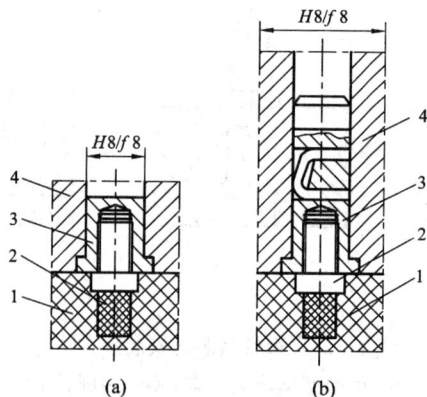

1—塑件；2—螺纹杆嵌件；3—螺纹环镶件；4—模具

图 8 - 27　螺纹定位环的结构形式

8.5.2　成型零件工作尺寸的计算

塑件尺寸能否达到图纸尺寸的要求,与型腔、型芯的工作尺寸的计算有很大关系,成型零件工作尺寸的计算内容包括:型腔和型芯的径向尺寸(含矩形的长和宽)、高度尺寸及中心距尺寸等。

成型零件工作尺寸的计算方法很多,有按中限尺寸计算法,按公差带计算法等。这里仅介绍以塑料平均收缩率为基准的计算方法。

计算模具成型零件最基本公式为

$$A_M = A + AQ \tag{8-14}$$

式中:Q——塑料的平均收缩率;

A_M——模具成型零件在室温(20℃)时的尺寸;

A——塑件在室温时的尺寸。

1. 型腔和型芯尺寸计算

1) 型腔内径尺寸的计算

型腔内径尺寸的计算推导如图 8 - 28 所示。模具的型腔内径尺寸是由塑件的外径尺寸所决定。设塑件公称尺寸为 D,偏差为 $-\Delta$(若塑件图纸上公差的标注方法与此不符,应进行转换),则塑件平均尺寸为 $D-\Delta/2$,收缩量为 $(D-\Delta/2)Q$。

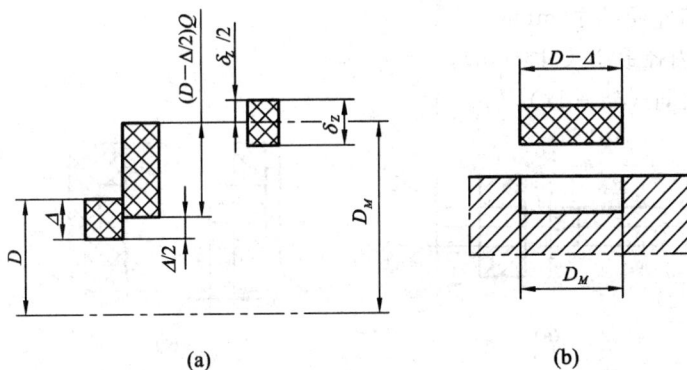

图 8 - 28　型腔内径尺寸的计算推导示意图

(a) 计算公式分析;(b) 模具型腔内径尺寸

设型腔内径公称尺寸为 D_M,制造公差为 $+\delta_z$,则其平均尺寸为 $D_M+\delta_z/2$,考虑到型腔工作过程中最大磨损量 δ_c,取其平均值为 $\delta_c/2$,则有

$$D_M + \frac{\delta_z}{2} = \left(D-\frac{\Delta}{2}\right) + \left(D-\frac{\Delta}{2}\right)Q - \frac{\delta_c}{2} \tag{8-15}$$

对于中小塑件,可取 $\delta_z=\Delta/3$,$\delta_c=\Delta/6$,代入上式,得

$$D_M + \frac{\Delta}{2\times 3} = \left(D-\frac{\Delta}{2}\right) + \left(D-\frac{\Delta}{2}\right)Q - \frac{\delta_c}{2}$$

$$D_M = D + DQ - \frac{1}{2}\Delta Q - \frac{3}{4}\Delta \quad (\text{mm}) \tag{8-16}$$

因为 $\Delta Q/2$ 与其它各项相比很小，可略去，加上制造偏差，得模具型腔内径计算公式为

$$D_M = \left(D + DQ - \frac{3}{4}\Delta\right)^{+\delta_z} \quad (mm) \qquad (8-17)$$

式中：D_M——型腔的内径尺寸(mm)；

　　　D——塑件的最大尺寸(mm)；

　　　Q——塑料的平均收缩率(%)；

　　　Δ——塑件公差；

　　　3/4——系数，可随塑件精度变化，一般取 0.5～0.8。若塑件偏差大取小值，若塑件偏差小则取大值；

　　　δ_z——模具制造公差。

2) 型芯径向尺寸的计算

模具型芯径向尺寸是由塑件的内径尺寸所决定。如图 8-29(a)所示。设塑件公称尺寸为 d，偏差为 $+\Delta$，则塑件平均尺寸为 $d+\Delta/2$，收缩量为 $(d+\Delta/2)Q$，再设模具制造公差为 $-\delta_z$，模具磨损量为 δ_c。用上述型腔径向尺寸相类似的推导方法，可得型芯的径向尺寸计算公式为

$$d_M = \left(d + dQ + \frac{3}{4}\Delta\right)_{-\delta_z} \quad (mm) \qquad (8-18)$$

式中：d_M——型芯外径尺寸(mm)；

　　　d——塑件内径最小尺寸(mm)。

其余符号含义同式(8-17)。

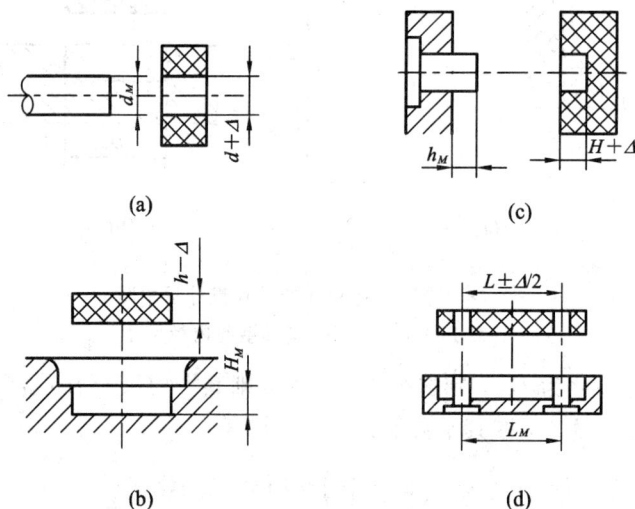

图 8-29　模具部分型腔零件尺寸与塑件结构尺寸的关系

(a) 型芯的径向尺寸；(b) 型腔的深度尺寸；(c) 型芯的高度尺寸；(d) 中心距尺寸

带有嵌件的塑件，其收缩率较实体塑件的收缩率小，故在计算收缩值时，应将式中含收缩值这一项的塑件尺寸改为塑件外形尺寸减去嵌件的尺寸。

3) 型腔深度尺寸的计算

模具型深深度尺寸是由塑件的高度尺寸所决定。如图 8 – 29(b)所示。设塑件高度名义尺寸 h 为最大尺寸，其公差为负偏差 $-\Delta$。型腔深度名义尺寸为最小尺寸，其公差为正偏差 $+\delta_z$。由于型腔底面或型芯端面的磨损很小，可略去磨损量 δ_c，故可参照式(8 – 15)有

$$H_M + \frac{\delta_z}{2} = \left(h - \frac{\Delta}{2}\right) + \left(h - \frac{\Delta}{2}\right)Q$$

取 $\delta_z = \Delta/3$，略去 $Q\Delta/2$，加上制造偏差，经整理，得

$$H_M = \left(h + hQ - \frac{2}{3}\Delta\right)^{+\delta_z} \quad \text{(mm)} \tag{8 – 19}$$

式中：H_M——型腔深度尺寸(mm)；

　　　h——塑件高度最大尺寸(mm)。

4) 型芯高度尺寸的计算

模具型芯高度尺寸是由塑件的深度尺寸所决定。如图 8 – 29(c)所示。设塑件深度尺寸 H 为最小尺寸，其公差为正偏差 $+\Delta$。型芯高度尺寸为最大尺寸，其公差为负偏差 $-\delta_z$。用式(8 – 19)相类似的分析方法，推导得：

$$h_M = \left(H + HQ + \frac{2}{3}\Delta\right)_{-\delta_z} \quad \text{(mm)} \tag{8 – 20}$$

式中：h_M——型芯高度尺寸(mm)；

　　　H——塑件深度最小尺寸(mm)。

5) 中心距尺寸计算

模具型腔(孔)或型芯(轴)的中心距尺寸是由塑件的型芯或型腔的中心距尺寸所决定。如图 8 – 29(d)所示。设塑件和模具中心距的公差均采用双向等值偏差，又不考虑磨损量，故它们的名义尺寸均为平均尺寸，即：

$$L_M = (L + LQ) \pm \frac{1}{2}\delta_z \quad \text{(mm)} \tag{8 – 21}$$

式中：L_M——模具中心距尺寸(mm)；

　　　L——塑件中心距尺寸(mm)；

　　　δ_z——模具中心距制造公差，可取塑件公差的 $1/3 \sim 1/6$。

在上述公式中，δ_c、δ_z 和 Δ 前的系数通常凭经验确定。为获得较精确的塑件尺寸，若塑料收缩范围较大时，还需进行验算：

当塑件尺寸为轴的尺寸时，用：

$$\Delta > D_M(Q_1 - Q_2) + \delta_z \tag{8 – 22}$$

当塑件尺寸为孔的尺寸时，用：

$$\Delta > d_M(Q_1 - Q_2) + \delta_z \tag{8 – 23}$$

当塑件尺寸为中心距尺寸时，用：

$$\Delta \geqslant L_M(Q_1 - Q_2) + \delta_z \tag{8 – 24}$$

式中：Δ——塑件公差；

　　　Q_1、Q_2——分别为塑料的最大、最小收缩率。

当左边值比右边值越大，则成型零件尺寸越可靠。

2. 螺纹型芯和型环尺寸的计算

模具上的螺纹型芯尺寸是由塑件上的内螺纹尺寸所决定；而螺纹型环尺寸是由塑件上的外螺纹所决定，如图 8 - 30 所示。现仅介绍紧固螺纹型芯和型环尺寸的计算方法。

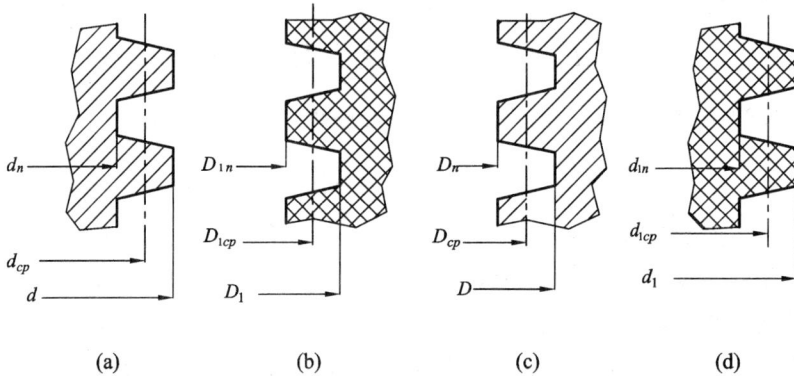

$$(a)\qquad\qquad(b)\qquad\qquad(c)\qquad\qquad(d)$$

图 8 - 30　螺纹型芯、型环尺寸与塑件内螺纹、外螺纹的尺寸关系

(a) 螺纹型芯；(b) 塑件内螺纹；(c) 螺纹型环；(d) 塑件外螺纹

(1) 螺纹型芯外径尺寸：

$$d = (D_1 + D_1 Q + \Delta_{cp})_{-\delta} \quad (mm) \qquad\qquad (8 - 25)$$

式中：d——螺纹型芯外径尺寸(mm)；

$\quad\quad D_1$——塑件内螺纹外径尺寸(mm)；

$\quad\quad Q$——塑料的平均收缩率；

$\quad\quad \Delta_{cp}$——塑件螺纹中径公差，见表 8 - 4；

$\quad\quad \delta$——螺纹型芯制造公差，见表 8 - 5 和表 8 - 6。

表 8 - 4　塑件公制螺纹公差　　　　　　单位：mm

螺纹公称尺寸	螺距	螺纹公差	
		外径	中径
3	0.5	0.140	0.118
(3.5)	0.6	0.250	0.130
4	0.7	0.280	0.140
5	0.8	0.300	0.150
6(7)	1.0	0.350	0.168
8(9)	1.25	0.400	0.187
10(11)	1.5	0.400	0.205
12	1.75	0.450	0.222
14, 16	2.0	0.500	0.237
18, 20, 22	2.5	0.550	0.265

注：括号内的螺纹一般不用。

表 8 - 5　螺纹型芯及型环制造公差　　　　　　单位：mm

粗牙普通螺纹			细牙普通螺纹		
螺纹代号	外、内径	中径	螺纹代号	外、内径	中径
M3～M12	0.03	0.02	M4～M22	0.03	0.02
M14～M33	0.04	0.03	M24～M52	0.04	0.03

表 8 - 6　螺距制造公差　　　　　　单位：mm

螺纹代号	配合长度	螺距公差
M3～M10	L＜12	0.01～0.03
M12～M22	12＜L＜20	0.02～0.04

(2) 螺纹型芯中径尺寸：

$$d_{cp} = (D_{1cp} + D_{1cp}Q + \Delta_{cp})_{-\delta_{cp}} \quad (\text{mm}) \qquad (8-26)$$

式中：d_{cp}——螺纹型芯中径尺寸(mm)；

　　　D_{1cp}——塑件内螺纹中径尺寸(mm)；

　　　δ_{cp}——螺纹型芯中径制造公差，见表 8 - 5。

(3) 螺纹型芯内径尺寸：

$$d_n = (D_{1n} + D_{1n}Q + \Delta_{cp})_{-\delta_n} \quad (\text{mm}) \qquad (8-27)$$

式中：d_n——螺纹型芯内径尺寸(mm)；

　　　D_{1n}——塑件内螺纹内径尺寸(mm)；

　　　δ_n——螺纹型芯内径制造公差，见表 8 - 5。

(4) 螺纹型环外径尺寸：

$$D = (d_1 + d_1 Q - 1.2\Delta_{cp})^{+\delta} \quad (\text{mm}) \qquad (8-28)$$

式中：D——螺纹型环外径尺寸(mm)；

　　　d_1——塑件外螺纹外径尺寸(mm)；

　　　δ——螺纹型环外径制造公差，见表 8 - 5。

(5) 螺纹型环中径尺寸：

$$D_{cp} = (d_{1cp} + d_{1cp}Q - \Delta_{cp})^{+\delta_{cp}} \quad (\text{mm}) \qquad (8-29)$$

式中：D_{cp}——螺纹型环中径尺寸(mm)；

　　　d_{1cp}——塑件外螺纹中径尺寸(mm)；

　　　δ_{cp}——螺纹型环中径制造公差，见表 8 - 5。

(6) 螺纹型环内径尺寸：

$$D_n = (d_{1n} + d_{1n}Q - \Delta_{cp})^{+\delta_n} \quad (\text{mm}) \qquad (8-30)$$

式中：D_n——螺纹型环内径尺寸(mm)；

　　　d_{1n}——塑件外螺纹内径尺寸(mm)；

　　　δ_n——螺纹型环内径制造公差，见表 8 - 5。

（7）螺距尺寸的计算：

$$t = (t_1 + t_1 Q) \pm \delta \quad (\text{mm}) \tag{8-31}$$

式中：t——螺纹型芯、型环的螺距尺寸（mm）；

　　　t_1——塑件螺纹螺距尺寸（mm）；

　　　δ——型芯、型环螺距制造公差，见表 8-6。

当收缩率相同或相近的塑料外螺纹与内螺纹相配合时，两者螺距均可不考虑收缩率。当塑料螺纹与金属螺纹相配时，若其螺纹配合长度在表 8-7 所列范围内，塑件螺距也可略去收缩率的影响。

表 8-7　螺距不加收缩率的可以配合螺纹的极限长度

螺纹代号	螺距/mm	收缩率/%							
		0.2	0.5	0.8	1.0	1.2	1.5	1.8	2.0
		可以配合螺纹的极限长度/mm							
M3	0.5	26	10.4	6.5	5.2	4.3	3.5	2.9	2.6
M4	0.7	32.5	13	8.1	6.5	5.4	4.3	3.6	3.3
M5	0.8	34.5	13.8	8.6	6.9	5.8	4.6	3.8	3.5
M6	1.0	38	15	9.4	7.5	6.3	5	4.2	3.8
M8	1.25	43.5	17.4	10.9	8.7	7.3	5.8	4.8	4.4
M10	1.5	46	18.4	11.5	9.2	7.7	6.1	5.1	4.6
M12	1.75	49	19.6	12.3	9.8	8.2	6.5	5.4	4.9
M14	2.0	52	20.8	13	10.4	8.7	6.9	5.8	5.2
M16	2.0	52	20.8	13	10.4	8.7	6.9	5.8	5.2
M20	2.5	57.5	23	14.4	11.5	9.6	7.1	6.4	5.8

8.5.3　型腔壁厚的计算

注射模在工作过程中要承受多种外力，如注射压力、保压力、锁模力等。模具型腔如强度不够，将产生塑性变形或断裂破坏；如刚度不够，将产生较大的弹性变形，使模具贴合面处出现较大的间隙，由此会发生溢料及飞边现象。另外，当成型后成型压力消失时，型腔因弹性变形回复而收缩，当收缩量大于塑件的收缩时，型腔会紧紧包住塑件，造成脱模困难或塑件残留在定模上而损坏塑件或塑件质量不良。

因此，注射成型模型腔壁厚的确定应满足模具刚度好、强度大和结构轻巧、操作方便等要求，这是注射模设计中必须考虑的重要内容。

确定型腔壁厚的方法有计算法和经验法。计算法又有按强度、按刚度计算两种。经验法又有查表法和查图法。目前，经验法应用较多，即直接凭经验确定模具结构尺寸。如果遇到大型塑件，或形状比较特殊的塑件，或者采用新的塑料时，往往缺乏经验，有必要进行强度和刚度的计算。

1. 计算法

实践证明，在型腔壁厚计算中，对于大尺寸型腔来说，刚度是主要矛盾，应按刚度计算；对于小尺寸型腔而言，因为在发生大的弹性变形前，其内应力往往超过许用应力，所以强度是主要矛盾，应按强度计算。计算时，常以规则形状型腔的壁厚和底板厚度计算方法作为基础，不规则形状的型腔可简化为规则形状型腔进行近似计算。这里列出矩形型腔壁厚及底板厚度的计算公式，推导过程从略。

矩形型腔分为组合式和整体式。

1) 组合式矩形型腔的壁厚及底板厚度的计算

组合式矩形型腔如图 8－31 所示，腔壁与底板是分开的。

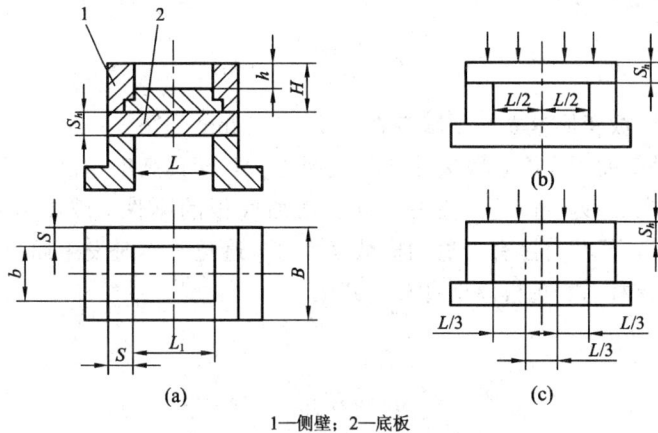

1—侧壁；2—底板

图 8－31　组合式矩形型腔结构

(a) 组合式矩形型腔；(b) 增设一根补强支柱；(c) 增设两根补强支柱

(1) 计算型腔壁厚。

① 按强度计算型腔壁厚。

$$S = \frac{b(m + \sqrt{m^2 + 8nlk})}{4nl} \quad (m) \qquad (8-32)$$

$$m = \frac{L_1}{b}; \quad n = \frac{H}{h}; \quad l = \frac{[\sigma]}{p}; \quad k = \frac{1+m^3}{1+m}$$

式中：S——型腔壁的厚度(m)；

b——型腔内壁的短边尺寸(m)；

L_1——型腔内壁的长边尺寸(m)；

H——型腔外壁的高度(m)；

h——型腔盛放塑料的高度(m)；

$[\sigma]$——型腔钢材的许用应力(MPa)；

p——熔体进入型腔内的压力(MPa)，常取 25～45 MPa。

② 按刚度计算型腔壁厚。

$$S = 3\sqrt{\frac{phL_1^4}{32EH\delta}} \quad (m) \qquad (8-33)$$

式中：E——模具材料的弹性模量，钢材可取 2.1×10^5 MPa；

δ——允许变形量(m);

其余符号含义同前。

(2) 计算底板厚度。

① 按强度计算底板厚度。

$$S_h = \sqrt{\frac{3pbL_1^2}{4B[\sigma]}} \quad (\text{m}) \tag{8-34}$$

式中：S_h——底板厚度(m);

B——底板宽度(m);

其余符号含义同前。

② 按刚度计算底板厚度。

$$S_h = 3\sqrt{\frac{5pbL_1^4}{32EB\delta}} \quad (\text{m}) \tag{8-35}$$

为防止溢料，底板变形量 δ 必须限制在 $0.1 \sim 0.2$ mm 以下。

③ 当塑件的投影面积大时，底板的厚度就要加大，模具高度也随之增高，因此，开模距离就会变小。若在底板下面增设支柱，可以增加底板的刚性，减少底板的厚度，如图 8-31(b)、(c)所示。要求支柱有合适的横截面尺寸，避免工作时发生屈折。

增设一根补强支柱时，底板厚度计算公式为

$$S_h = 3\sqrt{\frac{5pb\left(\frac{L_1}{2}\right)^4}{32EB\delta}} \quad (\text{m}) \tag{8-36}$$

增设两根补强支柱时，底板厚度计算公式为

$$S_h = 3\sqrt{\frac{5pb\left(\frac{L_1}{3}\right)^4}{32EB\delta}} \quad (\text{m}) \tag{8-37}$$

2) 整体式矩形型腔的壁厚及底板厚度的计算

整体式矩形型腔结构如图 8-32 所示。

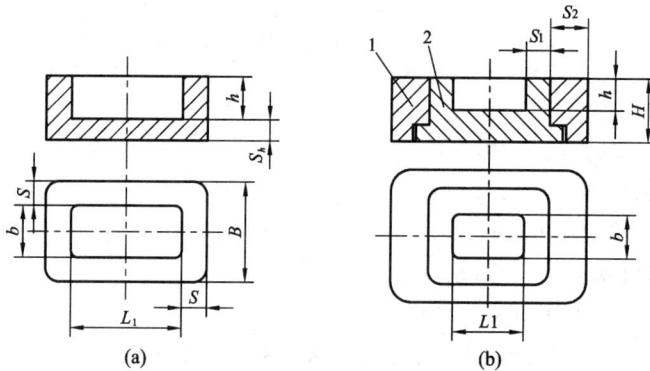

1—模套；2—型腔

图 8-32　整体式矩形型腔结构

(a) 整体式；(b) 镶拼式

（1）计算侧壁厚度。

按刚度计算公式计算侧壁厚度为

$$S = 3\sqrt{\frac{Cpb^4}{E\delta}} \quad (m) \tag{8-38}$$

式中：C——常数，随 L_1/h 不同而不同，可查表 8-8。

其余符号含义同前。

（2）计算底板厚度。

按刚度计算公式计算底板厚度为

$$S_h = 3\sqrt{\frac{C_1 pb^4}{E\delta}} \quad (m) \tag{8-39}$$

式中：C_1——常数，由型腔内壁边长之比 L_1/b 而定，可查表 8-8。

表 8-8　常数 C 和 C_1 值

C 值				C_1 值			
L_1/h	C	L_1/h	C	L_1/b	C_1	L_1/b	C_1
0.50	0.002	1.10	0.045	1.0	0.0138	1.4	0.0226
0.67	0.006	1.25	0.075	1.1	0.0164	1.6	0.0251
0.83	0.015	1.66	0.118	1.2	0.0188	1.8	0.0267
1.00	0.031	2.00	0.330	1.3	0.0209	2.0	0.0277

2. 经验法

型腔壁厚和底板厚度的计算比较复杂且繁琐，为了简化模具设计，通常采用一些经验数据。

1）矩形型腔侧壁厚度的确定

表 8-9 列出矩形型腔壁厚的经验数据，供设计时参考。

表 8-9　矩形型腔侧壁厚度经验数据　　　　单位：mm

矩形型腔内壁短边	整体式型腔侧壁厚	镶拼式型腔	
		凹模壁厚	模套壁厚
≤40	25	9	22
>40~50	25~30	9~10	22~25
>50~60	30~35	10~11	25~28
>60~70	35~42	11~12	28~35
>70~80	42~48	12~13	35~40
>80~90	48~55	13~14	40~45
>90~100	55~60	14~15	45~50
>100~120	60~72	15~17	50~60
>120~140	72~85	17~19	60~70
>140~160	85~95	19~21	70~80

2）矩形型腔底板厚度的确定

矩形型腔底板厚度与型腔边长相关。表 8 - 10 为矩形型腔底板厚度的经验数据，供设计时参考。当熔料在型腔中的压力 $p<29$ MPa、$L\geqslant1.5L_1$ 时，取表 8 - 10 中数值乘以 $1.25\sim1.35$；当 $p<49$ MPa、$L\geqslant1.5b$ 时，取表中数值乘以 $1.5\sim1.6$。

表 8 - 10 矩形型腔底板厚度 S_h 的经验数据　　　　单位：mm

型腔短边宽度 b	矩形型腔底板厚度 S_h		
	$b=L$	$b=1.5L$	$b=2L$
<102	$(0.12\sim0.13)b$	$(0.10\sim0.11)b$	$0.08b$
>102～300	$(0.13\sim0.15)b$	$(0.11\sim0.12)b$	$(0.08\sim0.09)b$
>300～500	$(0.15\sim0.17)b$	$(0.12\sim0.13)b$	$(0.09\sim0.10)b$

8.6　浇注系统设计

浇注系统是熔融塑料从注射机喷嘴到型腔的必经通道，它直接关系到成型的难易和塑件的质量，是注射模设计中的重要组成部分。

8.6.1　概述

1. 浇注系统的作用

浇注系统的作用是使熔融塑料平稳、有序地填充到型腔中去，且把压力充分地传递到型腔的各个部位，以获得组织致密、外形清晰、美观的塑件。

2. 浇注系统的组成

浇注系统通常分为普通流道浇注系统和无流道凝料浇注系统两大类。浇注系统按工艺用途可分为冷流道浇注系统和热流道浇注系统。普通流道浇注系统属于冷流道浇注系统，应用广泛。无流道凝料浇注系统属于热流道浇注系统，应用日益扩大。

图 8 - 33 所示为卧式注射机或立式注射机用模具的普通流道浇注系统。它由主流道 7、分流道 4、浇口 3 和冷料穴 6 组成。

主流道又称主浇道，是由注射机喷嘴与模具主流道衬套接触的部位起到分流道为止的一段总流道，它是熔融塑料进入模具时最先经过的部位。

分流道又称分浇道，它是主流道与浇口之间的过渡段，能使熔融塑料的流向得到平稳的转换。对于多型腔模具，分流道还起着向各型腔分配塑料的作用。

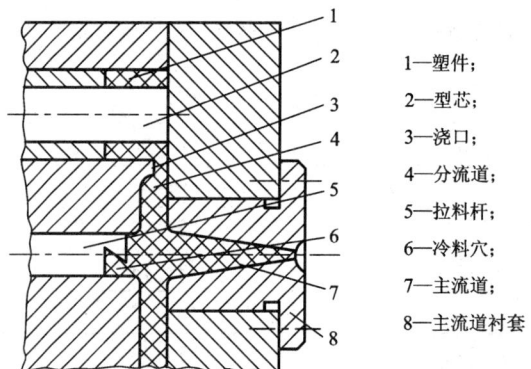

1—塑件；
2—型芯；
3—浇口；
4—分流道；
5—拉料杆；
6—冷料穴；
7—主流道；
8—主流道衬套

图 8 - 33　普通浇注系统的组成

　　浇口又称进料口，它是分流道与型腔之间的狭小通口，也是最短小部分。其作用是使熔融塑料在进入型腔时产生加速度，有利于迅速充满型腔；成型后浇口处的塑料首先冷却凝固，封闭型腔，防止熔融塑料倒流，避免型腔压力下降过快，甚至在塑件上产生缩孔或凹陷；成型后便于使浇注系统凝料与塑件分离。

　　冷料穴又称冷料井，它是为储存两次注射间隙产生的冷料头，防止冷料头进入型腔造成塑件熔接不牢，影响塑件质量，甚至堵住浇口而造成成型不良。冷料穴通常设在主流道末端，当分流道较长时，分流道的末端也应开设冷料穴。

3. 设计原则

　　(1) 能顺利地引导熔融塑料充满型腔，不产生涡流，又有利于型腔内气体的排出。

　　(2) 在保证成型和排气良好的前提下，选取短流程，少弯折，以减小压力损失，缩短填充时间。

　　(3) 尽量避免熔融塑料正面冲击直径较小的型芯和金属嵌件，防止型芯位移或变形及金属嵌件偏移。

　　(4) 浇口料易清除，整修方便，无损塑件的外观和使用。

　　(5) 浇注系统流程较长或需开设两个以上浇口时，由于浇注系统的不均匀收缩导致塑件翘曲变形，应设法予以防止。

　　(6) 在一模多腔时，应使各型腔同步连续充浇，以保证各个塑件的一致性。

　　(7) 合理设计冷料穴、溢料槽，使冷料不直接进入型腔及减少毛边的负作用。

　　(8) 在保证塑件质量良好的前提下，浇注系统的断面和长度应尽量取小值，以减少对塑料的占用量，从而减少回收料。

8.6.2　普通浇注系统设计

1. 主流道的设计

　　主流道与注射机喷嘴在同一轴心线上。在卧式或立式注射机用模具中，主流道垂直于分型面。主流道的结构形式及与注射机喷嘴的连接关系如图 8 - 34 所示。

　　其设计要点如下：

　　(1) 主流道一般设计成圆锥形，其锥角一般为 $\alpha=2°\sim4°$，流动性差的可取 $4°\sim6°$，内壁表面粗糙度 $R_a\leqslant0.8\ \mu m$，以便于浇注系统凝料从其中顺利拔出。

　　(2) 为使塑料熔体完全进入主流道而不溢出，主流道与注射机喷嘴的对接处应做成球面凹坑，同时为便于凝料的取出，其半径 $R=r+(1\sim2)$ mm，其小端直径 $D=d+(0.5\sim1)$ mm。凹坑深度取 $3\sim8$ mm。

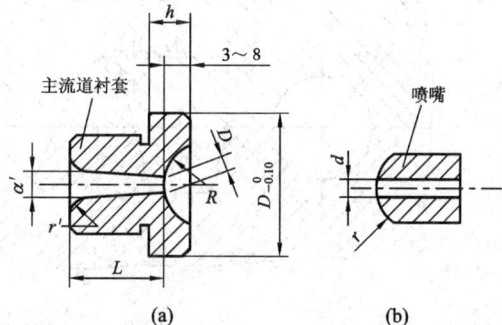

图 8 - 34　主流道形状及其与注射机喷嘴的关系

　　(3) 由于主流道要与高温塑料和喷嘴反复接触和碰撞，所以主流道部分常设计成可拆卸的主流道衬套(俗称浇口套)，衬套一般选用碳素工具钢，如 T8A、T10A 等，热处理要求 53～57HRC。主流道衬套的结构形式如图 8 - 35 所示，其中图(a)结构是将定位圈与主流道衬套做成一体,常用于小型模具;图(b)用螺钉把定位圈与定模板连接,将主流道衬套压住,防止主流道衬套因受熔体的反压力而脱出;图(c)结构是在定位圈的下端面做出一凸台,利用注射机的固定模板把定位圈和主流道衬套压住。主流道衬套与定模板的配合可采用 $H7/m6$ 或 $H9/m9$。

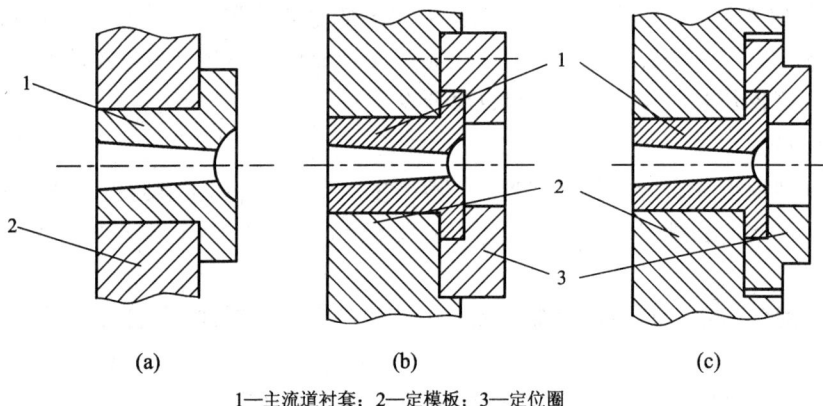

(a)　　　　　　　　(b)　　　　　　　　(c)

1—主流道衬套;2—定模板;3—定位圈

图 8 - 35　主流道衬套的结构形式

（4）为减少塑料熔体充模时的压力损失和塑料损耗,应尽量缩短主流道的长度,一般主流道的长度控制在 60 mm 以内。为减小料流转向时的阻力,主流道的出口端应做成圆角,圆角半径 $r=0.5\sim3$ mm。主流道的出口端面应与定模分型面齐平,以免出现溢料。

2. 分流道的设计

分流道是指主流道与浇口之间的通道。其作用是使熔融塑料过渡和转向。在单型腔模具中可不设置分流道,在多型腔模具中均设置分流道,且常由一级分流道和二级分流道共同完成。要求满足熔融料流压力损失小,散热量少,容积最小。

1）分流道的截面及水力半径

分流道截面形状有圆形、梯形、U 形、半圆形及矩形等,如图 8 - 36 所示。

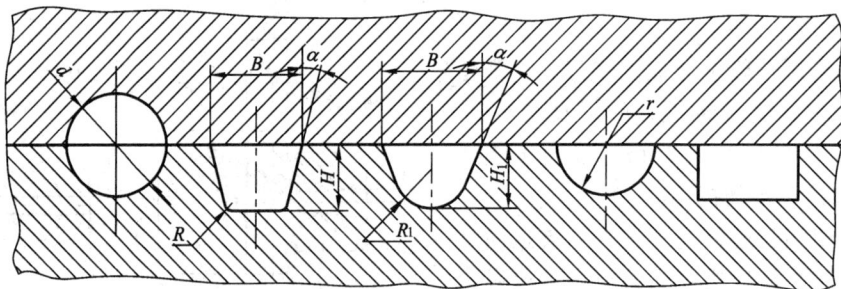

图 8 - 36　分流道的截面形状

为减小分流道内的压力损失,希望分流道截面面积要大,为减小散热,又希望分流道表面积要小。为评价分流道截面形状的优劣,可用水力半径来表示。

所谓水力半径 R,是指分流道截面面积 A 与其周长 X 之比:

$$R = \frac{A}{X}$$

（8 - 40）

它反映了分流道的流道效率，水力半径值越大，表明流道的效率越高，也就意味着流体和流道壁的接触少，阻力小，通流能力强，压力损失小，散热少；反之，水力半径值越小，表明流道的效率越低，也就意味着通流能力小，压力损失大，散热多。圆形截面的水力半径值最大，矩形截面的水力半径值最小。但圆形截面需开设在分型面两侧，且对应两部分必须吻合，加工比较困难；梯形截面水力半径值不太小，加工容易，因此是最常用的形式；U 形截面的优点与梯形截面基本相同，常用于小型塑件及一模多腔的场合。

塑料熔体在流道中流动时，会在流道壁形成凝固层，凝固层起绝热作用，使熔体能在流道中心畅通。因此流道中心最好能与浇口中心在同一直线上。为使塑料熔体在流道壁上形成凝固层，常把分流道的表面加工得比较粗糙，一般取 $R_a = 1.25 \sim 2.5 \ \mu m$，以加大对外层塑料熔体的流动阻力，使外层塑料凝固层固定。

2）分流道的尺寸设计

圆形、U 形、梯形分流道的截面尺寸关系如图 8 - 37 所示。

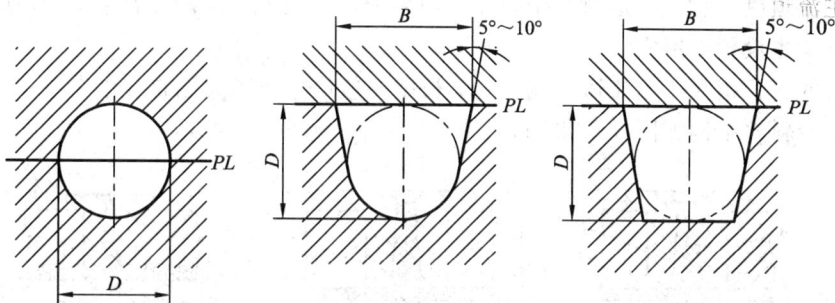

图 8 - 37　圆形、U 形、梯形分流道的截面尺寸关系

分流道的截面尺寸应适合产品的重量或投影面积。流道的直径过大，不仅浪费材料，而且冷却时间增长，成型周期也随之增长，造成成本上的浪费；流道的直径过小，材料的流动阻力大，易造成充填不足，或者必须增加注射压力才能充填。流道直径可参考表 8 - 11 选取。

表 8 - 11　分流道的流道直径

流道直径/mm	投影面积/cm²	产品重量/g
4	100 以下	95
6	200	
8	500	375
10	1200	375 以上
12	大型	大型

流道长度宜短，因为长的流道不但会造成压力损失，不利于生产，同时也浪费材料；但过短，产品的残余应力增大，并且容易产生飞边。

一般分流道直径在 3～10 mm 范围内，对高粘度塑料的分流道直径可达 13～16 mm。分流道长度一般在 8～30 mm 之间。对壁厚小于 3 mm，重量在 200 g 以下的塑件，流道直径还可以按如下经验公式计算：

$$D = \frac{\sqrt{W} \sqrt[4]{L}}{3.7} \qquad\qquad (8-41)$$

式中：D——分流道直径(mm)；

      W——产品质量(g)；

      L——流道长度(mm)。

当分流道比较长时，其末端应设置冷料穴。

3. 冷料穴的设计

最先喷射出的熔融塑料一接触冷模温度降低，成为冷料，为防止冷料进入浇注系统和型腔，影响塑件性能，在主流道末端一般应设置冷料穴。冷料穴底部应设置拉料杆，以便开模时将主流道凝料从主流道衬套中拉出。如果分流道较长，为防止冷料进入型腔，通常在分流道末端也设置冷料穴。

冷料穴的直径稍大于主流道大端直径，长度一般取主流道大端直径的 1.5～2 倍。

常见的冷料穴结构如图 8-38 所示。

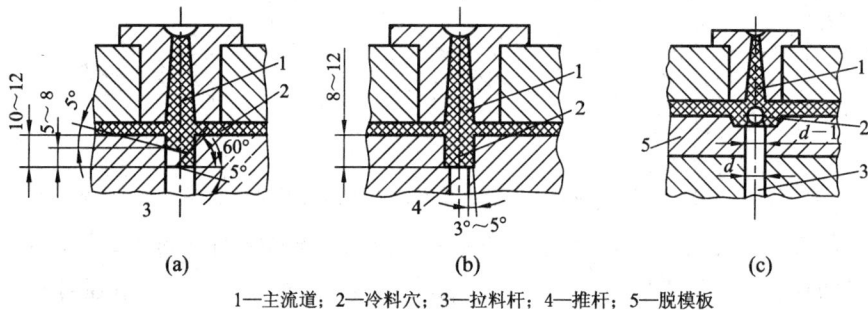

1—主流道；2—冷料穴；3—拉料杆；4—推杆；5—脱模板

图 8-38 常见的拉料杆和冷料穴

图(a)是"Z"字型拉料杆的冷料穴，应用较普遍。在冷料穴底部有一 Z 形头拉料杆，由侧凹将主流道凝料钩住，开模时随塑件一起留在动模上。脱模时拉料杆与推杆或推管推出机构配合使用，二者同步运动，拉料杆将浇注系统凝料推出模外。在取下塑件时，要顺着拉钩方向作侧向运动，因此当塑件被推出后无法作侧向移动时不能采用。

图(b)是图(a)的变异形式，在成型韧性好的塑件时，应用较为广泛，在取出浇注系统凝料时无需作侧向移动，易于实现自动化操作。但由于采用强制顶出，故只适用于韧性较好的塑料。

图(a)、(b)两种形式的冷料穴，其拉料杆固定在推杆固定板上。

图(c)是带球形头拉料杆的冷料穴，当冷料进入冷料穴后，紧包在拉料杆的球形头上，开模时将浇注系统凝料拉住，它一般用于推板推出机构的注射模中，当推板推出机构相对于拉料杆运动时，把浇注系统凝料从球形头上刮下来。这种结构形式也只适用于韧性较好的塑料。其拉料杆固定在动模板上。

4. 浇口的设计

浇口是指连接分流道和型腔的进料通道，它是浇注系统中截面尺寸最小且长度最短的部分。浇口的作用表现为：塑料熔体通过浇口时剪切速率增高，粘度降低，有利于充型；同时熔体的内摩擦加剧，使料流的温度升高、粘度降低，从而提高了塑料的流动性，有利于充型；另外在注射过程中，塑料充型后在浇口处及时凝固，防止熔体的倒流；成型后也便于塑件与整个浇注系统的分离。浇口的尺寸过小会使压力损失增大，冷凝加快，补缩困难；浇口的尺寸过大，浇口周围产生过剩的残余应力，导致产品变形或破裂，且浇口的去除困难等。

浇口的形状、尺寸和进料位置对塑件的质量影响很大。浇口的设计与塑料的品种、塑件形状、塑件壁厚、模具结构及注射成型工艺参数等有关。对浇口总的设计要求是：要使塑料熔体以较快的速度进入并充满型腔，同时在型腔充满后适时冷却封闭。一般要求浇口截面小、长度短。实际使用时，浇口的尺寸常常需要通过试模，按成型情况酌情修正。

1）浇口位置的选择

浇口位置选择正确与否，对塑件质量影响很大，选择不当时，会使塑件产生变形、熔接痕、凹陷、裂纹等缺陷。一般来说，浇口位置选择要遵循以下原则：

（1）浇口位置的设置应使塑料熔体填充型腔的流程最短、料流变向最少。

如图 8 - 39(a)所示的浇口位置，塑料流动距离长，曲折较多，能量、压力损失大，因而充型条件差，改用图 8 - 39(b)、(c)所示的浇口形式与位置，就能很好地弥补上述缺陷。

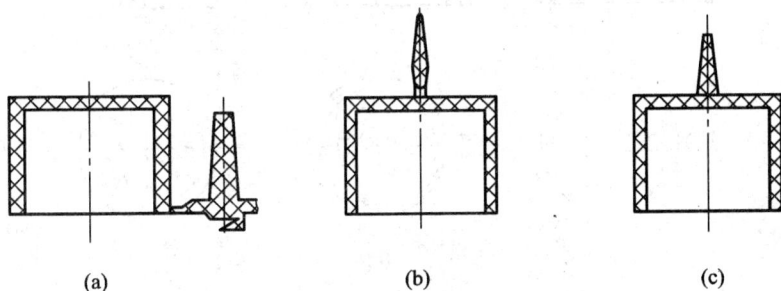

| (a) | (b) | (c) |

图 8 - 39　浇口位置对填充的影响

（2）校核流动比。

对于大型塑件，一般要进行流动比校核。流动比是指熔体在模具中各段流动长度与其对应部位厚度比值之和，即：

$$K = \sum_{i=1}^{n} \frac{L_i}{t_i} \leqslant [K] \tag{8 - 42}$$

式中：K——流动比；

　　　L_i——各段流道的流程长度（mm）；

　　　t_i——各段流道的厚度或直径（mm）；

　　　$[K]$——塑料的极限流动比，见表 8 - 12。

若流动比小于允许值，则塑件大致上能够成型；若流动比超过允许值，会出现充型不足，这时应调整浇口位置或增加浇口数量，增大流道直径或厚度。表 8 - 12 是几种常用塑料的极限流动比，供设计时参考。

表 8 - 12　常用塑料的极限流动比[K]

塑料名称	注射压力/MPa	流动比 L/t	塑料名称	注射压力/MPa	流动比 L/t
聚乙烯	150	280～250	硬聚氯乙烯	130	170～130
	60	140～100		90	140～100
聚丙烯	120	280		70	110～70
	70	240～200	软聚氯乙烯	90	280～200
聚苯乙烯	90	300～280		70	240～160
聚酰胺	90	360～200	聚碳酸酯	130	180～120
聚甲醛	100	210～110		90	130～90

（3）浇口位置的设置应有利于排气和补缩。

图 8 - 40(a)采用侧浇口，在成型时顶部会形成封闭气囊（图中 A 处），在塑件顶部常留下明显的熔接痕；图 8 - 40(b)同样采用侧浇口，但顶部增厚或侧壁减小，料流末端在浇口对面分型面处，排气效果优于前者；图 8 - 40(c)采用点浇口，分型面处最后充满，排气效果好。另外若塑件壁厚相差较大，应将浇口设在厚壁处，有利于补缩，可避免缩孔、凹痕产生。

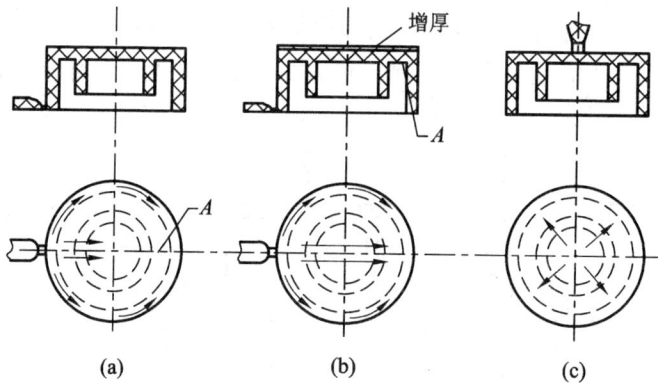

图 8 - 40　浇口应有利于排气

（4）浇口位置的设置应减少或避免产生熔接痕、提高熔接痕的强度。

熔接痕是充型时前端较冷的料流在型腔中的对接部位，它的存在会降低塑件的强度。浇口数量少，产生的熔接痕就少，但料流的流程长，熔接处料温低，熔接痕处强度低，易开裂；浇口数量越多，熔接痕也会越多。成型如图 8 - 41 所示环形塑件，图(a)采用单浇口进料，产生一条熔接痕；图(b)采用两个浇口进料，会产生两条熔接痕，但料流流程缩短，熔接强度有所提高。为提高熔接痕处强度，可在熔接痕处增设冷料穴，使冷料进入冷料穴，如图 8 - 41 所示。

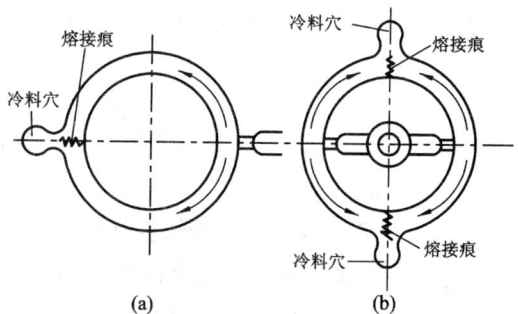

图 8 - 41　浇口数量对熔接痕的影响

此外,熔接痕的方向也应注意,如图 8 - 42(a)所示的塑件,熔接痕与小孔位于一条直线,塑件强度较差;改用图 8 - 42(b)所示的形式布置,则可提高塑件的强度。

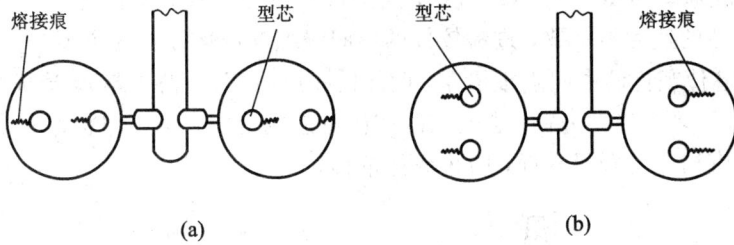

图 8 - 42　熔接痕的方位

(5) 浇口位置的选择要避免塑件变形。

如图 8 - 43(a)所示的大平面形塑件,如只用一个浇口中心进料,塑件会因内应力较大而翘曲变形;而图 8 - 43(b)采用多个浇口,就可以克服翘曲变形缺陷。

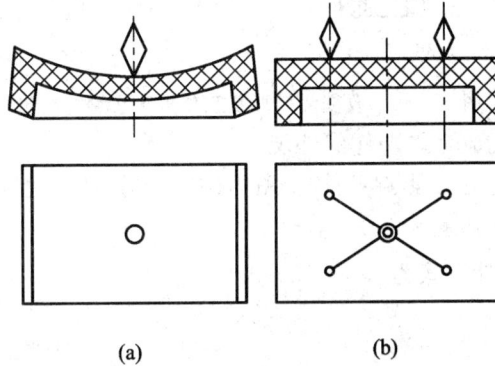

图 8 - 43　浇口要避免塑件变形

(a) 一个浇口进料;(b) 多个浇口进料

(6) 浇口位置的设置应避免引起熔体破裂。

浇口的截面尺寸较小,且正对着宽度和厚度较大的型腔时,高速熔体流经浇口时由于受到较高的切应力作用,会产生喷射和蠕动等熔体破裂现象,使塑件表面形成波纹状痕迹;或在高速下喷射出高度定向的细丝或断裂物,它们很快被冷却变硬,与后来的塑料熔体不相融合,造成塑件的缺陷或表面疵癖;喷射还会使型腔内的气体难以按顺序排出,形成焦痕和空气泡。克服喷射现象的办法:一是加大浇口截面尺寸,降低熔体的流速;二是改变浇口的位置并采用冲击型浇口,即浇口开设在正对着型腔壁或粗大型芯的位置,这样高速熔体进入型腔时,直接冲击在型腔壁或粗大型芯上,从而降低了流速,改变了料流方向,可使熔体均匀地填充,使熔体破裂现象消失。如图 8 - 44 所示。

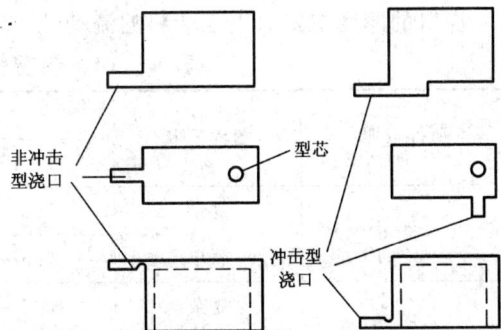

图 8 - 44　冲击型浇口与非冲击型浇口

(7) 浇口位置的设置应防止型芯变形。

当模具中有细长型芯时,如果浇口的位置不当,在熔体充模时,高压熔体会使细长型芯产生变形和偏移。如图 8－45(a)所示,当浇口直接对着两个型芯的间隙进料时,由于熔体进入三个缝隙的速度不一致,进料较快的中间缝隙高压熔体对两个型芯产生向外侧向推力,偏斜的型芯使塑件的中间隔板增厚,两侧的壁厚减薄(上薄下厚),造成塑件脱模困难;图 8－45(b)采用多个浇口进料,会使三路熔体流速较均匀,防止细长型芯变形。同时,应避免浇口位置直接对着金属嵌件,防止嵌件偏移。

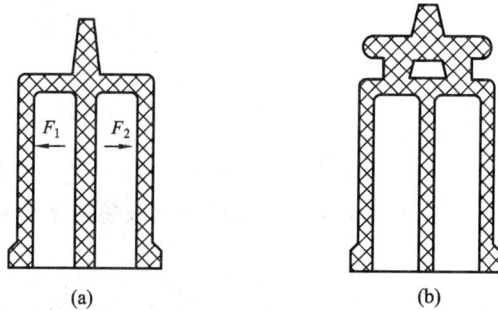

图 8－45　改变浇口形状和位置防止型芯变形

(8) 浇口位置的设置应考虑塑件的外观。

浇口位置应尽量设置在不影响塑件外观的部位,如塑件的边缘、底部或内侧。

2) 浇口尺寸的确定(见表 8－13)

塑件平均厚度 H 的计算式为

$$H = 2\frac{V}{A} \tag{8-43}$$

式中:V——塑件体积(mm^3);

　　A——塑件表面积(mm^2)。

表 8－13　浇口尺寸的确定

浇 口 截 面	关 系 式	数 值
矩形截面	h/H	0.6～0.8
圆形截面	d/H	0.8

注:h——浇口截面高度(mm);H——塑件平均厚度(mm);d——浇口直径(mm)。

浇口的厚度主要取决于塑料的流动性,其经验数据见表 8－14。

表 8－14　热塑性塑料的浇口厚度　　　　　　　　单位:mm

塑件壁厚	塑件形状	塑料名称		
		PE、PP、PS	ABS、POM	PC、PPO、PSF
<1.5	复杂	0.5～0.6	0.5～0.8	0.6～1.0
	简单	0.5～0.7	0.6～0.8	0.8～1.2
1.5～3	复杂	0.6～0.8	0.8～1.2	1.2～1.5
	简单	0.6～0.9	1.2～1.4	1.3～1.6

浇口宽度在一般正常流速和壁厚的情况下，对中、小型塑件可取 $b=(3\sim10)h$；对于大型塑件、特殊扇形浇口可取 $b>10h$。浇口长度常取 $l=0.7\sim2$ mm。

浇口直径计算公式为

$$d = nC \sqrt[4]{A} \qquad (8-44)$$

式中：d——浇口直径(mm)；

　　　n——塑料系数，见表 8 - 15；

　　　C——壁厚系数，见表 8 - 16；

　　　A——型腔表面积(mm^2)。

表 8 - 15　塑料系数 n

塑料名称	PS、PE	PC、POM、PP	SPVC、PA	HPVC
n	0.6	0.7	0.8	0.9

表 8 - 16　壁厚系数 C

塑件壁厚/mm	0.8	0.9	1.3	1.5	1.8	2	2.5
C	0.036	0.041	0.051	0.051	0.055	0.058	0.065

3) 浇口的种类、结构及应用

(1) 直接浇口。直接浇口是直接和主流道连接，由主流道直接进料。如图 8 - 46 所示。它可以做成顶浇口和中心浇口。由于浇口尺寸大，熔体压力损失小，流动阻力小，进料快，容易成型，适用于任何塑料，常用于成型单腔模、大而深的壳形塑件。对熔体粘度很高的塑料如聚碳酸酯、聚砜等，也常用这种浇口。因流程短，压力传递好，熔体从上端流向分型面(底端)，故有利于排气和消除熔接痕。

直接浇口与塑件连接处的直径不宜太大，否则该处温度高，易产生缩孔，浇口去除后，缩孔会留在塑件表面上。一般该处的浇口直径为塑件壁厚的两倍。

这种浇口的缺点是：截面尺寸大，熔体固化时间长；注射压力直接参与作用在塑件上，容易产生残余应力；留在塑件上的疤痕较大，去除浇口困难。

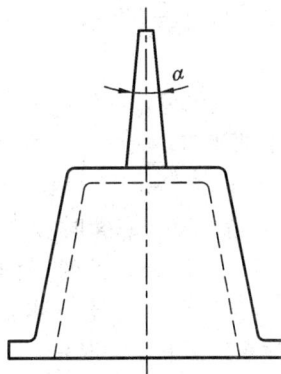

图 8 - 46　直接浇口

(2) 侧浇口。侧浇口又称矩形浇口，一般开设在模具的分型面，从塑件的边缘进料，故又称为边缘浇口。如图 8 - 47 所示。侧浇口的尺寸大小由其厚度 h、宽度 b 和长度 l 决定。浇口厚度减小时，熔体加速作用增大，对填充薄壁塑件有利，能获得外形清晰的塑件；但注射压力损失大，浇口冷凝快，补缩困难，甚至成型不满；浇口厚度增大，熔体流速下降，这有利于排除型腔内的气体，使塑料更好地熔合；若厚度过大，使熔体流速下降太多，延长了充模时间，浇口冷凝过慢而引起倒流，使模腔压力下降，在塑件上形成真空泡。总之，浇口厚度应根据塑件的几何形状、塑料种类和壁厚来决定。当塑件形状简单、壁厚较大且流程短时，浇口厚度宜增大，反之，则减小。

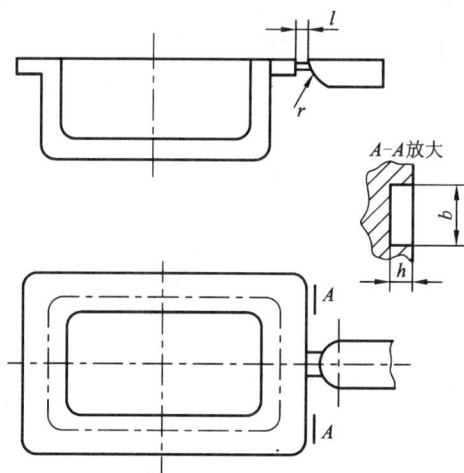

图 8 - 47　侧浇口

浇口与塑件连接处应做成 $R0.5$ 的圆角或 $0.5 \times 45°$ 的倒角，以防止在分离浇注系统时把塑件剪裂。浇口与分流道的连接处一般做成 $30° \sim 45°$ 的斜角，并以 $R1 \sim R2$ 的圆角与分流道底面相交，以便熔体流动并减小压力损失。

侧浇口适用于各种形状及一模多腔的塑件，它是最常用的一种形式。其优点是：去浇口方便，残留痕迹小；熔体流速高；翘曲变形比直接浇口小；宜成型薄壁、复杂形状塑件。缺点是：注射压力损失大；保压补缩作用比直接浇口小；对壳形塑件排气不方便，易产生熔接痕。

（3）点浇口。点浇口又称针浇口，它是一种尺寸很小的浇口，如图 8 - 48 所示。点浇口的直径取 $d = 0.5 \sim 1.8 \ \text{mm}$，浇口长度为 $l_0 = 1 \sim 3 \ \text{mm}$。为防止在清除浇口凝料时损坏塑件表面，采用高 $l_1 = 0.3 \sim 0.5 \ \text{mm}$、锥度 $\alpha = 60° \sim 90°$ 的结构。$R1.5 \sim R2.5$ 的圆弧有利于熔体流动和补料。为便于取出浇注系统凝料，常取 $\alpha_1 = 6° \sim 15°$。

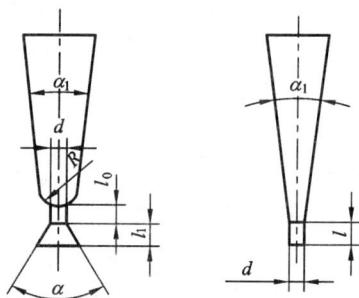

图 8 - 48　点浇口

点浇口一般设置在塑件的顶端，根据塑件的大小，可采用单点浇口、双点浇口、四点浇口和多点浇口。

点浇口适用于成型壳、盒、罩和容器等塑件，是应用广泛的一种浇口形式。它的优点是：由于浇口很小，熔体通过点浇口时流速增加，提高了充模速度，从而可获得外表清晰、有光泽的塑件（如聚乙烯、聚丙烯、聚苯乙烯等）；熔体流过点浇口时，由于摩擦阻力使部分能量转变为热量，使熔体温度略有升高，粘度下降，改善了流动性，这对薄壁或带有精密花纹的塑件是有利的；冷凝快，缩短了成型周期；对一模多腔能均衡各腔的进料速度；可自动拉断浇口，残留痕迹小，减少了修整工序，提高了生产效率。其缺点是：浇口尺寸小，充模阻力大，对熔体粘度较高的塑料（如聚碳酸酯、聚砜等）来说是不利的，会产生充模不满的缺陷；冷凝快，不利于补缩，这对要求有足够补缩时间的厚壁塑件是不适宜的；为取出点浇口式浇注系统凝料，必须增加一个分型面，模具应为三板式结构，结构比较复杂；成型时需较高的注射压力。

（4）潜伏浇口。潜伏浇口是由点浇口演变而来，具有与点浇口类似的特点。不同的是潜伏浇口潜入分型面一侧，沿斜向进入型腔，如图 8 - 49 所示。开模时，能自动拉断浇口，而且浇口的位置可设在塑件的侧面、端面和背面等各隐蔽处，使塑件外表无浇口痕迹。同时，模具的结构可简化为单分型面结构。浇口尺寸可参照点浇口。对于不同的材料，浇口的潜入角度也不同，一般取 $\alpha = 30° \sim 45°$，α 越小，越容易拔出浇注系统凝料。对弹性、韧性较好的塑料，α 可取较大值；对硬质、脆性的塑料，α 可取较小值。而引导锥 β，对硬质、脆性的塑料应取较大值。因为较粗大的引导锥体可使浇口凝料的中心部位保持较高温度，在开模时仍具有较好弹性，并能承受较大弯曲力。

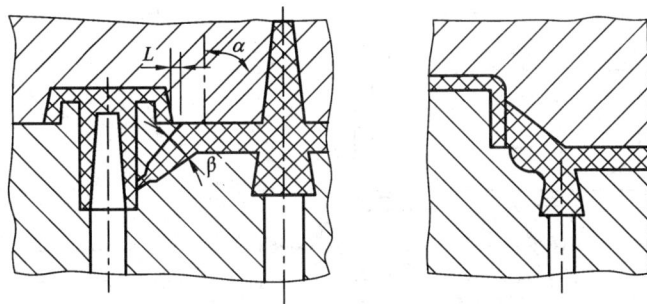

图 8 - 49　潜伏浇口

（5）耳形浇口。耳形浇口又称护耳浇口、翼状浇口，如图 8 - 50 所示。小尺寸的浇口虽有一系列的优点，但是容易产生喷射，浇口附近应力较大而引起塑件变形，为此，用耳形浇口可以避免这些缺陷。

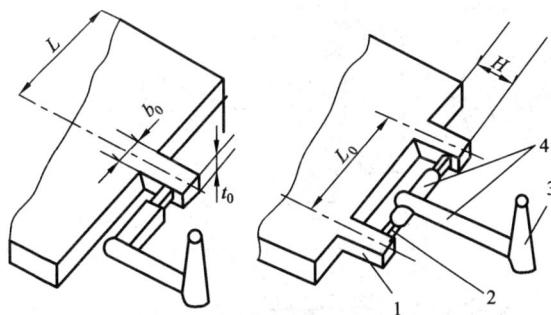

1—凸耳；2—浇口；3—主流道；4—分流道

图 8 - 50　耳形浇口

通过小浇口的塑料熔体摩擦生热，流动性得到提高，熔体冲击在凸耳壁上，消耗了部分能量，降低了流速，改变了流向，较平稳地流入型腔。这种浇口适用于流动性差的塑料如丙烯酸类树脂，硬氯聚乙烯等。

耳形浇口是由矩形侧浇口和凸耳构成。凸耳尺寸按下式决定：

$$b_0 = d_3, \quad t_0 = 0.9S, \quad H = \frac{3d_3}{2} \qquad (8 - 45)$$

式中：b_0——凸耳宽度（mm）；

d_3——分流道直径(mm);

t_0——凸耳深度(mm);

H——凸耳长度(mm);

S——塑件厚度(mm)。

该浇口尺寸常按经验选用。耳形浇口开在凸耳侧面的 1/2 处,浇口宽度常为 1.6～3.2 mm,厚度为凸耳厚度的 80%,长为 1 mm。当塑件的宽度较大时(300 mm 以上),可采用双耳或三耳浇口。

(6) 其它浇口。其它浇口的形式及特点见表 8-17。

表 8-17　其它浇口的形式及特点

序号	名称	简　图	尺　寸	说　明
1	扇形浇口	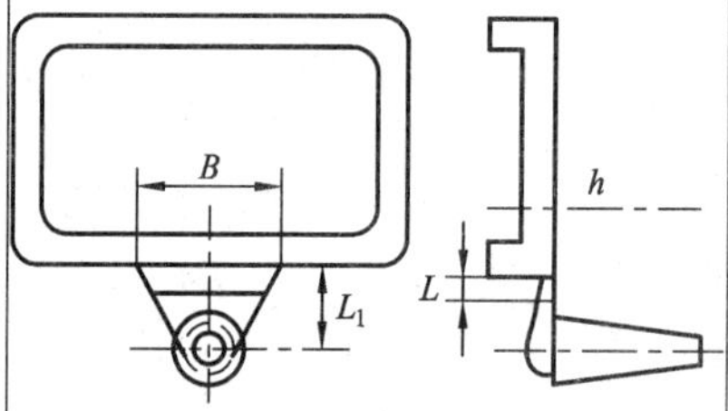	$h=0.25\sim1.0$ B 为塑件长度的 1/4 $L=(1\sim1.3)h$ $L_1=6$	适用于宽度较大的薄片塑件
2	平缝式浇口	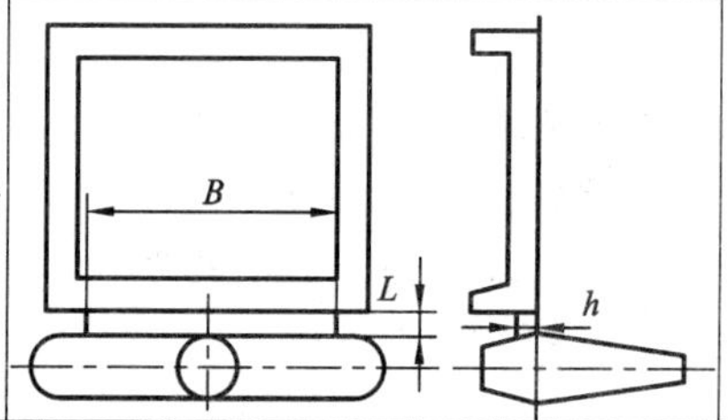	$h=0.20\sim1.5$ B 为塑件长度的 1/4 至全长 $L=1.2\sim1.5$	适用于大面积扁平塑件,进料均匀,流动状态好,避免熔接痕
3	环形浇口	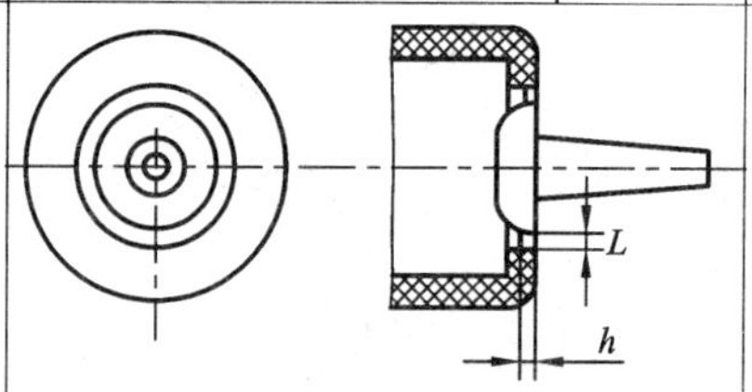	$h=0.25\sim1.6$ $L=0.8\sim1.8$	适用于圆筒形或中间带孔的塑件
4	轮辐浇口	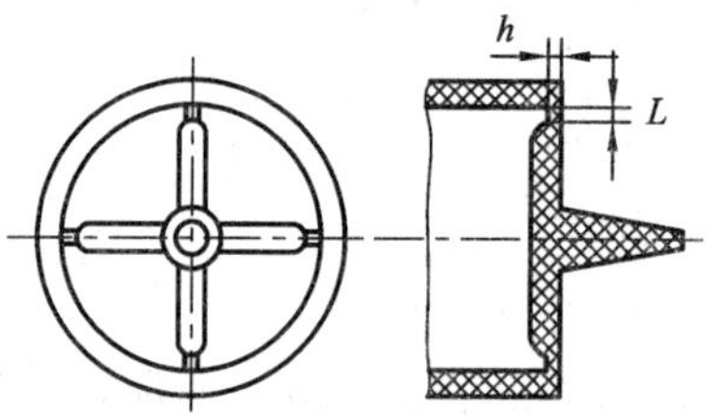	$h=0.5\sim1.5$ 宽度视塑件大小而定 $L=1\sim2$	浇口去除方便,适用范围同环形浇口,但塑件留有熔接痕

8.6.3　排溢系统设计

1. 排气槽的作用

排气槽是为使模具型腔中的气体排出而在模具上开设的通气槽或通气孔。排气是注射成型模具设计中的一个重要的问题。在注射成型过程中,熔体注入型腔时,必须将型腔中的空气和从熔体中溢出的挥发性气体顺利排出型腔。如果排气槽设计不合理，将会给注射加工带来如下问题：

　　(1) 由于排气不顺而增加了熔体流动阻力，使型腔无法充满，造成塑件轮廓不清；

　　(2) 在塑件上可见明显的流动痕、熔接痕，使塑件的力学性能下降；

　　(3) 滞留的气体会在塑件的表面留下银纹、气孔、剥层等缺陷；

　　(4) 型腔内气体受压压缩后产生局部高温，使熔体降解甚至烧焦；

　　(5) 当排气不良时，降低了注射速度，不能实现快速充模。

2. 排气方法

注射模的排气方法有多种，常见的排气方法有以下几种：

　　(1) 利用分型面排气是最简单的方法，如图 8-51(a)所示，其排气效果与分型面的接触精度有关。

　　(2) 利用推杆与孔的配合间隙排气，如图 8-51(c)、(d)所示。

　　(3) 利用型芯(或镶件)与模板的配合间隙排气，如图 8-51(b)所示。

　　(4) 利用侧型芯运动间隙排气，如图 8-51(e)所示。

以上属于利用模具分型面和配合间隙自然排气。排气间隙以不产生溢料为限，通常为 0.03～0.05 mm。

　　(5) 开设排气槽。当以上措施仍不能满足快速、完全排气时，应在适当的位置开设排气槽或排气孔，如图 8-51(f)所示。

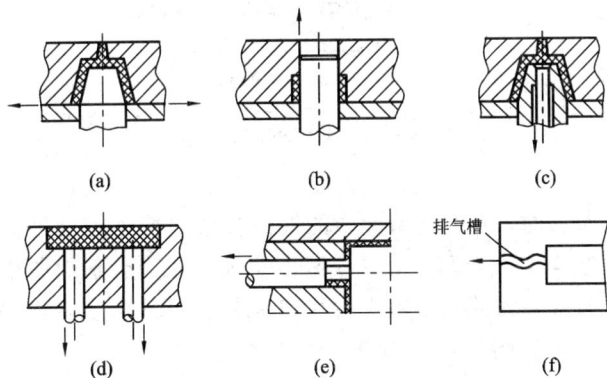

图 8-51　排气方式

3. 排气槽的设计

排气槽的位置和大小主要依靠经验，在设计时应注意以下问题：

　　(1) 排气槽应尽量设置在分型面上，并靠在凹模一侧，以便于模具制造和清理；

　　(2) 排气槽应设在塑料熔体最后充满处和塑件厚壁处；

　　(3) 排气槽的排气方向不要朝向操作人员，以免注射时漏料伤人。

排气槽的截面尺寸，以既有利于排气又不产生溢料为原则。排气槽的深度 h 根据塑料熔体的粘度而定，一般为 0.01～0.03 mm，熔体粘度低时取小值，粘度高时取大值，表 8-18 为几种常用塑料的排气槽深度。排气槽的宽度一般取 $W=3$～5 mm。排气槽的长度 L 一般可取 1.5～2.5 mm。排气槽的后续导气沟应适当增大，以减小排气阻力，其深度可取 0.8～1.5 mm，宽度不小于排气槽宽度 W，如图 8-52 所示。

表 8 - 18　几种常用塑料的排气槽深度

塑料代号	h/mm	塑料代号	h/mm
PE	0.02	ABS	0.03
PP	0.01～0.02	PA	0.01～0.03
PS	0.02	PC	0.01～0.03

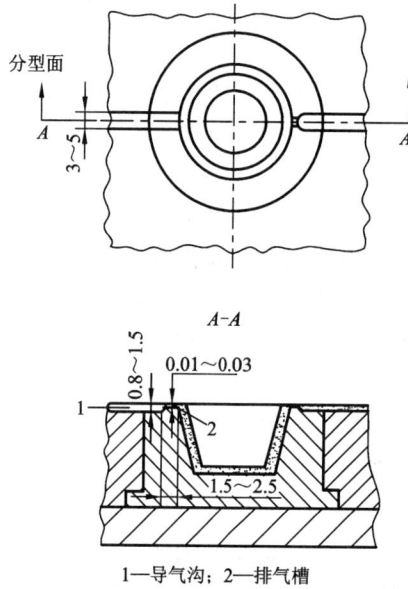

1—导气沟；2—排气槽

图 8 - 52　排气槽和导气沟

4. 引气系统

在成型大型深腔塑件时，充模时型腔内的气体被塑料熔体完全排出，这时塑件的内表面与凸模外表面之间基本上形成真空，脱模时由于大气压力会造成脱模困难，若强行脱模将导致塑件变形甚至破坏，为此，必须设置引气系统。引气系统有镶拼式侧隙引气(见图 8 - 53(a))和气阀式引气(见图 8 - 53(b))。

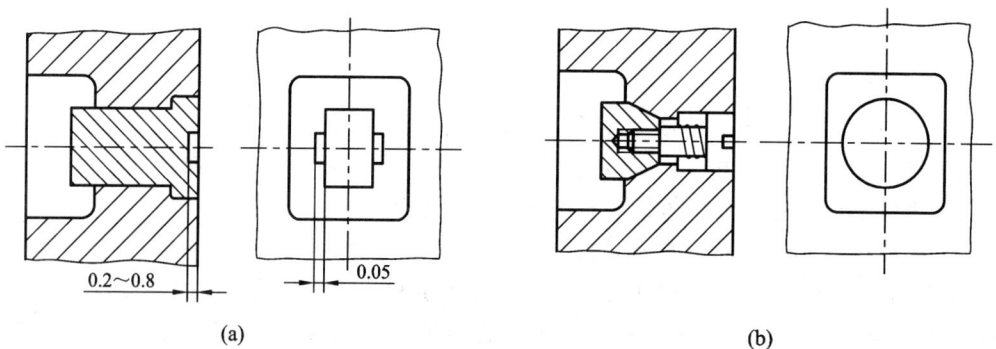

(a)　　　　　　　　　　　　　　　　(b)

图 8 - 53　引气方式

(a) 镶拼式侧隙引气；(b) 气阀式引气

8.6.4　无流道凝料浇注系统的设计

1. 概述

无流道凝料浇注系统是通过对模具采用绝热或加热的方法，使流道内的塑料始终保持熔融状态，因而在开模时塑件上无残留流道凝料，也不需要清理浇注系统凝料。这样避免了流道中的塑料损失，有利于提高塑件质量，可成型较大尺寸的塑件，还可缩短注射成型周期，容易实现自动化操作。但制造成本较普通流道模具高。

适用于无流道凝料浇注系统的塑料应具有的性能：

(1) 成型温度范围宽、粘度变化小，即使在较低温度下也易成型；

(2) 对压力敏感。不加注射压力不流动，一旦加压力熔体就流动；

(3) 导热性能良好，能把塑料所带的热量快速传给模具，以加快凝固；

(4) 比热小，有利于塑料的熔化和凝固；

(5) 热变形温度高，在高温具有充分凝固的性能。

具备以上性能的塑料有聚乙烯、聚苯乙烯、聚丙烯、聚丙烯腈、聚氯乙烯等。

无流道凝料浇注系统按加热方式可分为绝热流道和热流道两类。

绝热流道是采用绝热措施，使流道内熔体的热量不散失。热流道是采用加热措施，使流道内塑料不断受热而保持熔融状态。后者是目前最常用的一种形式。

无流道凝料模具技术在近 20 年来发展很快，使用范围正在日益扩大。据报道，在美国无流道凝料模具已占注射模具 40%，特别在注射成型盖罩、容器和外壳等塑件的注射模具中，有 80% 采用了热流道模具。在日本无流道凝料模具在逐渐普及。我国模具行业也十分重视，正在逐步推广和普及无流道凝料模具。

2. 绝热流道

绝热流道是将流道设计得特别粗大，利用塑料导热性差的特点，使流道中的熔体向模具散热少，以致流道内熔体保持近熔融状态，能不断地通过流道进入型腔。

1) 井式喷嘴

井式喷嘴又称井坑式喷嘴，如图 8 - 54 所示。在注射机喷嘴头部前端与型腔浇口之间，安装了截面积较大的井坑式浇口套，用于积存熔体，此处熔体外层虽已冷凝，但是在

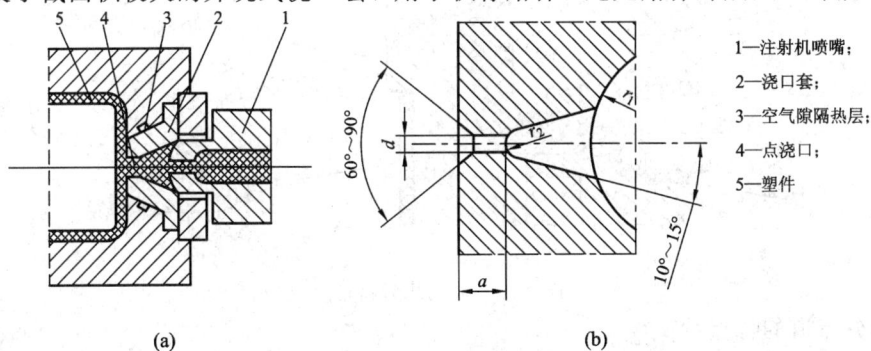

(a)　　　　　　　　　　　　(b)

图 8 - 54　井式喷嘴
(a) 井式喷嘴结构；(b) 浇口套的结构尺寸

1—注射机喷嘴；
2—浇口套；
3—空气隙隔热层；
4—点浇口；
5—塑件

中心部位仍保持熔融状态，用于注射成型。如何绝热，防止熔体硬化和将浇口堵塞成为关键问题，具体措施是控制浇口套中的塑料熔体有足够的容积（约为塑件体积的 1/3～1/2）；尽量减少浇口套与模具的接触面积，制造空气隙以形成绝热空气层；缩短喷嘴与浇口之间的距离，防止熔体降温过多；还有将浇口套做成浮动结构，当注射完毕时，注射机喷嘴稍稍退后，浇口套在弹簧作用下与型腔分离，可减少传热作用。

　　不管采用什么绝热措施，浇口套总要散失部分热量，故井式喷嘴绝热流道的浇口套内的熔体不能滞留太久，只适用于成型周期特别短、注射温度范围较宽、成型尺寸精度要求不高、单腔模容易成型的塑料，如聚乙烯、聚丙烯等。

　　井式喷嘴尺寸如图 8－54(b)和表 8－19 所示。

表 8－19　井式喷嘴尺寸经验数据

塑件重量/g	3～6	6～15	15～40	40～150
成型周期/s	6～7.5	9～10	12～15	20～30
d/mm	0.8～1	1～1.2	1.2～1.6	1.5～2.5
r_2/mm	3.5	4	4.5	5.5
a/mm	0.5	0.6	0.7	0.8

2）绝热分流道

　　绝热分流道如图 8－55 所示，其结构与冷流道三板式模具相类似。两者的区别在于绝热分流道的直径粗大（ϕ16～30 mm 左右）。当熔体注入模具时，流道中的熔体外层很快冷凝形成一层绝热层，使流道中心部位的熔体保持熔融状态，在下一个周期注射时才被注入至型腔内。绝热分流道结构的缺点是流道容易冷凝硬化，使用时对塑料的种类和塑件尺寸都有一定的限制，要求采用防止流道内的熔体冷凝的措施，如用探针式加热器进行内部加热。

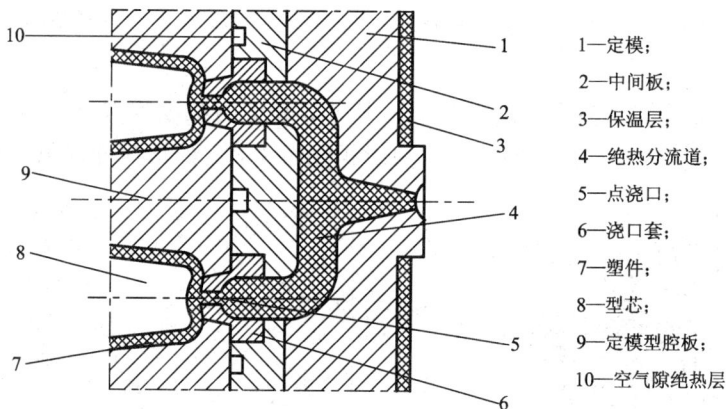

1—定模；
2—中间板；
3—保温层；
4—绝热分流道；
5—点浇口；
6—浇口套；
7—塑件；
8—型芯；
9—定模型腔板；
10—空气隙绝热层

图 8－55　绝热分流道

绝热分流道的特点：

（1）可简便地将冷流道三板式模具改造成为无流道凝料模具；

（2）与冷流道三板式模具相比较，塑料损失少；可以成型更深的塑件；不需要等待流道冷凝硬化，成型效率高；可以用点浇口成型大型塑件；

（3）不适宜成型尺寸精度高的塑件；

（4）对所用塑料和注射周期有一定限制要求。

3. 热流道

热流道是用加热方法向流道内的塑料提供热量，要比用绝热方法来维持塑料熔融状态可靠得多，故热流道是无流道凝料注射中应用最多、效果最好的一种。

热流道浇注系统在停机后，不必取出浇注系统的冷凝料。下次注射时，只要在开机时加热流道板，使之达到所需要温度即可，应用方便，凡是热稳定性较好的塑料均可采用。

热流道按结构形式分为两类：单型腔热流道称为延伸式喷嘴；多型腔热流道称为热分流道或热流道。

1）延伸喷嘴

延伸式喷嘴又称延长喷嘴，如图 8 - 56 所示。将注射机喷嘴延长伸入到定模中，使原来的主流道变成了喷嘴内孔道，喷嘴外用加热器加热，使塑料保持熔融状态，可进行连续注射。由于喷嘴前端的孔径很小，长度很短，在塑件上只有很小的疤痕。

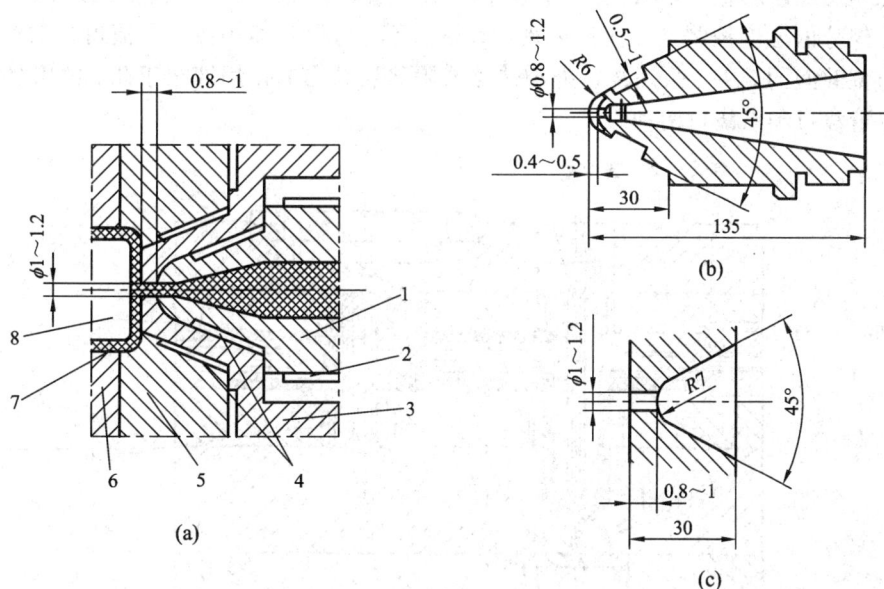

1—延伸喷嘴；2—加热器；3—浇口衬套；4—空气隙绝热层；5—定模；6—成型套；7—塑件；8—型芯

图 8 - 56　延伸喷嘴

（a）延伸式喷嘴；（b）喷嘴体结构尺寸；（c）浇口衬套内孔尺寸

延伸喷嘴 1、浇口衬套 3 和定模 5 有锥面配合，喷嘴的位置能较好地控制。喷嘴推力直接作用在定模、浇口衬套上，为防止定模受力过大而变形，在喷嘴上制出台肩作承压面，解决了定模变形问题。

延伸喷嘴的隔热：延伸喷嘴与浇口衬套吻合，喷嘴的热量传给衬套、模具，模具温度逐渐升高。喷嘴温度下降时，浇口小孔容易堵塞。因此，喷嘴与衬套之间隔热是十分重要的。带空气隔热间隙的喷嘴隔热效果良好，加入衬套，又有多个空气隔热层。浇口衬套损坏时也容易更换。

延伸喷嘴的加热:采用外热式加热器。由于喷嘴头部热量容易损失,而喷嘴温度又须略高于料筒温度(约高 15～20℃),故加热器应尽量往前移,且单独用调压器控制,若能装上热电偶进行自动控温,效果更好。

喷嘴的最小孔径直接影响塑件成型,若太小,则不易充满型腔;若太大,则疤痕明显。一般用 $\phi 0.8 \sim 1.2$ mm 较合适。衬套(或定模)上的浇口孔径取 $\phi 1 \sim 1.2$ mm,长度为 $0.8 \sim 1$ mm,这样的微浇口在塑件上不会留下明显疤痕,取出塑件后也无需修整。

喷嘴体的材料应选择导热性好、又有一定强度的材料,比较理想的材料是铍铜,也可用铬钢,经热处理后硬度为 45～50HRC,效果很好。

2) **热分流道**

热分流道模具如图 8-57 所示。它的结构形式很多,其共同特点是模具内设有热流道板 3,有的还设置浇口外加热器。热流道部件有热流道板、管式加热器、主流道、分流道、喷嘴、塑料隔热层、浇口衬套和滑动压环等。主流道、分流道截面为圆形,根据塑件的重量,直径选用 $\phi 6 \sim 15$ mm,均设在流道加热板内。流道内表面要光滑,转折处要圆滑过渡。分流道孔端用细牙螺纹管塞堵住。用隔热板、空气隙等使热流道板与垫板、型腔板等绝热。流道喷嘴部分的温度控制是热流道模具设计的关键,应尽量缩小浇口与流道板的温差,增加浇口与型腔间的温差,采用浇口外加热器或隔热层结构的作用即在于此。常用浇口的形式有主流道浇口和点浇口两种。

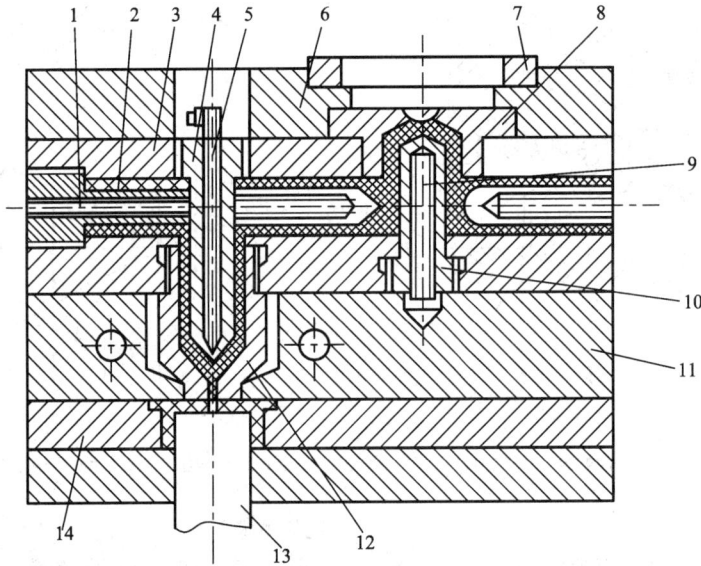

1、5、9—管式加热器;2—分流道鱼雷体;3—热流道板;4—喷嘴鱼雷体;
6—定模座板;7—定位圈;8—浇口套;10—主流道鱼雷体;11—浇口板;12—二级喷嘴

图 8-57 内加热式多型腔热流道注射模

热流道板的材料应选用比热小、热传导率高的材料,常用 50 钢、铬镍钢等。

流道加热板可以利用热电偶及可变电压器控制温度。其电功率可用下式计算:

$$P = \frac{GC(t_1 - t_2)}{860\eta t} \quad \text{(kW)} \qquad (8-46)$$

式中:P——加热器电功率(kW);

G——流道加热板的重量（N）；

C——材料比热（kJ/kg.k）；

t_1——流道加热板工作温度，$t_1 = 200℃$；

t_2——室温温度（℃）；

t——希望升温时间（h）；

η——加热器效率，常取 0.5～0.7。

另外，还可粗略地以每单位重量（N）流道加热板按 0.01～0.015 kW 的加热功率计算。以总功率除以加热器的发热总面积可得加热器的功率密度，常用 $(2～3)×10^{-4}$ W/m²。

喷嘴直接旋入流道加热板中。其材料常用导热性优良的铍铜合金，也可用其它类似的铜合金。当成型周期较长时，浇口也有凝结的危险，因此，有的在浇口附近安置加热器。

流道加热板加热后会发生热膨胀，而膨胀力会使模具变形。因此，要考虑采用必要的措施加以解决，如利用端面接触的喷嘴的滑动环的滑动、软质钢挠性等来补偿。

8.7　脱模机构设计

从模具中推出塑件及浇注系统凝料的机构称为脱模机构或推出机构，又称顶出机构。

8.7.1　脱模机构的分类和设计原则

1. 脱模机构的分类

按驱动方式分：可分为手动脱模机构、机动脱模机构、液压脱模机构和气动脱模机构。

按模具结构分：可分为简单脱模机构、二次脱模机构、双脱模机构、带螺纹塑件的脱模机构和浇注系统自动切断脱模机构。

2. 脱模机构的设计原则

（1）脱模机构运动的动力一般来自于注射机的推出机构，因此脱模机构一般应设置在注射模的动模一侧。

（2）脱模机构应使塑件在推出过程中不会变形或损坏。为此，应使脱模力作用位置靠近型芯；脱模力作用于塑件刚度及强度最大的部位；作用力面积尽可能大。

（3）脱模机构应尽量简单可靠，有合适的推出距离（过大会加剧模具的磨损，过小则塑件不能脱模）。

（4）推出位置尽量选在塑件内侧，以保证塑件有良好的外观。

（5）合模时应能正确复位。

8.7.2　脱模力计算

脱模力是指将塑件从包紧的型芯上脱出时所需克服的阻力。它主要包括因塑件收缩引起的塑件与型芯的摩擦阻力和大气压力。其大小与塑件的壁厚和形状有关。

圆环形断面塑件的脱模力计算公式：

厚壁塑件 $S/d > 0.05$ 时，

$$F = \frac{2\pi rEQl(f - \tan\varphi)}{(1 + \mu + k_1)k_2} + 0.1A \quad (N) \tag{8-47}$$

薄壁塑件 $S/d \leqslant 0.05$ 时，

$$F = \frac{2\pi SEQl\ \cos\varphi(f - \tan\varphi)}{(1 - \mu)k_2} + 0.1A \quad (N) \tag{8-48}$$

式中：r——型芯平均半径(m)；

　　　S——塑件的壁厚(m)；

　　　E——塑料的弹性模量(MPa)；

　　　Q——塑料成型平均收缩率(%)；

　　　l——塑件对型芯的包容长度(m)；

　　　f——塑件与型芯之间的静摩擦系数，取 $f = 0.1 \sim 0.2$；

　　　φ——模具型芯的脱模斜度(°)；

　　　μ——塑料的泊松比；

　　　k_1——系数，$k_1 = 2\lambda^2/(\cos^2\varphi + 2\lambda\ \cos\varphi)$；

　　　k_2——系数，$k_2 = 1 + f\ \sin\varphi\ \cos\varphi \approx 1$；

　　　$\lambda = 4/S$；

　　　A——盲孔塑件型芯在脱模方向上的投影面积(m^2)。

矩环形断面塑件的脱模力计算公式：

厚壁塑件 $S/d > 0.05$ 时，

$$F = \frac{2(a + b)EQl(f - \tan\varphi)}{(1 + \mu + k_1)k_2} + 0.1A \quad (N) \tag{8-49}$$

薄壁塑件 $S/d \leqslant 0.05$ 时，

$$F = \frac{2SEQl\ \cos\varphi(f - \tan\varphi)}{(1 - \mu)k_2} + 0.1A \quad (N) \tag{8-50}$$

式中：S——矩环形塑件的平均壁厚(m)；

　　　a、b——矩形型芯的断面边长(m)；

　　　其余符号含意同上。

8.7.3　简单脱模机构

简单脱模机构又称一次推出机构，它通过一次顶出动作就能将塑件全部取出，是最常见的、应用最广泛的一种脱模机构，其结构形式有以下几种。

1. 推杆推出机构

1) 结构原理

其结构原理如图 8-58 所示。推杆 1、拉料杆 6、复位杆 7 均装在推杆固定板 2 上，再用螺钉将固定板与推板连成一个整体。当模具打开到一定距离后，注射机上的挡杆将脱模机构挡住，使之不动，而动模还在继续移动，二者产生相对运动，推杆使塑件、浇注系统凝料从动模中脱出。合模时，复位杆因较推杆长，首先与定模分型面相接触，随着动模不断向定模靠近，使推出机构与动模产生相反方向的相对移动，在模具完全闭合后，推出机构便回复到初始位置。

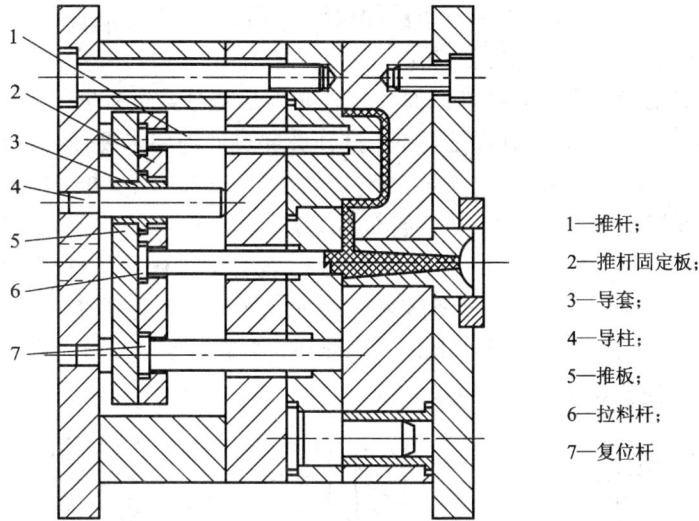

1—推杆；
2—推杆固定板；
3—导套；
4—导柱；
5—推板；
6—拉料杆；
7—复位杆

图 8 - 58　推杆推出机构

2）复位装置

复位装置常用复位杆复位和弹簧复位。
复位杆一般设置 2～4 根，其位置在型腔和
浇注系统范围之外。弹簧复位时，在推杆固
定板和动模垫板之间装上弹簧，在顶出塑
件时，弹簧被压缩，合模时，当注射机上的
挡杆一离开模具顶出板，弹簧的弹性回复
使脱模机构复位。它属于先行于闭合的复
位机构。

3）脱模导向装置

对大型模具，设置的推杆数量较多、或
推杆做成细长形、以及脱模机构受力不平
衡时，顶出板在运动过程中可能发生偏斜，
此时应设置脱模导向装置，常采用导柱、导
套来实现。

4）推杆的结构形式

推杆的结构形式很多，较常用的有图
8 - 59 所示的四种。

图（a）为圆推杆。其结构简单，应用最广
泛，对中小型模具，其直径 d 一般为 $\phi 2.5\sim$
12 mm。

图（b）为阶梯形推杆。当顶出部位受限
制、尺寸较小，而又需要增加推杆刚度时，
将直通形圆推杆改为阶梯形，其顶出部分长一般为非顶出部分的 1/2。

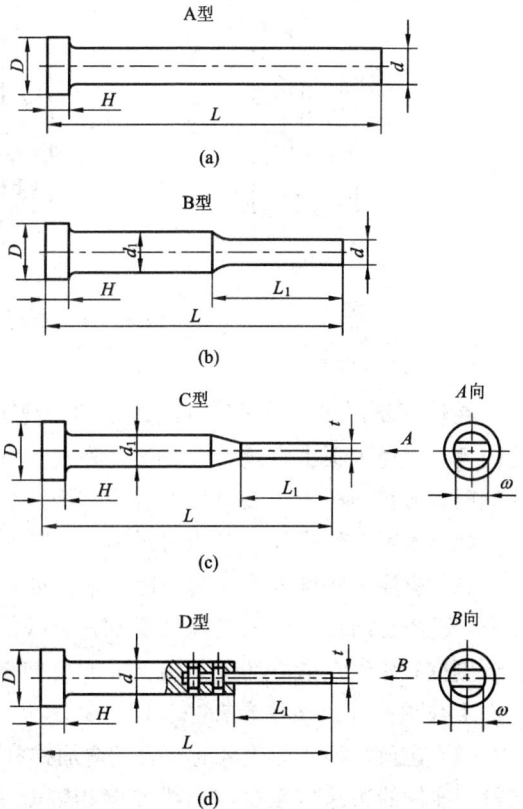

图 8 - 59　推杆的形式

图(c)为矩形推杆。用来推顶薄壁塑件的边缘、窄凸台或筋的底部等，以增大其推顶面积，模板上的推杆孔常用线切割方法加工。

图(d)是图(c)的变异形式，将推顶部分装入非推顶部分，而不是做成整体。

推杆的材料常用 T8、T10 碳素工具钢，推杆头部热处理要求硬度≥50HRC，工作端配合的表面粗糙度 R_a≤0.8 μm，其装配固定形式如图 8 - 60 所示。推杆仅与型腔或镶件配合，配合长度为推杆直径 d 的 2～3 倍，且不小于 15 mm，配合间隙最大不能超过塑料的溢边值，否则将出现溢料飞边(多采用 $H8/f8$ 配合)。推杆固定端与推杆固定板、推杆与支承板通常采用单边 0.5 mm 的间隙，这样既可降低加工要求，又能在多推杆的情况下，不会因推杆孔加工时产生的偏差而发生卡死现象。此外，为避免影响塑件的使用，装配推杆时，应使推杆端面高出型腔表面 0.05～0.1 mm。

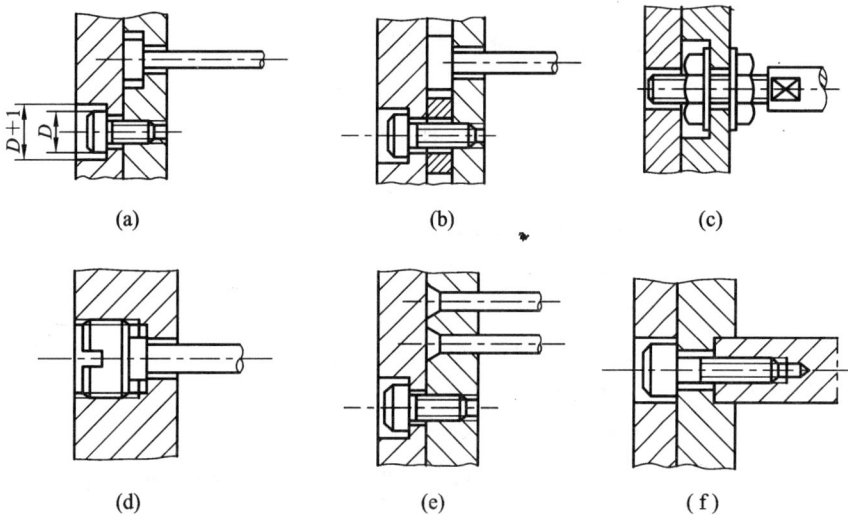

(a)   (b)   (c)

(d)   (e)   (f)

图 8 - 60 推杆的装配固定形式

5) 推杆的布置

在保证塑件成型质量和顺利脱模的情况下，推杆数量应尽可能少，并尽量设置在塑件的内侧，以免因顶出痕迹而影响塑件外观。如因塑件某些特殊要求，推出位置必须设置在外侧时，可在推杆工作表面加工一些装饰性标志。合理布置推杆的原则如下：

(1) 尽可能使推杆位置均匀对称，使塑件所受的顶出力均衡，并避免推杆弯曲变形；

(2) 应注意将推杆设在脱模阻力最大处。若塑件上有细长的凸台或筋，除设置边缘推杆外，还需在凸台或筋的底部设置推杆，以便可靠脱模；若在塑件里面设置推杆，应尽量靠近侧壁；如仅在中心部位顶出，可能会使塑件开裂或被顶透，有时因单位脱模力过大，塑件上被顶推部位往往会有"发白"现象。

(3) 在顶推塑件的边缘时，为了增加推杆与塑件的接触面积，应尽量采用直径较大的推杆。推杆的边缘应至少与凸模侧壁相隔 0.1～0.15 mm，以免因推杆孔的磨损而把凸模侧壁擦伤。

2. 推管推出机构

推管又称顶管或空心顶杆，它适用于圆环形、圆筒形等塑件的脱模。其特点是推顶塑件平稳可靠。因为推管周边端面接触塑件，塑件受力均匀，不易产生顶出变形，也不会留下明显的顶出痕迹。主型芯和型腔可以设计在动模一边，有利于提高塑件的同心度。

推管推出机构的结构形式如图 8-61 所示。图(a)主型芯采用方销固定，型芯的同心度是依靠推管来保证，故推管、型芯和型腔需要有较高的精度。主型芯做得较短，用方销固定在型芯垫板上，推管开出比固定销略宽的长槽，结构较紧凑。由于型芯固紧力较小，只适用于型芯直径较小的型芯。图(b)为推管推杆联合使用，其优点是推管较短，便于加工，使用寿命长，型芯轴肩直径加大，可省去一块垫板。缺点是顶出距离较短，动模板厚度较大，精度较差。

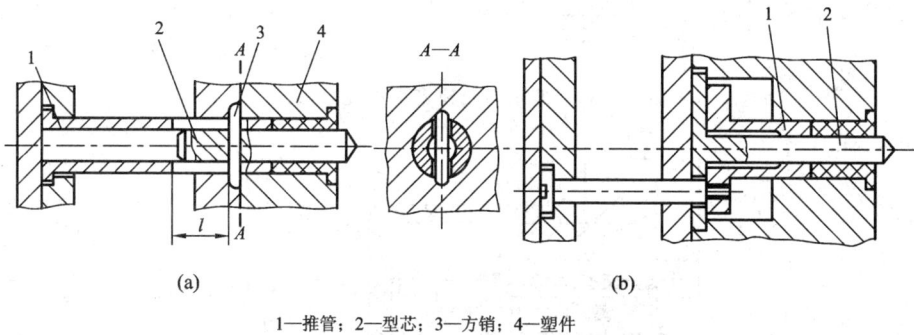

1—推管；2—型芯；3—方销；4—塑件

图 8-61　推管推出机构

3. 推板推出机构

推板推出机构是在型芯的根部安装了一块与之相配的推板，在塑件的整个周边端面上进行推出，其工作过程与推杆推出机构类似。这种推出机构作用面积大，推出力大而均匀，运动平稳，并且在塑件上无推出痕迹，所以推板推出机构适用于薄壁容器、壳形塑件及外表面不允许留有推出痕迹的塑件。

常用的推板推出机构如图 8-62 所示。为了减少推板与型芯的摩擦，可采用图 8-63所示的结构，推板与型芯间留有 0.2～0.25 mm 的间隙，并用锥面配合，以防止推板因偏心而溢料。对于大型的深腔塑件或用软塑料成型的塑件，推板推出时，塑件与型芯间容易形成真空，在模具上可设置进气装置，如图 8-64 所示。

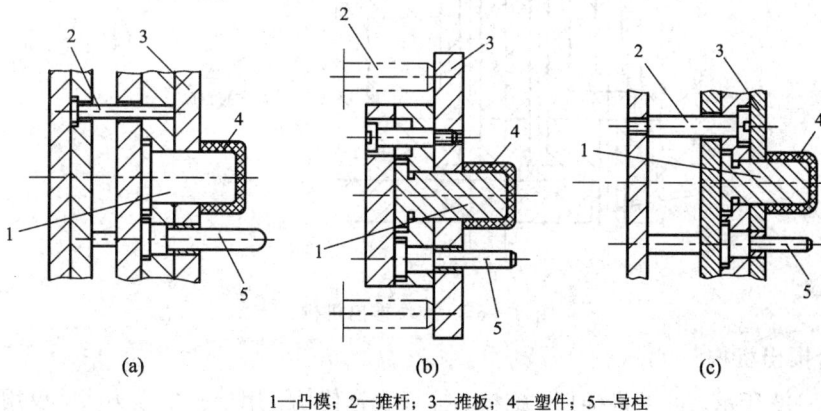

1—凸模；2—推杆；3—推板；4—塑件；5—导柱

图 8-62　常见的推板推出机构

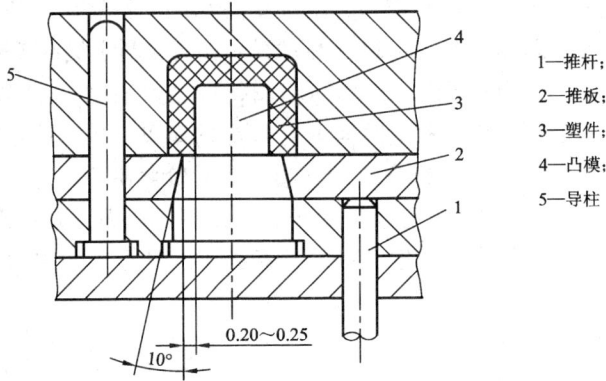

图 8 - 63　推板与凸模锥面的配合形式

1—推杆；
2—推板；
3—塑件；
4—凸模；
5—导柱

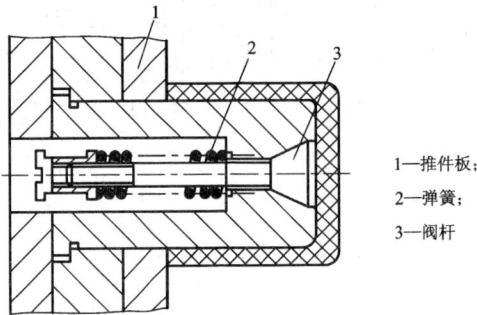

图 8 - 64　推板推出机构的进气装置

1—推件板；
2—弹簧；
3—阀杆

4. 推块推出机构

如图 8 - 65 所示，对于齿轮类或一些带有凸缘的塑件，如采用推杆推出容易变形，而结构上又不允许采用推板推出时，可采用推块作为推出零件。

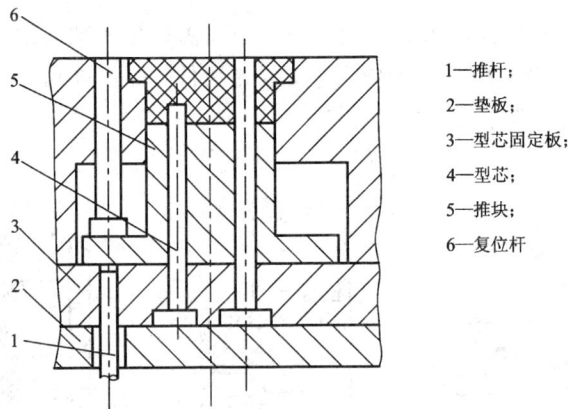

图 8 - 65　推块推出机构

1—推杆；
2—垫板；
3—型芯固定板；
4—型芯；
5—推块；
6—复位杆

5. 联合推出机构

如图 8 - 66 所示，可以将推杆、推板、推管联合使用，用于脱模阻力大，仅用推杆、推板或推管单一脱模方式易使塑件变形或损坏的情况。

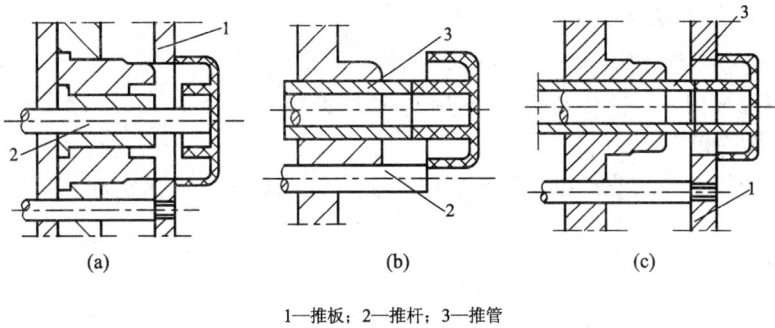

1—推板；2—推杆；3—推管

图 8-66 联合推出机构

（a）推板推杆联合脱模；（b）推杆推管联合脱模；（c）推板推管联合脱模

8.7.4 二次脱模机构

二次脱模机构又称二次顶出机构，或称二级脱模机构。它是由于塑件的特殊形状或生产自动化的需要而产生。在一次脱模动作之后，塑件还难于从型腔中取出或不能自动脱落，这时，必须增加一次脱模动作，塑件才能从模具中自动脱落。

1. 弹簧式二次脱模机构

弹簧式二次脱模机构如图 8-67 所示。开模后，利用弹簧 6 的弹性回复，推动推板 7 使塑件与型芯分离，完成第一次顶出动作，此时，推出板 2 和推杆 3 可能停止不动（见图 (b)）；然后，注射机顶杆推动推出板 2 和推杆 3 推出塑件完成第二次顶出动作（见图(c)）。其优点是结构简单。缺点是动作不可靠，弹簧易失效，需时常更换，因此它只限用于小型塑件的注射模。

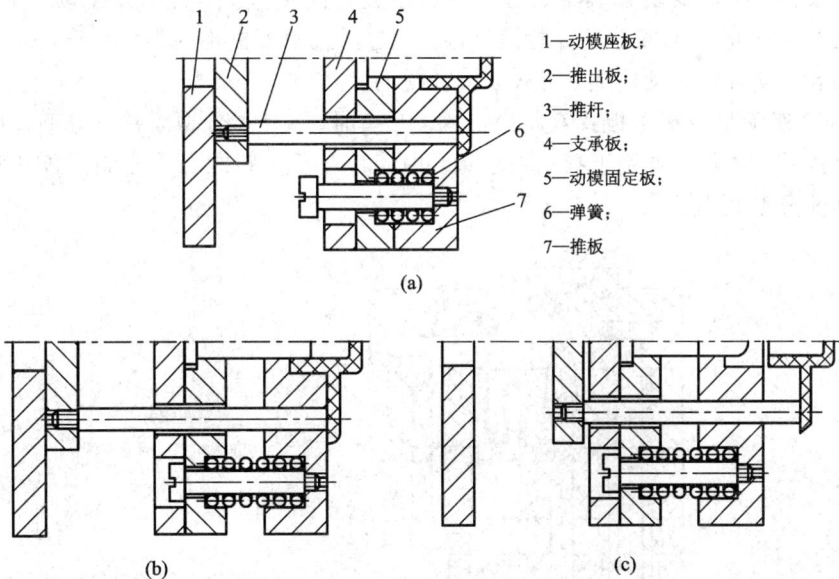

1—动模座板；
2—推出板；
3—推杆；
4—支承板；
5—动模固定板；
6—弹簧；
7—推板

图 8-67 弹簧式二次脱模机构

（a）未脱模状态；（b）利用弹簧实现第一次脱模；（c）利用推杆实现第二次脱模

2. 气动二次脱模机构

气动二次脱模机构如图 8 - 68 所示。塑件 1 靠成型推板 2 脱离型芯 3，完成一次脱模，但仍留在成型推板内，当打开气阀（未示出），压缩空气从通气管 6 进入模具，将塑件吹离推板，完成二次脱模。

气动二次脱模动作可靠，控制准确，但需要有气源装置，占据空间较大。适用于大批量生产的场合。

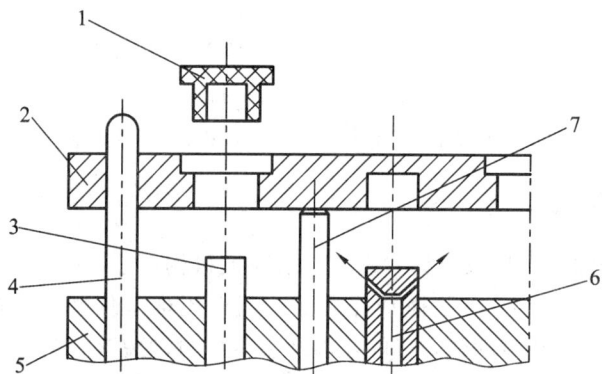

1—塑件；2—成型推板；3—型芯；4—导柱；5—垫板；6—通气管；7—推杆

图 8 - 68　气动二次脱模机构

3. 双脱模机构

通常开模时应尽可能使塑件留在模具动模一侧，但有时因塑件形状特殊而不一定留于动模，或因某种特殊需要要求模具在分型时必须先使定模分型，然后再使动、定模分型，这两种情况均需考虑在定模上设置脱模机构。通过两边脱模机构的先后动作，强制塑件先从定模内脱出，使其留在动模上，再从动模上脱下。

图 8 - 69 所示是拉钩压板式双脱模机构。开模时，$A-A$ 分型面首先分型，开模一定距离后，拉钩 1 在压板 3 作用下摆动而脱钩，中间板 2 受定距螺钉 4 限制而停止运动，于是从 $B-B$ 面分型脱模。

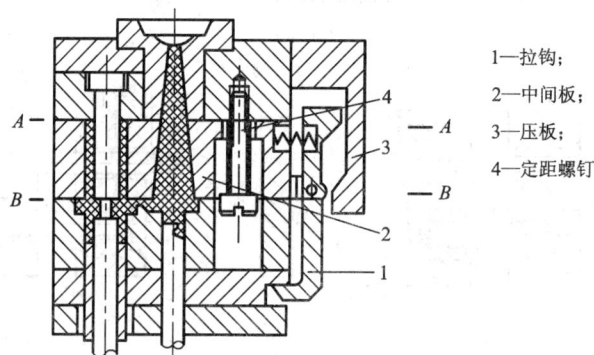

1—拉钩；
2—中间板；
3—压板；
4—定距螺钉

图 8 - 69　拉钩压板式双脱模机构

图 8-70 所示为杠杆式双脱模机构。开模时，固定板 11 上的滚轮 12 推动杠杆 10 的下端绕支点 13 转动，杠杆的另一端推动定模推板 2、定模推杆 3 向下移动，使塑件 5 从型腔脱出，附着在动模的型芯 7 上，然后，再由动模的脱模机构将塑件顶出来。该机构的优点是结构紧凑、可靠，适用于塑件对定模粘附力不大、且脱模距离不长的场合。缺点是结构较复杂。

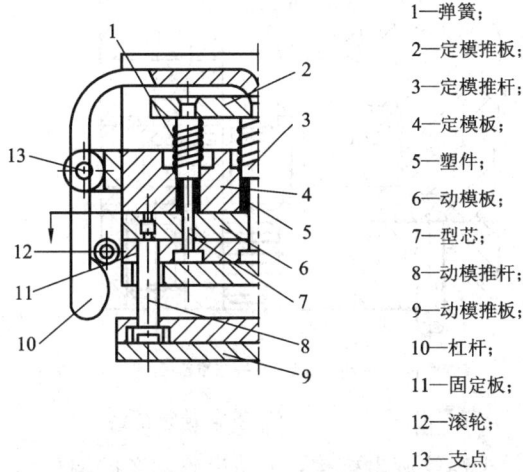

1—弹簧；

2—定模推板；

3—定模推杆；

4—定模板；

5—塑件；

6—动模板；

7—型芯；

8—动模推杆；

9—动模推板；

10—杠杆；

11—固定板；

12—滚轮；

13—支点

图 8-70　杠杆式双脱模机构

8.7.5　带螺纹塑件脱模机构

弹性好的软塑料可采用推板强制脱螺纹，当采用螺纹型芯或螺纹型环成型塑件的内、外螺纹时，小批量生产可采用机外装卸螺纹的方法，大批量生产应采用模内机动脱螺纹机构。

机动脱螺纹通常将开合模的往复运动转变成旋转运动，从而使塑件上的螺纹脱出，也可以在注射机上设置专用的开合模丝杠。

图 8-71 为伞齿轮脱螺纹机构。开模时，齿条导柱 9 带动齿轮轴 10 上的齿轮旋转，通过伞齿轮 1、2 带动圆柱齿轮副 3、4 和螺纹拉料杆 8 旋转，使螺纹型芯 5 旋转并移动，从而脱开塑件。

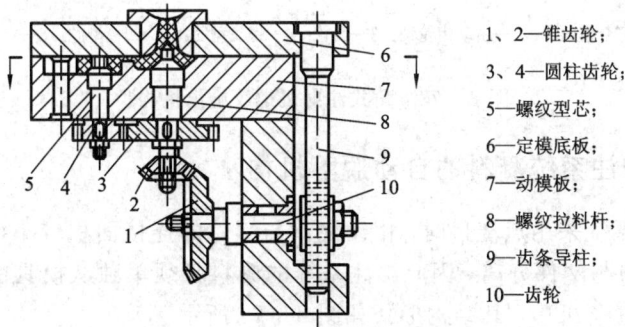

1、2—锥齿轮；

3、4—圆柱齿轮；

5—螺纹型芯；

6—定模底板；

7—动模板；

8—螺纹拉料杆；

9—齿条导柱；

10—齿轮

图 8-71　伞齿轮脱螺纹机构

图 8－72 所示为齿轮齿条脱螺纹机构。开模时，齿条导柱 2 带动螺纹型芯 1 旋转并沿套筒螺母 3 做轴向移动，实现脱螺纹动作。

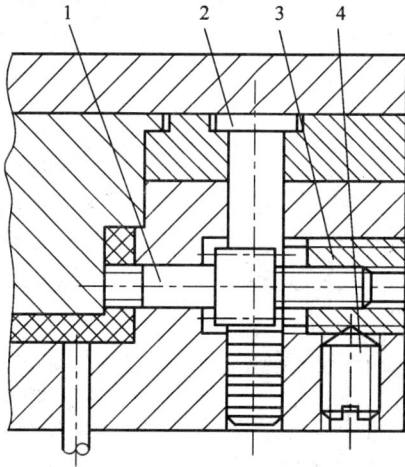

1—螺纹型芯；2—齿条导柱；3—套筒螺母；4—紧定螺钉

图 8－72　齿轮齿条脱螺纹机构

图 8－73 为角式注射机螺纹旋出机构，主动齿轮轴 2 的端部为方轴，插入开合模丝杠 1 的方孔内，开模时，丝杠 1 带动模具上的主动齿轮轴 2 旋转，通过啮合的齿轮 3 脱卸螺纹型芯 4。在弹簧作用下，定模型腔部分随塑件移动一定距离（定距螺钉 6 限定距离）后停止移动，螺纹型芯 4 一边旋转，一边将塑件从模型腔中拉出。

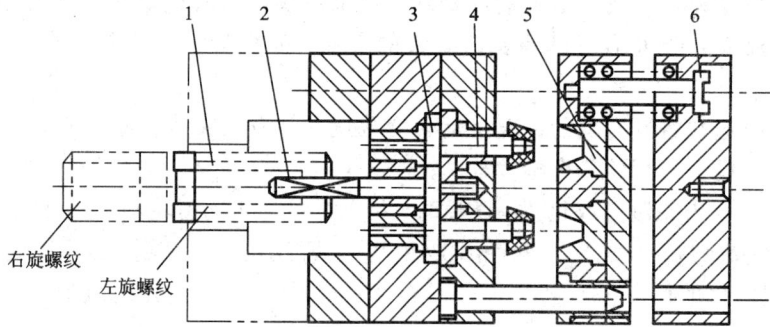

右旋螺纹　左旋螺纹

1—开合模丝杆；2—主动齿轮轴；3—齿轮；4—螺纹型芯；5—凹模型腔；6—定距螺钉

图 8－73　角式注射机螺纹旋出机构

8.7.6　点浇口浇注系统凝料的自动脱落机构

当模具的浇注系统采用点浇口时，由于浇口与塑件的连接面积较小，在开模时易在浇口处拉断，而使浇口与塑件分离，因此浇注系统的凝料必须单独从模具中脱出，这时必须考虑点浇口流道的脱落机构，其结构形式如图 8－74 所示。

图(a)为用定模推板拉断点浇口的结构，开模时，由于弹簧顶销 5 的作用，A—A 分型面先分型，主流道凝料从定模拉出。当限位螺钉 8 与定模推件板 6 接触时，浇注系统凝料与塑件在浇口处拉断。与此同时，$B-B$ 分型面分型，浇注系统由定模推件板 6 从凹模型腔中推出，最后 $C-C$ 分型面分型，塑件由推管 2 推出脱模。弹簧顶销 5 的作用是将浇口凝料从定模推板孔中推出。

图(b)为利用侧凹拉断点浇口的结构。开模时，由于分流道末端有一小斜孔料限制，使浇注系统在浇口处与塑件断开，同时在动模板上设置了倒锥度拉料杆 9，使主流道凝料脱出定模板 11，并将分流道凝料拉出斜孔。当第一次分型结束后，拉料杆 9 从浇注系统的主流道末端退出，从而使浇注系统凝料自动脱落。推杆使塑件脱落。

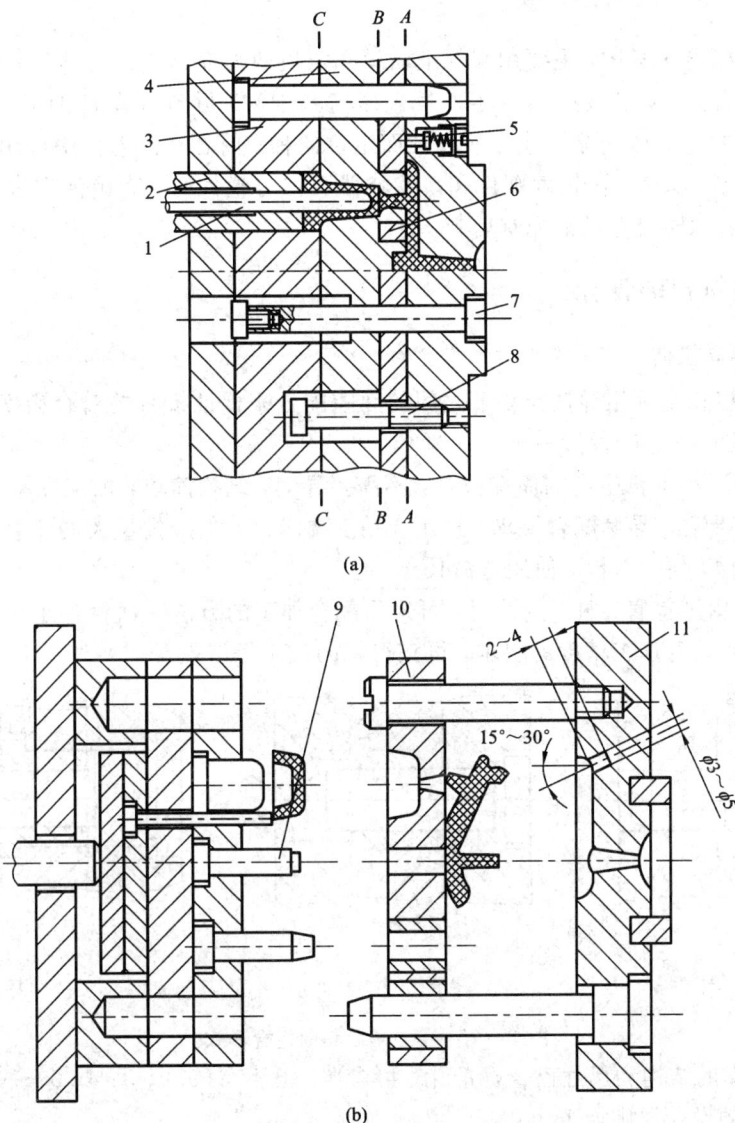

1—型芯；2—推管；3—动模板；4—定模型腔板；5—弹簧顶销；
6—定模推件板；7—限位拉杆；8—限位螺丝；9—拉料杆；10—中间板；11—定模板

图 8-74　点浇口浇注系统凝料的自动脱落机构

8.8　合模导向机构设计

注射模在工作中周期性地开模、合模，其开、合动作可依靠注射成型机的拉杆导向，但仅靠注射成型机的拉杆导向并不能保证注射模具正常工作，注射模本身必须设置合模导向机构。

8.8.1　合模导向机构的作用

注射模合模导向机构，主要用来保证动模和定模两大部分或模内其它零件之间的准确配合和可靠地分开，以避免模内各零件发生碰撞和干涉，并确保塑件的形状和尺寸精度。合模导向机构的主要形式有导柱导向和锥面定位两种。前者在注射模中应用极为广泛，但在注射成型大型、深腔、高精度塑件和薄壁容器及偏心塑件时，为确保定位精度和定位强度，在使用前者的同时还经常配有后者。

8.8.2　导向机构的设计

1. 导柱导向机构

导柱导向机构是利用导柱与导套之间的间隙配合来保证模具的对合精度。导柱、导套的组合形式如图 8 - 75 所示。

图(a)，用于小批量生产的简单模具，不需要导套，结构简单，加工方便。

图(b)，有导柱、导套配合要求，适用于精度要求高、生产批量大的注射模具，且导柱导套可设计油槽，便于润滑，使用寿命长。

图(c)，采用了有肩导柱。制造时，可采用配合加工的方法一次性加工出导柱、导套安装孔，降低了对设备加工精度的要求，可获得好的技术经济效益。

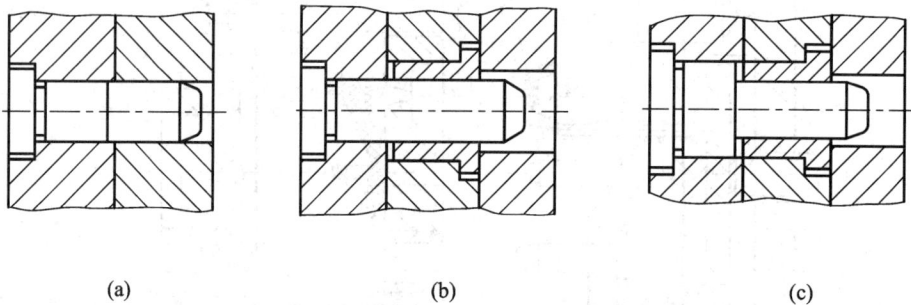

(a)　　　　　　　　(b)　　　　　　　　(c)

图 8 - 75　导柱、导套的组合形式

导柱、导套的结构和尺寸已经标准化，可参照 GB/T4169.2、3、4、5−1984。

导柱导套的设计原则如下：

(1) 导柱应合理均布在模具分型面的四周，导柱中心至模具外缘应有足够的距离，以保证模具的强度。为了确保动模和定模只能按一个方向合模，导柱的布置方式常采用等直径导柱的不对称布置或不等直径的对称布置方式。

(2) 导柱一般设在有型芯的一侧，可以保护型芯不受损坏；导柱设在定模一侧，便于塑件脱模。对于脱模机构为推板推出的模具,有推板的一侧一定要设有导柱。对于点浇口三板模、斜导柱和滑块均在定模的侧向抽芯模具,导柱一般设在定模一侧。

(3)导柱长度应比凸模端面的高度高出 6~8 mm,以保证在导柱伸入到导套后型芯才进入型腔,从而避免型芯与型腔发生碰撞;对于脱模机构为推板推出的模具,导柱长度应大于推板的推出距离,以保证推板在推出塑件的过程中始终处于被导向状态。

(4)为使导柱能顺利进入导套,导柱端面应做成锥形或半球形,导套的前端也应倒角。

(5)导柱导套应有足够的耐磨性,它多采用渗碳钢(如 20 钢、20Cr 等)经渗碳淬火处理,其表面硬度为 48~55HRC,也可采用 T8 或 T10 经淬火处理。导柱与导套配合部分的表面粗糙度要求为 $R_a = 0.8\ \mu m$。

(6)导柱直径按模具尺寸选取,选取时参考国内外注射模架标准数据。

2. 锥面定位机构

当成型大型、深腔、高精度塑件和薄壁容器,尤其是非轴对称的塑件时,注射过程会产生较大的侧向力,如果这种侧向压力完全由导柱承担,会造成导柱折断或局部过度磨损,这时除了设置导柱导套导向机构外,一般还应增设锥面定位机构。锥面定位机构有两种形式,如图 8 - 76 所示。一种是在锥面之间镶上经淬火的零件,如图 8 - 76 中淬火镶块 A;另一种是两锥面直接配合,此时,两锥面均淬火处理,以增加耐磨性。

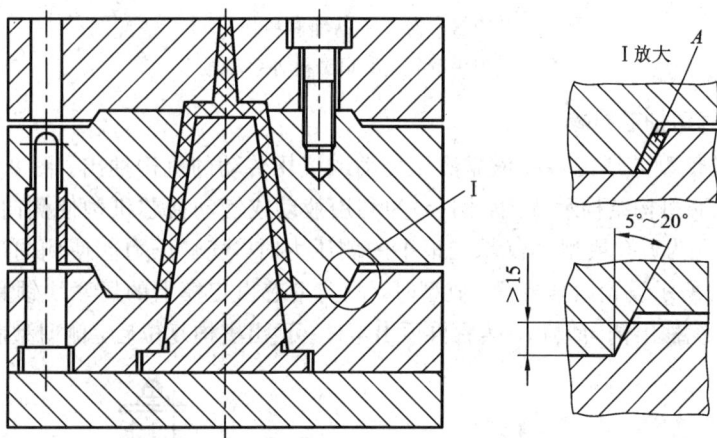

图 8 - 76　锥面定位的结构形式

8.9　侧向分型与抽芯机构设计

在成型有侧孔、侧凹或有侧凸台的塑件时,通常采用侧向分型方法将成型侧孔、侧凹或侧凸台的部位做成侧型芯或侧型腔,在塑件脱模前先将侧型芯或侧型腔抽出,然后再从模具中顶出塑件。能将侧型芯或侧型腔抽出和复位的机构称为侧向分型与抽芯机构。

8.9.1　侧向分型与抽芯机构的分类

侧向分型与抽芯机构按动力来源可分为三大类型:手动抽芯机构、液压或气动抽芯机构、机动抽芯机构。

1. 手动抽芯机构

它是用手工方法或手工工具将侧型芯或侧型腔抽出的方法，可分为模内手动抽芯（如图 8 - 77(a)所示)和模外手动抽芯（如图 8 - 77(b)所示)。模内手动抽芯是在塑件脱模前，用人力旋动抽芯杆 3 将侧向型芯抽出，使其脱离塑件，然后将塑件顶出模外。模外手动抽芯是在模内装入活动镶块 4，脱模时连同塑件一起顶出模外，然后用手动取下活动镶块，下次注射时再重新将活动镶块装入模内。活动镶块要求可靠定位，工作过程不能移位。

手动抽芯机构的优点是结构简单，制造容易，且传动平稳。缺点是生产效率低，劳动强度大，抽拔力受人力限制，不能太大。适用于试制新产品、小批量生产以及无法采用机动抽芯的产品。

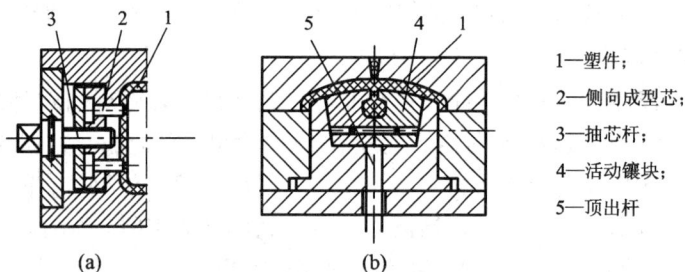

1—塑件；
2—侧向成型芯；
3—抽芯杆；
4—活动镶块；
5—顶出杆

图 8 - 77 手动抽芯机构
(a) 模内手动抽芯；(b) 模外手动抽芯

2. 液压或气动抽芯机构

侧向分型的侧型芯或侧型腔依靠液压传动或气压传动的机构抽出。图 8 - 78 所示为液动或气动侧向抽芯机构结构示意图，图(a)为利用液动或气动抽芯机构使侧向型芯作前后移动的情况。在侧孔为通孔或型芯仅承受很小的侧压力时，气缸压力能使侧向型芯锁紧不动，否则，应如图(b)所示设置锁紧装置。成型时，侧向型芯由定模上的压紧块锁紧，开模时，首先由液压抽芯系统抽出侧向型芯，然后再顶出塑件。顶出机构复位后，侧向型芯再复位。

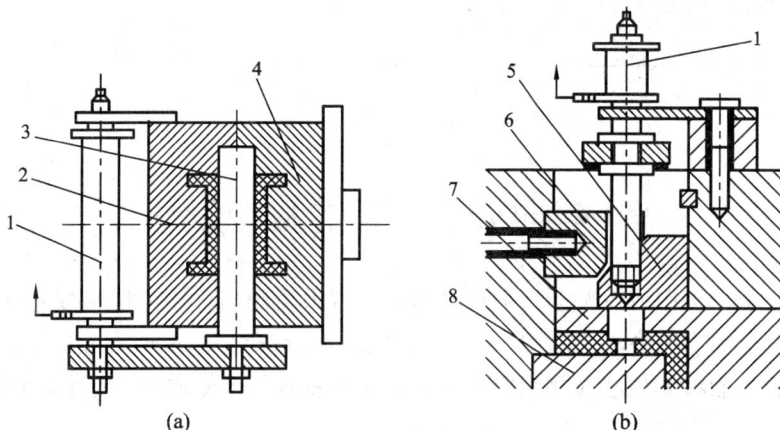

1—液压缸或气缸；2—动模型腔板；3—侧型芯；4—定模型腔板；5—滑块；6—压紧块；7—定模镶块；8—动模型芯

图 8 - 78 液压或气动抽芯机构

液压或气动抽芯的优点是侧向活动型芯的移动不受开模时间和顶出时间的影响，传动平稳，且可得到较大的抽拔力和较长的抽芯距离，多用于大型管件塑件（如弯头、三通接头等）或需要很大侧抽芯距离的场合；缺点是由于受模具结构和体积的限制，液压缸的尺寸往往不能太大，而且一般注射机没有抽芯液压缸或气缸，需要另行设计液压或气压抽芯系统。

3. 机动抽芯机构

利用注射机的开模运动和动力，通过传动零件将侧型芯或侧型腔抽出。这种机构结构比较复杂，但抽芯不需人工操作，生产效率高，与液压或气动抽芯机构相比较，无需另行设计液压或气压抽芯系统，成本较低。根据传动零件的不同，机动抽芯又可分为斜导柱侧向抽芯、斜滑块侧向抽芯、弯销侧向抽芯、斜导槽侧向抽芯、弹簧侧向抽芯、齿轮齿条侧向抽芯等多种抽芯形式。

8.9.2　机动侧向分型与抽芯机构的设计

1. 斜导柱抽芯机构的设计

1）斜导柱抽芯机构的工作原理

如图 8 - 79 所示，斜导柱抽芯机构的主要工作零件是轴线方向与模具开模方向成一定角度的斜导柱 3 和滑块 8，斜导柱伸入滑块的斜孔中，为了保证抽芯和合模动作准确可靠，还设有限位挡块 9 和锁紧楔 1。其工作原理是：开模时，开模力通过斜导柱作用于滑块，迫使滑块带动侧型芯 5 在动模板 7 的导滑槽内向外侧移动，当斜导柱全部脱离滑块上的斜孔后，侧型芯便完全从塑件中抽出，完成侧向抽芯；然后，塑件由顶出机构顶出。限位挡块 9、螺钉 11、弹簧 10 构成滑块的定位装置，使滑块保持在抽芯完成后的最终位置，以便合模时斜导柱能准确地进入滑块的斜孔，将侧型芯复位。锁紧楔 1 用以防止成型时滑块因受侧向注射压力而发生位移。

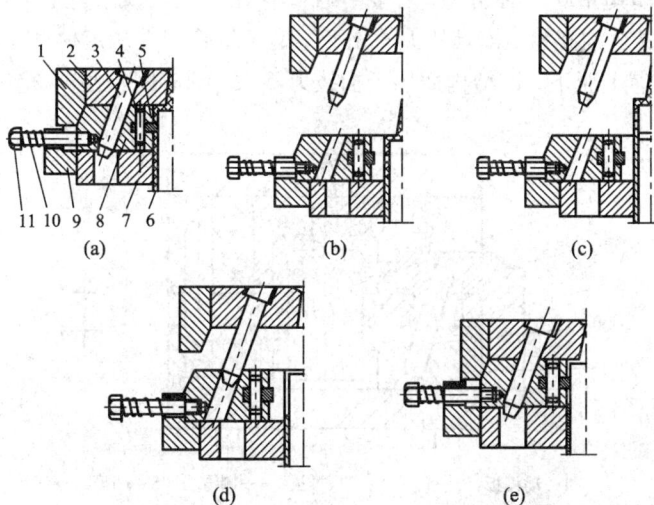

1—锁紧楔；2—定模座板；3—斜导柱；4—销钉；5—侧型芯；
6—推管；7—动模板；8—滑块；9—限位挡块；10—弹簧；11—螺钉

图 8 - 79　斜导柱抽芯机构的工作原理
（a）抽芯机构的结构组成；（b）开模状态；（c）顶出塑件；（d）合模过程；（e）合模状态

2）斜导柱抽芯机构的结构形式

根据斜导柱和滑块在模具上的装配位置不同，可将斜导柱抽芯机构分为以下四种结构形式：

（1）斜导柱在定模、滑块在动模。这是最常用的一种结构形式，如图8-80所示。斜导柱固定在定模座板上，而滑块安装在动模，且与动模板之间形成移动副。

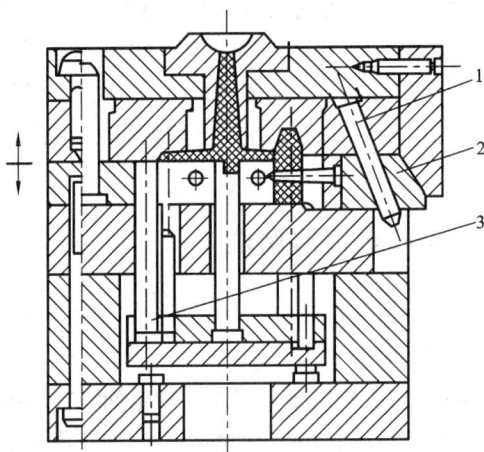

1—斜导柱；2—侧滑块；3—复位杆

图8-80 斜导柱在定模、滑块在动模的结构

（2）斜导柱在动模、滑块在定模。如图8-81所示。为使塑件在开模后留在动模上，采用凸模5与动模板1做一定距离的相对运动。开模时，因动模板可沿凸模作相对运动，又在顶隙弹簧作用下，故模具先从 A 面分型，在斜导柱2作用下使滑块4左移，侧型芯抽芯。继续开模，动模板与型芯台肩接触，模具从 B 面分型，型芯带着塑件从定模型腔中脱出。最后，由推板3把塑件从型芯上脱下。该结构适用于抽拔力不大、抽芯距较小的深罩形塑件。

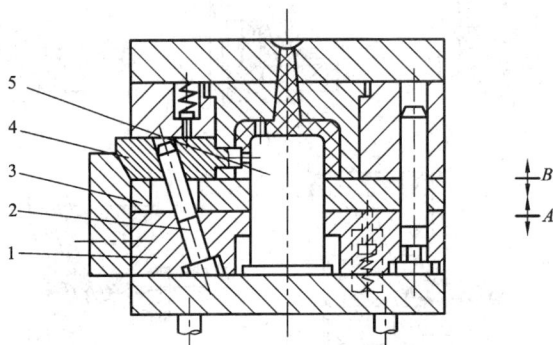

1—动模板；2—斜导柱；3—推板；4—侧滑块；5—凸模；

图8-81 斜导柱在动模、滑块在定模的结构

（3）斜导柱和滑块同在定模。如图8-82所示。当斜导柱和滑块同在定模上时，必须利用顺序脱模机构抽出侧向活动型芯。斜导柱2固定在定模座板上，而滑块安装在定模上的导滑槽内，与定模固定板6之间形成移动副。开模时，动模部分向下移动，在弹簧7作用下，Ⅰ分型面先分型，主流道凝料从主流道衬套中脱出，同时斜导柱2推动侧滑块1左移完成侧向

抽芯动作。动模继续下移，由定距螺钉 5 限定 I 分型面打开的距离后，II 分型面分型，塑件包在凸模 3 上脱离型腔板 6。最后在推杆 8、推板 4 作用下完成塑件脱模。由于滑块始终不脱离斜导柱，因此这种结构不需要设置滑块的定位装置，从而简化了模具结构。

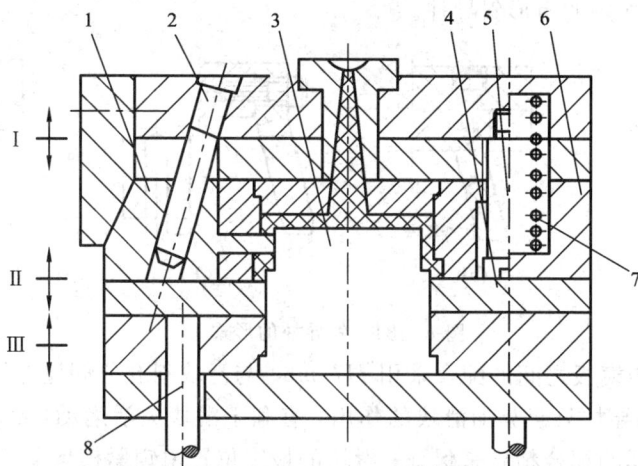

1—侧滑块；2—斜导柱；3—凸模；4—推板；5—定距螺钉；6—型腔板；7—弹簧；8—推杆

图 8-82 斜导柱和滑块同在定模的结构

（4）斜导柱和滑块同在动模。当斜导柱和滑块同在动模上时，可利用顶出机构抽出侧向活动型芯。如图 8-83 所示，滑块 2 装在推板 6 的导滑槽内。合模时，滑块依靠定模上的锁紧楔 3 锁紧。开模时，动、定模沿 A 分型面分开，塑件包紧在凸模 5 上从凹模 4 中脱出，这时滑块 2 与斜导柱 1 无相对运动，因此滑块不向外侧移动，当脱模机构开始工作时，推杆 9 顶动推板 6 使塑件脱离凸模的同时，滑块上的活动型芯在斜导柱的作用下从塑件上抽出。由于滑块始终不脱离斜导柱，因此这种结构不需要设置滑块定位装置，从而简化了模具结构。

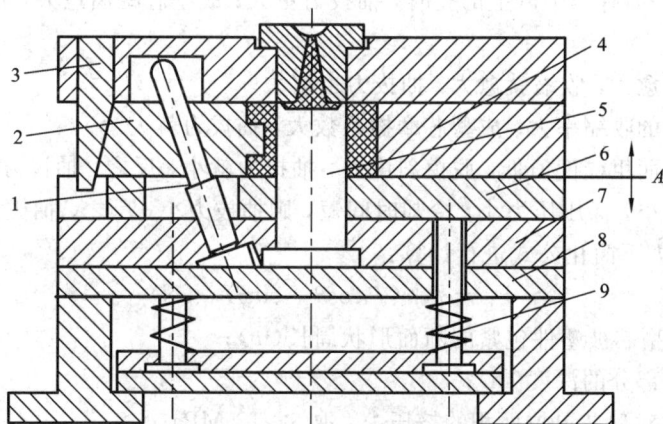

1—斜导柱；2—滑块；3—锁紧锲；4—凹模；5—凸模；6—推板；7—凸模固定板；8—动模垫板；9—推杆

图 8-83 斜导柱和滑块同在动模的结构

3）斜导柱的设计与计算

（1）斜导柱的结构及技术要求。斜导柱常见的结构如图 8-84 所示。按截面形状可分为圆形和矩形。圆形截面加工方便，装配容易，应用较广；矩形截面在相同截面条件下，具有较大的断面系数，能承受较大的弯矩，虽然加工较难，装配不便，但在实际生产中仍有使用。图(a)为圆形斜导柱；图(b)为模内抽拔的矩形斜导柱；图(c)为模外抽拔的矩形斜导柱；图(d)为起延时作用的矩形斜导柱。

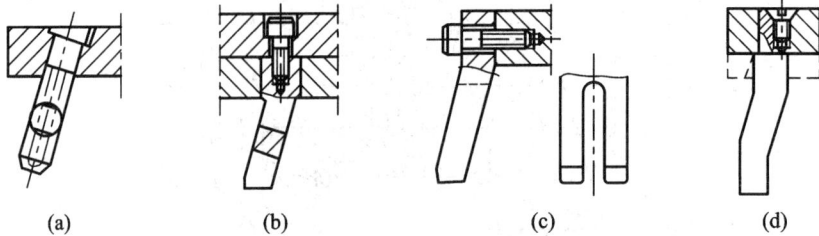

(a)　　　　　　(b)　　　　　　(c)　　　　　　(d)

图 8 - 84　斜导柱的形式

斜导柱固定端与模板之间的配合采用 $H7/m6$，与滑块斜孔之间应保持 $0.5\sim1$ mm 的双边间隙，这样，斜导柱只起驱动滑块的作用，有利于滑块灵活运动，滑块运动的平稳性由导滑槽与滑块之间的配合精度来保证；滑块的最终位置由锁紧楔保证。斜导柱的材料多为 T8A、T10A 等碳素工具钢，也可以采用渗碳钢(如 20、20Cr 等)渗碳淬火处理，热处理要求 55HRC 以上，表面粗糙度 $R_a\leqslant0.8\ \mu m$。

(2) 抽拔力、抽芯距的计算。

① 抽拔力的计算。抽拔力是将侧型芯或侧型腔从塑件上抽出所需的力。刚开始抽芯所克服的阻力称为初始抽拔力，继续将全部侧芯抽出所需的力称为相继抽拔力。相继抽拔力通常小于初始抽拔力，故设计时以初始抽拔力为准。

影响初始抽拔力的主要因素有：

· 成型芯表面积愈大，包紧力愈大，因而抽拔力就愈大；方形成型芯比圆形成型芯抽拔力大；当塑件一面有两个以上的孔时，抽拔力更大；成型芯距离愈大，收缩愈大，抽拔力也就愈大。

· 塑件壁厚愈大，收缩就愈大，抽拔力也愈大。

· 塑件塑料的收缩率大、成型芯摩擦系数大，抽拔力就大。

· 成型芯表面粗糙度值低，脱模斜度大，抽拔力就小，反之，抽拔力就大。

· 注射压力小，保压压力小，冷却时间短，则抽拔力小，反之，抽拔力就大。

抽拔力可用如下简化公式进行计算：

$$F_1 = lhp(f\cos\theta - \sin\theta)\quad (\text{N}) \tag{8-51}$$

式中：l——活动型芯被塑件包紧的断面形状周长(m)；

h——成型部分的深度(m)；

p——塑件对型芯单位面积的挤压力，取 $8\sim12$ MPa；

f——塑料与钢的摩擦系数，常取 $f=0.1\sim0.2$；

θ——侧孔或侧凹的脱模斜度，常取 $\theta=1°\sim2°$。

② 抽芯距的计算。抽芯距是指将活动型芯(侧向型芯或瓣合模块)从成型位置抽至不妨碍塑件脱模位置所移动的距离。通常，抽芯距比侧孔或侧凹的深度大 $2\sim5$ mm，也可按下式计算：

$$s = H \tan\alpha + (2 \sim 5)\text{mm} \tag{8-52}$$

式中：H——斜导柱完成抽芯距所需的开模行程(mm)；

　　　α——斜导柱倾斜角(°)。

（3）斜导柱所受弯曲力的计算。斜导柱受力如图 8-85(a)所示。斜导柱受到抽拔阻力 F_2、弯曲力 F_w 和开模力 F。弯曲力计算公式为

$$F_w = \frac{F_2}{\cos\alpha} \quad (\text{N}) \tag{8-53}$$

式中：F_2——抽拔阻力(与抽拔力 F_1 大小相等，方向相反)(N)；

　　　α——斜导柱的倾斜角(°)。

当抽拔力确定后，斜导柱所受的弯曲力 F_w 与 $\cos\alpha$ 成反比。即当 α 增大时，$\cos\alpha$ 减小，弯曲力增大，斜导柱受力状况变坏。

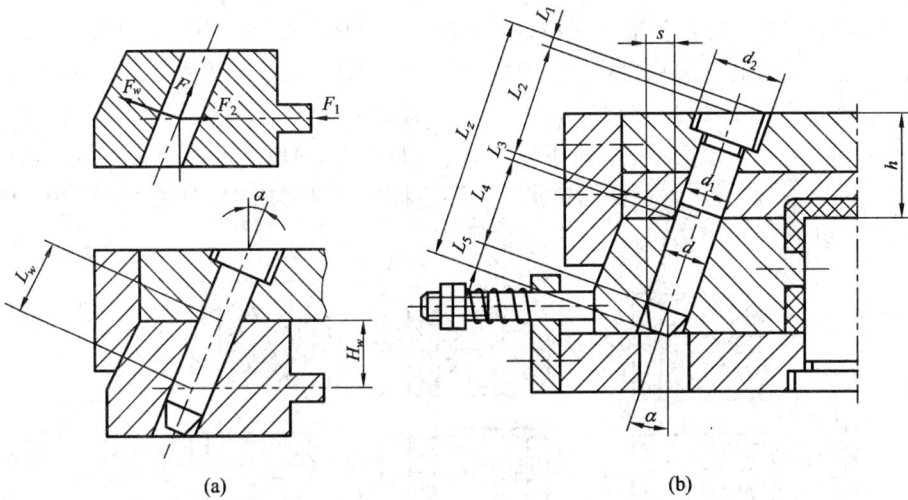

图 8-85　斜导柱受力分析及长度的确定

（4）斜导柱直径的确定。根据材料力学理论，可推导出斜导柱直径 d 的计算公式为

$$F_w = \sqrt[3]{\frac{F_w L_w}{0.1[\sigma_w]\cos\alpha}} \tag{8-54}$$

式中：F_w——最大弯曲力(N)；

　　　L_w——斜导柱的弯曲力壁(mm)；

　　　$[\sigma_w]$——斜导柱的许用弯曲应力，可查有关手册，对碳钢可取$[\sigma_w]=137$ MPa；

　　　α——斜导柱的倾斜角。

（5）斜导柱长度和最小开模行程的计算。斜导柱长度根据抽芯距 s、斜导柱直径 d、斜导柱固定部分的大端直径 d_2、倾斜角 α 以及安装导柱的模板厚度 h 来确定，如图 8-85(b) 所示。

$$L_z = L_1 + L_2 + L_3 + L_4 + L_5$$

$$= \frac{d_2}{2}\tan\alpha + \frac{h}{\cos\alpha} + \frac{d}{2}\tan\alpha + \frac{s}{\sin\alpha} + (10 \sim 15)\ \text{mm} \tag{8-55}$$

式中：d_2——斜导柱固定部分的大端直径(mm)；

　　　h——斜导柱固定板厚度(mm)；

s——抽芯距(mm)；

d——斜导柱直径(mm)；

α——斜导柱倾斜角。

滑块抽芯方向与开模方向垂直时，完成抽芯距 s 所需的最小开模行程为

$$H = s \cot\alpha \qquad \text{(mm)} \tag{8-56}$$

（6）斜导柱倾斜角 α。斜导柱倾斜角 α 是决定其抽芯工作效果的重要因素。倾斜角的大小关系到斜导柱所承受弯曲力和实际达到的抽拔力，也关系到斜导柱的有效工作长度、抽芯距和开模行程。倾斜角 α 实际上就是斜导柱与滑块之间的压力角，因此，α 应小于 $25°$，一般在 $12°\sim 22°$ 内选取。在这种情况下，锁紧楔 $\alpha' = \alpha + 2°\sim 3°$，以防止侧型芯受到成型压力的作用时向外移动，斜导柱变形。

4）滑块设计

（1）滑块的形式。滑块分整体式和组合式两种。整体式是将滑块和侧型芯做成一个整体。组合式是将侧型芯安装在滑块上，这样可以节省钢材，且加工方便，因而应用广泛。型芯与滑块的连接形式如图 8-86 所示，图(a)、(b)、(d)为较小型芯的固定形式；图(c)为燕尾槽固定形式，用于较大型芯；对于多个型芯，可用图(e)所示的固定板固定形式；型芯为薄片时，可用图(f)所示的通槽固定形式。滑块材料一般采用 45 钢或 T8、T10，热处理硬度 40HRC 以上。

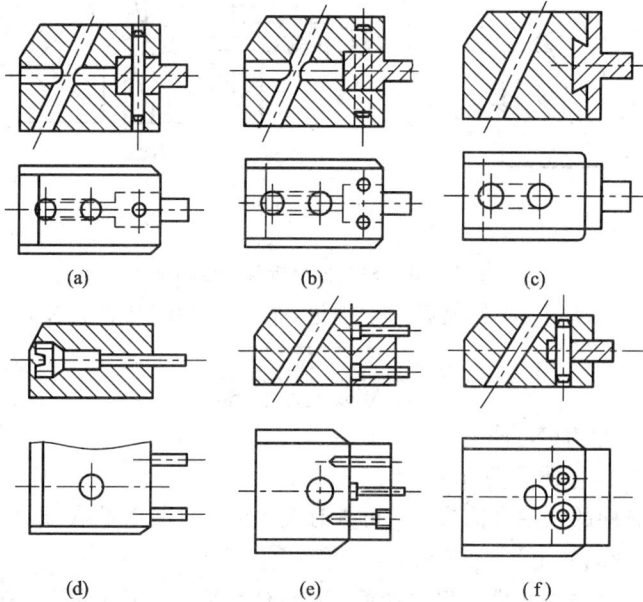

图 8-86　型芯与滑块的连接形式

（2）滑块的导滑形式。侧抽芯过程中，滑块在导滑槽中的滑动要平稳，不应发生上下窜动和卡紧现象。导滑槽有 T 形和燕尾槽形两种。燕尾槽形式导滑精度高，但难于加工，故常用的是 T 形导滑槽。滑块与导滑槽之间的导滑部位通常采用 $H7/f7$ 或 $H7/h8$ 的间隙配合，配合部分表面粗糙度 $R_a \leqslant 0.8\ \mu m$。导滑槽常见的结构形式有整体式和组合式，如图 8-87 所示。图(a)为整体式结构紧凑，导滑精度主要由机械加工保证，用于滑块宽度较小

的情况；其它为组合式，加工方便，但装配时较麻烦。

导滑槽常用 45 钢，调质热处理后硬度为 28～32HRC。盖板的材料用 T8A、T10A 或 45 钢，热处理硬度 50HRC 以上。滑块长度应大于滑块宽度的 1.5 倍，抽芯完毕，留在导滑槽内的长度不小于滑块长度的 2/3。

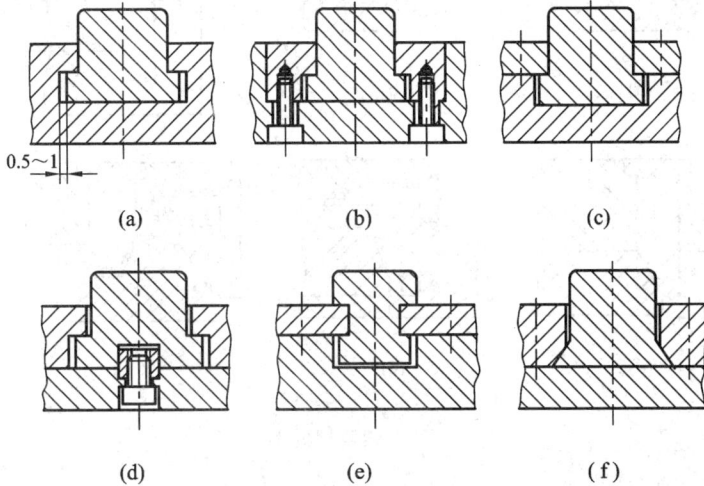

图 8 - 87　滑块的导滑形式

（3）滑块定位装置设计。滑块定位装置用于保证开模后滑块停留在刚脱离斜导柱的位置上，合模时使斜导柱能准确地进入滑块的孔内，顺利合模。滑块定位装置的结构如图 8 - 88 所示。图（a）为滑块利用自重停靠在限位挡块上，结构简单，适用于向下方抽芯的模具；图（b）为靠弹簧力使滑块停留在挡块上，适用于各种抽芯的定位，定位比较可靠，经常采用；图（c）、（d）为弹簧止动销和弹簧钢球定位的形式，结构比较紧凑，适于水平抽芯。

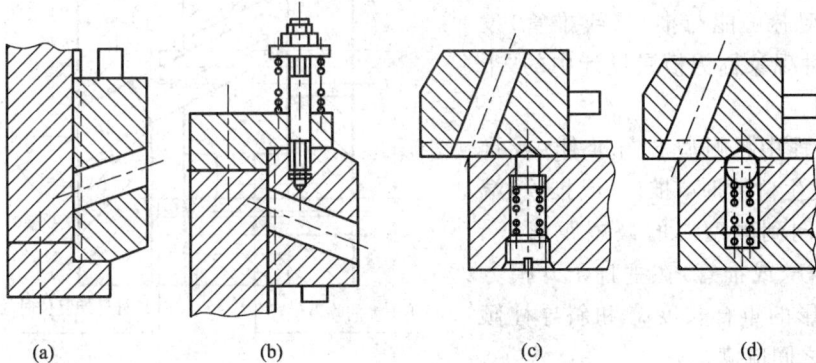

图 8 - 88　滑块的定位形式

5）锁紧楔的设计

锁紧楔的作用就是锁紧滑块，常用的锁紧楔形式如图 8 - 89 所示。图（a）为整体式，结构牢固可靠，刚性好，但耗材多，加工不便，磨损后调整困难；图（b）形式适用于锁紧力不大的场合，制造调整都较方便；图（c）利用 T 形槽固定锁紧楔，销钉定位，能承受较大的侧向压力，但磨损后不易调整，适用于较小模具；图（d）为锁紧楔整体嵌入模板的形式，刚性较好，修配方便，适用于较大尺寸的模具；图（e）、（f）对锁紧楔进行了加强，适用于锁紧力大的场合。

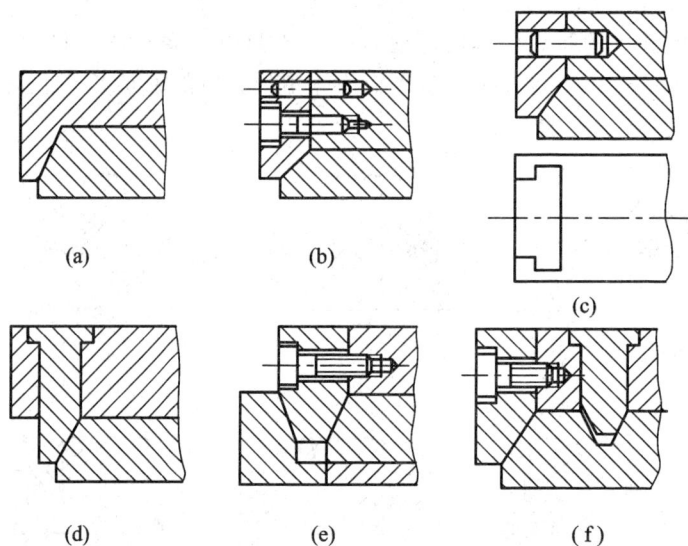

(a)   (b)

(c)

(d)   (e)   (f)

图 8 - 89 锁紧楔的形式

6）先复位装置设计

（1）模具设计中的"干涉"现象。如图 8 - 90 所示，如果模具采用斜导柱安装在定模、滑块安装在动模的侧向抽芯机构，同时还采用推杆（或推管）脱模机构并依靠复位杆复位，在侧型芯和推杆（或推管）垂直于开模方向的投影发生重合的情况下，合模时若侧型芯先复位而推杆（或推管）后复位，侧型芯可能与推杆（或推管）发生碰撞，这种现象称为模具设计中的"干涉"现象。

合模过程中，侧型芯与推杆（或推管）刚好不发生碰撞时，推杆（或推管）端面沿开模方向到侧型芯的最短距离 h_c、侧型芯与推杆（或推管）在垂直于开模方向平面上投影的重合长度 s_c 和斜导柱倾斜角 α 三者之间应满足以下条件：

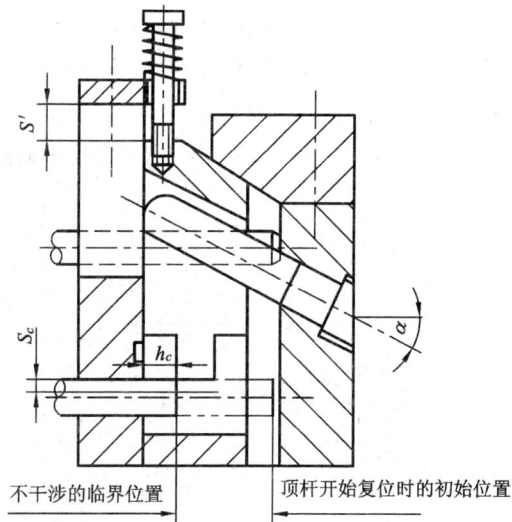

图 8 - 90 干涉现象及不发生干涉的临界条件

$$h_c = s_c \cot\alpha$$

也即不发生干涉的临界条件为

$$h_c > s_c \cot\alpha$$

（2）避免侧向型芯与推杆（或推管）干涉的措施。

通过以上分析，可以采取以下措施来避免合模时侧向型芯与推杆（或推管）发生碰撞：

① 在结构允许的情况下，尽量避免把推杆（或推管）布置在侧型芯垂直于开模方向平面上的投影范围内；

② 如果结构不允许，应保证 $h_c - s_c \cot\alpha > 0.5$ mm（0.5 mm 为安全裕度）。当 h_c 只是略小于 $s_c \cot\alpha$ 时，可通过适当增大 α 角来避免干涉。

③ 当以上两点都不能实施时，可采用推杆（或推管）先复位机构，优先使推杆（或推管）复位，然后滑块才复位。

（3）推杆（或推管）先复位机构设计。

比较常见的推杆（或推管）先复位机构有：三角形滑块先复位机构和摆杆先复位机构。

① 三角形滑块先复位机构。如图 8-91 所示，图（a）为开模顶出状态，图（b）为合模复位状态。三角形滑块 1 可在推杆固定板 2 内移动。合模时，楔形杆 6 推动三角形滑块 1 向内侧移动，带动推杆固定板 2 后退，使推杆 5（推管）先复位一段距离，避免干涉现象发生。脱模机构的完全复位由复位杆完成。楔形杆 6 的长度决定着推杆（推管）的先复位时间，滚轮 3 起增加楔形杆刚度的作用。由于三角形滑块不宜太大，因此推杆（推管）先复位距离小。

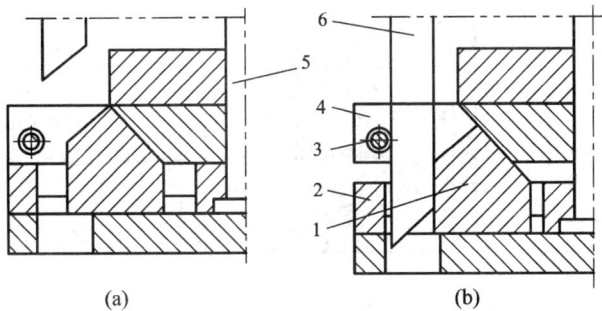

1—三角形滑块；2—推杆固定板；3—滚轮；4—支承板；5—推杆；6—楔形杆

图 8-91　三角形滑块先复位机构
（a）开模顶出；（b）合模复位

② 杠杆先复位机构。如图 8-92 所示，图（a）为开模顶出状态，图（b）为合模复位状态。杠杆 4 铰接在推杆固定板 1 上。合模时，楔形杆 5 端部的斜面推动杠杆 4 的外端，杠杆 4 顺时针转动，其内端顶在支承板 3 上，推动件 1，使推杆 2 先行复位。

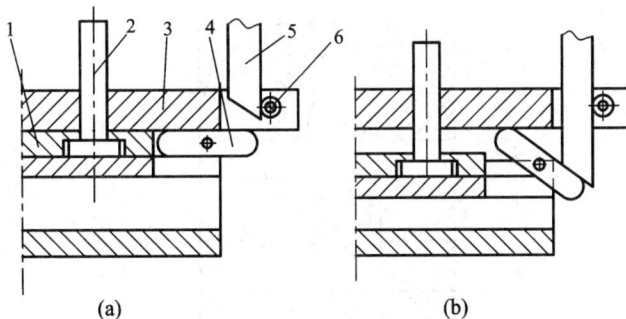

1—推杆固定板；2—推杆；3—支承板；4—杠杆；5—楔形杆；6—滚轮

图 8-92　摆杆先复位机构
（a）开模状态；（b）合模状态

2. 斜滑块抽芯机构

当塑件的侧孔、侧凹或侧凸较浅，抽拔力较大，而抽芯距不太大，但侧孔、侧凹或侧凸的成型面积较大时，可采用斜滑块侧向抽芯机构。

斜滑块侧向抽芯机构的特点是：模具型腔全部或部分由斜滑块拼合而成，顶出时利用推出机构的推力驱动斜滑块斜向运动，在塑件被推出的同时由滑块完成侧向抽芯动作。斜滑块侧向抽芯机构一般可分为外侧分型抽芯和内侧抽芯两种。

1) 斜滑块外侧分型抽芯机构

图 8-93 为斜滑块外侧分型抽芯机构。脱模时，斜滑块 1 受顶杆 2 的推动向上右运动，同时向两侧分开，分开动作是通过斜滑块上的凸耳在锥模套 5 上的导滑槽中运动来实现的，止动钉 7 用于防止滑块从模套中脱出。

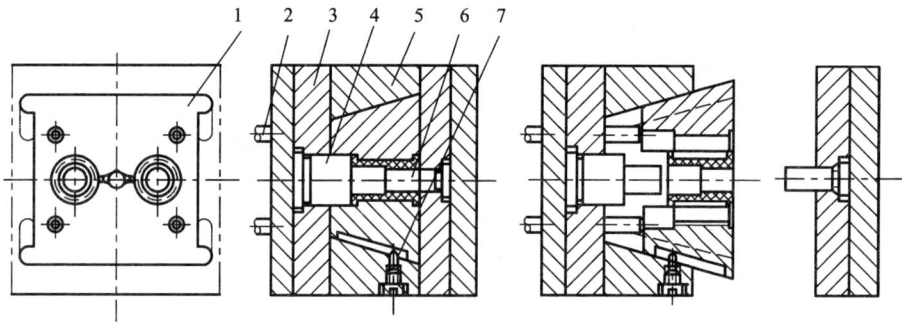

1—斜滑块；2—顶杆；3—型芯固定板；4—动模型芯；5—锥模套；6—定模型芯；7—止动销

图 8-93 斜滑块外侧分型抽芯机构

2) 斜滑块内侧抽芯机构

图 8-94 为斜滑块内侧抽芯机构。开模时推出板 5 推动斜滑块 3，使其沿着动模板上的斜孔或导滑槽运动，同时完成内侧抽芯与推出塑件的动作。

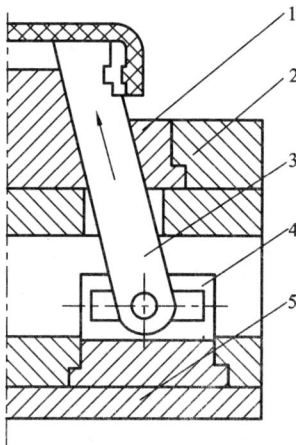

1—凸模；2—模套；3—斜滑块；4—滑座；5—推出板

图 8-94 斜滑块内侧抽芯机构

3. 弯销抽芯机构

弯销是斜导柱的一种变异形式，通常弯销安装在模板外侧，也有安装在模内的情况。

模外式弯销抽芯机构如图 8-95 所示。弯销 2 的右头固定在定模上，左头由支承板 5 支承，起压紧块作用。弯销的各段可以加工成不同的斜度，可根据需要随时改变抽拔力和抽拔速度。如开模之初可采用较小的斜度，以获得较大的抽拔力，然后采用较大的斜度，以获得较大的抽芯距。与之对应的弯销孔也应做成几段相配合，一般配合间隙可取 0.5 mm 或更大些，以免发生卡死现象。弯销因装在模板外侧，可减小模板面积，减轻模具重量。

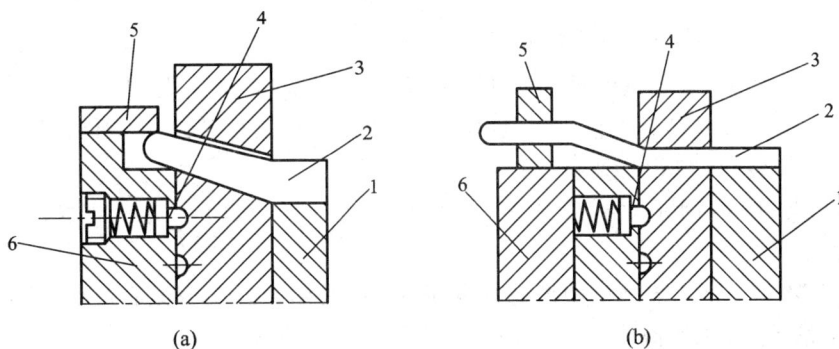

1—定模；2—弯销；3—滑块；4—定位销；5—支承板；6—动模

图 8-95　模外式弯销抽芯机构

8.10　模具温度调节系统设计

在注射成型工艺过程中，模具温度直接影响塑件质量和注射周期。

8.10.1　概述

由于各种塑料的性能和成型工艺要求不同，因此对其模具温度的要求各异。表 8-20 为部分塑料注射成型时所需的模温。

表 8-20　部分塑料注射成型时所需的模温(℃)

塑　料	模　温	塑　料	模　温
聚丙烯(PP)	50～60	聚甲醛(POM)	50～90
聚苯乙烯(PS)	20～70	聚碳酸酯(PC)	80～100＊
ABS	40～70	聚苯醚(PPO)	100～120＊
硬聚氯乙烯(HPVC)	20～60	聚砜(PSF)	100～120＊

注：＊——模具需要加热。

对于任何塑件，模温波动较大都是不利的。过高的模温会使塑件在脱模后发生变形，延长冷却时间，使生产率下降。过低的模温会降低塑料的流动性，难于充满型腔，增加塑件的内应力和明显的熔接痕等缺陷。

　　对于要求模温较低的塑料(PS、ABS 等)，由于模具不断地被注入的熔融塑料加热，模温升高，单靠模具自然散热不能使其保持较低的温度，因此，必须加冷却装置。对于要求模温较高的塑料(如 PC、PPO、PSF 等)，成型出的塑件容易产生内应力和表面疵癜，故宜采用较高的模温(80~120℃)。当型芯形状比较复杂时，脱模比较困难，也应采用较高的模温。由于模具与注射机模板紧密接触，自然散失热量大，单靠不断注入熔融塑料加热是不够的，因此，必须增设加热装置。

8.10.2　冷却装置的设计要点

　　模具冷却剂可以用水、压缩空气和冷冻水冷却，而水冷最为普遍。所谓水冷，即在模具型腔周围和型芯内开设冷却水通道，使水在其中循环，带走热量，维持所需的模温。水的热容量大，导热系数大，成本低。有时为了满足加速冷却，也可以采用冷冻水冷却。

　　冷却水道的开设受模具上镶块和顶出杆等零件几何形状的限制，必须根据模具的特点灵活地设置冷却装置。其设计要点有：

　　(1)实验表明冷却水孔的数量愈多，对塑件的冷却愈均匀。因此冷却水孔应尽量多、孔径应尽量大。

　　(2)冷却水道至型腔表面的距离应尽量相等，即孔的排列要与型腔形状相吻合。一般冷却水孔至型腔表面的距离应大于 10 mm，常用 12~15 mm。

　　(3)对热量积聚大、温度上升高的部位应加强冷却。如浇口附近的温度最高，离浇口距离越远温度越低，因此浇口附近应加强冷却，在其附近设冷却水的入口，再流向远端。同一塑件不同部位的冷却应与塑件的厚度成比例。

　　(4)进水管直径的选择应使水流速度不超过冷却水道的水流速度，避免产生过大的压力降，同时也要考虑便于加工和清理。冷却水道直径一般不小于 φ9 mm，常用 φ9~12 mm。

　　(5)凹模、凸模及成型型芯应分别冷却，并保证其冷却平稳。当成型大型塑件或薄壁塑件时，料流流程较长，而料温愈流愈低，为在塑件上获得大致相同的冷却速度，在料流末端冷却水道可排列稀一些。

　　(6)注意干涉和密封等问题，避免将冷却管道开设在塑料的熔接痕部位。冷却管道应避开模具内推杆孔、螺纹孔及型芯孔等其它孔道。水管接头处必须密封，防止漏水。另外，冷却管道不应穿过镶块，以免在接缝处漏水，若必须通过镶块时，则应加镶套管密封。

　　(7)复式冷却循环应并联而不应串联。

　　(8)进、出口冷却水温差不应过大，以免造成模具表面冷却不均。

8.10.3　冷却装置的典型结构

　　模具中冷却装置的形式很多，应根据塑件形状、尺寸而合理选用。常见冷却系统的典型结构有：直流式和直流循环式、循环式、喷流式等。

1. 直流式和直流循环式

　　如图 8-96 所示，图(b)在外部设置接头，将所钻的冷却水孔连通，冷却水在通道内循环流动；为避免外部设置接头，冷却管道之间可采用内部钻孔沟通，非进口用螺塞堵住，如图(a)所示。这种冷却形式结构简单，加工方便，但模具冷却不均匀。适用于成型面积较大、型腔较浅的塑件。

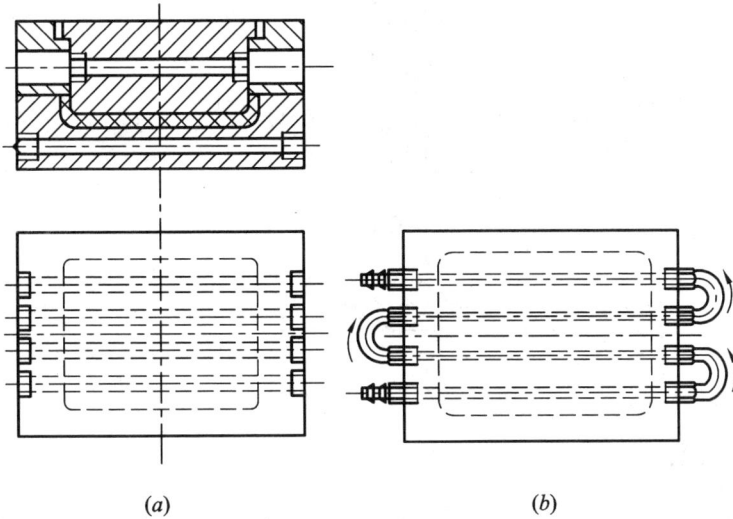

图 8 - 96　直流式和直流循环式冷却装置

对于大面积的浅型腔，可采用左右两组对称回路冷却，并用堵头或隔板使冷却水沿规定回路流动，且两组回路的入口均靠近浇口，使型腔表面温度分布均匀。

2. 循环式

如图 8 - 97 所示，图(a)为间歇循环式，冷却效果较好，但出入口数量较多，加工费用高；图(b)、(c)为连续循环式，冷却槽加工成螺旋状，且只有一个入口和出口，其冷却效果比图(a)稍差。这些形式均适用型芯和型腔的冷却。

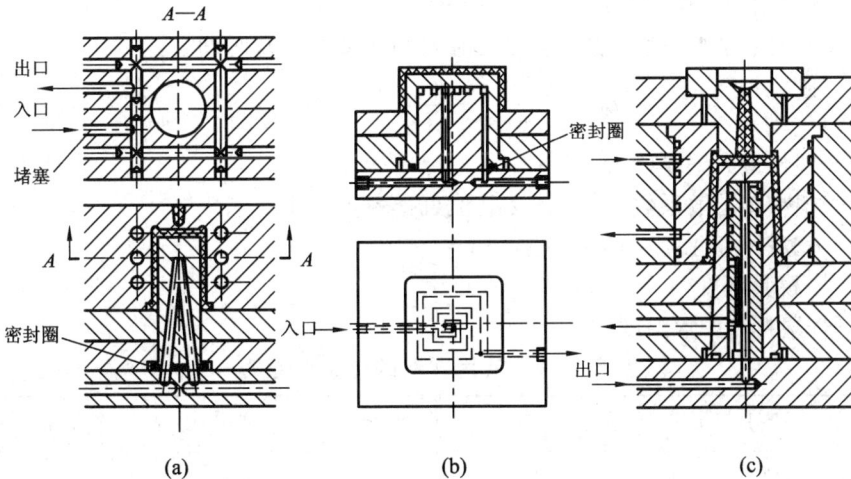

图 8 - 97　循环式冷却装置

3. 喷流式

如图 8 - 98 所示，以水管代替型芯镶件，结构简单，成本较低，冷却效果较好。这种形式既可用于小型芯的冷却也可用于大型芯的冷却。

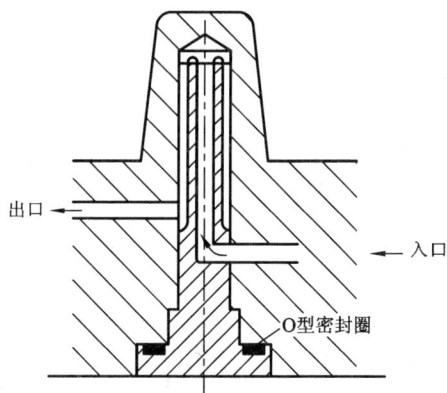

图 8 - 98 喷流式冷却装置

8.10.4 冷却计算

1. 冷却时间的计算

塑件在模具内的冷却时间是指塑料熔体充满型腔到开模取出塑件所需的时间。可以开模的标准是塑件已充分固化，且有一定的强度和刚度，在开模过程中不发生变形开裂。衡量塑件充分固化的标准有：

(1) 塑件最大壁厚中心的温度已冷却到该塑料的热变形温度以下；

(2) 塑件截面内的平均温度已达到所规定的出模温度；

(3) 对于结晶型塑料，最大壁厚的中心层温度达到固熔点，或者结晶度达到某一百分比。

计算冷却时间的经验公式：

• 塑件最大壁厚中心温度达到热变形温度所需要的冷却时间：

$$t_1 = \frac{S^2}{\pi^2 g}\left[\frac{4}{\pi}\left(\frac{T_c - T_m}{T_1 - T_m}\right)\right] \quad (s) \tag{8-57}$$

式中：S——塑件最大壁厚(mm)；

g——塑料热扩散系数(mm^2/s)，其值可查表 8 - 21；

T_c——塑料注射温度(℃)；

T_m——模具温度(℃)；

T_1——塑料热变形温度(℃)。

表 8 - 21 常用塑料的热扩散系数

类型	代号	$g/mm^2 \cdot s^{-1}$	类型	代号	$g/mm^2 \cdot s^{-1}$
非结晶型塑料	PC	0.105	结晶型塑料	PBTP	0.090
	CA	0.085		PA66	0.085
	CP	0.085		PP	0.065
	PS	0.080		LDPE	0.090
	ABS	0.080		HDPE	0.095

• 塑件截面平均温度达到出模温度所需的冷却时间：

$$t_2 = \frac{S^2}{\pi g} \ln\left[\frac{8}{\pi^2}\left(\frac{T_c - T_m}{T_2 - T_m}\right)\right] \quad \text{(s)} \tag{8-58}$$

式中：T_2——塑件截面内平均温度(℃)；

其它符号含义同上式。

• 结晶型塑件的最大壁厚中心层温度达到固熔点时所需的冷却时间，计算公式见表 8-22。

表 8-22　结晶型塑件的冷却时间计算公式

塑料	聚丙烯(PP)	聚甲醛(POM)
棒类	$t_3 = 65.66 R^2 \dfrac{T_c + 490}{223.9 - T_m}$	$t_3 = 71.61 R^2 \dfrac{T_c + 157.8}{157.8 - T_m}$
板类	$t_3 = 37.85 S^2 \dfrac{T_c + 490}{223.9 - T_m}$	$t_3 = 36.27 S^2 \dfrac{T_c + 157.8}{157.8 - T_m}$
温度范围 /℃	$T_c = 232.2 \sim 282.2$ $T_m = 4.4 \sim 79.4$	$T_c > 190$ $T_m < 125$

表中：R——棒类塑件半径(mm)；

　　　T_e——塑件初始成型温度(℃)；

　　　T_m——模具温度(℃)；

　　　S——板类塑件厚度(mm)。

2. 冷却计算

模具的热量是由辐射传热、对流散热、向模板的传热以及与注射喷嘴接触的传热等很多因素综合作用的结果。要精确计算是十分困难的，现仅考虑冷却介质在管内强制对流的散热，而忽略其它传热因素。假设由熔融塑料放出的热量全部传给模具，其热量为

$$Q_1 = nmC(T_1 - T_2) \quad \text{(J/h)} \tag{8-59}$$

式中：n——每小时注射次数(次/小时)；

　　　m——每次注射的塑料质量(kg/次)；

　　　C——塑料的比热容(J/kg·℃)；

　　　T_1——熔融塑料进入模具型腔的温度(℃)；

　　　T_2——塑件的脱模温度(℃)。

冷却时所需要的冷却水量：

$$M_1 = \frac{Q_1}{\lambda(T_3 - T_4)} = \frac{nmC(T_1 - T_2)}{\lambda(T_3 - T_4)} \quad \text{(Kg)} \tag{8-60}$$

式中：M_1——通过模具的冷却水质量(kg)；

　　　T_3——出水温度(℃)；

　　　T_4——进水温度(℃)；

　　　λ——导热系数(J/m·℃)。

根据冷却水处于湍流状态下的流速 v 与水管直径 d 的关系，确定模具冷却水管直径 d。

因为

$$\frac{\pi}{4}d^2 v\rho = M_1$$

故有

$$d = \sqrt{\frac{4 \times 10^3 M_1}{\pi v\rho}} \quad (\text{mm}) \tag{8-61}$$

式中：M_1——冷却水的质量（kg）；

v——管道内冷却水的流速，一般取 $0.8 \sim 2.5$ m/s；

ρ——水的密度（kg/m³）。

冷却管道总传热面积为

$$A = \frac{M_1}{R\Delta T} \tag{8-62}$$

式中：R——冷却管道壁与冷却介质间的传热系数（J/m²·℃）；

$$R = \frac{4187 f(\rho v)^{0.8}}{d^{0.2}} \quad (\text{J/m}^2 \cdot ℃)$$

式中：ρ——水的密度（kg/m³）；

f——与冷却介质有关的物理系数，可查表 8-23；

ΔT——模温与冷却介质之间的平均温差（℃）。

表 8-23　水温与 f 的关系

平均水温/℃	0	10	20	30	40	50	60	70
f	4.91	5.68	6.45	7.22	7.98	8.64	9.30	9.90

在模具上应开设的冷却水管道的孔数：

$$n = \frac{A}{\pi d L} \tag{8-63}$$

式中：A——冷却装置总的传热面积（m²）；

d——冷却水管道直径（m）；

L——冷却水管道的长度（m）。

计算中有关参数可查表 8-24～表 8-26。

表 8-24　部分塑料的导热系数、比热和熔化潜热

塑料品种	导热系数 λ/J(m·℃)$^{-1}$	比热容 C/J(kg·℃)$^{-1}$	潜热/J·kg^{-1}
聚苯乙烯（PS）	452	1340	—
ABS	1055	1047	—
硬聚氯乙烯（HPVC）	574	1842	—
聚丙烯（PP）	423	1926	1.80×10^5
尼龙 66	837	1884	1.30×10^5
聚碳酸酯（PC）	695	1717	—
聚甲醛（POM）	829	1759	1.63×10^5
聚四氟乙烯	879	1046	

表 8 - 25　部分塑料熔体的单位热流量 Q_2

塑料品种	Q_2 /$\times 10^4$ J · kg^{-1}	塑料品种	Q_2 /$\times 10^4$ J · kg^{-1}	塑料品种	Q_2 /$\times 10^4$ J · kg^{-1}
ABS	31～40	高密度聚乙烯	69～81	聚碳酸酯	27
聚甲醛	42	聚丙烯	59	聚氯乙烯	16～36

塑料熔体的单位热流量：

$$Q_2 = [C(T_1 - T_2) + K] \qquad (J/kg) \qquad\qquad (8-64)$$

式中：C——塑料的比热容(J/kg · ℃)；

$\qquad K$——结晶型塑料的熔化潜热(J/kg)。

表 8 - 26　冷却水流速、流量与管道直径的关系

d/mm	8	10	12	15	20	25
V_{min}/m · s^{-1}	1.66	1.32	1.10	0.87	0.66	0.53
$V \times 10^{-3}$/m^3 · min^{-1}	5.0	6.2	7.4	9.2	12.4	15.5

注：表中数据是在雷诺数 Re＝10^4 及温度为 10℃ 的条件下得到的。

8.10.5　塑料模具的加热

1. 概述

塑料模具的加热在热塑性塑料注射成型和热固性塑料的压塑、压铸及注射成型中均有应用。在热塑性塑料注射成型中应用于要求模温较高的塑料(如聚碳酸酯、聚砜、聚苯醚等)成型，用加热来调节温度。而应用最多的是热固性塑料的压塑、压铸及注射成型，用加热来完成塑料固化的化学反应。模具温度常控制在 ±3℃ 范围内。部分热固性塑料的模温见表 8 - 27。

表 8 - 27　部分热固性塑料的模温

塑料名称	模温/℃	塑料名称	模温/℃
酚醛塑料	170～199	不饱和聚酯塑料	170～200
三聚氰胺 - 甲醛塑料	170～190	环氧树脂塑料	170～187

若模具温度过低，塑料反应不完全，导致不能成型或充模不全；反之，模具温度过高，则塑件表面发暗、组织疏松、烧焦、粘模或溢边过多。

根据热能来源不同，模具加热方法有蒸汽加热、热水加热、煤气加热、工频感应加热和电阻加热等，而应用最多、最普遍的是电阻加热方法。

模具设计中，必须对所需要的电功率进行计算，并使电功率控制在一定范围，以保证模具温度满足工艺要求与稳定。通常通过电热元件的合理布局予以实现。

2. 加热装置的设计

1) 电热丝直接加热

将选择好的电热丝绕成螺旋状，放入绝缘瓷管中装入模板的加热孔中，通电后就可对模具进行加热。这种加热方法结构简单，成本低廉，但电热丝与空气接触后易氧化，寿命较短，同时也不太安全。

2）电热棒加热

电热棒是一种标准的加热元件，它是由具有一定功率的电阻丝和带有耐热绝缘材料的金属密封管组成，使用时只要将其插入模板上的加热孔内通电即可，如图 8-99 所示。电加热棒加热的特点是使用和安装都很方便。

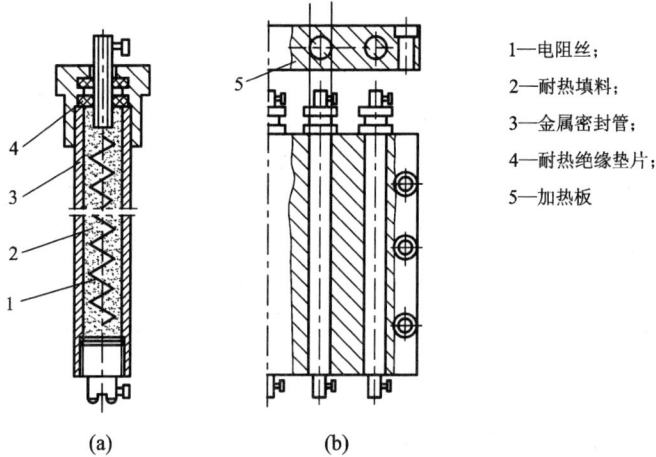

1—电阻丝；

2—耐热填料；

3—金属密封管；

4—耐热绝缘垫片；

5—加热板

(a)　　　　　(b)

图 8-99　电热棒及其安装

电热棒的尺寸系列见表 8-28。使用时，可根据所需要加热功率选用外形尺寸、数量和连接方法。由于这种电热器的电阻丝与外界空气隔绝，所以它不易氧化，使用寿命长，且容易更换。

表 8-28　标准电热棒外形尺寸与功率

名义直径 d_1/mm		13	16	18	20	25	32	40	50
允许误差/mm		±0.10		±0.12			±0.20		±0.30
盖板 d_2/mm		8	11.5	13.5	14.5	18	26	34	44
槽深 a/mm		1.5	2	3			5		
功率/W									
长度 L/mm	60_{-3}	60	80	90	100	120			
	80_{-3}	80	100	110	125	160			
	100_{-3}	100	125	140	160	200	250		
	125_{-4}	125	160	175	200	250	320		
	160_{-4}	160	200	225	250	320	400	500	
	200_{-4}	200	250	280	320	400	500	600	800
	250_{-5}	250	320	350	400	500	600	800	1000
	300_{-5}	300	375	420	480	600	750	1000	1250
	400_{-5}		500	550	630	800	1000	1250	1600
	500_{-5}			700	800	1000	1250	1600	2000

3）电热圈加热

当模具高度较高，仅靠上、下两块加热板不能产生足够的热量或者无法将电热棒安装到小型模具内部时，可采用电热圈的加热形式。将电热丝绕制在云母片上，再装夹在特制的金属外壳中，电热丝与金属外壳之间用云母片绝缘，如图 8 - 100 所示，将它围在模具外侧对模具进行加热。其特点是结构简单、更换方便，但缺点是耗电量大，这种加热装置更适合于压缩模和压铸模。

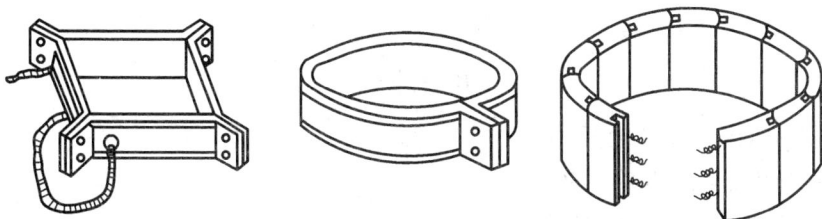

图 8 - 100　电热圈的形式

3. 电热计算

模具电热装置单位时间所需要的总功率，根据模具尺寸，按如下公式计算：

$$P = \frac{MC(T_2 - T_1)}{\eta t} \quad (\text{W}) \tag{8-65}$$

式中：M——模具质量（kg）；

C——钢的比热容（J/kg · ℃）；

T_2——塑料成型要求的模温（℃）；

T_1——模具的初始温度（℃）；

η——加热器的效率，常取 $\eta = 0.3 \sim 0.5$；

t——加热时间（s）。

求出总功率 P 后，确定电热棒的数目，可求出每根电热棒的功率

$$P_1 = \frac{P}{n} \quad (\text{W}) \tag{8-66}$$

式中：P_1——每根电热棒的加热功率；

n——电热棒根数。

还可以采用经验数据求模具所需电功率

$$P = MW \quad (\text{W}) \tag{8-67}$$

式中：M——模具质量（kg）；

W——模具每 1 kg 加热到成型温度所需要的电功率（W/kg），其经验数据为

用电加热棒加热　小型模具　　　< 40 kg　　　　　$W = 35$（W/kg）

中型模具　　　40～100 kg　　　$W = 30$（W/kg）

大型模具　　　> 100 kg　　　　$W = 20 \sim 25$（W/kg）

用电热圈进行加热小型模具　　　$W = 40$（W/kg）

大型模具　　　$W = 60$（W/kg）

　　模具的电热功率,对凸模与凹模应分别计算。若采用并联加热,对每根加热棒的功率计算为

$$P_1 = \frac{P}{n} \tag{8-68}$$

式中：P——模具加热的总电功率(W)；

　　　P_1——每根电热棒的电功率(W)；

　　　n——电热棒的数量,在串联时 $n=1$。

　　电热棒的电阻

$$R = \frac{V^2}{P_1} \tag{8-69}$$

式中：R——电热棒的电阻(Ω)；

　　　V——电压,应选用 $24 \sim 60$ V；

　　　P_1——每根电热棒的电功率(W)。

　　计算电阻丝的长度为

$$L = \frac{RS}{\rho_1} \quad (m) \tag{8-70}$$

式中：R——每根电热棒的电阻(Ω)；

　　　S——电阻丝截面面积,可查表 8-29；

　　　ρ_1——电阻丝的电阻率($\Omega \cdot mm^2/m$),镍铬合金丝 $\rho_1=1.1(\Omega \cdot mm^2/m)$,高阻抗合金丝 $\rho_1=1.2(\Omega \cdot mm^2/m)$。

表 8-29　镍铬电阻丝的性能

直径 /mm	截面面积 /mm²	最大允许电流 /A	400℃、每米的电阻 /Ω	每米电阻丝质量 /N×9.81⁻¹×10⁻³
0.5	0.195	4.2	9.00	1.61
1.0	0.785	11.0	1.50	6.44
1.5	1.767	18.5	0.61	14.50
2.0	3.142	25.0	0.36	25.80

8.11　注射模的标准化

　　各种注射模的结构类型虽然有很大差别,但它们的基本组成结构还是一样的,即都有动(定)模座板、动(定)模板、导柱、导套、垫板、推板、推板固定板,一部分还有支承板,它们共同构成一个注射模架。制造注射模时,只要对注射模架进行必要的加工,并增加一些诸如主流道衬套、定位圈、推杆(推管)、镶件(镶块)、斜导柱、滑块等功能零件,便可得到一副完整的注射模,而且像推杆、限位销等有些功能零件的结构尺寸也有较固定的模式。如果每副注射模,包括注射模架都要从头到尾进行设计制造,则需要很长的周期。因此,有必要建立有关模具零件和注射模架的技术标准,使设计规范化,一方面,设计人员能摆脱大量重复的一般性设计,能专心于创新设计,解决模具中的关键技术问题；另一方

面，这些标准模具零件和标准注射模架由专业生产厂家大批量生产和供应，各模具厂只完成型腔部分的加工和装配，在此基础上可更大范围的使用模具 CAD/CAM 等先进技术。这提高模具设计和制造水平，提高模具质量，缩短制模周期，降低成本，节约金属等都有要意义。

我国模具标准化工作启始于 20 世纪 70 年代，经过数十年的努力，目前，我国已建立了多生产模具标准件和标准模架的专业厂，并制定了有关塑料模具的国家标准，见表 8 - 30。

表 8 - 30　有关塑料模具的国家标准

序　号	标　准　名　称	标　准　号
1	塑料注射模具零件	GB/T4169 - 1984
2	塑料注射模具零件技术条件	GB/T4170 - 1984
3	塑料成型模具术语	GB/T8846 - 1988
4	塑料注射模具技术条件	GB/T12554 - 1990
5	塑料注射模大型模架	GB/T12555 - 1990
6	塑料注射模中小型模架及技术条件	GB/T12556 - 1990

GB/T4169 - 1984《塑料注射模具零件》中共给出了 11 个零件的标准，具体零件和标准号见表 8 - 31。

表 8 - 31　GB/T4169 - 1984 11 个零件的标准号

序　号	零件名称	标　准　号
1	推杆	GB/T4169.1 - 1984
2	直导套	GB/T4169.2 - 984
3	带头导套	GB/T4169.3 - 1984
4	带头导柱	GB/T4169.4 - 1984
5	有肩导柱	GB/T4169.5 - 1984
6	垫块	GB/T4169.6 - 1984
7	推板	GB/T4169.7 - 1984
8	模板	GB/T4169.8 - 1984
9	限位钉	GB/T4169.9 - 1984
10	支承柱	GB/T4169.10 - 1984
11	圆锥定位销	GB/T4169.11 - 1984

塑料注射模架共有两个国家标准，即 GB/T12556 - 1990《塑料注射模中小型模架及技术条件》和 GB/T12555 - 1990《塑料注射模大型模架》。两个标准的区别主要在于适用范围不同，前者的模板尺寸 $B \times L \leqslant 560\ mm \times 900\ mm$，而后者的模板尺寸 $B \times L$ 为 $630\ mm \times 630\ mm \sim 1250\ mm \times 2000\ mm$。

这里介绍注射模标准零部件的选用方法。

1. 注射模标准化零件的选用

设计者一般应先根据强度、刚度计算或经验设计方法，并考虑零件安装空间，参照标准确定注射模标准化零件的公称尺寸，再从标准的长度系列中选用零件长度。像推杆类顶出零件，如标准中无合适的长度供选用，可选择更长的标准件后，再根据需要进行截断等简单的二次加工。

2. 标准注射模模架的选用

选用标准注射模模架时要遵循最小原则，即在满足各种要求的情况下选用最小的模架，其选用步骤如下：

（1）首先应根据模具型腔的配置设计来确定模架模板的宽和长（$B \times L$）。

（2）根据型腔、型芯的结构设计确定动、定模板的厚度；根据顶出行程的要求确定垫板厚度，即可确定模架的编号。

（3）根据对型芯的保护要求、脱模方便与否等情况，确定导柱的安装方式（正装或反装）。

（4）验算选定的模架闭合厚度是否小于所选注射机的最大装模厚度。如果模架闭合厚度小于所选注射成型机的最大装模厚度，则选择是成功的；否则，应重新选择，看是否有减小模板厚度的可能，如无可能，就只能更换注射机。

8.12　注射模设计程序

衡量一副成功的注射成型模具的标准，首先是看其能否获得合格的塑件，其次是制造、装配模具操作是否方便，第三是成本要低。要实现这些要求有一个反复过程。

在进行注射模设计之前，必须考虑好以下问题：

① 仔细阅读"模具设计任务书"，明确塑件所用塑料的牌号与要求、塑件的技术要求、成型方法、生产批量以及塑件的使用功能等；

② 针对"任务书"中的塑件零件图或提供的塑件实物进行产品结构工艺性分析，确定成型方法的可行性，必要时还要与产品设计人员进行技术交流。

③ 了解模具制造单位的生产条件和生产习惯，并掌握模具使用单位的成型设备资料和注射工艺水平，准备着手进行注射模设计。

模具设计的程序不是一成不变的，但其基本步骤如下：

（1）初步估算塑件（包括浇注系统凝料在内）的体积及质量。塑件的体积及质量越大，浇注系统凝料所占的比例越小；反之，则越大。

（2）初选注射成型机的型号和规格。

（3）在对多种方案进行分析比较的基础上，确定模具基本结构。

（4）进行模具结构方案设计：

① 确定型腔数目及其布置；

② 选择分型面；

③ 确定浇注系统；

④ 确定型腔、型芯的结构、尺寸及固定方式；

⑤ 确定脱模机构的结构类型，需要侧向分型与抽芯的，要确定侧向分型与抽芯机构的结构类型；

⑥ 确定导向机构的具体结构；

⑦ 确定排气方式；

⑧ 确定模具加热与冷却方式；

⑨ 绘制模具装配草图。

（5）相关模具零件的强度、刚度校核，以及模具与注射机的相关参数的校核。

（6）根据模具零件的强度、刚度校核，修改完善模具装配图。

（7）拆画非标准件的模具零件图。

（8）复核设计图样。

复 习 思 考 题

8-1　热塑性塑料注射模的基本组成有哪些？试举例说明。

8-2　何谓分型面？正确选择分型面对塑件质量有哪些影响？

8-3　成型零件设计包含哪些基本内容？

8-4　如图所示的塑件，用最大收缩率为 1%、最小收缩率为 0.6% 的塑料成型，凹模为整体式，模具制造公差取零件公差的 1/4。试确定注射模的凹模、凸模径向尺寸和高度尺寸以及两孔的中心距。

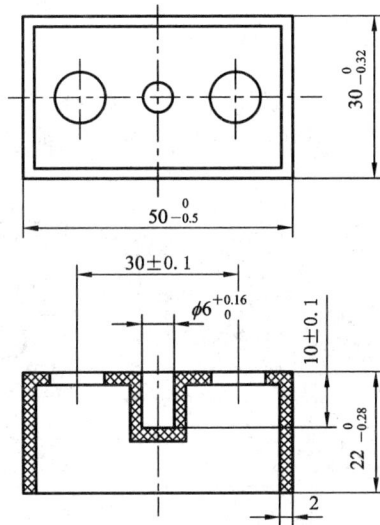

题 8.4 图

8-5　注射模矩形型腔的壁厚和底板厚度如何确定？应考虑哪些因素？强度计算与刚度计算有何关系？

8-6　何谓普通浇注系统？它由哪些部分组成？浇口的基本类型、特点和应用有哪些？

8-7　何谓无流道凝料浇注系统？其基本组成、特点和应用有哪些？

8-8　何谓简单脱模机构、二次脱模机构？举例说明其组成、特点及应用。

8-9　试述斜导柱抽芯机构的工作原理、基本尺寸和受力分析。

8-10　模温与塑件质量有何关系？为使模温达到工艺要求应采取哪些措施？

第9章　热固性塑料成型工艺及模具设计

　　热固性塑料在日用电器、工业电器、仪表、电信、电视机、计算机、电子元器件塑料封装、汽车、轻纺及国防等领域得到了广泛的应用，因此，了解热固性塑料模的设计亦十分重要。

　　本章介绍热固性塑料压塑模、压铸模及注射模设计相关的主要内容。

9.1　压　塑　模　设　计

9.1.1　压塑成型原理及工艺

　　压塑成型又称压缩成型、压制成型，主要用于成型热固性塑件，也可用于成型热塑性塑件。

1. 压塑成型原理

　　图 9 - 1 为压塑成型原理示意图，它的基本工作原理是将松散的固态成型物料直接加入到模具中，通过加热和加压方法使其熔融塑化，然后根据型腔形状进行流动成型，最终经过固化转变成为塑件。

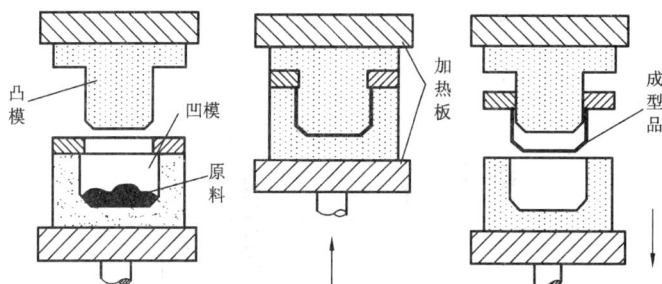

图 9 - 1　压缩成型原理

　　与注射成型比较，压塑成型具有一些明显的特点：模具结构简单，不用浇注系统，所成型塑件致密性高，塑件内取向组织少、取向程度低，性能比较均匀，成型收缩率小，对成型物料形态适应性强，粉状、纤维状、团状、薄片状均可方便成型，可用普通压力机成型等。但成型周期长，劳动强度大，生产环境差，操作多用手工，不易实现自动化，塑件往往带有溢料飞边、精度难于控制，模具容易磨损、使用寿命较短。

　　压塑成型主要用于热固性塑件的生产，如酚醛塑料、氨基塑料、环氧树脂、不饱和聚酯塑料、聚酰亚氨等。

2. 压塑成型设备

　　压塑成型一般采用液压机为主要成型设备。目前应用最为广泛的是手动和半自动液压压力机，近年来，在先进的压力机上配置了电子程控装置及机械手，实现了操作过程的自动化。

国产塑料液压机的主要技术参数见表 9 - 1。

表 9 - 1　国产塑料液压机的主要技术参数

型　　号	YX(D)-45	YX-100	Y71-300	YA71-500
最大总力/kN	470	1000	3000	5000
最大回程力/kN	70	500	1000	1600
最大工作压力/MPa	32	32	32	32
活塞最大行程/mm	250	380	600	1000
压板最大距离/mm	330	650	1200	1400
压板最小距离/mm	80	270	600	—
压板尺寸 $a \times b$/mm	360×400	600×600	900×900	1000×1000
顶出杆最大行程/mm	150	165/280	250	300
最大顶出力/kN	—	200	500	1000

压力机有关参数的校核：

1）最大总力

$$F_{max} \geqslant \frac{pAn}{1000}k \quad (kN) \tag{9-1}$$

式中：F_{max}——压力机的最大总力(kN)；

　　　p——根据成型型腔的结构特征、塑料种类、预热程度选定的工作压力(MPa)，可查有关手册或说明书；

　　　A——塑件型腔、加料室的水平投影面积(m^2)；

　　　n——型腔个数；

　　　k——修正系数，常取 0.75～0.90。

2）塑件脱模力

塑件脱模力应小于压力机最大顶出力。顶出力可由调压阀调节。

3）压塑模固定板尺寸

压塑模固定板不应超过压力机的上模板滑动台、下模板工作台、立柱距离的最大外形尺寸限制，方可顺利地安装模具。

4）压塑模的闭合高度和开模行程

压塑模的闭合高度是指模具处于成型位置时，上模板上平面到下模板下平面之间的距离。压机行程是指压机上、下工作台面之间的最大、最小开距之差，它关系到模具能否放进上、下工作台面之间，并能否顺利取出塑件，从而决定了模具所允许的最大、最小闭合高度。如图 9 - 2 所示，它们之间的关系应满足：

$$H'_{max} \leqslant H_{max} - h' - h - (5 \sim 10) \quad (mm) \tag{9-2}$$

$$H'_{min} \geqslant H_{min} + (10 \sim 15) \quad (mm) \tag{9-3}$$

式中：H'_{min}——压塑模的闭合高度(mm)；

　　　　H_{max}——压塑模上、下模板之间的最大开距(mm)；

　　　　H_{min}——压塑模上、下模板之间的最小开距(mm)；

　　　　h——塑件高度(mm)；

　　　　h'——凸模伸入凹模的全高(mm)。

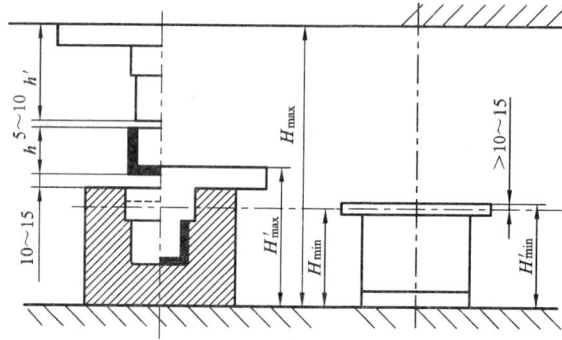

图 9 - 2　压机行程与模具闭合高度

5) 压力机顶出机构的校核

塑件的顶出一般是由压力机的顶出机构(手动式、机械式和液压式)通过中间接头或拉杆等零件带动模具的推出机构来完成的。因此，压力机的顶杆行程必须保证将塑件顶出型腔，并应高出型腔表面 10 mm 以上，以便取出塑件。其关系如图 9 - 3 所示。校核公式为

$$l = H + h + (10 \sim 15)\text{mm} \leqslant L \qquad\qquad (9 - 4)$$

式中：L——压机推杆最大行程(mm)；

　　　　l——塑件需推出高度(mm)；

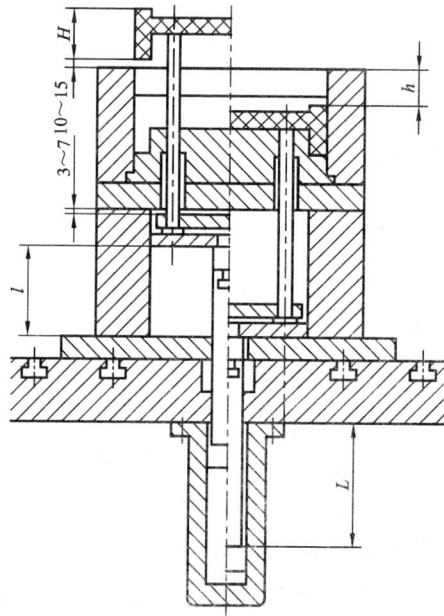

图 9 - 3　塑件顶出行程

H——塑件最大高度(mm)；

h——加料腔高度(mm)。

对于利用开模力完成侧向分型或侧向抽芯的模具，以及利用开模力脱出螺纹型芯的模具，则所要求的开模行程还要长些，视具体情况而定。

对于移动式压塑模，当采用卸模架安放在压力机上脱模时，应考虑模具与上、下卸模架组合后的总高度小于上、下加料板之间的距离。

6）液压机工作台面有关尺寸

液压机的上、下工作台都设有T形槽。T形槽有平行和对角交叉两种形式，槽宽及槽间距离(平行T形槽)尺寸是模具设计时要注意的。此外，模具的最大尺寸要小于液压机工作台面的尺寸。

3. 压塑成型工艺

1）压塑成型工艺流程

热固性塑料压塑成型工艺流程如图 9 – 4 所示。成型时，首先根据工艺条件，把模具加热到成型温度(一般为 130～180℃)，然后把由合成树脂、填料、固化剂、润滑剂和色料按一定配比制成的塑料粉料放入加料腔内，经过预热、闭模、加压，塑料粉在热和压力的作用下，成为粘流态充满整个型腔，再保压一段时间，塑料逐渐固化成型，即可开模取出塑件。

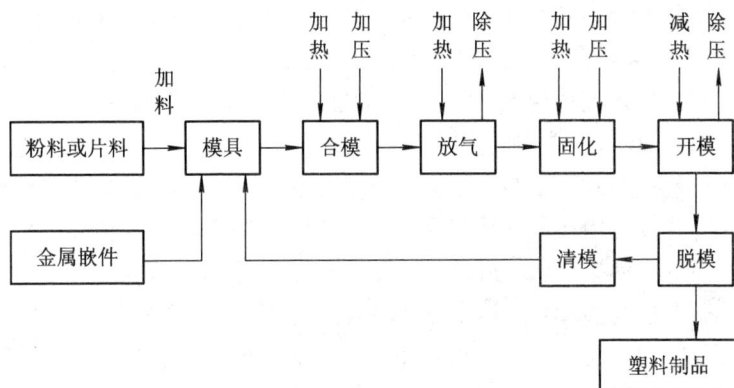

图 9 - 4　压塑成型工艺过程

2）压塑成型工艺参数

压塑成型工艺参数主要是指压塑成型压力、压塑成型温度和压塑成型时间。

(1)压塑成型压力。压塑成型压力是指压塑时液压机通过凸模对塑料熔体充满型腔和固化时在分型面单位投影面积上施加的压力，简称成型压力。

施加成型压力的目的是：促使物料流动充模，增大塑件密度，提高塑件的内在质量；克服塑料树脂在成型过程中因化学变化释放的低分子物质及塑料中的水分等产生的涨模力，使模具闭合，保证塑件具有稳定的尺寸、形状，减小飞边，防止变形。但过大的成型压力会降低模具寿命。

压塑成型压力的大小与塑料牌号、塑件结构及模具温度等因素有关，一般情况下，塑料的流动性越差、塑件越厚以及形状越复杂，塑料固化速度和压缩比越大，所需的成型压力就越大。常用塑料的成型压力见表 9 - 2。

表 9 - 2　热固性塑料的压塑成型温度和成型压力

塑料种类	成型温度/℃	成型压力/MPa	塑料种类	成型温度/℃	成型压力/MPa
酚醛塑料(PE)	146～180	7～42	邻苯二甲酸二丙烯脂塑料(PDPO)	120～160	3.5～14
三聚氰胺甲醛塑料(MF)	140～180	14～56			
脲甲醛塑料(UF)	135～155	14～56	环氧树脂塑料(EP)	145～200	0.7～14
聚酯塑料(UP)	85～150	0.35～3.5	有机硅塑料(DSMC)	150～190	7～56

　　(2)压塑成型温度。压塑成型温度是指压塑成型时所需的模具温度。它是使热固性塑料流动、充模及最后固化成型的主要影响因素，决定了成型过程中聚合物交联反应的速度，从而影响塑件的最终性能。

　　热固性塑料受到温度作用时，其粘度或流动性会发生很大变化，这种变化是在温度作用下的聚合物松弛(使粘度降低、流动性增加)和交联反应(引起粘度增大、流动性降低)，是物理变化和化学变化的综合结果。温度上升的过程，就是塑料从固态粉末逐渐熔化，粘度由大到小，然后交联反应开始；随着温度的升高，交联反应速度增大，聚合物熔体粘度则经历由减小到增大(流动性由增大到减小)的过程，因而其流动性随温度变化具有峰值。因此，在闭模后迅速增大成型压力，使塑料在温度还不很高而流动性又较大时充满型腔各个部分是非常重要的。温度升高能使热固性塑料在型腔中的固化速度加快，固化时间缩短，因此高温有利于缩短模压周期。但是，过高的温度会因固化速度太快而使塑料流动性迅速下降，并引起充模不足，特别是模压形状复杂、壁薄、深度大的塑件，这种弊病最为明显；温度过高还可能引起物料变色，树脂和有机填料等的分解，使塑件表面颜色暗淡。另外，高温下外层固化要比内层固化快得多，从而使内层挥发物难以排除，这不仅会降低塑件的力学性能，而且会使塑件发生肿胀、开裂、变形和翘曲等。因此，在压塑成型厚度较大的塑件时，往往不是提高温度，而是在降低温度的前提下延长压塑时间。但温度过低时不仅固化慢，而且效果差，也会造成塑件暗淡无光，这是由于固化不完全的外层受不住内层挥发物压力作用所致。常见热固性塑料压塑成型温度见表 9 - 2。

　　(3)压塑成型时间。热固性塑料压塑成型时，在一定温度和压力下保持一定的时间，才能使其充分固化，成为性能优越的塑件，这一时间称为压塑时间。压塑时间与塑料的种类(树脂种类、挥发物含量等)、塑件形状、压塑成型工艺条件(温度、压力)以及操作步骤(是否排气、预压、预热)等有关。压塑成型温度升高，塑料固化速度加快，所需压塑时间减少，因而压塑周期随模温的提高而缩短。压塑成型压力对模压时间的影响虽不及模压温度的影响明显，但随压力增大，压塑时间也略有减少。由于预热减少了塑料充模和开模时间，所以压塑时间比不预热时要短。通常压塑时间还随塑件厚度的增大而增加。

　　压塑时间的长短对塑件的性能影响很大。压塑时间太短，树脂固化不完全(欠熟)，塑件力学性能、物理性能均差，外观无光泽，脱模后易出现翘曲、变形等现象。但过长的压塑时间会使塑料"过熟"，不仅延长成型周期，降低生产效率，多消耗热能，而且因树脂交联过度会使塑件收缩率增加，引起树脂与填料之间产生内应力，从而使塑件力学性能下降，严重时会使塑件破裂。一般的酚醛塑料，压塑时间为 1～2 min，有机硅塑料达 2～7 min。

表 9－3 列出了酚醛塑料和氨基塑料的压塑成型工艺参数。

表 9－3 热固性塑料压塑成型工艺参数

工艺参数	酚 醛 塑 料			氨基塑料
	一般工业用①	高压绝缘用②	耐高频电绝缘用③	
压塑成型温度/℃	150～165	160±10	185±5	140～155
压塑成型压力/MPa	30±5	30±5	＞30	30±5
压塑成型时间/min・mm^{-1}	1±0.2	1.5～2.5	2.5	0.7～1.0

注：① 系以苯酚－甲醛线型树脂和粉末为基础的压缩粉。
② 系以甲酚－甲醛可溶性树脂的粉末为基础的压缩粉。
③ 系以苯酚－苯胺－甲醛树脂和无机矿物为基础的压缩粉。

9.1.2 压塑模的结构与压塑模分类

1. 压塑模的结构组成

典型的压塑成型模具结构如图 9－5 所示。它可分为固定于压力机移动模板上的上模和固定于工作台上的下模两大部分。这两大部分靠导柱导向开合。

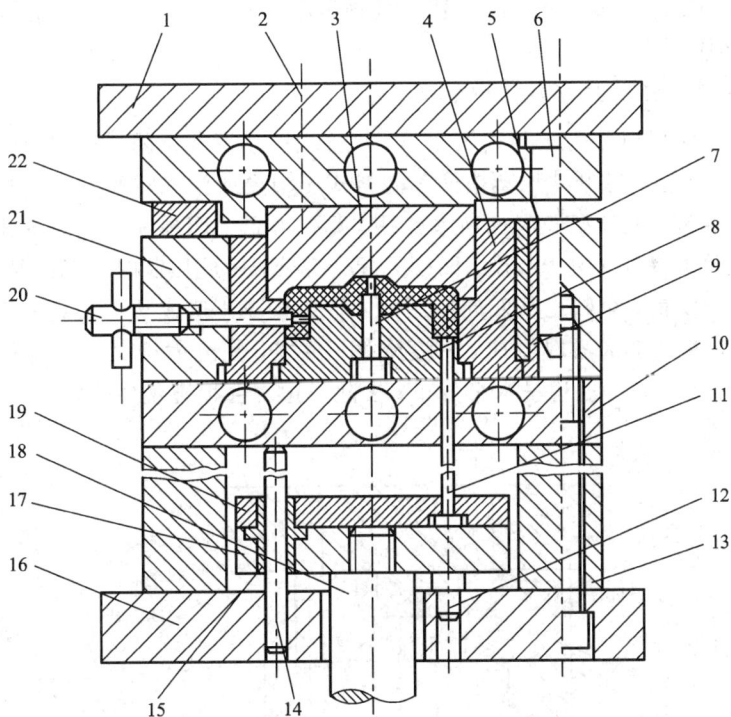

1—上座板；2—螺钉；3—凹模；4—凹模镶件；5、10—加热板；6—导柱；7—型芯；8—凸模；9—导套；
11—推杆；12—挡销；13—垫块；14—推板导柱；15—推板导套；16—下座板；17—推板；
18—压力机顶杆；19—推杆固定板；20—侧型芯；21—型腔固定板；22—承压板

图 9－5 压塑模的典型结构

压塑成型模具可以分为以下几大部分：

（1）型腔。型腔是直接成型塑件的部件，加料时与加料腔一道起装料作用。

（2）加料腔。加料腔指凹模镶件 4 的扩大部分。由于塑料比塑件具有较大的比容积，成型前单靠型腔往往无法容纳全部原料，因此在型腔之上设有一段加料腔。

（3）导向机构。导向机构由导柱 6 与导套 9 组成。导向机构用来保证上、下模合模时的对中性。为了保证脱模机构运动的平稳性，在下座板 16 上还设有推板导柱 14 和推板导套 15。

（4）侧向抽芯机构。图中塑件带有侧孔，在顶出前用手动丝杆抽出侧型芯 20。

（5）脱模机构。图中脱模机构由推杆 11、推杆固定板 19、推板 17 和压力机顶杆 18 等零件组成。

（6）加热与冷却系统。热固性塑料压塑成型需在较高的温度下进行，因此模具必须有加热系统。图中常用电热棒分别插入加热板 5、10 的相应加热孔中对凹模、凸模进行加热和控制。当压塑成型热塑性塑料时，在型腔周围还应开设冷却系统，以满足成型工艺的要求。

（7）排气与排料系统。在压塑成型过程中，除模腔中原有的空气外，还有水分及由交联反应产生的气体等，这些气体必须及时排除，因而必须考虑排气系统。压塑成型之后，常有剩余物料，也必须适时排除，因此在模腔周边应设置排料槽。

2. 压塑模的分类

压塑模的分类方法很多，可以根据分型面的配合特征、型腔的多少和模具在压力机上的固定方式来分类。

1）根据模具分型面的配合特征分类

按这种分类方法可以分为敞开式压塑模、闭合式压塑模和半闭式压塑模。

（1）敞开式压塑模。敞开式压塑模又称溢料式压塑模或溢式压塑模，如图 9 - 6 所示。该模具无单独加料室，模具型腔起加料室作用。型腔在凸、凹模完全闭合时形成，型腔的高度 h 约等于塑件的高度。由于凸模、凹模无配合部分，因此压制时过剩的塑料极易溢出，有时在塑料还未压实前，余料已从四周挤压面 b 向外溢出，造成塑件成型密度不高，强度也差。模具闭合太快会造成溢料增加，密度降低；反之，闭合太慢又会使塑料在挤压面处产生过早固化，溢边增厚。溢边呈水平分布，去除溢边常会损害塑件外观。

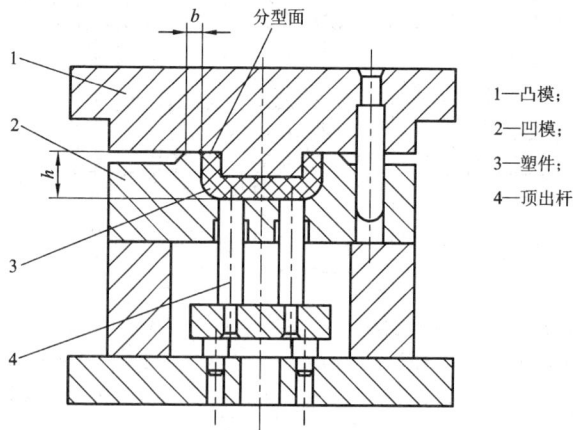

1—凸模；
2—凹模；
3—塑件；
4—顶出杆

图 9 - 6 敞开式压塑模

敞开式压塑模结构简单,造价低廉,加料不需要十分精确,但应稍过量,约比塑件重量多 5%。它适宜于压制扁平的盘形塑件,如钮扣、装饰品等各种小零件。原料常为粉状、粒状以及预压锭料。

(2) 闭合式压塑模。闭合式压塑模又称不溢式压塑模或全压式压塑模,如图 9 - 7 所示。模具加料室即为模具型腔的延续部分,凸模与加料室之间无挤压面,成型时压力机压力全部传递到塑件型坯上,能获得密度高、强度大、形状复杂、壁薄、长流程、比容大的塑件。由于凸模与凹模有一定配合(单边间隙为 0.07~0.08 mm),产生溢边少,且呈垂直方向分布,可用磨削方法去除。加料量直接影响塑件的高度,稍不准确,就会引起高度误差。凸模与凹模配合较紧密,装卸时稍不注意,会造成模具损伤或塑件缺料。为防止凸模及凹模的磨损,应选用较好的模具材料,进行淬火后有较高的硬度。加料室与型腔断面尺寸相同,顶出塑件过程会擦伤外表面,影响外观质量。一般不应设计成多腔模,因为加料稍不均衡就会形成各腔压力不均,导致部分塑件欠压。对此必须引起足够的注意。闭合式压塑模成本较高,在塑件形状复杂时更是如此。

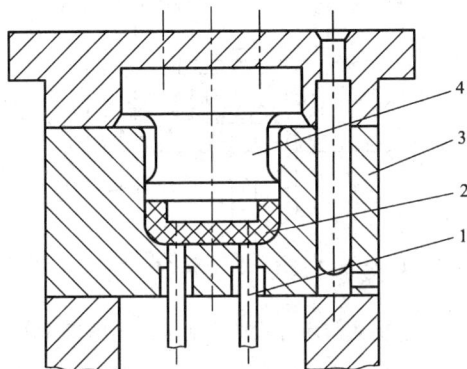

1—推杆;2—塑件;3—凹模;4—凸模

图 9 - 7　闭合式压塑模

(3) 半闭式压塑模。半闭式压塑模又称半溢式压塑模,如图 9 - 8 所示。其结构特点是有加料室、挤压面。加料室设在型腔上方,其断面尺寸大于型腔尺寸,凸模与加料室之间有 0.025~0.075 mm 的配合间隙,可让多余的塑料溢出,还兼有排气作用。为减少凸模与加料室壁间的磨损,把加料室上壁做成 15′~17′ 的锥形引导部分,其高度约为 10 mm。加料室与型腔分界处有边宽 4~5 mm 的挤压面,凸模可以运动到与挤压面接触为止。每次加料量允许略有过量,而过量的塑料经凸模配合间隙排出。挤压面产生水平毛边。

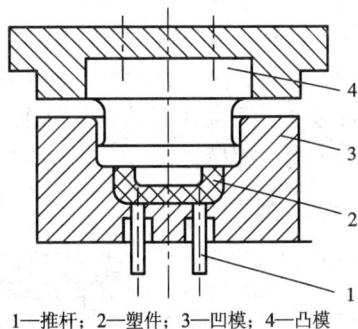

1—推杆;2—塑件;3—凹模;4—凸模

图 9 - 8　半闭式压塑模

半闭合式压塑模的优点有:塑件的紧密程度比敞开式压塑模高;塑件的高度 H 一定,不必精确计量每次的加料量;凸模不会损伤凹模内表面,顶出塑件时也不会损伤塑件外表面;凸模与加料室在制造上较闭合式压塑模简单。其缺点是对于流动性小的片状或纤维状塑料的成型会形成较厚的毛边。

半闭合式压塑模使用广泛,适用于各种压塑场合,如单型腔、多型腔、大的、复杂的塑件等。

(4) 半不溢式压塑模。半不溢式压塑模是由以上三种基本结构形式压塑模演变而成的。如半闭合式与闭合式结合而成的压塑模就是其中一例,其结构如图 9 - 9 所示。在凸模前端有凸缘能伸进型腔,并与型腔呈间隙配合。当凸缘未伸进型腔时,其结构类似于半闭合式,过剩的塑料可经过间隙溢出,这样即使加料量不准确,也不影响塑件的质量。当凸缘伸进型腔时,其结构类似于闭合式,成型时的过剩塑料难以从模具内溢出,压力全部加到封闭在型腔内的塑料上,使塑件致密。由于凸缘高度一般为 1.5~2.5 mm,它不易擦伤型腔。毛边呈垂直分布,易于清除。该模具适用于压制厚薄不均或壁厚腔深的塑件。

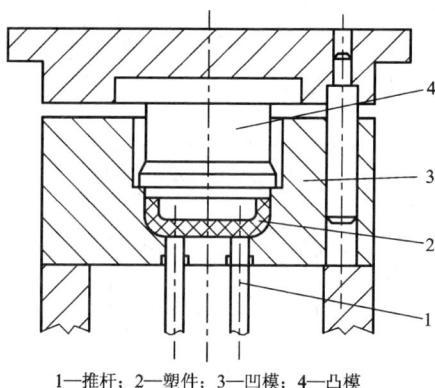

1—推杆;2—塑件;3—凹模;4—凸模

图 9 - 9　半闭式与闭合式结合而成的半不溢式压塑模

2) 根据模具在压力机上的固定方式分类

按这种方法分类可分为移动式压塑模、半固定式压塑模和固定式压塑模。

(1) 移动式压塑模。模具不固定在压机上,成型时将模具推入压机上、下模板之间,成型后移出模具,用卸模工具开模,取出塑件。模具整体结构简单,制造周期短,因加料、开模、取件等工序均为手工操作,故劳动强度大,模具重量一般不宜超过 20 kg,主要用于批量不大的中小型塑件以及形状复杂、嵌件较多、加料困难及带有螺纹的塑件。图 9 - 10 所示为移动式压缩模。

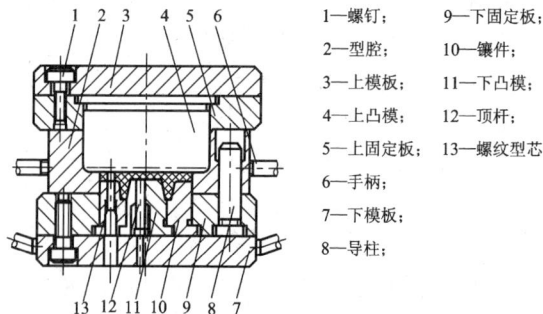

1—螺钉;　　　9—下固定板;
2—型腔;　　　10—镶件;
3—上模板;　　11—下凸模;
4—上凸模;　　12—顶杆;
5—上固定板;　13—螺纹型芯
6—手柄;
7—下模板;
8—导柱;

图 9 - 10　移动式压塑模

（2）半固定式压塑模。这种模具一般上模固定于压机上，下模可沿导轨移动，用定位块定位。也可按需要采用下模固定。工作时移出下模或上模，用手工取件或用机外推出装置取件。该结构便于安放嵌件和加料，减少劳动强度，并可与通用模架配合使用。当移动式压塑模具过重或嵌件较多时，可采用此种模具。图 9 - 11 所示为带活动上模的半固定式压塑模。

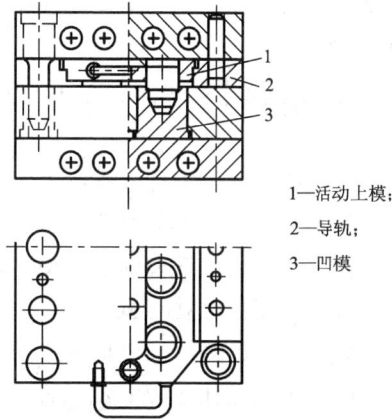

1—活动上模；

2—导轨；

3—凹模

图 9 - 11　半固定式压塑模

（3）固定式压塑模。模具上、下模都固定在压机上，开模、闭模、推出等工序均在机内进行，生产率较高，操作简单，劳动强度小，开模振动小，模具寿命较长。但模具结构复杂，成本高，安放嵌件不便，主要适用于批量较大或形状复杂的塑件。图 9 - 5 所示为固定式压缩模。

3）根据型腔的多少分类

根据型腔的多少来分可分为单型腔压塑模和多型腔压塑模。

（1）单型腔压塑模常用于移动式模具，一模只设置一个型腔；多型腔压塑模则采用一模多件的形式。

（2）多型腔压塑模可采用敞开式或半闭合式结构，如图 9 - 12 所示。型腔数目由塑件的形状、投影面积、生产量和压力机吨位而定。其加料室可以是一个型腔对应一个加料室，也可以是多腔共用一个加料室。单加料室根据不同重量的塑件和要求，分别准确地加料。

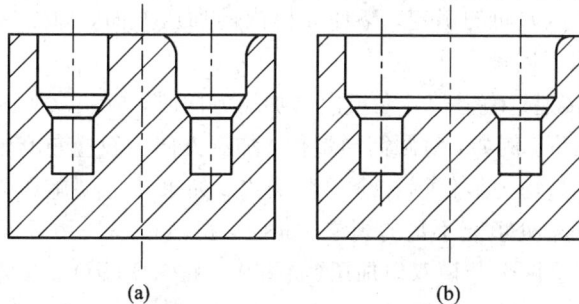

(a)　　　　　　　　　(b)

图 9 - 12　多型腔压塑模

(a) 单加料室；(b) 共加料室

当个别型腔损坏时可以停止加料，而不影响整个模具的工作。其缺点是每个型腔要求单独地均衡加料，且模具横向尺寸较大。共加料室加料容易，模具紧凑，各个型腔的毛边会连接成一体，顶出时一次脱模。该结构适用于一模多腔生产小型塑件。塑料流至端部或角落处需要较长的流程，故适合于流动性好的塑料。

3. 压塑模结构的选择

为了保证压塑模有良好的成型性能，便于操作，压塑模结构选择是首要的一环。

1) 塑料性能与模具结构的关系

塑料的密度、比体积、收缩率、流动性、所需单位压力等因素，都与压塑模结构有直接关系。

（1）密度、比体积。根据塑料的密度、比体积与塑件体积的关系来确定加料室的结构形式及体积大小，比体积大的塑料不适宜用敞开式压塑模。

（2）收缩率。根据收缩率与塑件尺寸的关系来确定成型零件(凸、凹模及型芯)的尺寸。同时，根据收缩程度及收缩特点来考虑脱模结构形式。

（3）流动性。根据塑料的流动性来确定模具型腔的闭合方式。一般流动性好的塑料可以降低单位成型压力，因此可以选用半闭式压塑模；流动性差的塑料单位成型压力高，可以选用闭合式压塑模。

此外，模具成型零件表面粗糙度值低，塑料容易流动，并可防止塑料粘模，提高模具寿命。因此，对流动性较差的塑料，模具成型零件表面粗糙度值应低一些。

（4）单位压力。根据单位压力，可以核算成型压力、选定压力机、计算压塑模强度、分析塑件或模具成型零件受力情况、选择加压方向、确定压塑模结构及体积大小。

2) 塑件形状与模具结构的关系

塑件形状与选择分型面、确定加压方向及模具结构有密切关系。

（1）分型面的选择。分型面的选择应遵循以下几点原则：

① 要便于塑件脱模，分型面的位置应尽量使塑件处在下模。

② 当塑件沿高度方向精度要求高时，宜采用半闭式压塑模。在分型面处形成横向飞边，易保证高度方向的精度。

③ 当塑件径向尺寸精度要求高时，应考虑飞边对塑件精度的影响。如果塑件分型面垂直于轴线，则易保证；塑件分型面平行轴线，则因飞边厚度不容易控制而影响塑件径向精度。

（2）塑件在模内加压方向的确定。塑件在模内的加压方向，即凸模作用力方向。在决定加压方向时要考虑以下因素：

① 要有利于压力传递。确定塑件在模内的加压方向时，应注意使压力机力的传递距离不能太长，避免压力损失。例如，对圆筒形塑件，加压方向一般应与其轴线一致。但当塑件较长时，成型压力不容易均匀地作用在全长范围内，如果从上端施压则塑件底部压力小，容易发生材质疏松或角落处填充不足的现象。此时，虽然可以采用敞开式压塑模，通过增大型腔压力或采用上、下两个凸模双向加压(如图 9 - 13(a)所示)，以增加塑件底部的密实度。但当塑件长度过长时，仍会出现塑件中段疏松的现象，这时可以将塑件横放，采用横向加压的方法(如图 9 - 13(b)所示)。但应注意，这种横向加压由于分型面的影响，会使塑件在外圆表面产生两条飞边而影响外观。

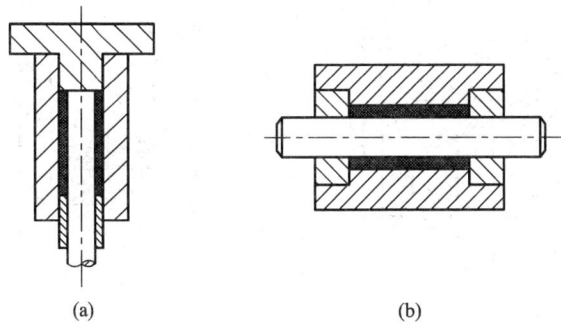

图 9 - 13　有利于传递压力的加压方向

(a) 双向加压；(b) 横向加压

②　应便于加料。为便于加料，一般应将截面尺寸较大的一端朝向加料室一边，这样，加料室直径大、深度浅，有利于加料。如图 9 - 14 所示为同一塑件的两种加压方法。图(a)加料室直径大、深度浅，图(b)则相反，因此图(a)的加压方向优于图(b)。

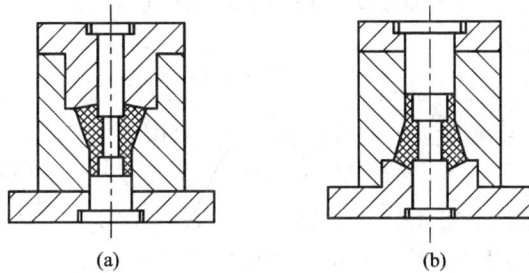

图 9 - 14　便于加料的加压方向

(a) 便于加料；(b) 不便于加料

③　应便于安装和固定嵌件。当塑件上带有嵌件时，应优先考虑将嵌件嵌在下模塑件中，如图 9 - 15(b)所示，这样不仅可使生产操作方便，而且可以利用嵌件顶出塑件，在塑件上不留下任何影响外观的顶出痕迹；反之，如果将嵌件安装在上模，如图 9 - 15(a)所示，不但生产操作不方便，而且嵌件也很容易松动，落下来损坏模具。

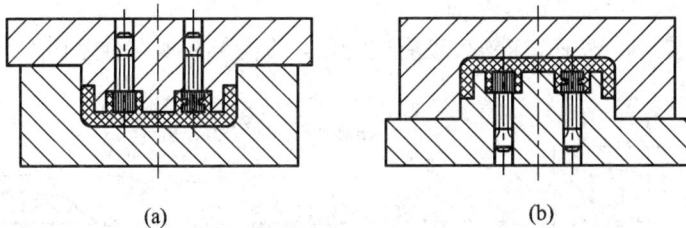

图 9 - 15　便于安放嵌件的加压方向

(a) 不正确；(b) 正确

④　应能保证凸模强度。确定塑件在模内的加压方向时应保证模具成型零件的强度，防止成型零件变形，尤其是细长的型芯要避免径向受力，复杂成型面一般要置于下模。因为加压的上凸模受力较大，故上凸模形状越简单越好。如图 9 - 16 所示，图(a)的加压方向优于图(b)。

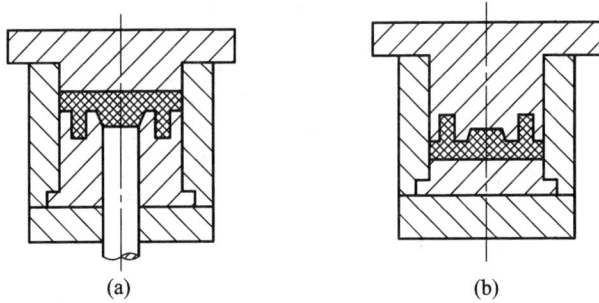

图 9 - 16　有利于加强凸模强度的加压方向

（a）复杂成型面置于下模；（b）复杂成型面处于上模

⑤ 应能保证塑件尺寸精度。沿加压方向的塑件高度尺寸会因溢边厚度不同和加料量不同而变化（特别是敞开式压塑模），因此，精度要求很高的尺寸不宜设计在加压方向上。

⑥ 应有利于抽拔长型芯。当利用开模力作侧向机动分型抽芯时，宜把抽拔距较长的放在加压方向（即开模方向），而把抽拔距较短的放在侧向作侧向分型抽芯。

4. 压塑模的标准模架

标准模架是将通用的上板、底板、型腔板、垫铁、顶杆、顶杆固定板、顶杆垫板、导柱、导套等标准化、系列化，批量生产，向全社会服务，以供选用。设计者可将精力、时间和设备集中于凸模、凹模的设计加工上。其优点是：简化模具设计，方便模具加工，缩短模具制造周期，降低成本，促进产品更新换代，提高模具质量，便于模具维修。

在热固性塑料压塑工艺中，移动式压塑模使用较多，它可以利用模架改为半自动式压塑模。

9.1.3　压塑模的结构设计

前面第 8 章所述热塑性塑料成型模具结构的设计原则和公式，如型腔尺寸计算、型腔壁厚计算等也适用于热固性塑料压塑模，这里不再重复。现仅就其特殊要求分述如下：

1. 压塑模凸、凹模结构尺寸设计

1）敞开式压塑模凸、凹模的结构尺寸

如图 9 - 17 所示，敞开式压塑模没有配合段，凸模与凹模在分型面的水平方向密合。

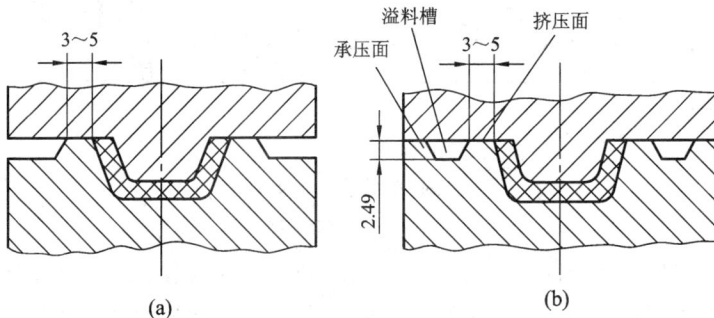

图 9 - 17　敞开式压塑模凸、凹模的结构尺寸

为了减少溢料量，密合面应光滑平整。密合面不宜太大，以控制毛边的厚度。密合面常设计成紧靠塑件周边的环形，其宽度为 3～5 mm，压制时过剩的塑料由环形面溢出，环形面还承受凸模上的压力，故此面又称挤压面，如图 9 - 17(a)所示。为防止挤压面因承压过大而变形和磨损，可在挤压面外增设承压面，即在型腔周围距离边缘 3～5 mm 处开成溢料槽，槽以内部分是挤压面，槽以外部分作为承压面，如图 9 - 17(b)所示。

2）闭合式压塑模凸、凹模的结构尺寸

如图 9 - 18 所示，其加料室断面尺寸与型腔断面尺寸相同，二者之间不存在挤压面。闭合式压塑模的加料室 A 由引导环 C 和配合环 D 两部分构成。

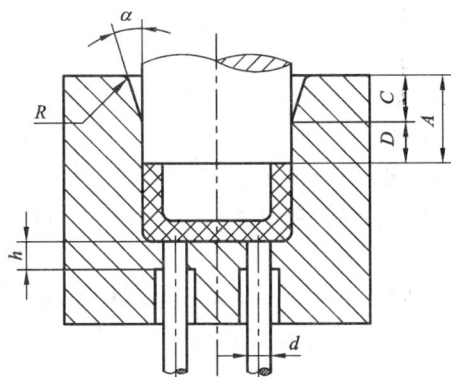

图 9 - 18　闭合式压塑模凸、凹模的结构尺寸

(1) 引导环 C。引导环为导正凸模进入凹模的部分。除加料室极浅的凹模外，一般引导环都有一段斜度，进口处有圆角 R，便于引导凸模，减小凸、凹之间的摩擦，防止顶出塑件时擦伤表面，有增加模具寿命的作用。对于上、下均有凸模的模具，在凹模下部的凸模入口处也应有斜度及圆角。一般圆角取 $R = 1.5～3$ mm。斜度 α 为移动式压塑模 $\alpha = 0.33°～1.5°$；固定式压塑模 $\alpha = 0.33°～1°$；有上、下凸模的，为加工方便，α 可取 4°～5°。引导环长度应保证粉料熔融时，凸模已进入配合环，一般在 5～10 mm 左右，当加料室长度大于 30 mm 时，引导环长度可取 10～20 mm。

(2) 配合环 D。配合环是凸、凹模相配合的部位，其作用是保证凸模与凹模准确定位。移动式压塑模配合环的长度取 4～6 mm；固定式压塑模配合环长度的选取：当加料室长度大于 30 mm 时，取 8～10 mm，也应按凸、凹模配合间隙大小而定，如当配合间隙小时，应取短值。凸、凹模配合间隙不宜过大，应按所用塑料的流动性及凹模尺寸大小而定，一般单边间隙取 0.5～0.1 mm。也有采用间隙配合公差控制，如移动式压塑模的凸、凹模经热处理者，采用 $H7/f7$ 配合；未经热处理的、配合部分形状复杂的、固定式压塑模采用 $H9/f9$ 配合。

对于压制形状复杂的塑件及流动性差的纤维填料的塑料时，用一般方法排气（如排气操作、配合间隙排气）不能达到排气要求，则应在凸模或凹模上选择适当位置开设排气溢料槽，用于排气及容纳排出的余料。

3）半闭式压塑模凸、凹模的结构尺寸

如图 9 - 19 所示，半闭式压塑模在闭合式压塑模的基础上增设了挤压环 B 和储料槽。

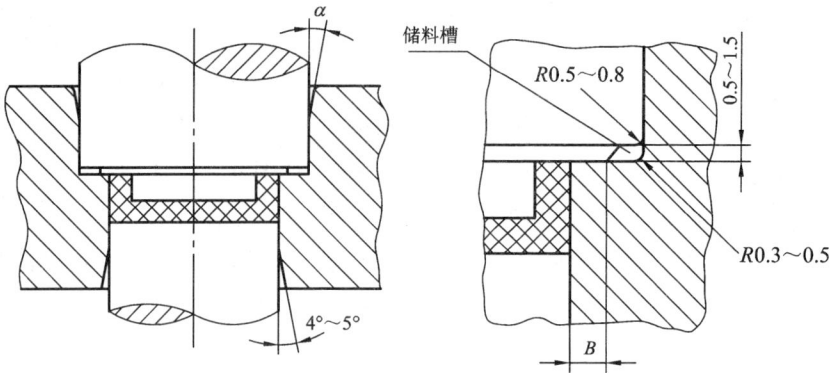

图 9 - 19　半闭式压塑模凸、凹模的结构尺寸

挤压环 B 用于凸模下行限位，保证最薄的横向毛边。其值按塑件大小及模具材料而定：当成型中、小型塑件，B 可取 $2\sim4$ mm；当成型大型塑件时，B 取 $3\sim5$ mm。为增加模具强度、减少模具损坏、便于加工和清理废料，在凸模端部设圆角 $R0.5\sim0.8$ mm，凹模边角处设圆角 $R0.3\sim0.5$ mm。

储料槽是凸、凹模配合后留出的小空间，用于余料的排出，其大小应适当。过大时，易发生塑件缺料或压制不密实；过小则影响塑件精度及使毛边增厚，在设计时应考虑到试模后能按实际情况进行修正的余地。

为了使压力机的余压不致全部承受在挤压环上，在压模上还必须设计承压面。移动式压缩模一般用凸模固定板与加料室上平面接触作承压面。理想情况是凸模与挤压环边缘接触时，承压面也同时接触，但加工误差可能会使压力机的压力全部作用在挤压环上，而导致该处过早损坏。为安全起见，如图 9 - 20 所示，可以使承压面接触时（图中 A 处），挤压环处尚留有 $0.03\sim0.05$ mm 的间隙，这样会使模具的寿命变长，但塑件的毛边较厚。

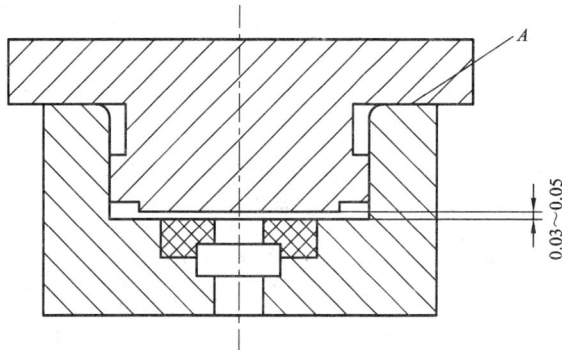

图 9 - 20　承压面与挤压环的关系

4）排气、溢料槽的设计

排气、溢料槽的作用：一方面将压塑成型过程中的气体顺利排出，另一方面能容纳多余的物料。

移动式的半闭式压塑模可以在圆形凸模上磨出深 $0.3\sim0.5$ mm 的平面，在平面与凹模内圆面间形成溢料槽，过剩的塑料沿槽流到上方更大的空间里，此空间尺寸应足以容纳所有过剩的塑料，如图 9 - 21(a)所示；或者在圆形或矩形凸模上均匀地开出 $3\sim4$ 条宽 $5\sim$

6 mm、深 0.3~0.5 mm 的小通道，过剩的塑料通过小通道流入上方宽为 6~10 mm、深为
1~1.6 mm 的条状空间里去，分模以后再将余料清除掉。这种封闭的储料槽不要形成连续
的环形槽，如图 9 - 21(b)所示，否则余料将牢固地包在凸模上，造成清理困难。不连续的
余料槽中储存的塑料可以很容易的用压缩空气将它吹落。

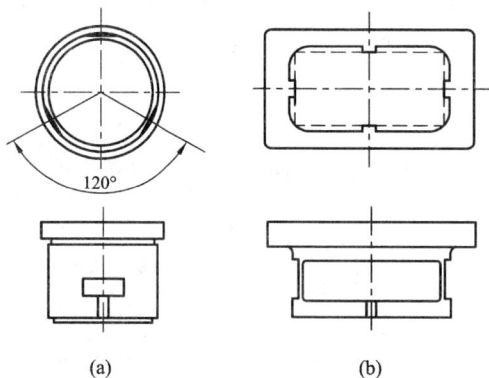

(a)　　　　　　　　　(b)

图 9 - 21　移动式半闭式压塑模溢料槽

　　固定式压塑模一般将溢料槽一直开设到凸模上端模板附近，使余料一直排到加料室之
外，如图 9 - 22 所示，图(a)为圆形凸模开设四条溢料槽；图(b)为圆形凸模磨出三个平面；
图(c)为矩形凸模沿四边中点开设溢料槽；图(d)是依靠加料室四角和凸模内圆角半径差所
形成的间隙来排除余料。此时应使排到模外的余料不形成连续的片，清除比较方便。这种
结构主要适用于有承压环或承压板的固定式压塑模，对于用凸模模板和加料室整个平面作
承压面的移动式压塑模是不恰当的，因二者之间无存料间隙，当溢出塑料量较大时，会在
承压面上形成很大的溢边，不但清除困难，而且会妨碍压塑模的完全闭合。

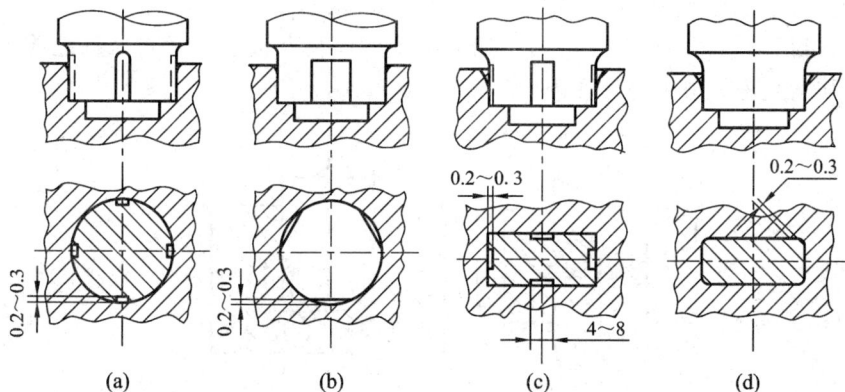

(a)　　　　　　　(b)　　　　　　　(c)　　　　　　　(d)

图 9 - 22　固定式压塑模溢料槽

2. 加料室的设计计算

　　在确定加料室尺寸前，先要知道成型塑件所需塑料的体积，而加料室横截面面积等于
塑件投影面积或投影面积加挤压环面积，故只需要计算加料室的高度。

　　塑件所需塑料原料的体积

$$V_0 = \frac{Mf}{\rho} \qquad (9-5)$$

式中：V_0——所需塑料原料的体积（m^3）；

　　　M——包括溢料在内的塑件质量（kg）；

　　　f——压缩比，可查表 9 - 4；

　　　ρ——塑料密度（kg/m^3），查表 9 - 4，或 $\rho = \gamma/g$。

　　　γ——塑料重度（N/m^3）；

　　　g——重力加速度（m/s^2）。

表 9 - 4　常用热固性塑料的密度和压缩比

塑料名称	填　充　料	密度/($kg \cdot m^{-3}$)×10^{-3}	压　缩　比
酚醛塑料	云母	1.65～1.92	2.1～2.7
	碎布	1.36～1.43	3.5～18.0
脲醛塑料	纸浆	1.47～1.52	2.2～3.0
三聚氰胺甲醛塑料	纸浆	1.45～1.52	2.2～2.5
	石棉	1.70～2.0	2.1～2.5

几种典型塑件压塑成型时加料室高度的计算公式如下。

1）闭合式压塑模

如图 9 - 23(a)所示，其加料室高度计算公式为

$$H = \frac{V_0}{A} + (0.01 \sim 0.025) \quad (m) \qquad (9-6)$$

式中：H——加料室高度（m）；

　　　A——塑件投影面积（即为加料室的面积）（m^2）。

其中，高度修正量 0.01～0.025 m 用于如下需要：① 使凸模在与塑料接触之前进入凹模；② 将毛边和其它塑料损失估计在内。

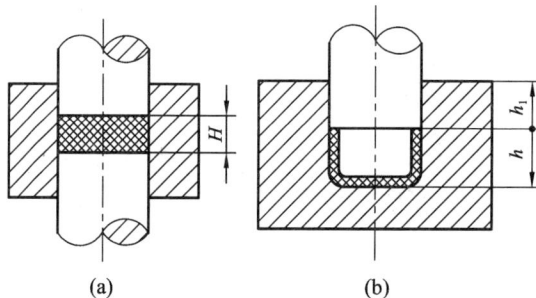

(a)　　　　　　　　(b)

图 9 - 23　闭合式压塑模的加料室高度计算

(a) 闭合式压塑模；(b) 闭合式薄壁杯状压塑模

　　成型薄壁杯状塑件的模具如图 9 - 23(b)所示，由于塑件壁薄不高，若使用塑料容积算出的加料室高度与塑件高度相差无几，甚至还会低些，不符合要求。在此情况下，加料室高度的计算公式为

$$H = h + h_1 \quad (m) \tag{9-7}$$

式中：h——塑件的高度（m）；

　　h_1——闭合导向高度，$h_1 \approx 1.5 \sim 2 \times 10^{-2}$ m。

2）半闭式压塑模

塑件在加料室 AB 线以下成型（如图 9-24(a)所示），此时加料室的高度为

$$H = \frac{V_0 - V_1}{A} + 0.01 \sim 0.025 \quad (m) \tag{9-8}$$

式中：V_1——在 AB 线以下的凹模型腔体积（m^3）；

　　A——在 AB 线以上加料室的面积（m^2）；

　　其它符号含义同前。

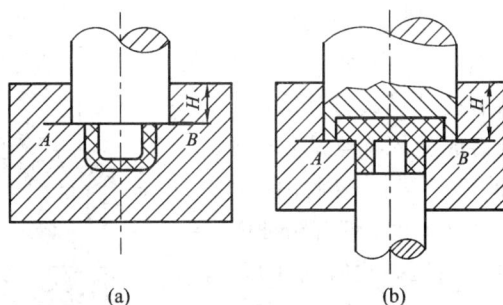

图 9-24　半闭式压塑模的加料室高度计算

(a) 凹模内成型的半闭式压塑模；(b) 凸、凹模内均成型的半闭式压塑模

塑件在加料室 AB 线的下方和上方同时成型（如图 9-24(b)所示），此时加料室的高度为

$$H = \frac{V_0 - V_1 - V_2}{A} + 0.01 \sim 0.025 \quad (m) \tag{9-9}$$

式中：V_1——塑件在凹模内的体积（m^3）；

　　V_2——塑件在凸模内的体积（m^3）（合模前实际不盛料）；

　　A——在 AB 线以上加料室的面积（m^2）。

由于在未合模前，凸模内凹入部分体积并不能起盛料作用，故实际计算加料室高度时，不宜减去这部分体积（V_2），计算公式应为

$$H = \frac{V_0 - V_1}{A} + 0.01 \sim 0.025 \quad (m) \tag{9-10}$$

3）多型腔半闭式压塑模

如图 9-25 所示。

$$H = \frac{V_0 - nV_n}{A} + 0.01 \sim 0.025 \quad (m) \tag{9-11}$$

式中：n——在一个加料室下成型塑件的型腔数；

　　V_n——在 AB 线以下一个塑件的体积（m^3）。

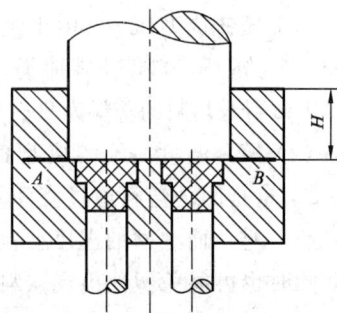

图 9-25　多型腔半闭合式压塑模的加料室高度计算

9.2　压铸模与集成电路塑封模设计

9.2.1　压铸成型原理及工艺

压铸成型又称压注成型、传递成型,是在压塑成型基础上发展起来的一种热固性塑料成型方法。

1. 压铸成型原理及特点

压铸成型原理如图 9 - 26 所示,模具闭合后,将热固性塑料(预压锭或预热的原料)加入到加料室中,使其受热熔融,接着在压力作用下,塑料熔体通过模具浇注系统以高速挤入型腔,塑料在型腔内继续受热受压,从而发生交联反应固化成型为塑件,最后打开模具将其取出。

与压塑成型相比,压铸成型的特点是:压铸成型的塑料在进入型腔前已经塑化,因此能生产外形复杂、薄壁或壁厚变化很大、带有精细嵌件的塑件;塑料在模具内的保压硬化时间较短,缩短了成型周期,提高了生产效率;塑件的密度和强度也得到了提高;由于塑料成型前模具完全闭合,分型面的毛边很薄,因而塑件精度容易得到保证,表面粗糙度值也低。但压铸成型所用的模具结构要复杂一些;因存在浇注系统,塑料浪

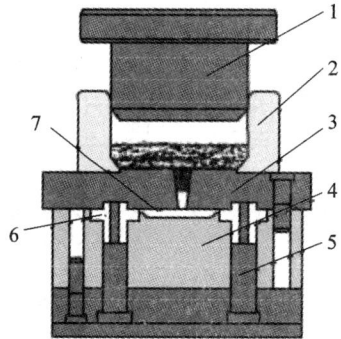

1—压料柱;2—加料室;3—浇注板;
4—凹模;5—型芯;6—型腔;7—浇注系统

图 9 - 26　压铸成型原理

费较多,塑件有浇口痕迹,修整工作量大;工艺条件较压塑成型要求更严格,操作难度大。

2. 压铸成型工艺过程

压铸成型工艺过程与压塑成型基本相似。它们的主要区别在于,压塑成型过程是先加料后合模,而压铸成型是先合模后加料。

3. 压铸成型工艺参数

压铸成型工艺参数与压塑成型相比较,有一定区别:

(1)压铸成型压力。由于经过浇注系统的消耗,压铸成型的压力一般为压塑成型压力的 2~3 倍。压力随塑料种类、模具结构及塑件的形状不同而异,酚醛塑料粉为 50~80 MPa;纤维填料的塑料为 80~160 MPa;环氧树脂、硅酮等低压封装塑料为 2~10 MPa。

(2)模具温度。压铸成型的模具温度通常比压塑成型低 15~30℃,一般为 130~190℃,这是因为塑料通过浇注系统时能从中获取一部分摩擦热所致。加料室和下模的温度要低一些,而中框的温度要高一些,这样可以保证塑料畅通进入型腔而不会出现溢料现象,同时也可避免塑件出现缺料、起泡、接缝等缺陷。

(3)压铸时间及保压时间。一般情况下压铸时间控制在加压后 10~30 s 内将塑料充满型腔。保压时间与压塑成型相比可以短一些,因为塑料在热和压力作用下通过浇口的料量少,加入迅速而均匀,塑料化学反应也较均匀,所以当塑料进入型腔时已临近树脂固化的

最后温度。

另外，压铸成型对塑料有一定要求：在未达到硬化温度以前塑料应具有较大的流动性，而达到硬化温度以后又需具有较快的硬化速度。能符合这种要求的塑料有酚醛、三聚氰胺甲醛和环氧树脂等；而不饱和聚酯和脲醛塑料，因在低温下具有较大的硬化速度，所以不能成型较大的塑件。

表 9-5 为酚醛塑料压铸成型的主要工艺参数。其它部分热固性塑料压铸成型的工艺参数见表 9-6。

表 9-5 酚醛塑料压铸成型的主要工艺参数

工艺参数 \ 模具类型	罐 式		柱 塞 式
物料状态	未预热	高频预热	高频预热
预热温度/℃	—	100~110	100~110
成型压力/MPa	160	80~100	80~100
充模时间/min	4~5	1.0~1.5	0.25~0.33
固化时间/min	8	3	3
成型周期/min	12~13	4.0~4.5	3.5

表 9-6 部分热固性塑料压铸成型的主要工艺参数

塑 料	填 料	成型温度/℃	成型压力/MPa	压缩率
环氧双酚 A 模塑料	玻璃纤维	138~193	7~34	3.0~7.0
	矿物填料	121~193	0.7~21	2.0~3.0
环氧酚醛模塑料	矿物和玻纤	121~193	1.7~21	
	矿物和玻纤	190~196	2~17.2	1.5~2.5
	玻璃纤维	143~165	17~34	6~7
三聚氰胺	纤维素	149	55~138	2.1~3.1
酚醛	织物和回收料	149~182	13.8~138	1.0~1.5
聚酯(BMC、TMC①)	玻璃纤维	138~160		
聚酯(SMC、TMC)	导电护套料②	138~160	3.4~1.4	1.0
聚酯(BMC)	导电护套料	138~160		—
醇酸树脂	矿物质	160~182	13.8~138	1.8~2.5
聚酰亚胺	50%玻纤	199	20.7~69	—
脲醛塑料	α-纤维素	132~182	13.8~138	2.2~3.0

注：① TMC 指粘稠状塑料；② 在聚酯中添加导电性填料和增强材料的电子材料工业用护套料。

压铸成型与压塑成型工艺比较见表 9-7。

表 9 - 7　压铸成型与压塑成型工艺比较

序号	工艺因素	压铸成型	压塑成型
1	拉西格流动性	≥100 mm	任意流动
2	适用塑件形状	复杂	简单
3	适用金属嵌件特征	精细，易断，复杂	粗糙，结实，简单
4	塑件厚度	>0.3 mm	>1 mm
5	塑件通孔深度	≤10d	≤4d
6	塑件盲孔深度	≤4d	≤2.5d
7	塑件强度	较低	较高
8	成型压力	较高	较低
9	消耗塑料	较多	较少

9.2.2　压铸模设计

1. 压铸模的分类及结构组成

1) 压铸模的分类

压铸模按所用的压力机及操作方法分为普通液压机用的压铸模和专用液压机用的压铸模。普通液压机用的压铸模按固定方式又分为移动式压铸模和固定式压铸模。目前国内移动式压铸模占绝大多数。

压铸模与其它模具不同之处在于它有外加料室，下面按加料室结构特征进行分类。

(1) 罐式压铸模。罐式压铸模又名组合式、三板式压铸模。在加料室下方有主流道通向型腔，在罐式多腔模中，由主流道再经分流道、浇口通向型腔。压铸力通过压料柱作用在加料室底上，然后再通过上模将力传递到分型面上，将型腔紧紧锁住，避免从型腔分型面上溢料，因此要求作用在加料室底部的总压力(锁模力)必须大于型腔内压力所产生的将分型面顶开的力。无论是移动式或固定式的罐式压铸模，都可以在普通液压机上压铸，对设备无特殊要求，所以被广泛采用。

移动式罐式压铸模的加料室与模具本体是可以分离的。开模时先从模具上取下加料室，再分别进行清理和脱出塑件，如图 9 - 27 所示。其总体结构与注射模相似，在脱模架上卸模，通过脱模板脱出塑件。如果塑件留在凹模内，可用专门工具将其取出。

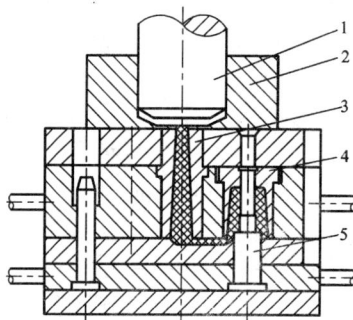

1—压料柱；2—加料室；3—主流道衬套；4—凹模；5—凸模

图 9 - 27　移动式罐式压铸模

　　(2) 活板式压铸模。活板式压铸模模具的加料室和型腔之间通过活板分开，活板以上
为加料室，活板以下为型腔，流道浇口开设在活板边缘，如图 9 - 28 所示。这种模具结构
简单，通常适用于手工操作(移动式)，在普通压力机上进行压铸，多用于生产中、小型塑
件，特别适用于嵌件两端都伸出塑件表面的塑件，这时嵌件的一端固定在凹模底部的孔
中，另一端固定于活板上。

　　当塑件在型腔内硬化定型后，通过顶杆将塑件连同活板一起顶出，随后清理活板及残
留在活板上的硬化废料。为提高生产率，每副模具可制作两块活板轮流使用。

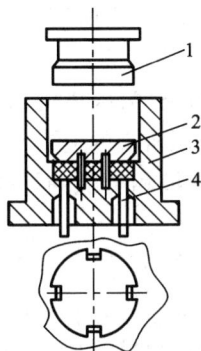

1—压料柱；2—活板；3—凹模；4—顶杆

图 9 - 28　活板式压铸模

　　(3) 柱塞式压铸模。一般来说，柱塞式压铸模没有主流道，主流道已扩大成为圆柱形
的加料室，这时压铸力不再起夹紧模具的作用，因此柱塞式压铸模一般应安装在特殊的专
用液压机上使用。这种液压机具有两个液压操作缸，一个缸起锁模作用，称为主缸；另一
个缸起将物料推入型腔的作用，称为辅助缸。主缸的压力要比辅助缸的大得多，以避免溢
料。由于没有主流道的加热作用，因此最好采用经过预热的原料进行压铸。这时没有主流
道流动阻力，同时原料经预热后压铸的压力可大大降低，特别是在单型腔的压铸模中更是
如此。图 9 - 29 所示为压铸齿轮的模具，它能像压塑模一样得到完全无流道的塑件，与压
塑模的区别是加料室截面小于塑件截面。这里压铸模的锁紧是靠螺纹连接来完成的，因此
可在普通液压机上压铸成型。

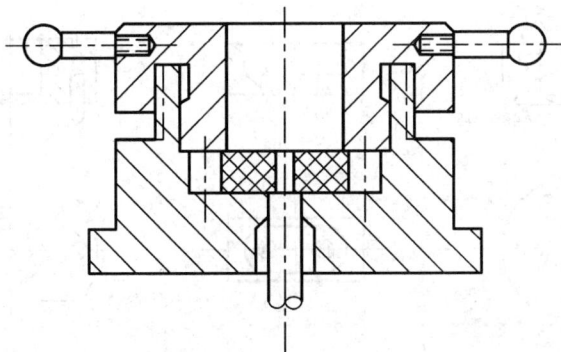

图 9 - 29　单型腔柱塞式压注模

2）压铸模的结构组成

压铸模可分为以下几大组成部分：

（1）成型零部件。成型零部件由凸模、凹模、型芯等组成，分型面的形式及选择与注射模、压塑模类似。

（2）加料装置。加料装置由加料室和压料柱构成。移动式压铸模的加料室和模具本身是可分离的，开模前先取下加料室，然后开模取出塑件，并将压料柱从加料室内取出。

（3）浇注系统。多型腔压铸模的浇注系统与注射模相似，同样可分为主流道、分流道和浇口，单型腔压铸模一般只有主流道。与注射模不同的是，加料室底部可开设几个流道同时进入型腔。

（4）加热系统。由于固定式压铸模可分为压料柱、加料室和上模、下模三部分，应分别对这三部分加热。移动式压铸模是利用液压机上的上、下加热板加热。加热方式与压塑模相同。

此外，压铸模也有与注射模、压塑模相类似的导向机构、侧向分型与抽芯机构、脱模机构等。

2. 压铸模零部件设计

压铸模的结构很多是与注射模和压塑模相似，所以设计时可以参考这两类模具的设计。这里仅就压铸模的特殊结构部分加以讨论。

1）加料室设计

移动式和固定式压铸模都设有加料室，用来存放塑粉，并将塑粉进行预热，加热成胶体状。在成型时，加料室要承受压力，因此加料室应具有一定的强度，体积不能太小，以免热量散失而使塑料加热不良。加料室应设置在型腔中心位置上，否则容易产生溢料和飞边等现象。

（1）加料室的结构和定位。固定式压铸模和移动式压铸模的加料室具有不同的形式，罐式压铸模和柱塞式压铸模的加料室也具有不同的形式。

罐式压铸模的加料室，其断面形状常见的有圆形和矩形（转角倒圆），具体应由塑件断面形状决定，如圆形塑件采用圆形断面的加料室。多型腔模具的加料室一般应尽可能盖住所有的模具型腔，常采用矩形断面。

移动式罐式压铸模的加料室可以单独取下，其结构如图 9-30 所示。图（a）所示为通用结构，一般将加料室底部做成 40°～45°斜角的台阶，当向加料室内的塑料施压时，压力

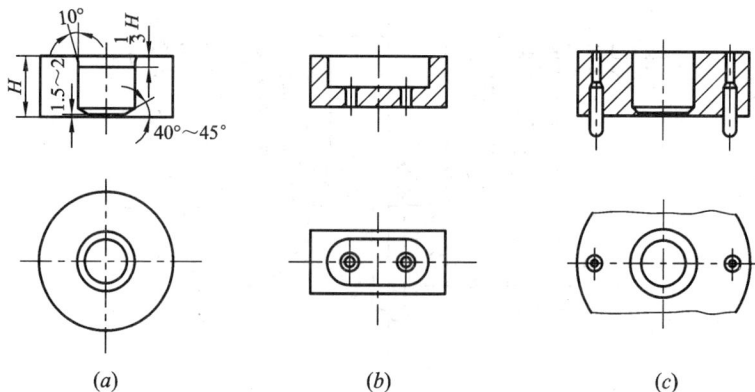

(a)　　　　　　　　　　(b)　　　　　　　　　　(c)

图 9-30　移动式罐式压铸模的加料室

也作用于台阶的环形投影面上，将加料室紧紧压在模具的浇注板（上模顶板）上，以免塑料从加料室底和浇注板之间溢出，接触面应仔细磨平。浇注板上安放加料室的平面应不带螺钉孔或其它孔隙，否则残留的塑料附在上面，将影响两者之间的良好密合。浇注板上的连接螺钉应设计在加料室以外的区域，或在浇注板下面作成不穿通的螺钉孔，连接螺钉从下面向上拧紧。图(b)所示的加料室为长圆形，用于加料室下有两个或更多流道的模具。图(c)所示为加料室与浇注板间需要精确定位时，可在两者之间设导柱，导柱可紧固在浇注板上，与加料室呈间隙配合；导柱也可以反过来紧固在加料室上，与浇注板呈间隙配合。

　　为避免加料室底部溢料，还可采用插入配合的方法：将加料室内腔做成穿通的圆柱形（或矩形等），在浇注板上有与加料室内腔形状相吻合的凸台，其高度为 $3\sim5$ mm，两者呈间隙配合，如图 9 - 31(a)所示。也可将加料室做成台阶，同时又与浇注板凸出台阶呈圆柱或圆锥配合，如图 9 - 31(b)所示，以进一步减少溢料的可能性。

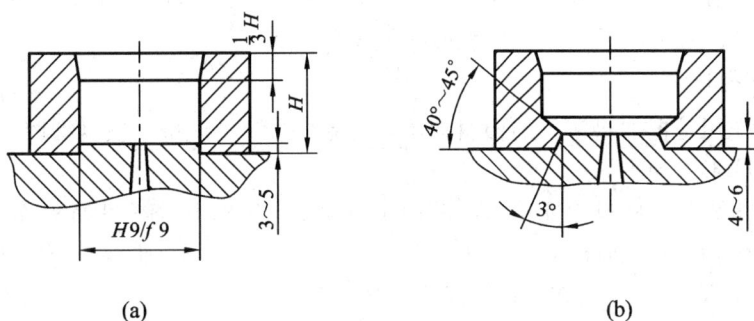

图 9 - 31　插入配合式的加料室

（2）加料室横截面计算。

加料室成型压力

$$p_2 = \frac{F_1}{A_2} = \frac{A_1 p_1}{A_2} \tag{9-12}$$

模具所需的锁模力

$$F_2 = p_2 A_3 \tag{9-13}$$

上两式中：F_1——压力机最大成型力(kN)，$F_1 = A_1 p_1$；

　　　　　A_1——压力机主缸活塞面积(m^2)；

　　　　　p_1——压力机工作压力(MPa)；

　　　　　p_2——压铸时的成型压力(MPa)，查表 9 - 8；

　　　　　A_2——加料室横截面积(m^2)；

　　　　　A_3——型腔及浇注系统总投影面积(m^2)。

保证压铸时不溢料的条件为

$$F_2 < F_1 \tag{9-14}$$

　　求解可知，为防止溢料，加料室的横截面应大于型腔及浇注系统总投影面积，即

$$A_3 < A_2 \tag{9-15}$$

通常取

$$A_2 = (1.1 \sim 1.25) A_3 \quad (\text{m}^2) \tag{9-16}$$

在选定压力机时应进行校核

$$\frac{F_1}{A_2} = p_2 \leqslant p_1 \tag{9-17}$$

表9-8　压铸成型压力　　　　　　　　　单位：MPa

塑料及填料	酚醛塑料			三聚氰胺		环氧树脂	硅酮树脂	氨基塑料	DAP塑料
	木料	玻璃纤维	布屑	矿物	石棉纤维				
压力	58.8~68.6	78.4~117.6	68.6~78.4	68.6~78.4	78.4~98.0	3.92~9.8	3.92~9.8	68.6	49~58.8

（3）加料室的技术条件。材料常用 T10A、CrWMn、9Mn2V 等；热处理硬度：40～45HRC；表面粗糙度：内壁 $R_a = 0.4 \sim 0.2\ \mu\text{m}$，配合面 $R_a = 0.8\ \mu\text{m}$，其余 $R_a = 6.3 \sim 3.2\ \mu\text{m}$；内壁镀铬 0.015～0.02 mm，并抛光到 $R_a \leqslant 0.2\ \mu\text{m}$。

2）压料柱设计

压料柱的作用是把加料室内的塑料加压，经浇注系统迅速挤入模具型腔。

压料柱结构形式如表9-9所示。

压料柱技术条件：材料常用 T8A、T10A、Cr12、CrWMn 等；表面热处理硬度 40～45HRC；表面粗糙度：与加料室配合部分为 $R_a = 0.2 \sim 0.1\ \mu\text{m}$，非配合部分为 $R_a = 6.3 \sim 3.2\ \mu\text{m}$；表面镀铬 0.015～0.02 mm，最后抛光。

表9-9　压料柱结构及其应用

简　图	说　明	简　图	说　明
	常用于移动式模具，有凸缘的结构，承压面积大，压铸时较平稳，操作时便于观察		在压料柱端面开设沟槽，用以在开模时拉出凝料

3）加料室与压料柱的配合关系

加料室与压料柱的配合如图9-32所示，加料室与压料柱的配合一般为 $H9/f9$ 或采用间隙为 0.05～0.1 mm 的配合，在压料柱带废料槽时，间隙可取略大，以便废料进入槽内。在高度上，压料柱高度应比加料室高度小 0.5～1 mm，在底部转角处二者配合后，应留有 0.3～0.5 mm 的储料间隙，加料室与定位凸台间应有 0.01～0.1 mm 的配合间隙。

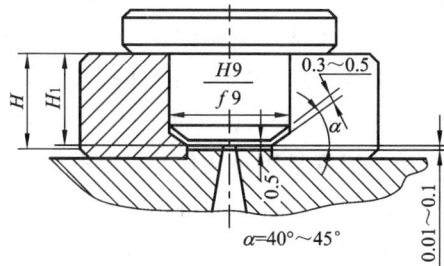

图 9 - 32　加料室与柱塞的配合关系

4）浇注系统设计

浇注系统设计与热塑性塑料注射成型的浇注系统设计类似，浇口形式除潜伏式浇口外均适用。这里仅介绍浇口尺寸的选用。

浇口尺寸选用的结果仅供参考，一般均需试模后修正确定。

压铸成型时，浇口截面值应保证所需塑料容量在 10～30 s 内充满型腔，其尺寸与塑件大小、模具温度、单位压力等有关。

一般热固性塑料浇口厚度见表 9 - 10，梯形浇口尺寸见表 9 - 11。

表 9 - 10　热固性塑料浇口厚度　　　　　单位：mm

塑件大小	中、小型	较大型
酚醛塑料	0.3～0.8	0.8～1.5
玻璃纤维塑料	0.6～2.0	＞2

表 9 - 11　梯形截面浇口的宽、厚尺寸

浇口截面积/mm²	宽×厚/mm	浇口截面积/mm²	宽×厚/mm
～2.5	5×0.5	＞5.0～6.0	6×1
＞2.5～3.5	5×0.7	＞6.0～8.0	8×1
＞3.5～5.0	7×0.7	＞8.0～10.0	10×1

9.2.3　集成电路塑料封装模设计

塑料封装已用于晶体管、集成电路、电容器和变阻器等电子元器件的包封。其中集成电路塑料封装模已成为电子元器件生产中的关键工艺装备之一。它属于热固性塑料低压（1～10 MPa）压铸成型模。随着集成电路的高速发展，塑封模越来越被人们重视，其要求也越来越高。

1. 概述

集成电路塑料封装常用塑料是硅酮、酚醛、环氧等，其塑封成型工艺参数有：

（1）模温。模温为 160～190℃，常用 175℃±5℃；

（2）塑封温度。塑封温度由塑料种类而定，其温控精度常控制在±3℃范围之内，要求高的则控制在±0.5℃之内；

（3）合模力。最佳合模力以塑料不流泄来确定；

（4）注射压力。注射压力一般为(3～10)±0.5 MPa；

（5）注射速度。注射速度一般采用(5～20 s/H)±1 s，其中 H 为饼料高度(mm)；

（6）塑料预热温度。塑料预热温度常用高频加热器预热，温度值为 70～75℃；

（7）塑料量。塑料量由模具结构和注射压力等决定；

（8）后固化时间。后固化时间取决于塑料的特性。

塑封模具成型的塑件具有质量稳定、生产效率高、便于自动化、适合大批量生产和成本低等优点。

我国塑封模已具备一定生产能力。集成电路塑封模已能生产8～48引线，型腔数已达到 48～120 腔及 120～600 腔的分立器件等大型、复杂、高精度的塑封模。国外塑封设备已采用自动上料、计算机控制、参数监控、屏幕显示。分立器件塑封模向多腔位发展，三极管塑封模已达 1000 腔。

现以 14 引线集成电路的 120 腔固定式塑封模为例，介绍其结构及设计要点。

2. 引线框架、塑封外形及塑封模

14L 引线框架及塑封外形如图 9 - 33 所示。该图表示出一个集成电路的塑封外形、引线和框架的相互关系。

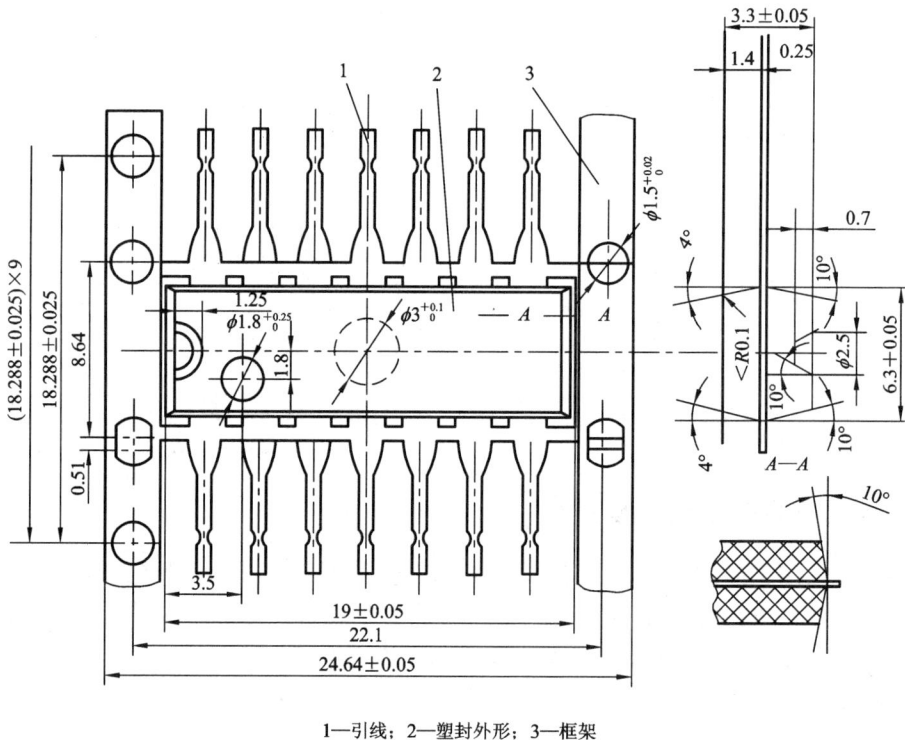

1—引线；2—塑封外形；3—框架

图 9 - 33   14L 引线框架及塑封外形

14L 引线框架、120 腔、固定式塑封模结构如图 9 - 34 所示。

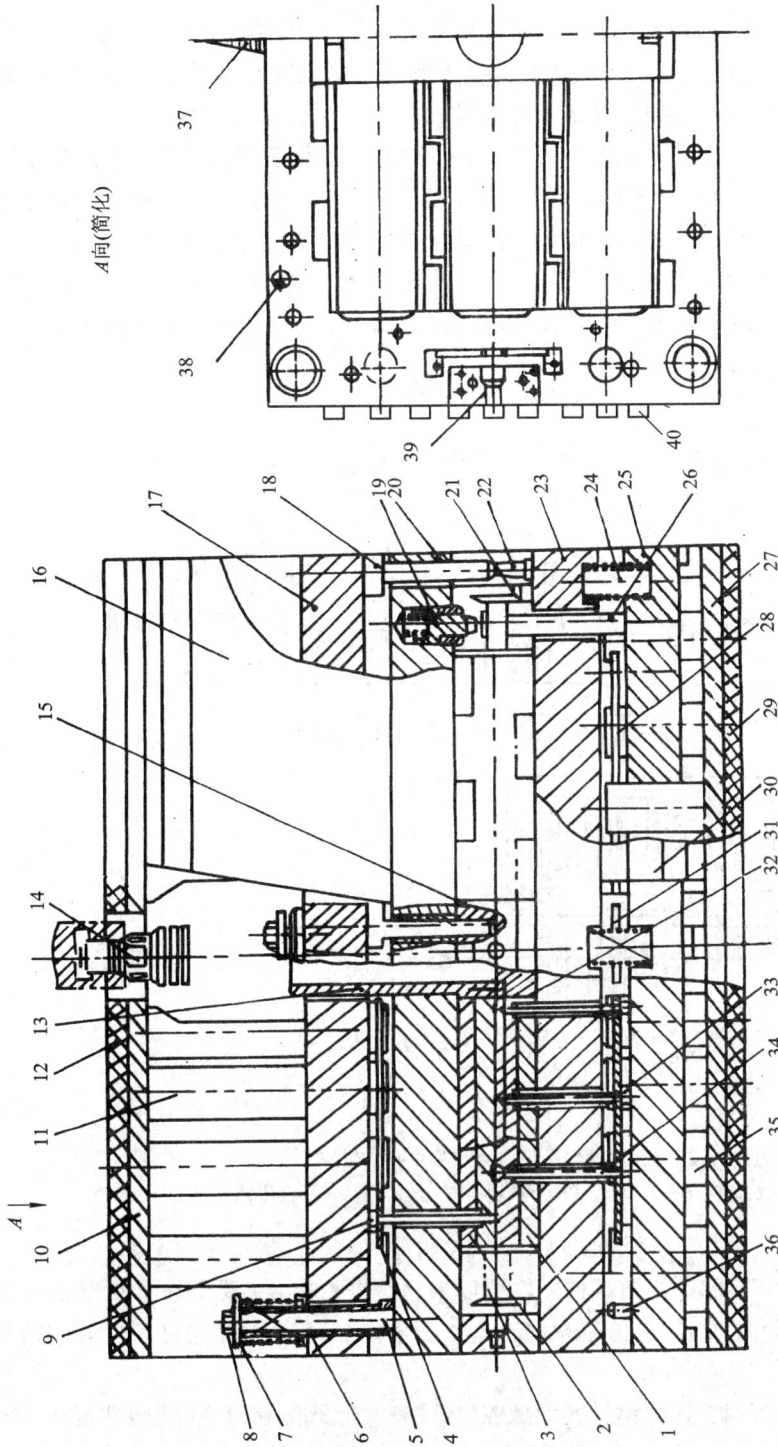

图 9 - 34 固定式集成电路塑封模结构实例

1—下镶件座；2—上镶件座；3—预定位托架；4—上顶杆固定板；5—上限位柱；6—衬套；7—垫圈；8—螺钉；9—上顶杆；10—上垫板；11—上支柱；12—反推柱；13—上石棉板；14—加料杆；15—上浇道板；16—上支架；17—上推板；18—反推板；19—活动压柱；20—上模板；21—定位架；22—反顶螺钉；23—下模板；24—弹簧；25—下垫板；26—定位柱；27—下垫板；28—下顶杆固定板；29—下石棉板；30—下支架；31—浇道顶杆固定板；32—下浇道板；33—浇道顶板；34—下顶杆；35—下支柱；36—下限位柱；37—管接头；38—稳定座；39—挡柱；40—电热棒

　　该模具安装在专用塑封机上。由主液压缸带动加料柱 14 往复运动。上工作台固定不动，当下工作台下降时，开模。引线框架预先排列在预定位托架 3 上，并预热到 150℃。将预定位托架放在模具的定位柱 26 上。其初定位依靠定位架 21 及挡柱 38 来实现。下工作台上升，合模，依靠导柱导向。x、y 方向由稳定座上的稳钉精定位。反推杆 18 使上推板 17 复位，活动压柱 19 压住预定位架。用高频预热到 90℃ 的塑料饼放入加料室 13 中，开动辅助液压缸带动加料柱 14 下降，完成加料填充。保压 120 s，固化后开模。下工作台下降加料柱复位。反推杆失去反顶力。在弹簧作用下，使上推板 17 推动上顶料杆 9 顶料。塑封件留在下模。当下模碰到压力机下顶料杆 34 时，推动下推板 25，通过下顶料杆、浇道顶杆 33 和定位柱 26 使塑封件与预定位架同时顶出。取出预定位架，即取出塑封件。下工作台降到底，又上升约 20 mm，使模具脱离压力机下顶杆。在弹簧 24 的作用下，使推板复位。

3. 塑封模的主要组成及设计要点

1）上、下型腔组件

上、下型腔组件结构相同，现以下型腔组件为例。其结构如图 9-35 所示。

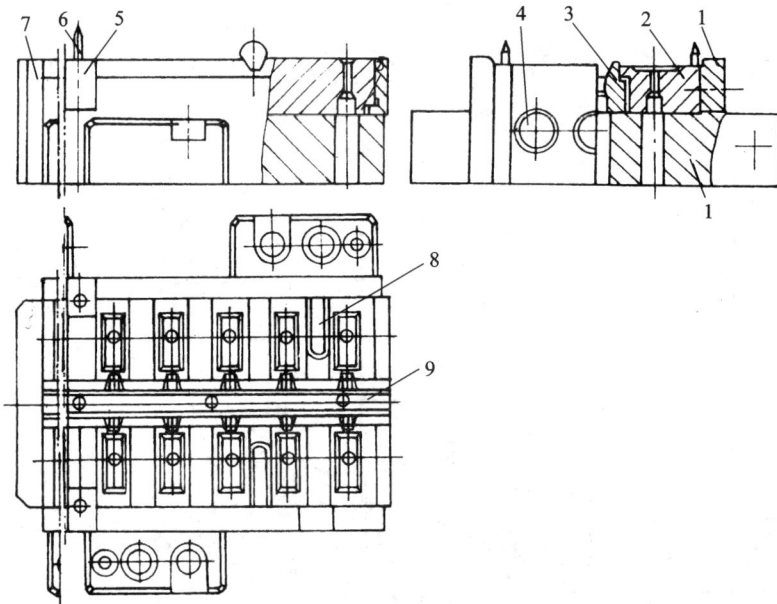

1—定位块；2—下成型镶件；3—下镶件座；4—放电热棒用孔；
5—定位钉座；6—定位钉；7—下挡板；8—小压块；9—下浇道镶件

图 9-35　下型腔组件

　　下型腔组件的成型镶件 2、浇道镶件 9 之所以采用镶拼结构，主要是为了便于加工。引线框架在模具中的精确位置由定位钉 6、定位块 1 来定位。成型镶件材料常用 9Cr18、Cr12MoV、CrWMn。

　　设计上、下型腔组件时，其脱模斜度上型腔（10°）应大于下型腔（4°），使塑件留在下模。模具精度要求非常高，工作处在 175℃±5℃ 的环境中，为保证塑封成品及引线框架的中心对称性，必须进行胀量匹配计算。

$$L = L_0 + \Delta L = L_0 + (\alpha_1 - \alpha_2)L_0\Delta T \quad (\text{mm}) \qquad (9-18)$$

式中：L——匹配后的模具基本尺寸(mm)；

　　　L_0——引线框架基本尺寸(mm)；

　　　ΔL——当长度为 L_0、加热到 175℃时引线框架与模具的胀量差(正或负)；

　　　α_1——引线框架的线膨胀系数；

　　　α_2——模具材料的线膨胀系数；

　　　ΔT——工作温度与室温之差(℃)。

当引线框架材料、模具材料的线膨胀系数分别为 $\alpha_1 = 3.94 \times 10^{-6}(1/℃)$(铁镍合金)，$\alpha_2 = 11 \times 10^{-6}(1/℃)$(9Cr18)，$L_0 = 18.288$ mm，$\Delta T = 175 - 20 = 155℃$时，

$$\Delta L = (3.94 \times 10^{-6} - 11 \times 10^{-6}) \times 18.288 \times 155 = -0.02 \quad (mm)$$

模具型腔匹配后的尺寸为

$$L = 18.288 - 0.02 = 18.268 \quad (mm)$$

成型镶件工作面的高度差不能超过 0.005 mm。成型镶件工作面要比镶边及浇道镶件工作面高出 0.005 mm，以便使型面紧紧压住引线脚。

设计型腔组件时，还应考虑型腔、浇道排气问题。

2) 浇注系统

浇注系统的平面分布如图 9 - 36 所示。由六个分流道对称分布。其截面采用梯形，因周边长，对塑料的加热及加热效率最高，且加工容易。

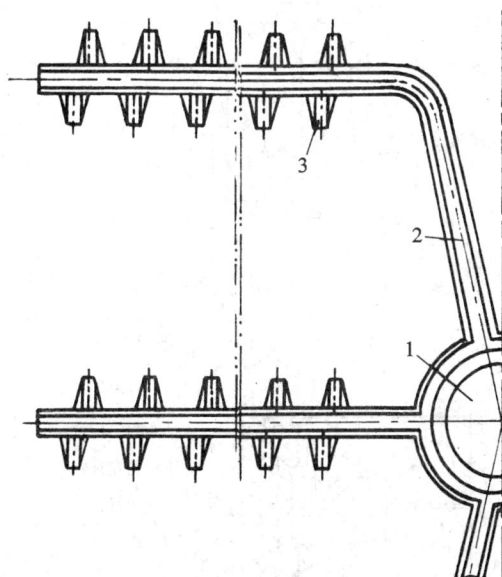

1—加料室；2—分流道；3—浇口

图 9 - 36　浇道系统平面分布

分流道、浇口形状及尺寸如图 9 - 37 所示。浇口与型腔直接相联，为了不影响塑件外观质量，浇口厚度尺寸尽量取小值(0.3 mm 以下)；另外，要考虑塑料熔体尽可能减少对芯片及金属丝的冲击，因此浇口不能直接对着芯片及金属丝设置；分流道截面积必须大于浇口面积的总和。

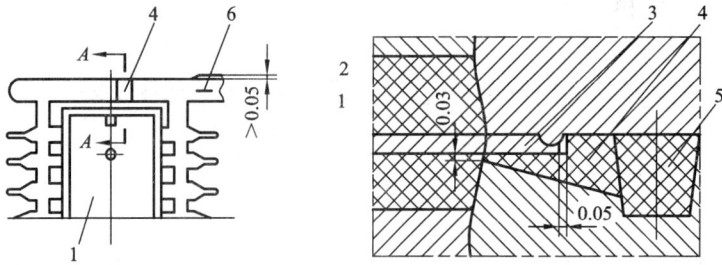

1—塑封体；2—引线框架；3—压脚；4—浇口；5—分流道；6—压塌

图 9 - 37　分流道、浇口形状及尺寸

3）上、下顶出机构

上、下顶出机构可以从图 9 - 34 中了解。

4）导向及定位装置

上、下型腔组件分别固定在上、下模板上，为了保证上、下型腔能准确对正，在上、下模板之间用导柱、导套进行初定位，导柱、导套结构如图 9 - 38 所示。精定位在 x、y 方向设置两组稳钉定位机构，如图 9 - 39 所示。

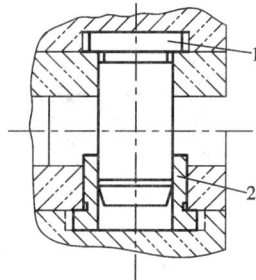

1—导柱；2—导套

图 9 - 38　导柱、导套结构

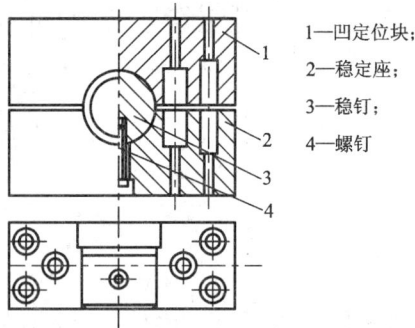

1—凹定位块；
2—稳定座；
3—稳钉；
4—螺钉

图 9 - 39　稳钉定位机构

5）加热、隔热

在上、下模板中设置加热孔，采用加热棒加热。加热功率的布置：两侧面 600 W，中间 400 W；也可以两侧面 750 W，中间 650 W。为减少温度对压力机的热变形影响，在模具上、下垫板上安装水泥石棉板，使表面温度不超过 60℃。

6）合模力

$$F = kAp \quad (N) \tag{9-19}$$

式中：k ——修正系数，常取 $k = 3 \sim 5$；

$\quad A$ ——型腔及浇注系统总投影面积（m^2）；

$\quad p$ ——塑料成型压力（N/m^2）。

由于引线框架误差、模具制造误差、压力机制造误差等综合因素的影响，k 值应根据试压情况而定，以使分型面不溢料为最佳。

14L 引线框架、120 腔塑封模的合模力为

$$F = 4 \times 0.03(m^2) \times 7 \times 106(N/m^2) = 840 \quad (kN)$$

该塑封模是一共加料室、多型腔的压铸模。其结构特点为加料室嵌于上模板内，模具简化为两板式结构；无主流道，熔料由加料室末端经分流道、浇口进入模腔，省料、省时；用电热棒加热，温度可精确控制；锁模与加料由压力机上的主、辅液压缸分别控制；定位采用导柱、导套初定位和稳钉精定位，满足精确定位要求；模具外表设有石棉垫板，以防止热量外传。

9.3 热固性塑料注射模设计

热固性塑料成型过去均采用压塑、压铸等方法，其工艺周期长，生产效率低，劳动强度大。热固性塑料注射成型方法是 20 世纪 60 年代出现的一种成型方法，近年来发展很快，应用范围也越来越广，而且还在不断发展和完善之中。许多国家先后研究成功热固性塑料注射成型工艺。我国也已成功地用于生产，并逐渐扩大其应用范围。

热固性塑料注射成型的特点是：生产效率高，比压塑法成型约提高 6 ~ 10 倍；塑件的物理力学性能约提高 10% 左右；可以成型结构比较复杂的塑件；减轻了劳动强度，自动化程度高。

9.3.1 概述

1. 热固性塑料注射机

热固性塑料注射机与热塑性塑料注射机的结构原理基本相似，它与热塑性塑料注射机的主要区别是：

（1）料筒由热水加热，水温由电加热器自动控制；

（2）螺杆与喷嘴一般采用类似加工聚乙烯塑料的形式，喷嘴温度必须严格控制，孔径比模具主流道入口孔径略小，并做成外大内小锥孔，便于拉出喷嘴处硬料；

（3）模具应加热，模温必须严格控制，一般采用电加热器加热并有自动控制装置。

目前，国内用热固性塑料注射机有：0.3 N(30 g)、1 N(100 g)、1.25 N(125 g)、2.5 N（250 g）、5 N(500 g)、10 N(1000 g)等。

日本两家热固性塑料注射机性能参数见表 9 - 12。

表 9 - 12　日本两家热固性塑料注射机性能参数

单　　位	名机制作所		东芝机械株式会社	
型号	M - 100A - TS	M - 140A - L - TS	IR80CN	IR155CN
螺杆直径/mm	40	50	40	50
理论注射容量/cm³	250	490	245	490
注射量/cm³	260	510	245	475
注射压力/MPa	195	193.1	180.3	185.2
注射速率/cm³·s⁻¹	105	165	80	113
可塑化能力/9.81 N·n⁻¹	90	150	35	55
螺杆转速/r·min⁻¹	205	190	129	114
锁模力/10³ N	980	1372	784	1225
开模力/10³ N	63.7	113.7	57.82	78.4
拉杆间距离/mm	400×400	490×490	375×375	450×335
模具垫板尺寸/mm	600×600	700×700	540×450	645×540
模板行程/mm	400	450	355	450
模板最大距离/mm	700	800	560	730
最小模具厚度/mm	300	350	90	120
顶出力/10³ N	39.2	39.2	22.54	32.34
顶杆行程/mm	80	100	63	80
需要油量/l	340	460	350	450
温调加热容量/kW	5.8	5.8		
备注	以酚醛塑料为例确定的值			

2. 热固性塑料注射成型工艺过程

热固性塑料注射成型工艺过程：

加料、预塑→闭模、注射→保压、固化→排气→开模、取件→除浇口

（1）加料与预热：把塑料加入料筒中加热，用螺杆搅拌，使其达到临界塑性。一般预塑温度控制在 45～110℃。预热可使注射机的容量增大，减少高温下塑料的热降解作用，同时亦可改进塑料的质量和外观。

（2）闭模与注射：开动注射机的移动拖板使模具闭合。注射温度包括料筒温度与模具温度。料筒远离喷嘴段温度为 45～60℃，靠近喷嘴段为 80～95℃（或 100～110℃），塑料受摩擦后，温度可超过 100 ℃（或 110～130℃）；模具温度因塑料不同而异，如酚醛塑料模具温度为 165℃±5℃，氨基塑料模具温度为 145℃±5 ℃。注射压力取决于塑料的流动性、硬化速度和填料性质，一般为 120～180 MPa。注射速度适当，一般采用 3～4.5 m/min。

（3）保压与固化：酚醛压塑粉注射时间一般采用 20 s，实际上塑料充填时间只有 3～5 s，其余都是保压时间。保压的目的是防止受压料从模具主流道倒流，影响塑件质量。酚醛塑料的保温固化时间为 80～90 s，使塑料在加热和加压下充分固化成型。

（4）排气：用模具的轻微开启来实现，或由排气槽溢出。排气时间为 1～2 s。

（5）开模与取件：开动机器打开模具，在顶出杆作用下将塑件从模具中顶出。

（6）除浇口：用手工或其它工具去除塑件上的浇口、飞边及毛刺。

9.3.2　热固性塑料注射模简介

热固性塑料注射模的结构与热塑性塑料注射模相类似，设计原理也基本相同。主要特点如下：

1. 浇注系统

浇注的类型、形状与热塑性塑料注射模相同，但设计时应采用热固性塑料注射工艺有关的经验数据。

1）主流道

热固性塑料注射成型时物料在料筒内没有加热到足够的温度，因此，希望主流道断面面积小些，以增大传热面积及摩擦热。为使主流道脱模顺利，主流道内壁粗糙度值 $R_a \leq 0.5~\mu m$，主流道的锥度 α 常取 $1.5°\sim3°$，主流道小端直径 d 应比注射机喷嘴直径 D 大 $0.5\sim1$ mm，以减小流动阻力，为使喷嘴与主流道紧密吻合，其相贴处的球面半径 R 比喷嘴球面半径 r 大 2～3 mm，主流道与分流道连接处做成圆角 $R5\sim10$ mm。

2）分流道

分流道的厚度应根据塑件的厚度、成型体积及塑件的几何形状、复杂程度来决定，对于中小、型塑件，分流道厚度取 2～4 mm，较大塑件取 4～8 mm。

分流道断面形状应有利于传热，一般取断面积相同、周长较长的断面，且制造容易，使用方便。现广泛使用梯形断面和半圆形断面。半圆截面半径常取 $R2\sim4$ mm，梯形截面宽度 $L=4\sim6$ mm，深度 $H=2/3L$。对于多型腔模具，应尽可能使各分流道的截面、长短相同。

3）浇口

浇口截面积按如下经验公式计算

$$A = kG \quad (\text{mm}^3) \tag{9-20}$$

式中：A——浇口截面积（mm²）；

　　　G——塑件质量（10^{-3}N）；

　　　K——系数，取 $k=0.025$（mm²/10^{-3}N）。

根据经验数据，浇口的厚度一般为 0.5 mm，对于纤维状塑料，取 0.8～1.0 mm。浇口的宽度：对于中、小型塑件取 $b=2～4$ mm，对于较大塑件取 $b=4～8$ mm。浇口的长度一般取 $l=1～2$ mm。

若用点浇口，其直径为 $\phi0.4～1.5$ mm。塑件较大时，可采用多个点浇口进料。

2. 顶拉腔

拉料杆顶端与主流道大端及模板间所形成的腔体（相当于热塑性塑料注射模的冷料穴）。对于热固性塑料注射模来说，是收容由于局部过热而产生的硬头料，故把这个小腔称为拉料腔或顶拉腔。在开模时它起着拉下主流道凝料的作用，随后由拉料杆把主流道凝料等顶出。

3. 排气槽

型腔内气体除原型腔空间存留的气体外，还有化学反应所产生的挥发物，均需要迅速排出模外。而热固性塑料熔体的流动性很好，在注射时极易将型腔的所有模缝堵死。故利用配合间隙排气往往不能满足要求，需要开设专门的排气槽。如果塑件结构是对称的，排气槽可开设在浇口的对面处；如果塑件结构不对称，可在试模后根据实际情况再开设排气槽。排气槽深度 $h=0.1～0.3$ mm，宽度 $b=5～10$ mm，并在 6 mm 之外加开深 $h=0.8$ mm 的槽，以免排气槽被挤出的塑料堵塞。

4. 模具的加热

热固性塑料注射成型过程中，注射机喷嘴温度低，模具均需要加热，因此，加热模具是十分重要的环节。它对塑件的成型质量影响大，必须严格控制。一般采用电热棒或电热套加热。模具内要设模温测量装置，以便精确控制模温，使模具成型表面的温差小于 5℃。部分热固性塑料注射成型时的模温见表 9－13。

表 9－13　部分热固性塑料注射成型的模具温度

塑料名称	模温/℃	塑料名称	模温/℃
酚醛塑料	170～190	环氧树脂	170～187
三聚氰胺塑料	170～180	醇酸树脂	163
三聚氰胺－甲醛塑料	170～190	DAP	160～176

5. 塑料的流动性与模具结构

热固性塑料由于熔化温度（90℃左右）比硬化温度（160～190℃）低，在成型条件下，注射料流的流动性好，能流入细小的缝隙而成为毛边。这一特性在设计模具时必须考虑到。

（1）热固性塑料流动性好，成型时容易沿分型面溢出。在确定成型型腔数目时，应该按注射机锁模力的 $60\%～80\%$ 计算，即

$$(0.6～0.8)F_1 = (A_1 \times n + A_2)p \tag{9-21}$$

中：F_1——注射机的锁模力(N)；

　　　A_1——塑件的投影面积(m^2)；

　　　n——型腔个数(个)；

　　　A_2——浇注系统的投影面积(m^2)；

　　　p——成型时模具型腔内的压力(MPa)。

　　根据经验，酚醛塑料成型时型腔内的压力约为 30～40 MPa，氨基塑料成型时型腔内压力为 40～60 MPa，聚脂塑料成型时型腔内的压力为 10～20 MPa。

　　当第一次注射完毕后，在料筒螺旋槽中留存着已经塑化而未被注射出去的塑料，这些料只有留待以后的注射中被逐渐排出。显而易见，塑料在料筒中存留的时间太长，就有可能被固化。塑料在料筒中存留时间计算公式为

$$t_1 = \frac{G_1}{G_2} t \qquad\qquad (9-22)$$

式中：t_1——存留时间(s)；

　　　t——注射周期(s)；

　　　G_1——料筒中塑料总重量(N)；

　　　G_2——每次注射量(N)。

　　塑料存留时间不得超过塑料处于流动状态的最大塑性时间，否则，第二次就无法注射，或在塑件上会导致明显的早期硬化块痕迹。目前，一般注射成型的最大塑性时间为 4～6 min，故在设计模具型腔总容积时，应计算每次注射量 G_2，G_2 达到料筒中塑料总重量的 70%～80% 较为合适。

　　(2) 成型零件的尺寸计算。在确定型腔尺寸时，要从型腔尺寸的计算结果中减去分型面上的溢料毛边值。一般毛边值为 0.05～0.1 mm。

　　塑料的收缩率不是一个定值，而是在一定范围内的变值。采用不同的成型方法、不同塑料，则塑料的收缩率不同。例如对酚醛压塑粉而言，采用直压法成型时其收缩率为 0.8%，而采用注射成型时其收缩率为 1.2%。因此，应注意收集实践中积累的塑料收缩率数据，防止塑件尺寸的超差。

　　(3) 因为热固性塑料注射料流的流动性好，容易充满型腔，又往往在分型面上产生较厚的毛边，所以在选择分型面时，应尽量使其产生垂直于分型面的毛边，而减少或避免在分型面上产生水平毛边。

　　(4) 尽量避免使用镶拼结构。因为镶件、拼件有较多的缝隙，易流入塑料，影响塑件脱模。

　　(5) 尽量避免采用推板推出脱模机构，提倡采用推杆推出脱模机构。

6. 其它注意事项

　　热固性塑料注射模具成型零件是在加热及有腐蚀条件下工作的，加上热固性塑料毛边硬度大，对模具表面磨损大，因此要使用高强度、高耐磨性的材料制造。

　　凡与塑料接触的模具表面，要求表面粗糙度在 $R_a = 0.1~\mu m$ 左右。要求抛光、镀铬、再抛光，镀铬层厚度达到 0.01～0.015 mm。模具零件的间隙配合部分，经常进行氮化处理，氮化处理有润滑作用，可以防止零件卡住。模具主要成型零件应用氧化钛涂层，该涂层具有 52～57 HRC 的硬度，以增加模具的使用寿命。

在将注射模向注射机上安装时，应该在模具与注射机移动模板间和模具与注射机固定板间垫以绝热材料，如石棉板等，防止模具热量过多地散失。

复 习 思 考 题

9—1 压塑模按凸、凹模结构特征分类及其特点有哪些？

9—2 压塑模与压力机有哪些关系？在设计压塑模时应进行哪些校核？

9—3 压塑模的半闭合式凸、凹模结构组成、储料槽、排气槽的结构有哪些？

9—4 压塑成型与压铸成型的工艺因素有哪些不同？

9—5 集成电路塑封模的组成与设计要点有哪些？

9—6 热固性塑料注射成型工艺过程及注射成型模的结构特点有哪些？

第 10 章　其它塑料成型工艺及模具设计简介

10.1　挤出成型工艺及模具设计

10.1.1　挤出成型原理及工艺

1. 挤出成型原理及特点

挤出成型一般用于热塑性塑料成型。如图 10 - 1 所示,挤出成型的原理是首先将粒状或粉状塑料加入挤出成型机的料斗中,在旋转的挤出机螺杆的作用下,塑料沿螺杆的螺旋槽向前方输送,在此过程中,不断地接受外加热和螺杆与物料、物料与物料及物料与料筒之间的剪切摩擦热,逐渐熔融呈粘流态;在挤出成型机的机头连接器上连接挤出成型机头(即挤出成型模具),在挤压系统的作用下,塑料熔体通过机头及一系列辅助装置(定型、冷却、牵引、切割等装置),从而获得截面形状一定的塑料连续型材。

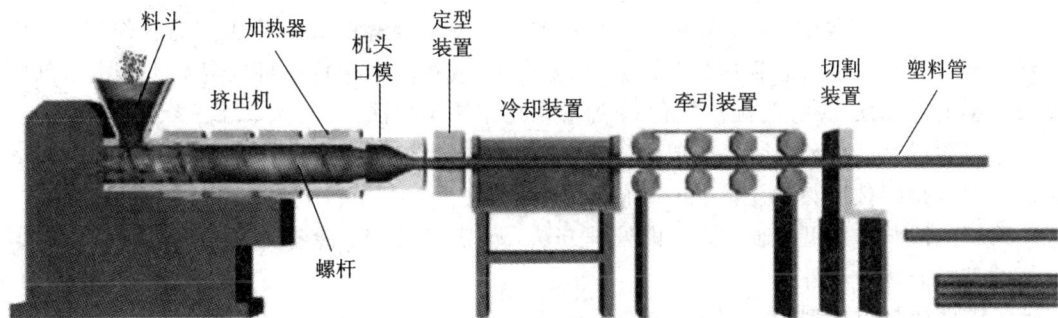

图 10 - 1　挤出成型原理

挤出成型是连续进行的,其特点是:生产量大,生产率高,成本低;塑件截面形状不变,塑件内部组织均衡紧密、尺寸比较稳定;适用性强,除氟塑料外,几乎所有热塑性塑料都可以进行挤出成型,少量热固性塑料也可以采用挤出成型。

挤出成型应用范围很广,能生产管材、棒材、板材、异型材、薄膜、单丝、电线与电缆护套,以及中空塑件等。

2. 挤出成型设备

挤出成型所用设备为挤出成型机(挤出机)。挤出机有多种类型,其分类方式各异。如按螺杆数目的多少可以分为单螺杆挤出机和多螺杆挤出机;按可否排气可分为排气挤出机和非排气挤出机;按螺杆的有无可分为螺杆挤出机和无螺杆挤出机;按螺杆在空间的位置可分为卧式挤出机和立式挤出机。最常用的是卧式单螺杆非排气挤出机。

挤出机由主机和辅机两大部分组成。主机部分包括挤压系统、传动系统、加热系统；辅机部分包括定型装置、冷却装置、牵引装置、切割装置、卷取装置等。主机和辅机由统一的控制系统进行控制，用以检测、控制主机和辅机的温度、压力、流量、速度，最终实现对产品质量的控制。

卧式单螺杆非排气挤出机性能特征用以下几个主要技术参数表示：

螺杆直径：指螺杆外径，用 D 表示，单位为 mm。

螺杆长径比：用 L/D 表示。其中 L 为螺杆的工作部分（或有效部分）长度，即有螺纹部分的长度（工艺上将 L 定义为由加料口中心线到螺纹末端的长度），D 为螺杆直径。

螺杆的转速范围：用 $n_{max} \sim n_{min}$ 表示。n_{max} 和 n_{min} 分别表示最高、最低的螺杆转数，单位为 r/min。

驱动电机功率：用 P 表示，单位为 kW。

料筒加热段数：用 B 表示。

料筒加热功率：用 E 表示，单位为 kW。

挤出机生产率：用 Q 表示，单位为 kg/h。

机器的中心高：用 H 表示，指螺杆中心线到地面的高度，单位为 mm。

机器的外形尺寸：长、宽、高尺寸，单位为 mm。

3. 挤出成型工艺

1）挤出成型过程

热塑性塑料挤出成型过程可分为三个阶段：

第一阶段——塑化。塑料原料在挤出机的料筒温度和螺杆的旋转压实混合作用下，由粒状或粉状转变成粘流态物质（常称为干法塑化），或将固态塑料在机外溶解于有机溶剂中而成为粘流态物质（常称为湿法塑化）。通常采用干法塑化法。

第二阶段——成型。粘流态塑料熔体在挤出螺杆螺旋力推挤作用下，通过具有一定形状的口模而得到截面与口模形状一致的连续型材。

第三阶段——定型。通过适当的处理方法，如定径处理、冷却处理等，使已挤出的塑料连续型材固化为塑件。

干法塑化挤出成型的工艺过程为：

（1）原料的准备。对原料进行干燥处理及去除其中存在的杂质。原料的干燥一般在烘箱或烘房中进行。

（2）挤出成型。将挤出机预热到预定温度后，启动电动机带动螺杆旋转输送物料，同时向料筒中加入塑料。料筒中的塑料在外加热和剪切摩擦热共同作用下熔融塑化，由于螺杆旋转时不断推挤塑料，迫使塑料经过滤板上的过滤网，由机头成型为一定口模形状的连续型材。

（3）塑件的定型与冷却。热塑性塑件在离开机头口模后，应该立即进行定型和冷却，否则，塑件在自重力作用下会变形，出现凹陷或扭曲现象。在大多数情况下，定型和冷却是同时进行的，只有在挤出各种棒材和管材时，才有一个独立的定径过程；而挤出薄膜、单丝等则无需定型，仅通过冷却即可；挤出板材和片材时，通常还要通过一对压辊压平，兼有定型和冷却作用。

管材的定径方法可用定径套、定径环和定径板等。

冷却一般采用空气冷却或水冷却，冷却速度对塑件的成型质量和性能有很大影响。硬质塑件(如聚苯乙烯、低密度聚乙烯和硬聚氯乙烯等)不能冷却过快，否则容易形成残余应力，并影响塑件的外观质量；软质或结晶型塑料则要求及时冷却，以免变形。

(4) 塑件的牵引、卷取和切割。塑件自口模出来后，一般都会因压力突然解除而发生离模膨胀现象，而冷却后又发生收缩现象，从而使塑件的尺寸和形状发生改变。此外，由于塑件被连续不断地挤出，自重也越来越大，如不加以引出，会造成塑件停滞，使挤出过程不能顺利进行。因此，在冷却的同时，要求连续均匀地将塑件引出，这就是牵引。

牵引过程由挤出机辅机部分的牵引装置来完成。牵引速度要与挤出速度相适应，一般是牵引速度略大于挤出速度，对塑件进行适当的拉伸以提高质量。不同的塑件牵引速度不同，通常对薄膜及单丝的牵引速度要大些，而对硬质塑件的牵引速度则不能太大，而且要求十分均匀，否则会影响其尺寸均匀性和力学性能。

通过牵引的塑件可根据使用要求在切割装置上裁剪成棒、管、板、片等，或在卷曲装置上绕制成卷(如薄膜、单丝、电线电缆等)，某些塑件(如薄膜等)有时还要进行后处理，以提高尺寸稳定性。

2) 挤出成型工艺参数

挤出成型工艺参数包括温度、压力、挤出速度、牵引速度等。

(1) 温度。温度是挤出过程得以顺利进行的重要条件之一。严格来讲，挤出成型温度应指塑料熔体的温度，但在实际生产中，为了检测方便，经常用料筒温度来近似表示成型温度。

料筒温度沿料筒轴线方向存在一定的分布，通常要求：加料段的温度不宜过高，压缩段和均化段的温度可高一些；机头的温度要控制在塑料热分解温度以下；口模的温度比机头温度可稍低一些，但要保证塑料有良好的流动性。

表 10 - 1 是几种塑料挤出成型管材、片材和板材及薄膜等的温度参数。

表 10 - 1　热塑性塑料挤出成型时的温度参数

塑料名称	挤出温度/℃				原料中水分控制/(%)
	加料段	压缩段	均化段	机头及口模段	
丙烯酸类聚合物	室温	$100\sim170$	≈200	$175\sim210$	$\leqslant0.025$
醋酸纤维素	室温	$110\sim130$	≈150	$175\sim190$	<0.5
聚酰胺(PA)	室温~90	$140\sim180$	≈270	$180\sim270$	<0.3
聚乙烯(PE)	室温	$90\sim140$	≈180	$160\sim200$	<0.3
硬聚氯乙烯(HPVC)	室温~60	$120\sim170$	≈180	$170\sim190$	<0.2
软聚氯乙烯及氯乙烯共聚物	室温	$80\sim120$	≈140	$140\sim190$	<0.2
聚苯乙烯	室温~100	$130\sim170$	≈220	$180\sim245$	<0.1

(2) 压力。在挤出成型过程中，由于料流的阻力，螺杆槽深的变化，过滤板、过滤网和口模产生的阻碍等，使得沿料筒轴线方向在塑料内部建立起一定的压力，这种压力的建立

是塑料得以均匀密实并得到成型塑件的重要条件之一。为保证产品质量，必须要求压力的均匀一致性，否则会出现局部疏松、表面不平、弯曲等现象。为了减少压力波动，应合理控制螺杆转速，确保加热和冷却装置的温控精度。

（3）挤出速度。挤出速度是指单位时间内由挤出机头口模中挤出的塑化好的物料量或长度，它表征挤出生产能力的高低。影响挤出速度的因素很多，如机头、螺杆和料筒的结构、螺杆转速、加热冷却系统结构和塑料的性能等。在挤出机的结构和塑料品种及塑料类型已确定的情况下，挤出速度仅与螺杆转速有关，因此，调整螺杆转速是控制挤出速度的主要措施。

（4）牵引速度。挤出成型主要生产长度连续的塑件，因此必须设置牵引装置。从机头口模中挤出的塑件，在牵引力作用下会发生拉伸取向，拉伸取向程度越高，塑件沿取向方向的抗拉强度越大，但冷却后长度收缩也大。通常，牵引速度可与挤出速度相当。牵引速度与挤出速度之比称为牵引比，其值必须等于或大于1。

几种塑料管材的挤出成型工艺参数见表 10 - 2。

表 10 - 2　几种塑料管材的挤出成型工艺参数

工艺参数 \ 塑料管材		硬聚氯乙烯（HPVC）	软聚氯乙烯（LPVC）	低密度聚乙烯（LDPE）	ABS	聚酰胺 - 1010（PA - 1010）	聚碳酸酯（PC）
管材外径/mm		95	31	24	32.5	31.3	32.8
管材内径/mm		85	25	19	25.5	25	25.5
管材壁厚/mm		5±1	3	2±1	3±1	—	—
料筒温度/℃	后段	80～100	90～100	90～100	160～165	250～200	200～240
	中段	140～150	120～130	110～120	170～175	260～270	240～250
	前段	160～170	130～140	120～130	175～180	260～280	230～255
机头温度/℃		160～170	150～160	130～135	175～180	220～240	200～220
口模温度/℃		160～180	170～180	130～140	190～195	200～210	200～210
螺杆转速/r·min⁻¹		12	20	16	10.5	15	10.5
口模内径/mm		90.7	32	24.5	33	44.8	33
芯模外径/mm		79.7	25	19.1	26	38.5	26
稳流定型段长度①/mm		120	60	60	50	45	87
拉伸比		1.04	1.2	1.1	1.02	1.5	0.97
真空定径套内径/mm		96.5		25	33	31.7	33
定径套长度/mm		300		160	250	—	250
定径套与口模间距/mm		—			25	20	20

①　稳流定型段由口模和芯模的平直部分组成。

10.1.2　挤出成型模具设计

挤出成型模具又称挤塑模，是塑料型材挤塑成型用模具的统称，是仅次于注塑模的又一大类重要的工艺装备。由于型材品种繁多，其成型模具各有不同，限于篇幅，这里仅对管材挤出成型模和异型材挤出成型模做基本介绍。

1. 概述

1）挤出成型模具的作用与结构组成

一般塑料型材挤出成型模具应包括两部分：机头和定型模（又称定径套）。

（1）机头的作用。机头是挤出塑件成型的主要部件，它使来自挤出机的熔融塑料由螺旋运动变为直线运动，并进一步塑化，产生必要的成型压力，保证塑件密实，从而获得截面与口模形状相似的连续型材。

（2）定型模的作用。通常采用冷却、加压或抽真空的方法，将从口模中挤出的塑料形状稳定下来，并对其进行精整，从而得到截面几何形状和尺寸精确、表面光洁的塑件。

（3）挤出成型模具的结构组成。以典型的管材挤出成型模具为例，如图 10 - 2 所示，模具的结构可分为以下几部分：

① 口模和芯模。口模成型塑件的外表面，芯模成型塑件的内表面，口模和芯模的定型部分决定了塑件的截面形状。

② 多孔板和过滤网。多孔板（又称栅板）和过滤网的作用是将塑料熔体由螺旋运动转变为直线运动，同时还能阻止未塑化塑料及杂质进入机头。多孔板还起支承过滤网的作用。设置多孔板和过滤网，增加了阻力，使塑件更加密实。

③ 分流锥和分流锥支架。分流锥（俗称为鱼雷头）使通过它的塑料熔体分流，变成薄环状以平稳地进入成型区，便于进一步加热和塑化。分流锥支架主要用来支承分流锥及芯模，同时也能对分流后的塑料熔体加强剪切混合作用（有时会产生熔接痕而影响塑件强度）。小型机头的分流锥与其支架可设计成一个整体。

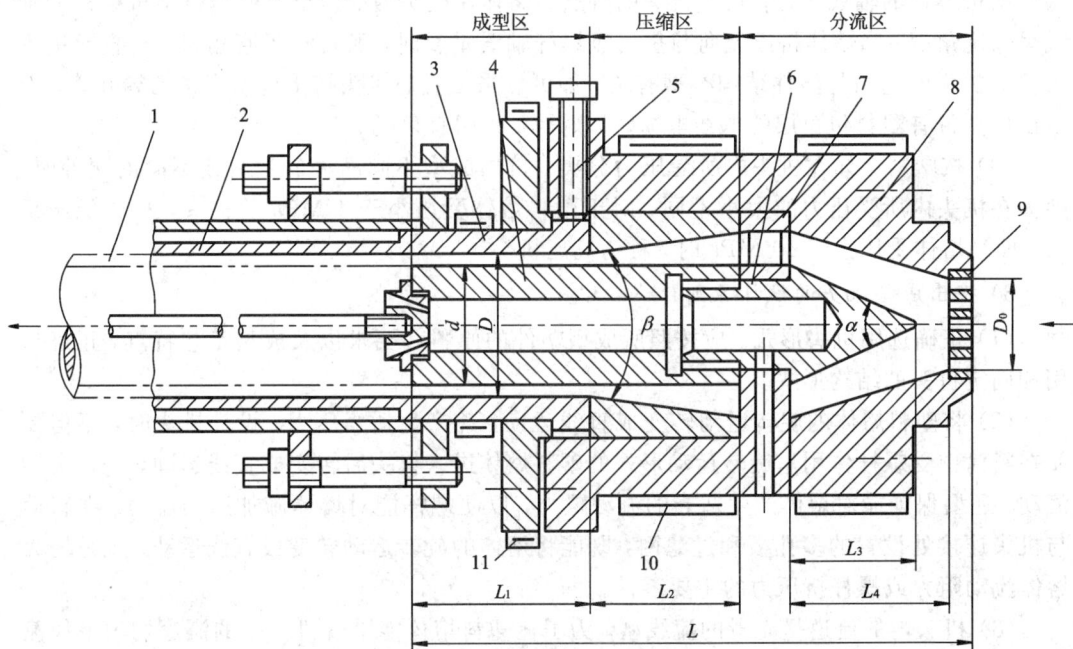

1—管材；2—定径套；3—口模；4—芯模；5—调节螺钉；6—分流锥；7—分流锥支架；8—机头体；

9—过滤板；10、11—电加热圈（加热圈）

图 10 - 2　管材挤出成型模具结构

④ 机头体。机头体相当于模架，与挤出成型机连接，用来组装并支撑机头的各零部件。连接处应密封以防塑料熔体泄漏。

⑤ 定径套。离开成型区后的塑料熔体虽已具有给定的截面形状，但因其温度较高不能抵抗自重而变形，为此需要用定径套对其进行冷却定型，使塑件获得良好的表面质量、准确的尺寸和几何形状。

⑥ 温度调节系统。机头上一般设有可以加热的温度调节系统，以保证塑料熔体在机头中正常流动及挤出成型质量。

⑦ 调节螺钉。如图 10-2 所示的调节螺钉 5 用来调节控制成型区内口模与芯模间的环隙及同轴度，保证挤出塑件壁厚均匀。调节螺钉的数量通常为 4~8 个。

通常，挤出成型分为分流区、压缩区及成型区 3 段。

2) 挤出成型模具的分类

挤出成型模具的分类实际上就是机头分类，一般有以下几种分类方法。

(1) 按挤出成型的塑件分类。通常挤出成型的塑件有管材、棒材、板材、片材、网材、单丝、粒料、各种异型材、吹塑薄膜、带有塑料包覆层的电线电缆等，它们所用的机头分别称为管机头、棒机头等。对于同类塑件所用的机头，还可以根据其某些特点进一步细分，如管机头可细分为直通机头、角式机头和旁侧式机头等；吹塑薄膜机头又可细分为芯模式机头、中心进料式机头、螺旋式机头和多层复合薄膜吹塑机头等。

(2) 按挤出塑件的出口方向分类。按照塑件从机头中挤出方向不同，可分为直通机头(或称直向机头)和角式机头(或称横向机头)。直通机头的特点是熔体在机头内的挤出流向与挤出机螺杆的轴线平行；角式机头的特点是熔体在机头内的挤出流向与挤出机螺杆的轴线呈一定角度。当熔体挤出流向与挤出机螺杆轴线垂直时，又可称为直角机头。直通机头与角式机头的选用与塑件结构类型有关，如可以采用直通机头挤出成型聚氯乙烯硬管；而挤出成型带有塑料包覆层的电线电缆时，则需要采用直角机头。

(3) 按塑料熔体在机头内所受压力分类。挤出成型不同品种的塑料或不同的塑件时，熔体在机头内所受压力的大小不同，对于塑料熔体受压小于 4 MPa 的机头，称为低压机头；而当熔体受压大于 10 MPa 时，称为高压机头。

3) 挤出成型机头的设计原则

(1) 正确选用机头形式。应按照所成型塑件的原料和要求以及成型工艺特点，正确选用和确定机头的结构形式。

(2) 将塑料熔体的旋转运动转变成直线运动，并产生适当压力。设计机头时，不但要使在料筒中受螺杆作用呈旋转运动形式的塑料熔体进入机头后转变成直线运动，进行成型流动，还要保证能对熔体产生适当的流动阻力，以便螺杆能对熔体施加适当压力。在料筒与机头连接处设置的多孔板和过滤网，既能将熔体的旋转运动转变成直线运动，也是增大熔体流动阻力或螺杆挤压力的主要零件。

(3) 机头内的流道呈光滑的流线型。为了让塑料熔体能沿着机头中的流道均匀平稳流动而顺利挤出，机头的内腔应呈光滑的流线型，表面粗糙度值 $R_a \leqslant 1.6\ \mu\text{m}$；流道不能有阻滞的部位，以免发生过热分解。

(4) 机头内应有分流装置和适当的压缩区。挤出成型环形截面塑件(如管材)时，塑料熔体在进入口模之前必须在机头中经过分流，因此，机头内应设置分流锥和分流锥支架等分流装置。挤出成型管材时，塑料熔体经分流锥和分流锥支架后再行汇合，一般会产生熔接痕，使得定型前的型坯和离开口模后的塑件强度降低或发生开裂。为此，需在机头中设计一段压缩区，以增大熔体的流动阻力，消除熔接痕。对于挤出成型板材和片材等塑件，当塑料熔体通过机头中间流道以后，其宽度必须予以扩展，即需要一个扩展阶段。为使熔体或塑件密度不因扩展而降低，机头中也需设置适当的压缩区域，以借助于流动阻力来保证熔体或塑件组织致密。

（5）机头成型区应有正确的截面形状。由于塑料熔体在成型前后应力状态变化引起的离模膨胀效应（挤出胀大效应）和收缩效应，将导致塑件长度收缩和截面形状尺寸发生变化，使得机头的成型区截面形状和尺寸并非塑件所要求的截面形状和尺寸，两者存在一定差异。因此设计机头时，一方面要对口模进行适当的形状和尺寸补偿，另一方面要合理确定流道尺寸，控制口模成型长度（塑件截面形状的变化与成型时间有关），从而保证塑件正确的截面形状和尺寸。

（6）机头内最好设有适当的调节装置。挤出成型尤其是挤出成型异型材时，常要求对挤出压力、挤出速度、挤出成型温度等工艺参数以及挤出型坯的尺寸进行调节和控制，从而有效地保证塑件的形状、尺寸、性能和质量。为此，机头中最好设置一些能够控制熔体流量、口模与芯模的侧隙以及挤出成型温度的调节装置。

（7）应有足够的压缩比。压缩比是指流道型腔内最大料流截面积（通常为机头与多孔板相接处的流道截面积）与口模和芯模在成型区的环隙截面积之比。它反映了塑料熔体在挤出成型过程中的压实程度。为了使塑件密实，根据塑件和塑料的种类不同，应设计足够的压缩比，一般管机头的压缩比为 2.5～10。

（8）机头的结构紧凑，利于操作。设计机头时，应在满足强度和刚度的条件下使其结构尽可能紧凑，并且装卸方便，易加工，易操作，同时最好设计成规则的对称形状，便于均匀加热。

（9）合理选择材料。与流动的塑料熔体相接触的机头体、口模和芯模，会产生一定程度的摩擦磨损；有的塑料在高温挤出成型过程中还会挥发有害气体，对机头体、口模和芯模等零部件产生较强的腐蚀作用，因此更加剧了它们的摩擦和磨损。为提高机头的使用寿命，机头材料应选取耐热、耐磨、耐腐蚀、韧性高、硬度高、热处理变形小及加工性能好的碳钢或合金钢。口模等主要成型零件硬度不得低于 40 HRC。

2. 管材挤出成型模具设计

1）管材挤出成型模具的典型结构

管材是挤出成型生产的主要产品之一。管材挤出成型机头主要用来成型圆形塑料管状塑件。管机头适用的挤出机螺杆长径比（螺杆长度与其直径之比）$i=15\sim25$，螺杆转速 $n=10\sim35$ r/min。通常要求在挤出机与机头之间安装过滤网，对于聚乙烯管材，用 4×80 目过滤网，对于软质塑料管可取 40 目左右的过滤网。

常用管材挤出成型机头结构有直通式、直角式和旁侧式。

（1）直通式挤管机头（如图 10 - 3 所示）。这种机头结构简单，容易制造。但熔体经过分流锥及分流锥支架时形成的分流痕迹（熔接痕）不易消除；长度较大、整体结构笨重。直通式挤管机头适用于挤出成型聚氯乙烯、聚乙烯、尼龙、聚碳酸酯等塑料管材。

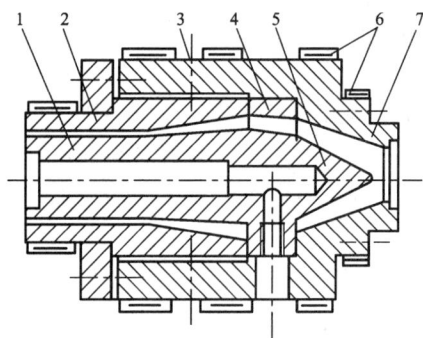

1—芯模；2—口模；3—调节螺钉；4—分流锥支架；5—分流锥；6—加热器；7—机头体

图 10 - 3　直通式挤管机头

（2）直角式挤管机头（如图 10 - 4 所示）。塑料熔体包围芯模，流动成型时会产生一条分流痕迹，适用于挤出成型聚乙烯、聚丙烯等塑料管材，以及对管材尺寸要求较高的场合。直角式挤管机头的优点在于与其配用的冷却装置可以同时对管材的内径外径进行冷却定型，定径精度高，熔体的流动阻力较小，料流稳定均匀，生产率高，成型质量好；但机头的结构较复杂，制造相对较困难。

（3）旁侧式挤管机头（如图 10 - 5 所示）。与直角式相似，这种机头结构更为复杂，熔体流动阻力也较大，占地相对较小。

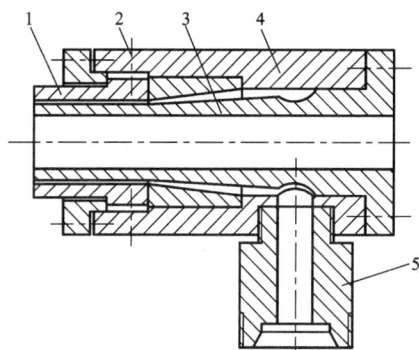

1—口模；2—调节螺钉；3—芯模；4—机头体；5—连接管

图 10 - 4　直角式挤管机头

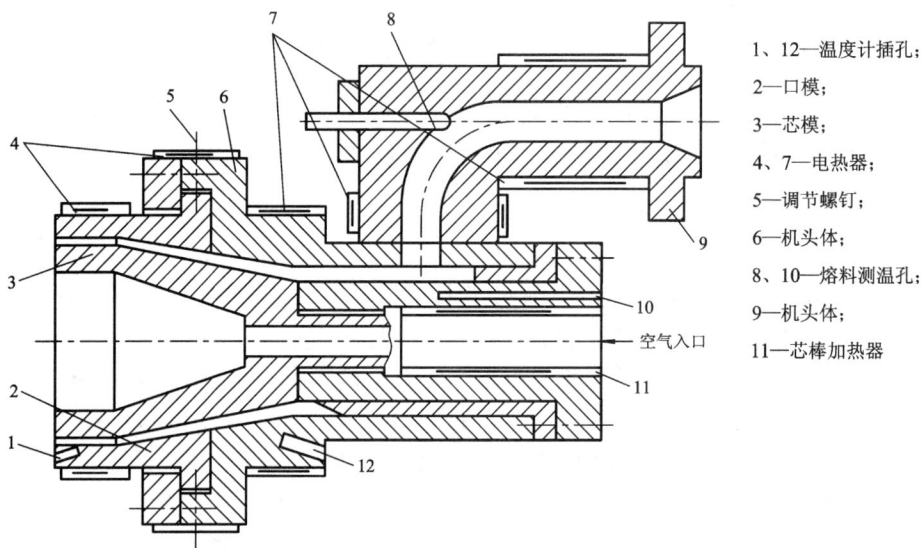

1、12—温度计插孔；
2—口模；
3—芯模；
4、7—电热器；
5—调节螺钉；
6—机头体；
8、10—熔料测温孔；
9—机头体；
11—芯棒加热器

图 10 - 5　旁侧式挤管机头

2）管材挤出成型模具设计

（1）机头内主要零件的尺寸及其工艺参数。

① 口模。口模是成型管材外部表面轮廓的机头零件，主要尺寸为口模内径和定型段长度。

・口模的内径。管材外径由口模内径决定，受离模膨胀效应及冷却收缩的影响，口模的内径只能根据经验而定，通过调节螺钉调节口模与芯模间的环隙使其达到合理值。

$$D = kD_s \qquad (10-1)$$

式中：D——口模的内径（mm）；

　　　D_s——管材的外径（mm）；

　　　k——补偿系数，可查表 10-3 确定。

表 10-3　补偿系数 k 值

塑料种类	定径套定管材内径	定径套定管材外径
聚氯乙烯（PVC）	—	0.95～1.05
聚乙烯（PE）	1.05～1.10	—
聚烯烃	1.20～1.30	0.90～1.05

・定型段长度。口模的平直部分与芯模的平直部分组成管材的成型部分，称为定型段（成型区）。定型段的长度 L_1 对管材挤出成型质量相当重要，塑料熔体从机头的压缩区进入成型区料流阻力增加，熔体密度提高，同时消除分流痕迹及残余的螺旋运动。其长度过长会使阻力增加太大，过短又起不到定型作用，因此 L_1 的取值应适当。设计时一般按经验确定。

按管材外径计算

$$L_1 = (0.5 \sim 3.0)D_s \qquad (10-2)$$

按管材壁厚计算

$$L_1 = ct \qquad (10-3)$$

式中：L_1——口模定型段长度（mm）；

　　　D_s——管材的外径（mm）；

　　　t——管材的壁厚（mm）；

　　　c——系数，与塑料的品种有关，可查表 10-4 确定。

表 10-4　定型段长度 L_1 的计算系数

塑料品种	硬聚氯乙烯（HPVC）	软聚氯乙烯（SPVC）	聚乙烯（PE）	聚丙烯（PP）	聚酰胺（PA）
系数	18～33	15～25	14～22	14～22	13～22

② 芯模。芯模是成型管材内部表面形状的机头零件。其主要尺寸为芯模外径、压缩段长度和压缩角。

・芯模外径。芯模外径是指定型段直径，它决定管材的内径。受离模膨胀效应及冷却收缩的影响，其尺寸也只能根据经验而定。

$$d = D - 2\delta \qquad (10-4)$$

式中：d——芯模外径(mm)；

　　　D——口模内径(mm)；

　　　δ——口模与芯模的单边间隙，通常取$(0.83 \sim 0.94) \times$管材壁厚(mm)。

　　• 芯模长度和压缩角。芯模的长度由定型段和压缩段L_2两部分组成，定型段与口模中的相应定型段L_1共同构成管材的成型区，芯模的定型段长度可与L_1相等或稍长一些。压缩段(也称锥面段)L_2与口模中相应的锥面部分构成塑料熔体的压缩区，使进入定型区之前的塑料熔体的分流痕迹被熔合消除。L_2值可按如下经验公式确定：

$$L_2 = (1.5 \sim 2.5)D_0 \qquad (10-5)$$

式中：L_2——芯模的压缩段长度(mm)；

　　　D_0——塑料熔体在多孔板出口处的流道直径(mm)。

　　压缩区的锥角β称为压缩角，对低粘度塑料取$45° \sim 60°$，高粘度塑料取$30° \sim 50°$。β过大时会造成管材表面粗糙。

　　③ 拉伸比和压缩比。这两者都是与口模和芯模尺寸相关的挤出成型工艺参数。

　　• 拉伸比。拉伸比是指口模和芯模在成型区的环隙截面积与挤出管材截面积之比，其计算公式为

$$I = \frac{D^2 - d^2}{D_s^2 - d_s^2} \qquad (10-6)$$

式中：I——拉伸比；

　　　D_s、d_s——管材的外径、内径(mm)；

　　　D、d——口模的内径、芯模的外径(mm)。

　　拉伸比反映了在牵引力或牵引速度作用下管材从高温型坯到冷却定型后的截面变化状况，以及纵向取向程度和抗拉强度，它的影响因素很多，一般通过实验确定，其值见表10-5。

表 10-5　常用塑料挤出成型所允许的拉伸比

塑料品种	硬聚氯乙烯 (HPVC)	软聚氯乙烯 (SPVC)	高压聚乙烯 (LDPE)	低压聚乙烯 (HDPE)	聚酰胺 (PA)	聚碳酸酯 (PC)	ABS
拉伸比	1.00~1.08	1.10~1.35	1.20~1.50	1.10~1.20	1.40~3.00	0.90~1.05	1.00~1.10

　　• 压缩比。压缩比是指机头和多孔板相接处最大料流截面积与口模和芯模在成型区的环隙面积之比，反映了挤出成型过程中塑料熔体的压实程度。对于低粘度塑料，压缩比$\varepsilon = 4 \sim 10$；对于高粘度塑料，$\varepsilon = 2.5 \sim 6.0$。

　　④ 分流锥和分流锥支架。图10-6所示为分流锥和分流锥支架的结构。图中，扩张角α的大小与塑料粘度有关，通常取$30° \sim 90°$。过大时料流阻力大，熔体易过热分解；过小时不利于机头对其内部塑料熔体均匀加热，机头体积也会增大。分流锥的扩张角α应大于芯模压缩段的压缩角β。

　　分流锥上的分流锥面长度L_3一般按下式确定：

$$L_3 = (0.6 \sim 1.5)D_0 \qquad (10-7)$$

式中：D_0——机头与多孔板相接处的流道直径(mm)。

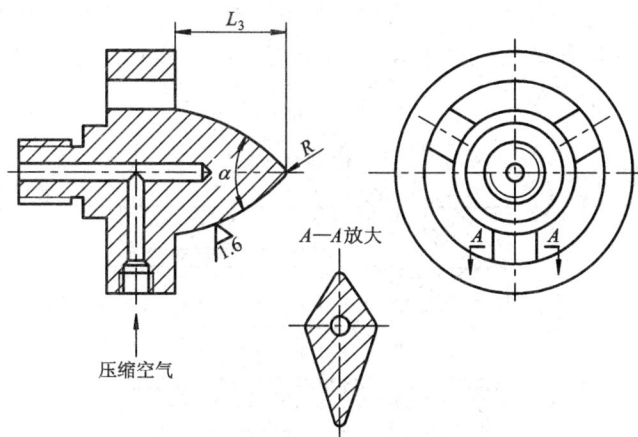

图 10 - 6　分流锥和分流锥支架的结构

分流锥头部圆角 $R=0.5\sim2.0$ mm，R 不宜过大，过大时熔体容易在此滞留。分流锥表面粗糙度值 $R_a\leqslant0.40\sim0.20$ μm。分流锥安装时，应保证与机头体的同轴度在 0.02 mm 以内，并与多孔板之间有一定长度的距离，如图 10 - 7 中的 L_5，L_5 通常取 10～20 mm 或稍小于 $0.1D_1$（D_1 为螺杆直径），过小时料流不匀，过大则停料时间长。

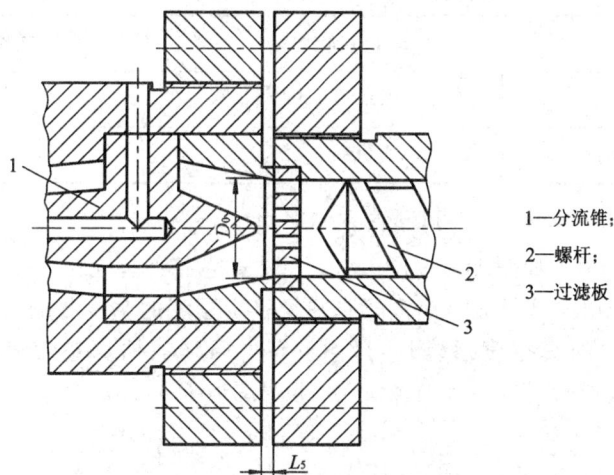

1—分流锥；
2—螺杆；
3—过滤板

图 10 - 7　分流锥与过滤板的相对位置

分流锥支架主要用于支撑分流锥及芯模，并起搅拌物料的作用，一般三者分开加工后再装配而成。中、小型机头可把分流锥与分流锥支架做成整体。支架上的分流肋应做成流线型，在满足强度要求的前提下缩短其宽度和长度，出料端角度应小于进料端角度，分流肋尽可能少些以免产生过多的分流痕迹，一般小型机头为 3 根，中型为 4 根，大型为 6～8 根。

（2）定径套的设计。定径方法有内径定型和外径定型两种，我国在塑料管材标准中大多规定外径为基本尺寸，故常用外径定型方法。

① 外径定型。外径定型有两种定径方法：内压法定径和真空吸附法定径。

• 内压法定径。如图 10 - 8 所示，在管子内部通入压缩空气（最好预热，压力为 0.02～0.28 MPa），为保持压力，可用堵塞防止漏气。定径套内径和长度一般根据经验确定，见表

10 - 6。当管材直径大于 ϕ35 mm 时，定径套长度应小于 10 倍的管材外径，定径套内径应放大 0.8%～1.2%；当管材直径大于 ϕ100 mm 时，定径套长度还应再短些，通常可采用 3～5 倍的管材外径。定径套内径尺寸不能小于口模内径。

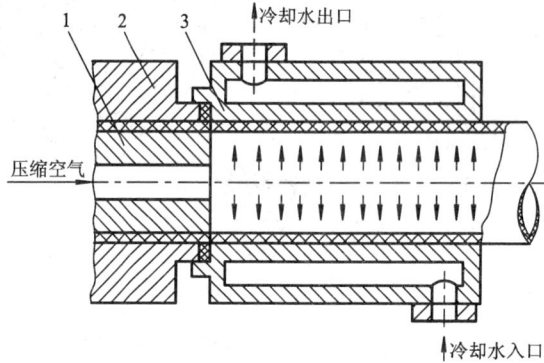

1—芯模；2—口模；3—定径套

图 10 - 8　内压法外定径

表 10 - 6　内压定径套尺寸　　　　　　　　　　　　单位：mm

塑　　料	定径套内径	定径套长度
聚烯烃	$(1.02～1.04)D_s$	$\approx 10D_s$
聚氯乙烯(PVC)	$(1.00～1.02)D_s$	$\approx 10D_s$

注：D_s 为管材外径(mm)，应用此表时 $D_s<35$ mm。

　　• 真空吸附法定径。如图 10 - 9 所示，生产时真空定径套与机头口模应有 20～100 mm 的距离，使口模中流出的管材先行离模膨胀并经一定程度的空冷收缩后，再进入定径套中冷却定型。定径套内的真空度通常取 53.3～66.7 kPa，抽真空皮管内径可取 ϕ0.6～1.2 mm(塑料粘度大或管材壁厚大时取大值，反之取小值)。

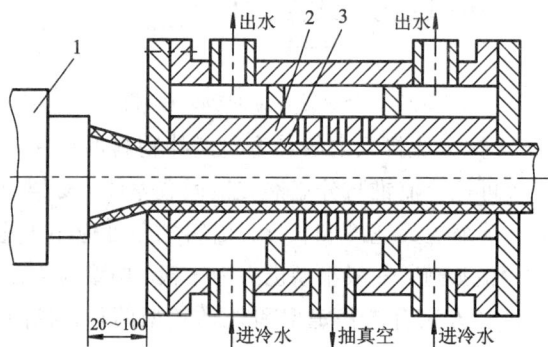

1—机头；2—定径套；3—管材

图 10 - 9　真空吸附法外定径

当挤出管材外径不大时,定径套内径可按如下经验公式确定:

$$d_0 = (1 + C_z)D_s \qquad (10-8)$$

式中:d_0——真空定径套内径(mm);

C_z——计算系数,参考表 10-7 选取;

D_s——管材外径(mm)。

表 10-7 计算系数 C_z

塑料	硬聚氯乙烯(HPVC)	聚乙烯(PE)	聚丙烯(PP)
系数 C_z	0.007~0.01	0.02~0.04	0.02~0.05

真空定径套的长度一般大于其它类型定径套的长度,对于直径大于 $\phi 100$ mm 的管材,其长度可取 4~6 倍管材外径,这样有助于更好地改善或控制离模膨胀和长度收缩效应对管材尺寸的影响。

② 内径定型。管材的内径定型如图 10-10 所示。通过定径套内的循环水冷却定型挤出的管材,保证管材内孔的圆度,操作方便,但只适用于结构比较复杂的直角式机头,不适于挤出成型聚氯乙烯、聚甲醛等热敏性塑料管材,目前多用于挤出成型聚乙烯、聚丙烯和聚酰胺等塑料管材,尤其适用于内径公差要求比较严格的聚乙烯和聚丙烯管材。

定径套沿其长度方向应带有一定锥度,在不影响管材内孔尺寸精度的情况下可在 0.6:100~1.0:100 范围内选取。定径套外径一般取 $(1.02~1.04)d_s$(d_s 为管材内径),通过修磨来保证管材内径 d_s 的尺寸公差,使管材内壁紧贴在定径套上,获得较低的表面粗糙度值。定径套的长度与管材壁厚及牵引速度有关,一般取 80~300 mm,牵引速度较大或管材较厚时取大值,反之,则取小值。

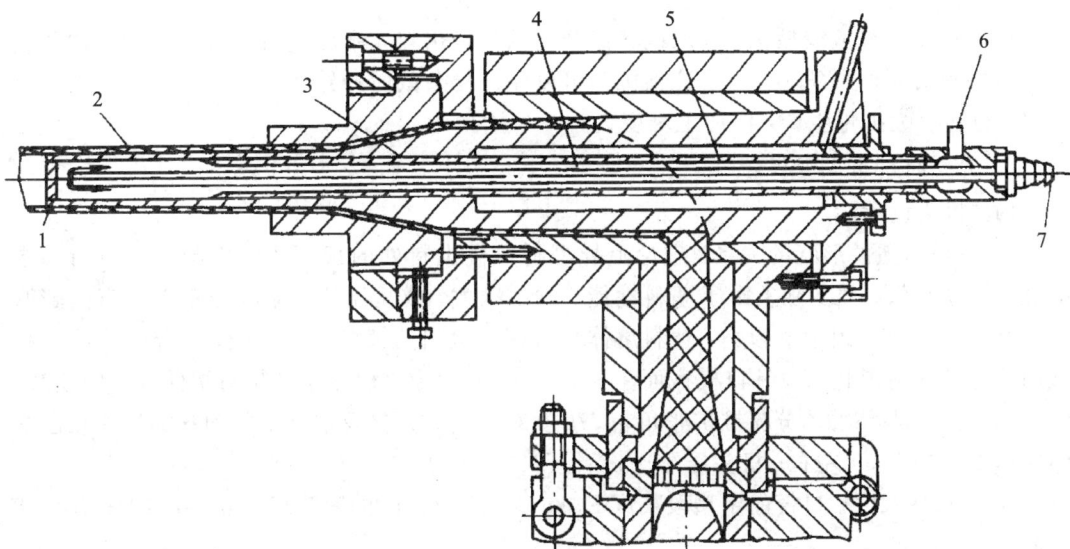

1—管材;2—定径芯模;3—芯模;4—回水流道;5—进水管;6—排水嘴;7—进水嘴

图 10-10 内径定径法

3. 异型材挤出模设计

除了管、棒、板(片)等塑件外,凡具有其它截面形状的塑料挤出塑件统称为异型材。异型材由于其截面形状不规则,挤出成型工艺及机头的设计都比较复杂,其几何形状、尺寸精度、外观及强度难以保证,成型效率较低。

1) 异型材挤出成型模典型结构

异型材挤出成型最常用的是板式机头,如图 10－11 所示。这种机头结构简单、安装调整方便,但机头内流道截面会在口模型腔入口处急剧变化,形成若干平面死点,造成塑料熔体在机头内的流动条件较差,时间长会过热分解。这种机头多用于粘度不高、热稳定性好的聚烯烃类塑料,有时也可用于软聚氯乙烯。

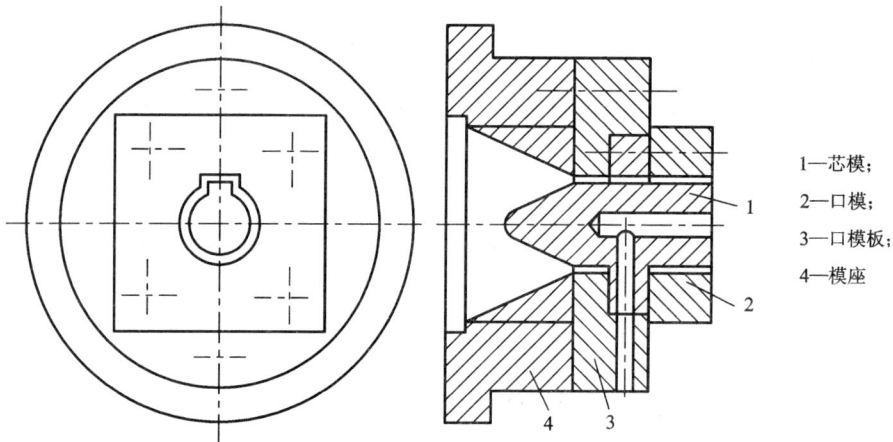

1—芯模;

2—口模;

3—口模板;

4—模座

图 10－11　板式机头

此外还有一种流线型机头,从进料口开始至口模出口,流道截面由圆形光滑过渡为异型材所要求的截面形状和尺寸。这种机头可以保证复杂截面的异型材及热敏性塑料的成型质量,也适合大批量生产,但加工难度大。

2) 异型材挤出成型模设计

(1) 机头设计。

① 口模与塑件形状的关系。理论上异型材口模出料处的截面形状应与异型材所要求的截面形状一致,但实际上由于塑料性能、成型压力、成型温度、流速分布以及离模膨胀和长度收缩等诸多因素的影响,塑料熔体从口模中流出的情况十分复杂,不能仅靠异型材截面的理论几何形状来设计口模截面。图 10－12 所示为口模截面形状与塑件截面的关系。

② 机头结构参数。分流锥扩张角 $\alpha < 70°$,对于成型条件要求严格的塑料如硬聚氯乙烯等应尽量控制在 $60°$ 左右;机头压缩比 $\varepsilon = 3 \sim 13$;压缩角 $\beta = 25° \sim 50°$。

③ 口模的尺寸。口模的定型段长度 L_1 和口模流道缝隙的间隙尺寸 δ,可参考表 10－8 选取。

口模径向尺寸在异型材挤出成型机头中是指口模流道的外围尺寸。由于受离模膨胀效应、工艺条件波动及塑料本身收缩率偏差和波动的影响,口模径向尺寸较难确定,设计时可参考表 10－9 选取。

(a)

(b)

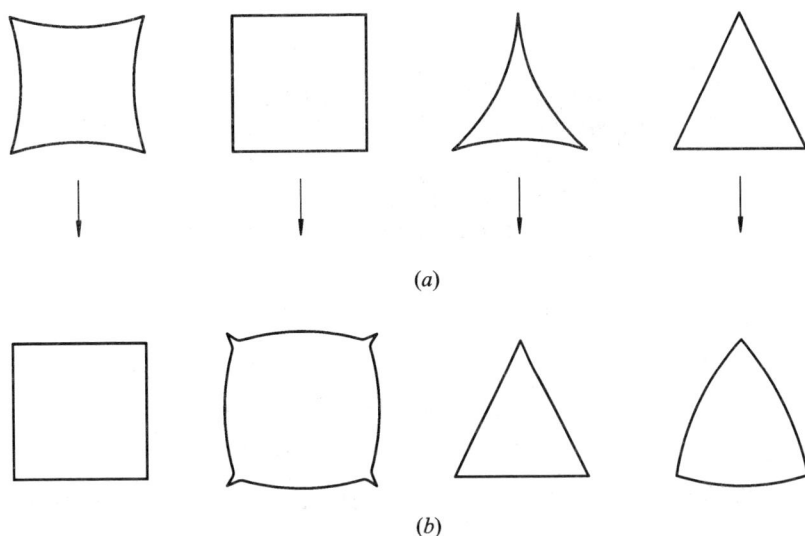

图 10 - 12　口模与塑件截面形状的关系

(a) 口模截面形状；(b) 塑件截面形状

表 10 - 8　不同塑料口模的 L_1、δ、t 之间的关系

塑料	软聚氯乙烯 （SPVC）	硬聚氯乙烯 （HPVC）	聚乙烯 （PE）	醋酸纤维素 （CA）	聚苯乙烯 （PS）
L_1/δ	6～9	20～70	16	20	20
t/δ	0.85～0.90	1.0～1.1	0.85～0.90	0.75～0.90	1.0～1.1

注：t 为塑件壁厚。

表 10 - 9　口模流道外围尺寸与塑件外围尺寸的关系

塑料	软聚氯乙烯 （SPVC）	硬聚氯乙烯 （HPVC）	醋酸纤维素 （CA）	乙基纤维素 （EC）
B_0/B_m	0.80～0.90	0.80～0.93	0.85～0.95	1.05～1.15
H_0/H_m	0.70～0.85	0.90～0.97	0.75～0.90	0.80～0.95

注：1. B_0 是塑件宽度；H_0 是塑件高度；B_m 是口模流道外围宽度；H_m 是口模流道外围高度。

2. 对于开式异型材（截面外部轮廓曲线完全开放），表中数值应缩小 10%～30%。

（2）异型材定型模设计。异型材的尺寸精度和几何形状精度，除了需机头设计合理外，还取决于定型模。

异型材的定型方式有多种，这里主要介绍多板式定型和加压定型两种结构形式。

① 多板式定型。多板式定型是最简单的一种形式，如图 10 - 13 所示。将多块厚度为 3～5 mm 的黄铜板或铝板做定型板，以逐渐加大的间隔放置在水槽中，板的中央开出逐渐减小的成型型孔，从口模挤出的型材穿过定型板，边冷却边定型。因为冷却后的异型材还会收缩，最后一块定型板的型孔要比型材成型后的尺寸大 2%～3%。

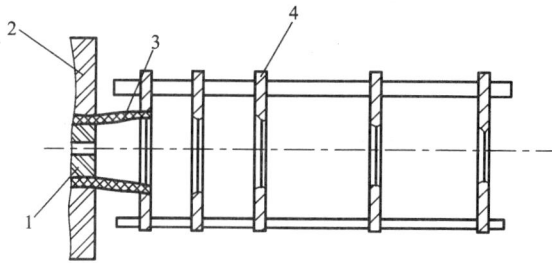

1—芯模；2—口模；3—型材；4—定型板

图 10 - 13 多板式定型

② 加压定型。加压定型又称压缩空气外定型，仅适用于直径大于 $\phi25$ mm 的中空异型材，如图 10 - 14 所示。定型模 5 与挤出型材 7 之间靠空气压力(0.02～0.1 MPa)而接触。压缩空气由机头芯模 1 导入型材 7 内，并用浮塞 9 封闭。由于定型模与管材的接触面长，而且管内有一定的压力，因此这种定型方法使型材表面尺寸精度较高而且表面粗糙度值较低。

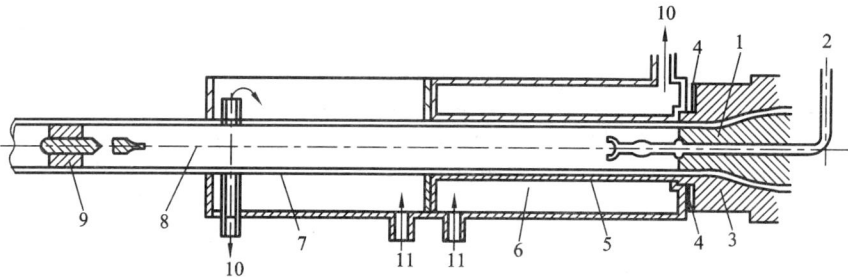

1—芯模；2—压缩空气入口；3—机头体；4—绝热垫；5—定型模；6—冷却水
7—型材；8—链索；9—浮塞；10—水出口；11—水入口

图 10 - 14 加压定型

③ 定型模参数的确定。

• 定型模长度。实践表明，当异型材壁厚达 2.5～3.5 mm 范围时，定型模总长度在 1600～2600 mm，难以加工。为此，通常将定型模分成多段制造，然后组装使用，其分段段数见表 10 - 10。

表 10 - 10 异型材定型模分段参考数据

异型材截面尺寸/mm		定型模总长度/mm	可分段数
壁厚	高×宽		
<1.50	40×200 以下	500～1300	1～2
1.50～3.0	80×300 以下	1200～2200	2～3
>3.0	80×300 以下	2000 以上	3 以上

• 定型模径向尺寸。异型材型坯在定型过程中要经历冷却收缩和牵引拉长的变化，致使定型后异型材的截面尺寸变小，因此定型模径向尺寸必须适当放大。尺寸放大的依据是异型材的定型收缩率，定型收缩率数据见表 10 - 11。

表 10 - 11　异型材定型收缩率

塑料	ABS	CA	PA610	PA66	PE	PP	RPVC	SPVC
收缩率/（%）	1～2	1.5～2	1.5～2.5	1.5～2.5	4～6	3～5	0.8～1.3	3.5～5.5

10.2　中空吹塑成型工艺及模具设计

10.2.1　中空吹塑成型原理及工艺

中空吹塑成型是将处于可塑状态的塑料型坯置于模具型腔内，使压缩空气注入型坯中将其吹胀，使之紧贴于型腔壁上，冷却定型后得到一定形状的中空塑件的加工方法。适用于中空吹塑成型的塑料有聚乙烯、聚氯乙烯、纤维素塑料、聚苯乙烯、聚丙烯、聚碳酸酯等，常用的吹塑塑件原料是聚乙烯和聚氯乙烯。

1. 中空吹塑成型分类

根据成型方法不同，中空吹塑成型可分为注射吹塑成型、挤出吹塑成型、注射拉伸吹塑成型、多层吹塑成型和片材中空吹塑成型等。

1）注射吹塑成型

注射吹塑成型的工艺过程如图 10 - 15 所示。用注射机将熔融塑料注入注射模内，形成管坯，管坯包在周壁带有微孔的空心凸模上，如图（a）所示；然后趁热将凸模和包着的型坯移至吹塑模内，如图（b）所示；接着从芯棒的管道内通入压缩空气，使型坯紧贴于吹塑的模具表面，如图（c）所示；最后经过保压、冷却定型后排出压缩空气，开模取出塑件，如图（d）所示。

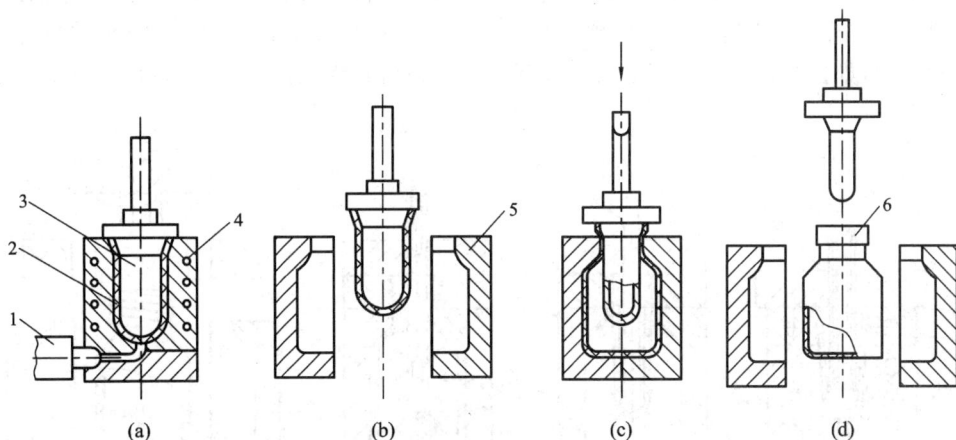

1—注射机喷嘴；2—注射型坯；3—空心凸模；4—加热器；5—吹塑模；6—塑件

图 10 - 15　注射吹塑成型工艺过程

这种成型方法的优点是塑件壁厚均匀无飞边，不需后加工，由于注射型坯有底，故塑件底部没有拼合缝，强度高，生产效率高。但设备和模具的投资较大，多用于小型塑件的大批量生产。

2) 挤出吹塑成型

挤出吹塑是成型中空塑件的主要方法,如图 10-16 所示是挤出吹塑成型工艺过程示意图。挤出机挤出如图(a)所示的管状型坯;然后,截取一段管坯趁热将其放于吹塑模中,闭合模具(对开式模具,同时夹紧型坯上、下两端),如图(b)所示;接着用吹管通入压缩空气,使型坯吹胀并贴于型腔内壁成型,图(c)所示;最后保压和冷却定型,排出压缩空气并开模取出塑件,如图(d)所示。

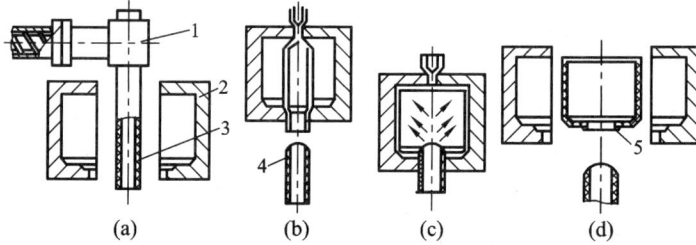

1—挤出机头;2—吹塑模;3—管状型坯;4—压缩空气吹管;5—塑件

图 10-16　挤出吹塑成型工艺过程

3) 注射拉伸吹塑成型

注射拉伸吹塑成型是在注射吹塑成型的基础上发展起来的。其原理是将注射成型的有底型坯加热到熔点以下适当温度后(型坯处于高弹态)置于吹塑模具内,先用拉伸杆进行轴向拉伸,再通入压缩空气吹胀成型。经过拉伸吹塑的塑件,其透明度、冲击强度、表面硬度、刚度和气体阻透性能等都有很大提高。注射拉伸吹塑最典型的产品是聚酯饮料瓶等。

注射拉伸吹塑成型可分为热坯法和冷坯法两种成型方法。

图 10-17 为热坯法注射拉伸吹塑成型工艺过程。首先在注射工位注射成一空心带底型坯,如图(a)所示;然后打开注射模将型坯迅速移到拉伸和吹塑工位,进行拉伸(如图(b)所示)和吹塑(如图(c)所示)成型;最后经保压、冷却后开模取出塑件,如图(d)所示。

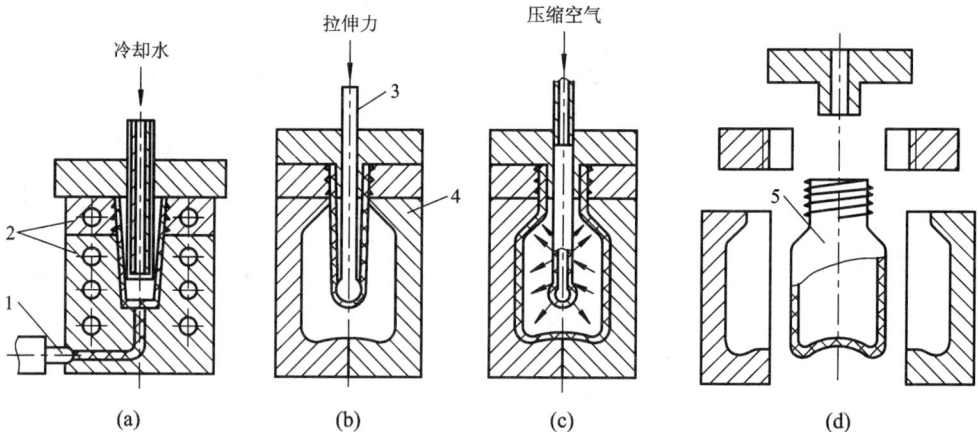

1—注射机喷嘴;2—注射模;3—拉伸芯棒(吹管);4—吹塑模;5—塑件

图 10-17　热坯法注射拉伸吹塑成型工艺过程

　　热坯法省去了冷型坯的再加热，节省能量，同时由于型坯的制取和拉伸吹塑在同一台设备上进行，占地面积小，生产易于连续进行，自动化程度高。但是，设备投资较大，操作技术要求较高。

　　冷坯法注射拉伸吹塑成型是将注射好的型坯加热到合适的温度后再将其置于吹塑模中进行拉伸吹塑成型。采用冷坯法成型时，型坯的注射和塑件的拉伸吹塑成型分别在不同的设备上进行。在拉伸吹塑之前，为了补偿型坯冷却散发的热量，需要进行二次加热，以确保型坯的拉伸吹塑成型温度。这种方法的主要特点是设备结构相对简单。

　　4）多层吹塑成型

　　多层吹塑成型是将不同种类的塑料，经特定的挤出机头挤出后，形成一个坯壁分层而又粘接在一起的型坯，再经吹塑制得多层中空塑件的成型方法。

　　发展多层吹塑的主要目的是解决单独使用一种塑料不能满足使用要求的问题。应用多层吹塑通常是为了提高气密性、着色装饰、回料应用、立体效应等，为此分别采用气体低透过率与高透过率材料的复合；发泡层与非发泡层的复合；着色层与本色层的复合；回料层与新料层的复合；透明层与非透明层的复合等。

　　多层吹塑的主要问题是层间的熔接与接缝的强度，为此，除了选择塑料的种类外，还要求有严格的工艺条件控制与挤出型坯的质量控制。由于多种塑料的复合，塑料的回收利用比较困难。机头结构复杂，设备投资大，成本高。

　　5）片材中空吹塑成型

　　片材中空吹塑成型是最早使用的中空塑件成型方法。如图 10 - 18 所示，其原理是将压延或挤出成型的片材再加热，使之软化，放入型腔，闭模后在片材之间吹入压缩空气而成型出中空塑件。

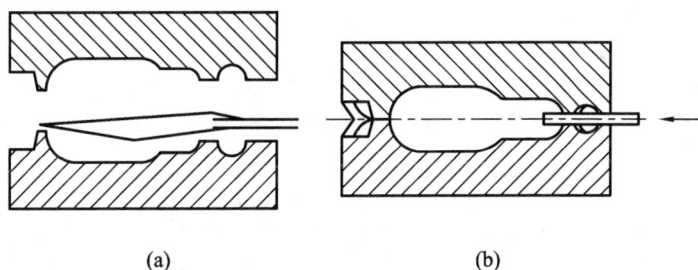

(a)　　　　　　　　　　　　　(b)

图 10 - 18　片材中空吹塑成型
(a) 合模前；(b) 合模后

2. 中空吹塑成型工艺参数

　　1）型坯温度与模具温度

　　通常，型坯温度较高时，由于型坯的强度较差，塑件易吹胀变形，虽然成型的塑件外观轮廓较清晰，但型坯自身的形状保持能力较差，特别是壁厚均匀度较差；反之，当型坯温度较低时，型坯在转移到模腔过程中就不容易发生破坏，但是其吹塑成型性能将会变差，成型时塑料内部会产生较大的应力，当成型后转变为残余应力时，不仅削弱塑件强度，而且还会导致塑件表面出现明显的斑纹，成型的外观较差。

因此，注射吹塑成型时，只要保证型坯转移过程中不变形，在 $T_g \sim T_f(T_m)$ 范围内尽量取较高值；挤出吹塑成型时型坯温度应在 $T_g \sim T_f(T_m)$ 范围内，尽量偏向 $T_f(T_m)$；注射拉伸吹塑成型时，只要保证吹塑能顺利进行，型坯温度可在 $T_g \sim T_f(T_m)$ 范围取较低值，这样能够避免拉伸吹塑因型坯温度较高而使分子链取向，但对于非结晶型透明塑件，型坯温度太低会使透明度下降。对于结晶型塑料，型坯温度需要避开最易形成球晶的温度区域，否则，球晶会沿着拉伸方向迅速长大并不断增多，最终导致塑件组织变得十分不均匀，并且影响塑件的其它性能。另外，型坯温度还与塑料品种有关，对于聚酯和聚氯乙烯等非结晶型塑料，型坯温度比 T_g 高 $10 \sim 40℃$，通常聚氯乙烯取 $100 \sim 140℃$，聚酯取 $90 \sim 110℃$；对于聚丙烯等结晶型塑料，型坯温度比 T_m 低 $5 \sim 40℃$ 较合适，聚丙烯通常取 $150℃$ 左右。

吹塑模温通常可在 $20 \sim 50℃$ 内选取。模温过低，则塑料在模具夹坯口处温度下降很快，阻碍型坯吹胀变形，还会导致塑件表面出现斑纹或使光亮度变差；模温过高，塑件需较长冷却、定型时间，生产率下降，并在冷却过程中，塑件会产生较大的成型收缩，难以控制其尺寸与形状精度。

2）吹塑压力

吹塑压力是指吹塑成型所用的压缩空气压力，吹塑成型时的吹塑压力通常取 $0.2 \sim 0.7$ MPa；注射拉伸吹塑成型时吹塑压力要比普通吹塑压力大一些，一般取 $0.3 \sim 1.0$ MPa。对于薄壁、大容积中空塑件或表面带有花纹、图案、螺纹的中空塑件，如果塑料的粘度和弹性模量较大，吹塑压力应尽量取大些。表 10-12 是常用塑料吹塑成型时所需的压力。

表 10-12 常用塑料吹塑成型时所需的压力 单位：MPa

塑料名称	充气压力	塑料名称	充气压力
聚碳酸酯	0.6~0.7	聚甲醛	0.7
尼龙	0.2~0.3	聚酚氧	0.28~0.63
高密度聚乙烯	0.3~0.5	聚砜	0.5~0.6
低密度聚乙烯	0.4~0.7	聚四甲基戊烯	0.5
聚丙烯	0.5~0.7	有机玻璃	0.5~0.6
聚氯乙烯	0.3~0.5	聚全氯乙丙烯	0.3~0.5
聚苯乙烯	0.35~0.45	离子聚合物	0.42~0.56
纤维素塑料	0.2~0.35		

10.2.2 中空吹塑成型模具设计要点

吹塑模具通常由两瓣合成（即对开式模具），对于大型吹塑模应设置冷却水通道。中空吹塑成型模具的设计要点如下。

1. 型坯尺寸的确定

型坯直径与塑件最大直径的比值称为吹胀比，用 f 表示，即

$$f = \frac{D_1}{d_1} \tag{10 - 9}$$

式中：D_1——塑件最大直径(mm)；

　　　d_1——型坯直径(mm)。

吹胀比要选择适当，常取 2～4。

采用经验公式计算挤出机机头的出口缝隙，即机头的口模与芯模之间的间隙

$$b = ksf \tag{10 - 10}$$

式中：s——塑件壁厚(mm)；

　　　k——修正系数，一般取 $k=1\sim1.5$，对于粘度大的塑料，k 取小值。

一般要求型坯断面形状与塑件的外形轮廓相似，以便获得壁厚均匀的塑件。

2. 夹坯刃口的设计

在吹塑成型模闭合时应将多余的坯料切去。夹坯刃口就是为完成此任务而设置的。夹坯刃口的角度和宽度对塑件的质量影响很大。一般夹坯刃口宽度取 1～2 mm，刃口角度取 $\alpha=15°\sim20°$，如图 10 - 19 所示。

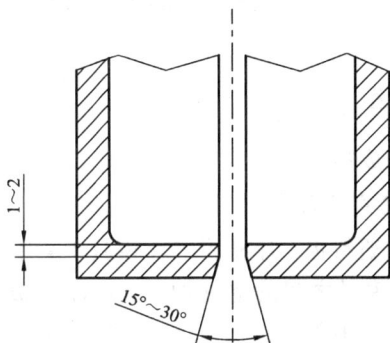

图 10 - 19　夹坯刃口的尺寸

3. 余料槽的设计

在上、下夹坯刃口附近开设余料槽以容纳余料，其大小应根据型坯夹持后余料的宽度和厚度来确定，以模具能够严密闭合为准。

4. 排气孔的设计

在型坯吹胀时，必须排除模具型腔内原有的气体。排气孔应开设在型腔易于存气的部位，有时也可开在分型面上，排气孔通常取 $\phi0.5\sim1$ mm。

5. 冷却管道的布置

为了缩短塑件在模具内的冷却时间并保证塑件各个部位均匀冷却，冷却管道应根据壁厚进行布置。如塑件瓶口部位一般比较厚，就应加强此处的冷却。

吹塑成型模具的温度通常控制在 20～50℃范围内，其冷却方式与注塑模具相同。

6. 收缩率

对于有刻度的定量容器瓶类和瓶口有螺纹的塑件，要仔细考虑收缩率对塑件质量的影响，其它尺寸精度要求不高的塑件，收缩率则影响不大。吹塑成型常用塑料的收缩率见表 10 - 13。

表 10 – 13　吹塑成型常用塑料的收缩率/(％)

塑料名称	收缩率	塑料名称	收缩率	塑料名称	收缩率
聚缩醛及其共聚物	1.0～3.0	高密度聚乙烯	1.5～3.5	聚苯乙烯及改性	0.5～0.8
尼龙 6	0.5～2.0	聚丙烯	1.2～2.0	聚氯乙烯	0.6～0.8
低密度聚乙烯	1.2～2.0	聚碳酸酯	0.5～0.8		

7. 型腔表面的加工要求

许多吹塑塑件的外表面均有一定的质量要求，应针对不同要求对模具型腔表面采用不同的加工方法。如用喷砂处理将表面做成绒面（类似于砂磨玻璃）；用镀铬抛光处理将表面做成镜面；用腐蚀处理将表面做成皮革纹面等。

对于聚乙烯吹塑塑件，型腔表面常做成绒面，这有利于塑件脱模，防止表面划伤和避免空吸现象。

10.3　热成型工艺及模具设计

10.3.1　热成型原理及工艺

热成型主要包括真空吸塑成型和压缩空气成型。

1. 真空吸塑成型工艺及特点与应用

真空吸塑成型是把热塑性塑料板、片材固定在模具上，用辐射加热器进行加热至软化温度，然后用真空泵把板材与模具之间的空气抽掉，从而使板材紧贴在模腔上而成型，冷却后借助压缩空气使塑件从模具中脱出。

真空吸塑成型的特点如下：

（1）适宜制造壁厚小、尺寸大的塑件；

（2）在塑件与模具贴合的一面，结构鲜明精细，且表面粗糙度值低；

（3）在成型时间上，凡板材与模具贴合得越晚的部位，其厚度越薄；

（4）生产效率高；

（5）设备简单，成本低廉，操作简单，对操作工人无过高的技术要求；

（6）不宜加工塑件本身壁厚不均匀和带嵌件的塑件。

真空吸塑成型方法主要有凹模真空成型、凸模真空成型、凹、凸模先后抽真空成型、吹泡真空成型、柱塞推下真空成型和带有气体缓冲装置的真空成型等。这里介绍凹、凸模先后抽真空成型。

如图 10 – 20 所示，其成型过程是：首先将塑料板夹持在凹模上（注意密封），用辐射加热器对塑料板加热至软化温度，如图（a）所示；其次，从凸模上吹入少量热空气，在凹模上抽真空，将软化了的塑料板吹鼓，如图（b）所示；最后，从凹模上吹入压缩空气，在凸模上抽真空，使塑料板附着在凸模的外表面上成型，如图（c）所示。待冷却后，用压缩空气脱模。

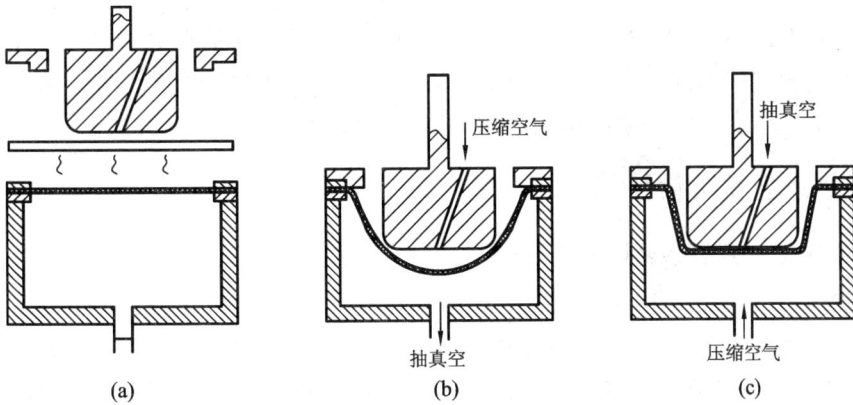

图 10 - 20　凹、凸模先后抽真空成型

　　由于塑料板材经历了吹鼓过程，板材延伸后再成型，使得塑件壁厚比较均匀。这种成型方法主要用于成型较深的塑件。

2. 压缩空气成型工艺及特点与应用

　　压缩空气成型是指借助压缩空气的压力，将加热软化的塑料板压入型腔而成型的方法。其工艺过程如图 10 - 21 所示，图(a)为开模状态；图(b)为闭模后对塑料板材加热，向型腔内通入微压空气，使塑料板材直接接触加热板，同时加热板处于排气状态；图(c)为成型状态，待塑料板材加热到软化温度，停止向型腔送微压空气，而从模具上方通入0.8 MPa 的预热空气，使软化的塑料板材下凹，贴合模具型腔表面而成型；图(d)为成型后的状态，塑件在型腔内冷却定型后，使加热板下降切除余料；图(e)为取出塑件的状态，加热板上升，从型腔和左侧同时送入压缩空气，取出塑件。

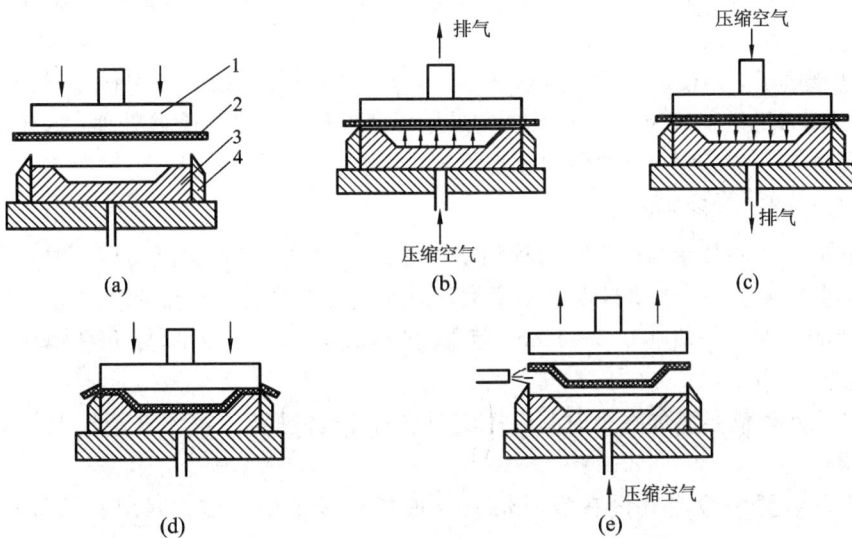

1—加热板；2—板材；3—凹模；4—剪刃

图 10 - 21　压缩空气成型工艺过程

压缩空气成型方法与真空吸塑成型方法不同的是，用以成型的压缩空气是以塑坯正面施压将材料推向凹模一方，而真空吸塑则是在塑坯与凹模之间抽真空成型。压缩空气的压力是真空吸塑成型压力的3～6倍，因此，压缩空气成型适合成型片材厚度较大或形状较复杂的塑件，其生产效率高，成型速度快，约为真空吸塑成型的3倍以上。

10.3.2　热成型模具设计要点

1. 真空吸塑成型模具设计要点

1）引伸比

塑件的深度与宽度之比称为引伸比。引伸比反映了塑件成型的难易程度，引伸比愈大，成型愈难；引伸比愈小，成型愈易。塑件的引伸比与塑件的最小壁厚、几何形状、塑料品种有关。引伸比愈大，成型塑件的最小壁厚就愈小，要用厚板材成型塑件；引伸比愈小，成型塑件的最小壁厚就愈大，可用薄板材成型塑件。引伸比大要求用拉伸性大的塑料成型，同时要求塑件具有较大的脱模斜度。但引伸比过大，在成型中塑件会出现起皱甚至破裂现象。人们把塑件起皱或破裂之前的最大引伸比称为极限引伸比。在实际生产中，应在极限引伸比以内成型。一般用凹摸成型时，引伸比取小于或等于0.5；用凸模成型时，引伸比取1。

2）模具结构设计

真空吸塑成型模型腔尺寸的计算方法与注射模型腔尺寸的计算方法相同，但不必像注射模型腔那样精确，一般在凹摸上成型的塑件，其收缩量比在凸模上成型的塑件大25%～50%，因为在凹模上成型的塑件在取出前就产生了收缩，而在凸模上成型的塑件在取出前无法产生收缩。影响塑件尺寸变化的因素很多，难以精确确定。对于生产批量较大，尺寸精度要求又高的塑件，最好先用石膏模型试制产品，测得收缩率，以此作为设计模具型腔的依据。

为了便于脱模，凹模的斜度一般取2°～3°，模具的圆角半径应为塑料板材的厚度，模具的成型面表面粗糙度约为$R_a=1.6$ μm，最好用磨料打砂或进行喷砂处理，这样型腔表面在成型时可储存一部分空气，避免空吸现象。

3）抽气孔的大小和位置

抽气孔的大小和数量与塑料的品种和塑件的大小有关。当塑料流动性好时，成型温度低，抽气孔直径可小些。当塑料板材厚度大，则抽气孔大些。抽气孔的最大直径不超过塑料板材厚度的50%，一般在0.5～1 mm范围内选取。表10-14列举了几种塑料抽气孔直径，仅供参考。

抽气孔大小要满足既能在短时间内把成型空间的气体抽出，又不在塑件上留下抽气孔痕迹的要求。

抽气孔的位置一般应开设在板材最后与模具相接触的部位，即型腔的最低点及角落处。

抽气孔的数量取决于塑件的复杂程度和大小。对于形状复杂的塑件，抽气孔应集中。对于大的平面塑件，抽气孔需均匀分布。成型小塑件时，抽气孔间距取20～30 mm；成型大塑件时，抽气孔间距适当增加。

表 10 – 14　几种塑料的抽气孔直径　　　　　单位：mm

塑料名称	塑料板材厚度				
	0.25~0.8	0.1~1.0	1.0~2.0	2.0~3.0	3.0~5.0
硬聚氯乙烯	0.4~0.5	0.6~0.8	0.8~1.0	1.0~1.5	1.0~1.5
聚苯乙烯	0.3~0.5	0.5~0.6	0.6~0.8	1.0	1.0
聚乙烯	0.3~0.35	0.4~0.5	0.5~0.75	0.8	0.8
ABS	0.3~0.5	0.6~0.75	0.6~0.9	1.0	1.0
聚苯乙烯片	0.5~0.8	0.8~1.2	1.0~1.5		

4）加热和冷却

通常用电阻加热器或者红外线辐射灯对塑料板材进行加热。电阻丝温度较高，常用调节加热距离来控制板材的成型温度。

模具温度对塑件的质量和生产率都有影响。模温过低，板材成型时易产生冷斑甚至开裂；模温过高，板材易粘附在型腔上难以脱模，使生产周期变长。一般真空成型模具温度控制在50℃左右。模具采用风冷或水冷装置加速模具内塑件的冷却。

5）边缘密封

为了使模具成型表面与塑料板材之间形成真空，在塑料板材与模具接触的边缘上应设置密封装置（如橡胶垫），并予以夹紧。

6）模具材料

真空成型与其它成型方法相比，成型压力极低，一般压力在0.6~0.8 MPa左右，最高不超过3 MPa。模具材料可根据生产批量和精度要求选用。对于试制和小批量生产，可选用木材，其中以桦木较为常用。也可以用石膏加入10%~30%水泥，还可以在表面上涂以环氧树脂。对于大批量和高速生产，可选用金属（如铝、铜、低熔点合金、镍、铁等）做模具材料。

2. 压缩空气成型模具设计要点

压缩空气成型模具与真空吸塑成型模具基本相同，现就不同点说明如下：

1）排气孔

排气孔在成型过程中应能快速地将型腔中的空气排出去。排气孔的尺寸与塑料品种和板材厚度有关。在不影响塑件外观的前提下，排气孔直径可大些，以便尽快地将型腔内空气排除。

2）吹气孔

通过吹气孔使预先加热的压缩空气均匀地吹到塑料板材上，使塑料板材软化变形，贴合于型腔表面而成型。吹气孔直径尽可能大些，管路尽量避免弯曲，以减少压缩空气的流动阻力。

3）型刃

为了在成型过程中切除余料，在模具的边缘设置型刃。型刃的形状与尺寸如图10 – 22所示。型刃的锋利程度要适中。如果太锋利，型刃与塑料板材刚一接触，就会把板材切断，影响顺利成型；反之，如果型刃太钝，不能切断余料。常用的型刃是把顶端削平 $0.1\sim$ $0.15\ mm$，以 $R0.05\ mm$ 的圆弧与两侧面相连接，其角度以 $20°\sim30°$为宜。

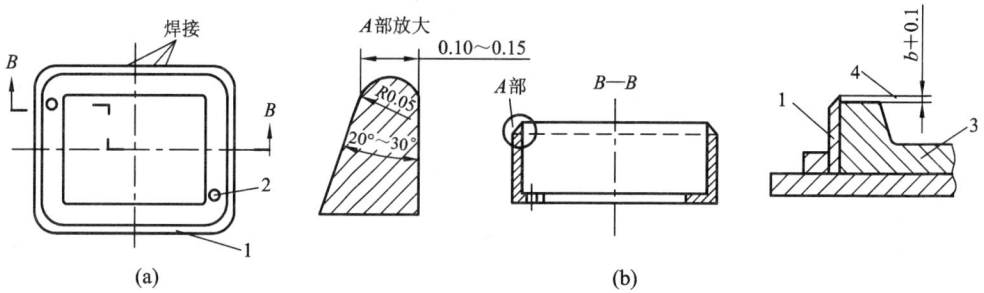

1—型刃；2—定位孔；3—凹模；4—塑料板材厚度

图 10-22　型刃的形状和尺寸

（a）型刃的形状；（b）型刃顶端形状

型刃顶端必须比型腔端面的塑料板材高 $0.1\ mm$，这样在成型时，利用型刃将塑料板材均匀地压在加热板上，防止塑料板材在成型中收缩，保证成型顺利进行。型刃和凹模之间应有 $0.25\sim0.50\ mm$ 的间隙，作空气的通路。型刃四周的平面度必须在 $0.02\ mm$ 以下。为补偿型刃误差，常在型刃下面设置橡胶缓冲垫。

4）模具材料

压缩空气成型模具在成型中所受的压力比真空成型模具所受的压力要大，因此模具材料应略好一些。

复习思考题

10-1　试述干法塑化挤出成型的工艺过程及管材挤出成型模具的结构组成。

10-2　常用管材挤出成型机头的结构形式有哪些？各自有何特点？

10-3　中空吹塑成型有哪些成型方法？中空吹塑成型模具设计的要点有哪些？

10-4　试述凹、凸模先后抽真空成型的原理及真空吸塑成型模具设计的要点。

10-5　试述压缩空气成型的工艺过程和压缩空气成型模具设计的要点。

第三篇 模 具 制 造

第11章 概 述

模具制造质量的好坏不仅影响工件的成型质量，也直接影响模具的使用寿命及生产成本。

模具上的标准件通常由专业厂生产，应合理正确选购。因此，模具的制造主要是模具成形零件的制造，由于被成形工件的多样性及模具成形零件的小批量性，决定了模具成形零件的制造是单件小批生产。由于模具钢的加工特点，应注意选择合适的加工方法，有的需用特种加工方法才能满足对模具制造提出的要求。

模具的制造方法很多，本篇主要介绍与模具制造质量紧密相关的先进的特种加工方法。

工业技术的发展带来了模具制造技术的进步，为适应对模具成形技术日益增长的需求，模具制造正朝着自动化、高效率、高精度、超大型、低损耗方向发展。新工艺、新技术、新设备在模具制造中正在被推广应用，对此，我们应予以特别的关注和采用。

11.1 模具加工方法类型

模具的种类很多，其加工方法应慎重合理选择，这不仅是负责加工制造的技术人员的事情，同时也是模具设计人员必须熟悉的，因为模具的制造方法是实现设计思想的手段。

目前，模具的加工方法可分为铸造成形、切削加工和特种加工三大类。表 11 - 1 为各种加工方法的工艺特点及应用。

11.2 模具制造技术要求

在现代，模具企业与用户之间是以"合同"形式进行合作的。合同中的主要内容包括三个方面，即：① 模具精度、质量与性能；② 模具生产周期，即供模期；③ 模具价格。这三方面内容，实际上也就是模具设计与制造的技术、经济要求的基本内容。

11.2.1 模具的精度、质量与性能

1. 模具成形零件的性能要求

模具成形零件都是在强压、高温及连续使用和很大冲击的条件下工作，要求模具成形零件在工作过程中不损坏、不变形，并保证有一定的使用寿命。因此，模具成形零件应具有较高的强度、刚度、耐磨性、耐冲击性、淬透性和良好的切削加工性，模具成形零件选材时应采用质量好、保证耐用度的材料（详见附录 1、2）。

2. 模具成形零件的形状、尺寸精度要求

模具成形零件的形状直接决定被成形工件的形状，其精度直接影响到被成形工件的精度，精度的确定可依照相关标准。一般来说，模具成形零件的精度在 IT6 级左右，模具的形状位置精度在 4～5 级左右。冷冲模凸模垂直度公差等级、模架形位公差等级及塑料模模具精度分级指标参见表 11 - 2～表 11 - 4。

表 11 - 1 模具的各种加工方法的工艺特点及应用

加工方法	分 类		适用于模具种类	加工精度	加工技术要求	后工序加工
	型腔类	通孔类				
铸造成形法制造模具						
锌合金铸造	√		冲压	一般	型腔制作	不需要
低熔点合金铸造	√	√	塑料、橡胶	一般	型腔制作	不需要
铍铜合金铸造	√		冲压	一般	型腔制作	不需要
合成树脂浇注	√		冲压	一般	型腔制作	不需要
切削加工法制造模具						
普通切削机床加工	√	√	全部	一般		手工精加工
精密切削机床加工		√	冲裁	精密		不需要
仿形铣床加工	√		全部	精密	仿形模型	手工精加工
雕刻机加工	√		全部	一般	仿形模型	手工精加工
数控机床加工	√	√	全部	精密	编程	手工精加工
高速切削加工	√	√	全部	精密	编程	不需要
特种加工法制造模具						
电加工	√	√	全部	精密	电极制造	手工精加工
冷挤压加工	√		塑料、橡胶	精密	冷挤冲头	不需要
超声波加工	√	√	冲压	精密	悬挂模型	手工精加工
电解加工	√	√	全部	粗	电极制造	手工精加工
电解磨削		√	全部	精密	成型模型	不需要
电铸	√		冲压、塑料、玻璃	精密	模型	不需要
腐蚀加工			塑料	一般	图纸	不需要

表 11 - 2 冷冲模凸模垂直度公差等级

间隙值/mm		薄料、无间隙(≤0.02)	>0.02~0.06	>0.06
垂直度公差等级	单凸模	5	6	7
	多凸模	6	7	8

表 11 - 3 冷冲模模架形位公差等级

检 测 项 目	被测尺寸/mm	模架精度等级	
		0Ⅰ级、Ⅰ级	0Ⅱ级、Ⅱ级
		公差等级	
上模座上平面对下模座下平面的平行度	≤400	5	6
	>400	6	7
导柱轴心线对下模座下平面的垂直度	≤400	4	5
	>400	5	6

表 11 - 4 塑料注射模分级指标

检 查 项 目	主尺寸/mm		精度等级		
			Ⅰ	Ⅱ	Ⅲ
			公差等级		
定模座板上平面对动模座板下平面的平行度	周界尺寸	≤400	5	6	7
		>400~900	6	7	8
模板导柱孔的垂直度	模板厚度	≤200	4	5	6

3. 模具成形零件加工的表面质量要求

凸、凹模型面质量将直接影响模具工作性能、使用寿命和可靠性。型面质量是指加工完成后的型面表面层状态，包括表面粗糙度、表层金相组织、力学性能和残余应力等应达到设计要求。

模具零件表面粗糙等级与模具类别和零件使用要求有关，一般来说，塑料注射模和冲模的凸、凹模型面表面粗糙度要求较高，见表 11 - 5。

表 11 - 5 模具零件精加工表面粗糙度

模具类别	冲裁模	拉深模	塑料注射模
零件表面粗糙度 R_a/μm	<0.8	<0.4	<0.4

4. 模具凸、凹模之间的间隙要求

各类模具中，凸、凹模之间的间隙是保证模具正常工作的必要条件，间隙或大或小、或者大小不均，都不能使模具正常工作，甚至会损坏模具。

11.2.2　模具制造周期和成本控制

1. 模具制造周期控制

模具交贷期即交模期，是在用户合同中明确规定的主要内容之一，也是反映模具企业模具生产能力和水平的主要指标。它取决于模具生产周期，而模具制造周期最为关键。因此，在模具生产过程中，在保证模具制造精度和质量的基础上，控制与保证模具制造周期是企业最重要的任务。它取决于以下几个方面。

1）企业生产装备的先进与配套

这是保证模具制造周期和保证模具制造精度与质量的技术基础和必备条件。

2）生产的计划性

模具是单件生产，为保证与控制模具制造周期，必须强调以单副模具为基础制订模具的生产计划。模具的生产计划包括：

（1）大计划：即以季、半年或年限为期的计划，它是根据用户合同制订的计划。

（2）小计划：即以月限为期的计划，它是依据大计划制订的计划。

（3）作业计划：即根据月生产计划，以单副模具的制造工艺规程为依据制订的计划。

3）制造周期控制与管理的格式化

格式化包括规范化文件和图表的应用。计算机控制与管理是对模具生产过程、模具制造工艺规程和生产计划形成过程进行控制与管理的企业内部数字信息系统，在现代模具企业得到了广泛应用。

2. 模具生产成本的控制

在用户合同中明确规定了模具价格，而模具价格是由以下几部分组成：

（1）模具设计与制造费；

（2）模具用材料与标准件购置费；

（3）生产管理费；

（4）技术附加费；

（5）税金（含增值税和所得税）。

模具企业的利润、工资福利和税金均取决于模具设计与制造所创造的价值，提高模具生产效率、缩短设计制造周期，是控制其费用、降低生产成本、提高模具企业经济效益最关键的措施、方法和途径。

11.3　模具的制造工艺过程

11.3.1　模具的生产过程

模具的生产过程，是指将用户提供的产品信息、制件的技术信息，通过结构分析、工艺性分析，设计成模具，并在此基础上，将原材料经过加工、装配，转变为具有使用性能的成型工具的全过程，见图 11 - 1。

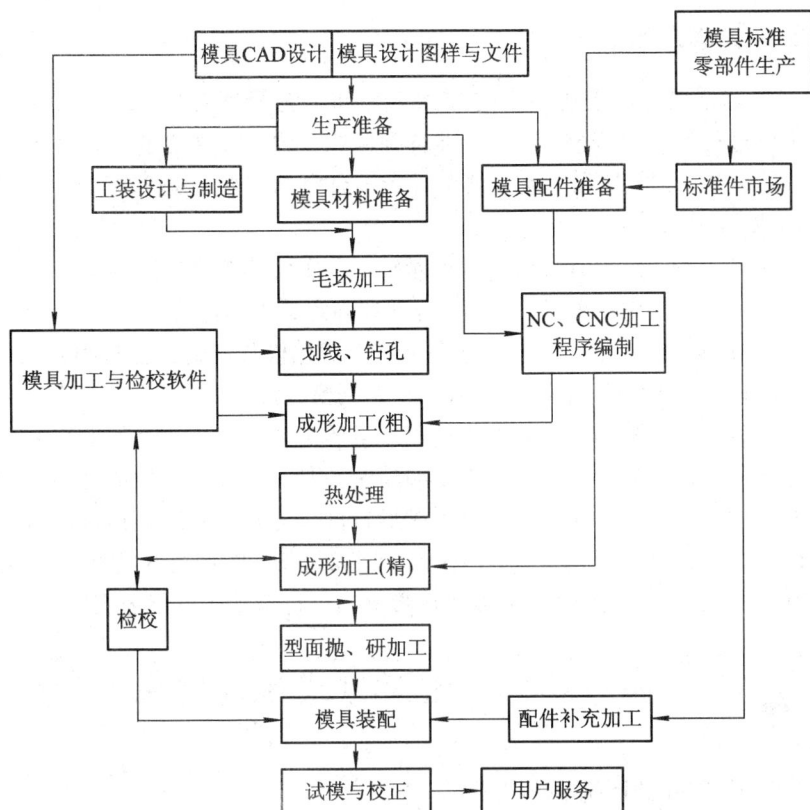

图 11-1　模具生产过程框图

模具生产过程分为以下六个阶段：

（1）模具方案策划。分析产品零件结构、尺寸精度、表面质量要求，以及成形工艺。

（2）模具结构技术设计。进行成形零件的造型、结构设计和系统的结构设计，包括定位、导向、卸料以及相关参数设定等设计，也即总成设计。

（3）生产准备。包括：成形零件材料、模块等坯料加工；标准零、部件配购；根据造型设计，编制 NC、CNC 加工程序；刀具、工装准备等。

（4）模具成形零件加工。根据加工工艺规程，采用 NC、CNC 加工程序进行成形加工、孔系加工，或采用电火花、成形磨削等工艺进行加工，以及相应的热处理工艺。

（5）装配与调试。按模具设计要求，检查标准零部件和成形零件的尺寸精度、位置精度和表面粗糙度，按装配工艺规程进行装配、试模。

（6）验收与试用。根据各类模具的验收技术条件标准和合同规定，对模具试制件（冲件、塑件等）和模具性能、工作参数等进行检查、试用，合格后验收。

由上述生产过程可知，模具的标准零、部件，通用标准零件（如螺钉、销钉），以及水冷却、加热系统中的标准、通用元件，都是在其它工厂生产、从市场配购的，模具厂只是按模具设计要求，按一定顺序，将其与本厂加工完成的成形零件等，装配成模具厂的产品。

对使用量最大的中小模具而言，其构成中标准零、部件占有很大比重。可见，模具生产过程若要实现现代化，则必先致力于模具标准化，建立完善的模具标准件生产、供应体系，是模具工业现代化建设的基础。

3.2　模具制造工艺过程

模具制造工艺过程是指通过一定的加工工艺和工艺管理对模具进行加工、装配的过程，是模具生产过程的主要部分。从生产准备到验收、试用合格之前的几个阶段均属于制造工艺过程，其装配、试模阶段之前，则由成形零件制造工艺过程和标准、通用件配购两个并行过程组成。

模具制造工艺过程，是模具设计过程的延续，是使设计图样转变为具有使用功能的模具实体的制造过程。根据设计要求，正确、合理地确定其工艺内容、工艺性质和工艺方法，尤其是正确确定成形零件型面加工的工艺组合，对优化模具制造工艺过程，使工艺过程技术先进、经济性好，能高精度、高效率地完成、达到模具设计要求，具有非常重要的作用。

工艺组合是设计、编制模具制造工艺过程的重要工艺内容，主要是指其中零件各加工面的加工工序及所采用的专业工艺的组合。如精密孔加工常用钻、镗或磨削工艺组合；模具型腔加工常用电火花成形加工工艺、数控成形铣削工艺，或采用成形铣削后，再采用电火花精密成形加工工艺进行工艺组合；冲模凸、凹模拼块，常用电火花线切割成形加工工艺、成形磨削工艺，或采用线切割后，再用成形磨削进行精加工的工艺组合。

11.4　模具现代化生产方式与合理化生产

11.4.1　模具现代化生产方式

现代模具设计与制造已经上了新的台阶，已经进入了智能化设计与制造的境界和领域，具体表现如下：

（1）在模具设计中，已采用具有一定智能化功能的计算机软件，在模具标准化基础上，实现了模具造型设计、系统结构设计。

（2）在模具制造中，已采用具有智能化功能的标准代码、程序在数控机床、加工中心上，对模具成形零件进行多工位、多工步、工艺集成度很高的自动化加工；对模具成形零件实现了高精度、高速度、高效率的工艺过程。

（3）利用现代 IT 技术组成局域通信网络，将计算机设计完成的模具成形零件的型面数字化，设计、制造部门共享信息，使模具设计与制造实现了一体化。

无疑，这样的生产方式非常适用于对每副模具都须进行设计与制造的模具企业，极大地简化、缩短了模具制造工艺过程。

11.4.2　模具合理化生产

虽然模具生产方式已经有了非常大的进步，已经进入了智能化生产的领域，但这仅仅是开始，现在采用的模具 CAD/CAE/CAM 只是辅助性的、人机交互型的，诸如加工条件、切削用量和刀具等设置，仍然是具有经验性的；标准化、专业化生产水平尚待深入研究和完善；模具成形零件制造工艺过程中的精蚀加工（如抛光、研磨）和装配工序中的手工作业工作量仍占有相当大的比例等。为推动模具生产技术不断进步，提出模具合理化生产是十分必要的。模具生产的合理化，可以从以下几个方面着手。

1. 提高模具标准化、通用化水平

模具的通用化，模具标准件的标准化、通用化，并使之数字化，是简化模具系统结构设计与制造，实现模具三维智能化设计的技术基础。研究、设计典型产品专用模具，并使之标准化、通用化、数字化，建成模具设计专家系统，是实现模具合理化生产的重要手段。

2. 模具材料、加工工艺的规范化、合理化

模具材料及其热处理工艺，不仅对模具使用性能影响大，而且是影响加工工艺条件及工艺参数选择与设置的关键因素。为此，需建立模具成形零件用材料品种、性能(特别是加工性能)的规范、标准及其专家系统，以适应智能化加工的要求。

3. 模具专业化生产

通常，模具厂是根据企业拥有的资源(包括机床、工装、技术水平、职工素质和管理体制)来确定产品方向和产品的。但是，在模具企业众多、市场竞争激烈的条件下，从企业长远利益和发展考虑，在确定企业产品方向和产品时，必须遵循专业化生产的原则。即只设计与制造某类或某种模具，或以某类、某种模具为主产品、特色产品，如某企业只生产汽车保险杠加工用的系列模具，某企业最善长设计制造电机定、转子硅钢片级进冲模。这样，将能最大限度节约企业资源，提高企业经济、技术效益，是最合理的产品定位方法，因为它易于组织，易于积累技术资源，易于进行质量控制与管理。

4. 模具生产过程的控制与管理

模具生产过程的控制与管理主要指对模具制造工艺过程的质量控制与管理。在全员贯彻质量意识和精度概念的基础上，建立完善的质量控制与质量保证体制。

复 习 思 考 题

11-1　模具的技术要求包括哪些？

11-2　模具的生产过程包括哪几个阶段？

第12章　模具的电火花加工和线切割加工

12.1　电火花加工

12.1.1　电火花加工原理、特点及应用

电火花加工的原理、特点及应用见表12-1。

表 12-1　电火花加工原理、特点及应用

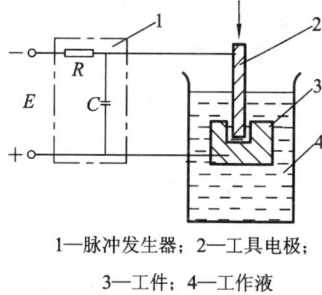

1—脉冲发生器；2—工具电极；
3—工件；4—工作液

加工原理	特点	应用
电火花加工时，工具电极和被加工工件分别接脉冲电源两极，极间充满加工液。当工具电极接近工件到放电间隙时，加工液被击穿发生火花放电，电流产生的热能熔化金属，工件在击穿点被蚀除一个小坑，同时电极也会出现微量损耗。电蚀产物随加工液排出，经过短暂的脉冲间隔时间，两极间的加工液恢复绝缘，从而完成一次加工，然后再进行下一次脉冲放电加工。如此不断地蚀除工件材料，从而加工出模具的型腔。其型腔的形状由工具电极的形状决定	工件与电极不直接接触，不产生宏观切削力，因而加工中不存在因切削力而产生的一系列设备和工艺问题。有利于加工通常机械切削方法难于或无法加工的复杂形状和具有特殊工艺要求的工件，如薄壁、窄槽、各种型孔和立体曲面等。 可以加工各种淬火钢、耐热合金、硬质合金等机械加工较困难的材料。 加工速度慢，加工量少。 控制容易，易于实现无人化操作	型孔加工：如加工冲裁模、级进模、复合模、拉丝模以及各种零件的型孔等； 磨削加工：如对淬硬钢件、硬质合金、钢结构硬质合金工件进行平面或曲面磨削，内圆、外圆、坐标孔以及成形磨削； 线切割加工：如加工各种冲模的凹模、凸模、固定板、卸料板、顶板、导向板以及塑料模镶件等； 型腔加工：如加工锻模、塑料成型模、压铸模等的型腔； 其它：如电火花刻字、金属表面电火花渗碳强化、电火花回转加工、螺纹环规等

12.1.2　电火花加工机床

　　电火花加工机床由机械部分(包括床身、立柱、纵横工作台、主轴头等)、电源箱(内有脉冲电源、电机自动跟踪系统、操作部分)和工作液循环处理系统组成。其中电源箱中的脉冲电源是连续产生放电的能源,它对加工速度、工件表面粗糙度、工具电极损耗等都有很大影响。电极自动跟踪系统是保证两极间一定的放电距离,同时测出两极间电压或电流的变化,并采用伺服电机或液压驱动伺服电机,使电极的主轴头上下进行调节运动。操作部分是控制面板上的各种按钮操作,实现加工过程的自动化控制或 CNC 控制。工作液循环处理系统是用来净化工作液的循环过滤装置,它包括工作液箱、工作液槽、液压油箱等。

　　电火花加工机床结构如图 12-1 所示。

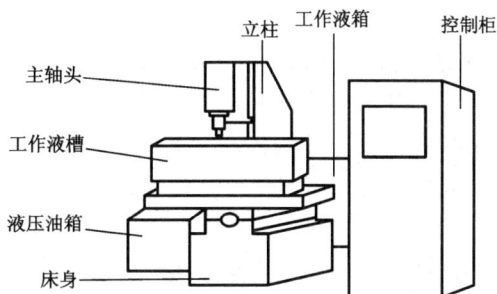

图 12-1　电火花加工机床结构

电火花加工机床技术规格见表 12-2。

表 12-2　电火花加工机床技术规格

型　　　号	D6125F	D6140A	D6132	D6185(D61130)
工作台尺寸(A×B)/mm	250×450	400×600	320×500	850×1400 (1300×1300)
工作台行程 (横向×纵向)/mm	100×200	100×200	120×200	滑枕向前 150(100), 向后 300 主轴头座左右 550
夹具端面至工作台面最大距离/mm	360		520	1050
工件最大尺寸 (A×B×C)/mm	250×350×150	350×400×200		850×1400×450 (1300×1300×450)
主轴行程/mm	105	120	150	250
主轴座移动距离/mm	200	250	200	250
电极最大质量/kg	20(用平动头,5)	10	50	200

12.1.3 电火花加工的工艺因素

1. 斜度

在电火花加工过程中，由于电蚀作用，工件不断被蚀除，电极也有少量的损耗，因此在放电间隙中存在着电蚀产物，这些电蚀产物在经放电间隙排出的过程中，在电极和工件侧表面之间产生了额外的放电，引起间隙的扩大，称之为"二次放电"。在工件的上口（电极进口处），二次放电的作用时间较长，所受的腐蚀较严重，因此，电火花加工所得到的型孔侧壁是倾斜的，即上口大、下口小。加工时，可将凹模的刃口面朝下，利用电火花加工的斜度作为凹模刃口的斜度。

2. 电极损耗

精确地进行成型加工是电火花加工的特点之一，但因电极的损耗，影响了加工精度。目前是从脉冲电源和加工工艺等方面考虑，尽量减小电极损耗及其不良影响。电极损耗分为绝对损耗和相对损耗。绝对损耗又分为体积损耗、重量损耗和长度损耗三种方式，它们分别表示在单位时间内，工具电极被蚀除的体积、重量和长度。相对损耗是工具电极绝对损耗与加工速度的百分比。同样，它有体积相对损耗、重量相对损耗和长度相对损耗。

3. 极性效应

在电火花加工过程中，由于正、负极性不同而电蚀量不一样的现象叫做极性效应。产生极性效应的原因很复杂。在用窄脉冲（即放电持续时间较短）加工时，阳极的蚀除速度大于阴极的蚀除速度，这时工件应接正极（称为正极性加工）。当采用长脉冲（即放电持续时间较长）加工时，阴极的蚀除速度将大于阳极，这时工件应接负极（称为负极性加工）。因此，当采用窄脉冲（例如紫铜电极加工钢时）加工时，应选用正极性加工；当采用长脉冲加工时，应选用负极性加工。一般精加工采用正极性加工，而粗加工采用负极性加工。

此外，工具电极的不同部位，其损耗速度也不相同。一般尖角的损耗比钝角快，角的损耗比棱快，棱的损耗比面快，而端面的损耗比侧面快，端面的侧缘损耗比端面的中心部位快。

4. 放电间隙

放电间隙亦称过切量，加工中是指脉冲放电两极间距，实际效果反映在加工后工件尺寸的单边扩大量。对电火花加工放电间隙的定量认识是确定加工方案的基础。其中包括工具电极形状、尺寸设计、加工工艺步骤设计、加工规归准的切换以及相应工艺措施的设计。

5. 表面粗糙度和生产率

如果一次的放电能量大，则在加工表面产生电火花痕迹，表面粗糙度值大，但去除的金属量多，所以生产率高；反之，若以小的能量放电，则表面粗糙度值小，但生产率低。

12.1.4 电火花加工工艺

1. 凹模型孔加工

凹模型孔的电火花加工方法有直接法、间接法、混合法和二次电极法，见表 12 - 3。加工方法的选择见表 12 - 4。

表 12 - 3　凹模型孔的电火花加工方法

加工方法	简　图	说　明
直接法		1. 用凸模作电极，无需另制电极； 2. 精加工放电间隙即凸模与凹模的配合间隙，单位间隙一般为 0.02～0.08 mm； 3. 电极材料不能自由选择，电加工性能较差，需采取相应措施
间接法		1. 电极和凸模分别制造，电极材料可自由选择； 2. 凸模与凹模的配合间隙不受放电间隙的限制； 3. 多件生产时，一个电极可加工几个凹模
混合法		1. 电极和凸模采用不同的材料，将电极和凸模连接在一起加工。电极和凸模的尺寸相同，电加工后凸模与凹模配合间隙，与直接法相同； 2. 电极材料能自由选择，改善了电加工性能； 3. 增加了电极和凸模的连接工序(可用机械法连接或环氧树脂粘接)； 4. 电极和凸模连接后增加了总长度，往往会影响电极和凸模的制造精度； 5. 对横断面太小的电极，由于与凸模连接困难，一般不采用混合法加工
二次电极法	 1—凸形一次电极；2—凹模； 3—凹形二次电极；4—凸模	1. 利用一次电极制造出二次电极，再分别用一次和二次电极加工出凹模和凸模，并保证凸、凹模的配合间隙； 2. 适合于加工硬质合金凹模型孔及无成型磨情况加工下凹模型孔

表 12 - 4　凹模型孔的电火花加工方法选择

凸、凹模单边间隙/mm	加 工 方 法			
	直接法	间接法	混合法	二次电极法
＞0.20	△	✓	△	
0.1～0.2	△	△	△	△
0.1～0.15	✓		✓	
0.05～0.15		△		✓
＜0.05		△		✓

注：△——尚可；✓——最适宜。

2. 凹模型腔加工

凹模型腔的主要特点是盲孔、形状复杂、加工余量大，电火花加工过程中加工条件(如排气、排屑、工作液循环等)较差。因此，获得较高精度的型腔较为困难。

通常粗加工时使用大功率、宽脉冲、负极性加工，以获得电极的低损耗和高生产率，并使中加工和精加工的加工余量尽量减少。

加工时需要较多附件。如平动头、深度测量装置、重复定位装置等，用以进行加工过程中的侧面修光及控制加工深度或电极修整。

凹模型腔的电火花加工方法有以下几种。

1) 单电极平动加工

单电极平动加工是用一个装夹在平动头上的整体式电极，一次电火花成形的加工方法。电极先不作平动而进行粗加工成形，然后开始调整平动头的偏心量补偿电极损耗，并修光侧面，如图 12 - 2 所示。由于它只需一个电极就能完成粗、中、精加工，比多电极加工省去了重复定位和电极制造时的误差，因而在一般具有直壁型腔的加工中普遍应用。但它的加工效率不高，仿形有一定的误差，并且需要有精度较高的平动头，难以清棱、清角；此外，电极在粗加工中也容易引起不平的表面龟裂。该加工方法一般用于加工形状简单、精度要求不高的型腔，以及用于加工经过预加工的型腔。

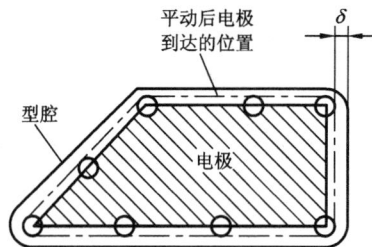

图 12 - 2　单电极加工

2) 多电极加工

多电极加工是使用多个电极，依次更换加工同一个型腔的方法，采用不同的电规准，一般一个电极作为粗加工，第 2 个或第 3 个电极采用平动法逐步改善型腔表面粗糙度，如图 12 - 3 所示。

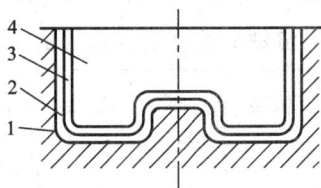

1—型腔；2—精加工电极；3—中加工电极；4—粗加工电极

图 12 - 3　多电极加工

采用这种方法要解决电极制造的重复精度和重复定位问题，需保证各电极间的相对精度。型腔有直壁时需按不同规准的放电间隙制造不同尺寸的电极。

多电极加工多用于高精度、低表面粗糙度值的型腔加工，尤其适用于尖角、窄缝多的型腔加工。

3）分解电极加工

根据型腔的几何形状，把电极分解为主型腔电极和局部型腔电极，分别对型腔的不同部位进行加工。这对形状复杂、电极整体制造困难、整体加工效果不佳的型腔，是一种有效的加工方法。由于采用分别加工的方法，因此在每次加工时，电极的装夹误差会影响加工型腔的精度。

4）CNC 加工

根据型腔的几何形状和加工要求编制程序，然后通过机内微处理机进行数控加工。它可以控制 X、Y、Z 和 U 坐标，进行 X、Y、Z、U 正负 8 个方向的数控。因此，它不仅可作双坐标同时控制进行平面加工，而且可进行三坐标同时控制实现立体加工。它具有复杂的各种控制机能，加工条件为粗→中→精加工自动变换、自动定位、横向加工、电极端面自动定位、电极交换等，可进行各种形式的加工。

12.1.5　电极

1. 电极设计

1）凹模型孔加工用电极

（1）电极的结构形式。电极的结构形式有整体式、组合式和拼镶式，如图 12 - 4 所示。

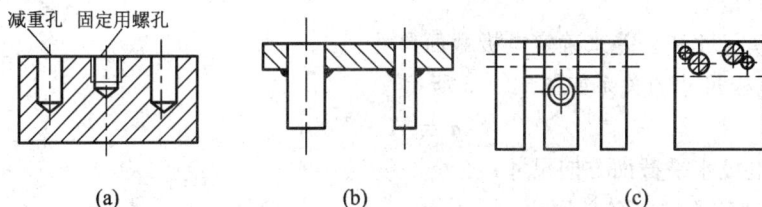

图 12 - 4　凹模型孔加工用电极的结构形式

图（a）为整体式电极，是常用的结构形式，较大的电极可在中间开孔以减轻重量，对于一些容易变形或断裂的小电极，可在电极的固定端逐步加大尺寸；图（b）为组合式电极，将几个电极组装后，同时加工几个型孔；图（c）为拼镶式，由多个拼块拼合而成，常用于整体电极难以加工的情况。

（2）电极的材料选择。凹模型孔加工用电极的材料选择见表 12-5。

表 12-5　凹模型孔加工用电极的材料选择

电 极 材 料		钢	铸铁	铜	石墨	黄铜	铜钨合金	银钨合金
工艺方法	直接法	✓						
	间接法		×	✓	✓	✓	✓	✓
	混合法		✓				✓	✓
	二次电极法	×	×		✓		✓	✓
脉冲电源类型	闸流管 130	✓	✓	✓	✓	✓	✓	✓
	闸流管 260	×	✓	✓	✓	✓	✓	✓
	晶体管	✓	✓	✓	✓	✓	✓	✓
	可控硅	×	×	✓	✓	✓	✓	✓
加工对象	硬质合金	×	×	✓	✓	×	✓	✓
	反拷贝电极	×	×	✓		✓	✓	✓
	直壁深孔				✓		✓	✓
	精密孔	×		×	✓		✓	✓

（3）电极尺寸设计。

① 电极长度。

$$L = \lambda H + H_1 + H_2 + (0.4 \sim 0.8)(n-1)\lambda H \qquad (12-1)$$

式中：H——凹模需电火花加工的厚度；

　　　H_1——模板挖穿后，电极所需加长的部分；

　　　H_2——如需增加的夹持部分长度（约 $10 \sim 20$ mm）；

　　　n—— 一个电极使用的次数；

　　　λ——与电极材料、加工方式、型孔复杂程度等因素有关的系数。复杂程度不同的型孔的电极材料，λ 值的选择不同。按经验：纯铜为 $2 \sim 2.5$，黄铜为 $3 \sim 3.5$，石墨为 $1.7 \sim 2$，铸铁为 $2.5 \sim 3$，钢为 $3 \sim 3.5$。

② 电极的截面尺寸。

• 按凹模尺寸和公差来确定电极截面尺寸。

凹模与电极尺寸的关系如图 12-5 所示。

$$a = A \pm K\delta \qquad (12-2)$$

式中：a——电极水平截面方向尺寸；

　　　A——型腔图样上名义尺寸；

　　　K——直径方向（双边）$K=2$，半径方向（单边）$K=1$，无缩放的 $K=0$；

　　　$\pm$——电极轮廓凹下部分为"$+$"，电极轮廓凸起部分为"$-$"；

　　　δ——电极单边缩放量，即末档精规准加工时的放电间隙。

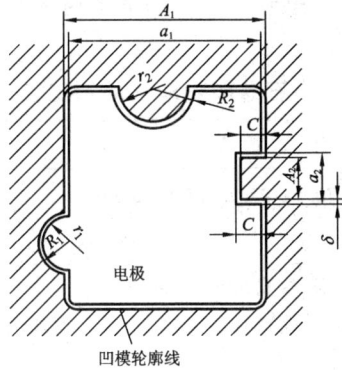

图 12 - 5　凹模与电极尺寸关系示意图

• 按凸模尺寸和公差来确定电极截面尺寸。

凸、凹模的配合间隙等于放电间隙（$Z=\delta$）时，电极尺寸和凸模尺寸完全相同；

凸、凹模的配合间隙大于放电间隙（$Z>\delta$）时，电极按凸模截面四周均匀增大一个值（$\delta-Z$），如图 12 - 6(a) 所示；

凸、凹模的配合间隙小于放电间隙（$Z<\delta$）时，电极按凸模截面四周均匀缩小一个值（$\delta-Z$），如图 12 - 6(b) 所示。

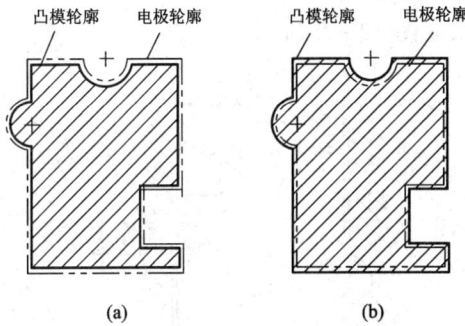

图 12 - 6　凸模与电极尺寸关系示意图

(a) 按凸模均匀增大电极图；(b) 按凸模均匀缩小电极图

2) 凹模型腔加工用电极

(1) 电极的结构形式。电极的结构形式有整体式、镶拼式和多电极形式，如图 12 - 7 所示。

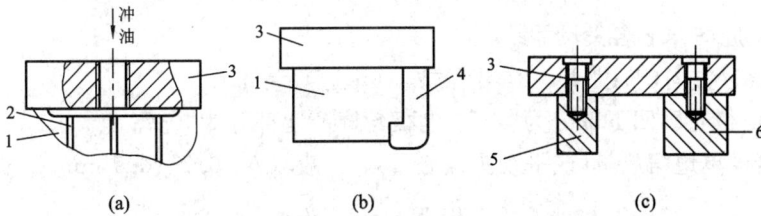

1—电极；2—冲油孔；3—电极固定板；4—镶拼电极；5—电极 A；6—电极 B

图 12 - 7　凹模型腔加工用电极的结构形式

(a) 整体式电极结构；(b) 镶拼式电极结构；(c) 多电极结构

（2）电极材料。凹模型腔加工用电极最常用的材料是石墨和铜。石墨、铜电极的加工工艺区别见表 12 - 6。

表 12 - 6　石墨和铜电极的加工工艺区别

电极材料	石　墨	铜
对型腔预加工要求	一般不需预加工（电源容量较大时）	可采取预加工，以缩短粗加工时间
电规准选择	采用较大的脉冲宽度和较高的峰值电流的低损耗规准作为粗加工规准，可达到很高生产率	采用更大的脉冲宽度和较低峰值电流作为粗规准，加工电流不能太大，脉冲间隔也不应太长
排屑方法	尽可能采用电极冲油的方法，必要时也可采取其它排屑方法	不采用电极冲油，粗加工用排气孔，精加工用平动头、自动抬刀等方法改善排屑
适用范围	大、中、小型腔	适用于小型腔、高精度型腔。中、大型腔加工采用空心薄板电极

（3）电极尺寸设计。

① 凹模型腔加工用电极截面尺寸的计算。

凹模与电极尺寸的关系如图 12 - 8 所示。

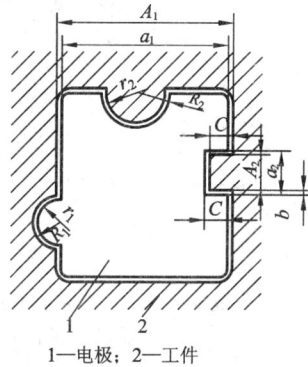

1—电极；2—工件

图 12 - 8　凹模与电极尺寸关系

图 12 - 8 中，a 为电极水平截面方向尺寸，其计算公式如下：

$$a = A \pm Kb \tag{12-3}$$

式中：A——型腔图样上名义尺寸；

K——直径方向（双边）$K=2$，半径方向（单边）$K=1$；

$\pm$——电极轮廓凹下部分为"+"，电极轮廓凸起部分为"−"；

b——电极单边缩放量（或平动头偏心量），一般取 $b=0.7\sim0.9$ mm。

$$b = \delta_0 + H_{max} + h_{max} \tag{12-4}$$

式中：δ_0——单边放电间隙；

H_{max}——前一规准加工时表面微观不平度最大值；

h_{max}——本规准加工时表面微观不平度最大值。

② 凹模型腔加工用电极高度尺寸的计算。

$$H = L + L_1 + L_2 \qquad (12-5)$$

式中：H——除装夹部分之外的电极总高度；

L——电极加工一个型腔的有效高度；

L_1——加工另一个型腔时需增加的高度；

L_2——考虑加工结束时，电极夹具不和模板发生接触而增加的高度。

2. 电极制造

凹模型孔加工用电极大多采用成形磨削，也可用线切割加工。对于铜、黄铜类电极可用仿形刨加工。电极的精度应不低于型孔的精度，一般电极制造公差取型孔公差的 1/2 左右。对于阶梯形电极可用化学腐蚀的方法形成阶梯。

型腔加工用电极的制造方法有多种。铜电极用机械加工法或电铸法，石墨电极用机械加工法和压力振动加工。石墨电极，特别是拼合结构的，须注意有些石墨的方向性，方向不同，电极损耗也不同，因此，拼合电极的方向性不一致时，将使加工的型腔面高低不平。不论是整体式的或拼合式的电极，都应使石墨压制时的施压方向与电火花加工时的进给方向垂直。拼合电极各拼块的材料应采用同一牌号的石墨，不同牌号的石墨，电火花加工时的损耗也不同。

3. 加工规准的选择

加工规准的选择见表 12 - 7。

表 12 - 7　加工规准的选择

规准	挡数	工 艺 性 能	电规准要求			适用范围
			脉冲宽度/μs	电流峰值/A	脉冲频率/kHz·s^{-1}	
粗	1～3	损耗低(<1%)，生产率高，负极性加工，加工时不平动，不用强迫排屑	石墨加工钢 >600	3～5，紫铜加工钢可大些	0.4～0.6	一般零件加工，使凹坑及凸起平坦
中	2～4	损耗较低(<5%)，需强迫排屑，平动修型	20～400	<20	>2	提高表面质量，达到要求尺寸
精	2～4	损耗较大（20%～30%），加工余量小，一般为 0.01～0.05mm，必须强迫排屑，定时抬刀，平动修光	<10	<2	>20	达到图纸要求的尺寸精度及表面粗糙度等级

12.2　电火花线切割加工

12.2.1　电火花线切割加工的原理、特点及应用

电火花线切割加工的原理、特点及应用见表 12 - 8。

表 12 - 8 电火花线切割加工的原理、特点及应用

1—Y 轴马达；2—伺服电器；3—控制电器；4—X 轴马达；5—供给丝卷；6—制动器；7—金属丝；
8、13—导向器；9—泵；10—脱离子水；11—电源；12—被加工物；14—卷绕滚子；15—卷绕丝卷

加工原理	特 点	应 用
电火花线切割加工是利用电极丝与高频脉冲电源的负极相接，零件与电源的正极相接，加工中在线电极与加工零件之间产生火花放电而切割出零件的一种加工方法。如果使电极丝按照图纸要求的形状运动，便可切割出与图纸一样形状及尺寸的零件； 　　加工形状的控制，通常是使安装零件的工作台以一定规律作 X、Y 方向的运动。控制方法有靠模仿形法、光电跟踪法、数字程序控制法等	电火花线切割加工与电火花成形加工相比，具有以下特点： 　　不需要制作成型电极，工件预加工量小； 　　能方便地切割工件的复杂轮廓以及微型孔和窄缝等； 　　可直接选用精加工或半精加工一次加工成形，一般不需要中途转换规准； 　　采用较长（200 m 以上）电极丝进行往复加工，单位长度电极丝的损耗较小，因此，对加工精度影响较小。采用慢速走丝方式，电极丝一次性使用，加工精度较高； 　　切割的余料还可利用； 　　自动化程度高，电脑控制可实现无人化操作	应用范围广： 　　能加工出 0.05～0.07 mm 窄缝，$R \leqslant 0.03$ mm 圆角； 　　能加工淬硬整体凹槽，不受热处理变形影响； 　　能加工硬质合金材料等

12.2.2 电火花线切割机床

电火花线切割机床按电极丝运动的线速度，可分为高速走丝和低速走丝。电极丝运动速度在 7～10 mm/s 范围内的为高速走丝，低于 0.2 mm/s 的为低速走丝。图12 - 9 为 DK7725 高速走丝微机控制线切割机床的机床结构，由机床本体、脉冲电源、微机控制装置系统等部分组成。

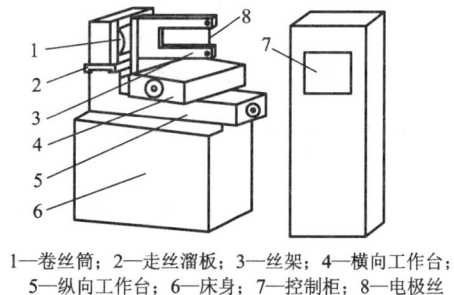

1—卷丝筒；2—走丝溜板；3—丝架；4—横向工作台；
5—纵向工作台；6—床身；7—控制柜；8—电极丝

图 12 - 9 DK7725 高速走丝线切割机床结构

1. 机床本体

机床本体由床身、运丝机构、工作台和丝架等组成。

1）床身

床身用于支承和连接工作台、运丝机构等部件，内部安放机床电器和工作液循环系统。

2）运丝机构

电动机通过联轴节带动储丝筒交替作正、反向转动，钼丝整齐地排列在储丝筒上，并经过丝架导轮作往复高速移动（线速度为 9 m/s 左右）。

3）工作台

工作台用于安装并带动工件在水平面内作 X、Y 两个方向的移动。工作台分上、下两层，分别与 X、Y 向丝杆相连，由两个步进电机分别驱动。步进电机每接收到计算机发出的一个脉冲信号，其输出轴就旋转一步距角，再通过一对变速齿轮带动丝杆转动，从而使工作台在相应的方向移动 0.001 mm。工作台的有效行程为 250 mm×320 mm。

4）丝架

丝架的主要功用是在电极丝按给定线速度运动时，对电极丝起支撑作用，并使电极丝工作部分与工作台平面保持一定的几何角度。

2. 脉冲电源

脉冲电源又称高频电源，其作用是把普通的 50 Hz 交流电转换成高频率的单向脉冲电压。加工时，电极丝接脉冲电源负极，工件接正极。

3. 微机控制装置

微机控制装置的主要功用是轨迹控制和加工控制。电火花线切割机床的轨迹控制系统曾经历过靠模仿形控制、光电仿形控制，现已普遍采用数字程序控制，并已发展到微型计算机直接控制阶段。加工控制包括进给控制、短路回退、间隙补偿、图形缩放、旋转和平移、适应控制、自动找中心、信息显示、自诊断功能等。其控制精度为 ±0.001 mm，加工精度为 ±0.01 mm。

4. 工作液循环系统

工作液循环系统由工作液、工作液箱、工作液泵和循环导管组成。工作液起绝缘、排屑、冷却的作用。每次脉冲放电后，工件与电极丝（钼丝）之间必须迅速恢复绝缘状态，否则脉冲放电就会转变为稳定持续的电弧放电，影响加工质量。在加工过程中，工作液可把加工过程中产生的金属微颗粒迅速从电极之间冲走，使加工顺利进行，工作液还可冷却受热的电极丝和工件，防止工件变形。

12.2.3　电火花线切割加工工艺规律

1. 提高生产率的主要途径

（1）在其它条件相同的情况下，增大脉冲电压幅值会使加工生产率明显提高，但表面加工质量有所下降。

（2）增加脉冲宽度也会使生产率提高，但表面加工质量显著下降。

（3）减小脉冲间隔时间能够大幅度提高生产率，且对表面加工质量无明显影响。

（4）适当增大脉冲电源功率。

2．影响加工表面粗糙度的因素

（1）导丝轮和轴承磨损，使加工表面呈条纹状。

（2）电极丝损耗过大，以致电极丝在导轮内窜动。

（3）电极丝移动不平稳或电极丝张力不够。

（4）电参数选择不当，进给速度调节不当，致使加工不稳定。

3．影响电火花线切割加工精度的因素

影响电火花线切割加工精度的因素见表 12 - 9。

表 12 - 9　影响电火花线切割加工精度的因素

影 响 因 素		影 响 情 况
坐标工作台	导轨、丝杆、齿轮等的制造精度	使工作台在坐标方向上移动，产生误差
	丝杆螺母的间隙，齿轮的啮合间隙及其它零件的装配精度	
走丝系统	丝架与工作台的垂直度	影响工件侧壁的垂直度，造成工件上下端的尺寸误差
	导轮的偏摆与磨损情况	影响电极丝的垂直度，造成电极丝位移和摆动，影响工件尺寸和切割剖面质量
	卷丝筒的转动与移动速度	造成电极丝抖动，影响尺寸和表面粗糙度
	电极丝的张紧程度	张紧程度不够，切割中电极丝成弧线状，造成工件形状误差
运算控制系统		因控制系统失误，造成工件尺寸误差
脉冲电源和电规准		影响电极丝的损耗，影响放电间隙
进给速度		使电极丝受力不呈直线状，影响工件形状
工件材料内应力		切割过程中因内应力变形影响尺寸，割完后因内应力引起变形和开裂

12.2.4　数控电火花线切割编程

线切割程序格式有 3B、4B、5B、ISO 和 EIA 等，使用最多的是 3B 格式。为了与国际接轨，目前有的厂家也用 ISO 代码。

1．3B 格式程序的编程

3B 程序格式如表 12 - 10 所示。

表 12 - 10　3B 程序格式及含义

N	B	X	B	Y	B	J	G	Z
序号	间隔符	X 轴坐标值	间隔符	Y 轴坐标值	间隔符	计数长度	计数方向	加工指令

1）平面坐标系和坐标值 X、Y 的确定

平面坐标系的规定：面对机床工作台，工作台平面为坐标平面；左右方向为 X 轴，且向左为正；前后方向为 Y 轴，且向前为正。

坐标系的原点随程序段的不同而变化：加工直线时，以该直线的起点为坐标系的原点，X、Y 取该直线终点的坐标值；加工圆弧时，以该圆弧的圆心为坐标系的原点，X、Y 取该圆弧起点的坐标值，单位为 μm。

2）计数方向 G 的确定

不管是加工直线还是圆弧，计数方向均按终点的位置来确定。具体确定的原则如下：

加工直线时，计数方向取与直线终点投影较长的那个坐标轴。例如，在图 12-10 中，加工直线 OA，计数方向取 X 轴，记作 GX；加工 OB，计数方向取 Y 轴，记作 GY；加工 OC，计数方向取 X 轴、Y 轴均可，记作 GX 或 GY。

加工圆弧时，终点投影走向较平行于何轴，则计数方向取该轴。例如在图 12-11 中，加工圆弧 AB，计数方向应取 X 轴，记作 GX；加工圆弧 MN，计数方向应取 Y 轴，记作 GY；加工圆弧 PQ，计数方向取 X 轴、Y 轴均可，记作 GX 或 GY。

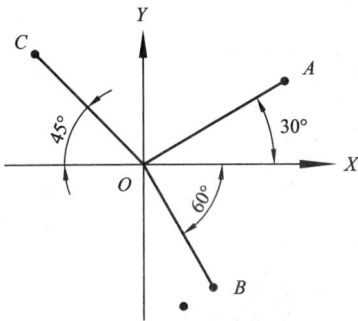

图 12-10　直线计数方向确定　　　　　图 12-11　圆弧计数方向确定

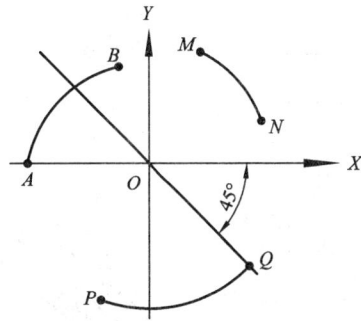

3）计数长度 J 的确定

计数长度是在计数方向的基础上确定的，是被加工的直线或圆弧在计数方向的坐标轴上投影的绝对值总和，单位为 μm。注意圆弧可能跨几个象限，要正确求出所有在计数方向上的投影总和，如图 12-12 所示。

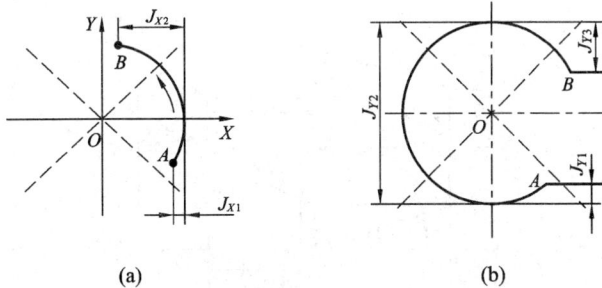

图 12-12　圆弧计数长度计算
（a）取 G_x 计数长度 $J=J_{x1}+J_{x2}$；（b）取 G_y 计数长度 $J=J_{y1}+J_{y2}+J_{y3}$

4）加工指令

直线（包括与坐标轴重合的直线）的加工指令有 4 种，见图 12 - 13。圆弧的加工指令有 8 种，包括顺圆 $SR_1 \sim SR_4$ 及逆圆 $NR_1 \sim NR_4$，见图 12 - 14。

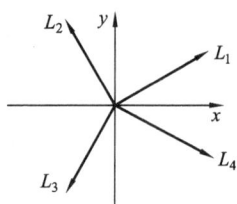

图 12 - 13 直线加工指令   图 12 - 14 圆弧加工指令

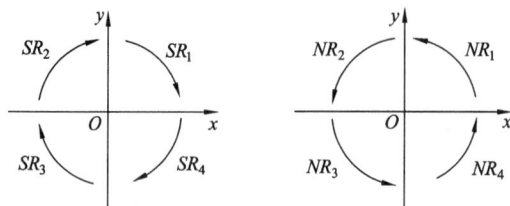

5）间隙补偿

间隙补偿是通过数控线切割进行偏移运算来实现的。把圆弧半径增加称为正补偿，把圆弧半径减小称为负补偿。如图 12 - 15 中，当输入凸圆弧 DE 程序后，计算机能自动补偿，线切割机床能自动把它变成 $D'E'$。

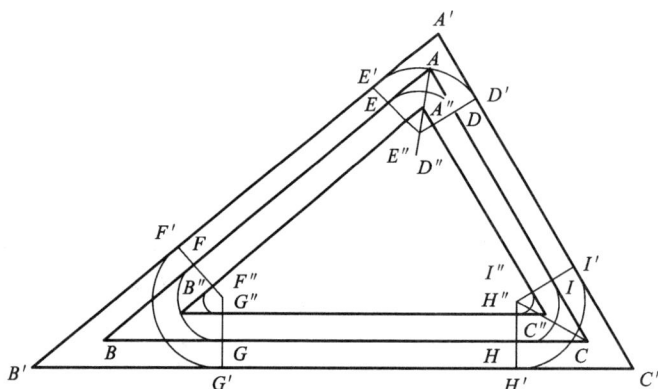

图 12 - 15 间隙补偿示意图

2. 编程实例

图 12 - 16 为样板零件，数字顺序为切割路线。表 12 - 11 为 3B 格式加工程序代码（FF 为程序结束代码）。

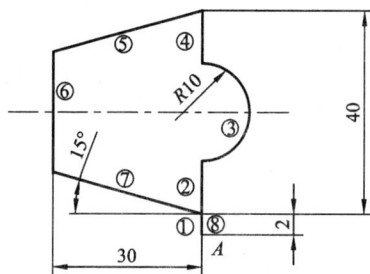

图 12 - 16 样板零件

表 12－11　3B 格式加工程序代码

N	B	X	B	Y	B	J	G	Z	G、Z 代码
1	B	0	B	2000	B	2000	GY	L2	89
2	B	0	B	10000	B	10000	GY	L2	89
3	B	0	B	10000	B	20000	GX	NR4	14
4	B	0	B	10000	B	10000	GY	L2	89
5	B	3000	B	8040	B	30000	GX	L3	1B
6	B	0	B	23920	B	23920	GY	L4	8A
7	B	3000	B	8040	B	30000	GX	L4	0A
8	B	0	B	2000	B	2000	GY	L4	8A
FF									

3. ISO 代码手工编程

1）ISO 代码程序段的格式

对线切割加工而言，加工一段直线和圆弧的 ISO 代码程序段的普通格式为 N××××G××X××××××Y××××××I××××××J××××××，其中各符号的具体含义见表 12－12。

表 12－12　ISO 代码程序格式说明

格　式	说　　　明
N	程序段号
××××	1～4 位数字符号
G	准备功能
××	各种不同的功能
X	直线或圆弧终点 X 坐标值
××××××	以 μm 为单位，最多为 6 位数
Y	直线或圆弧终点 Y 坐标值
××××××	以 μm 为单位，最多为 6 位数
I	圆弧的圆心对圆弧起点的 X 坐标值
××××××	以 μm 为单位，最多为 6 位数
J	圆弧的圆心对圆弧起点的 Y 坐标值
××××××	以 μm 为单位，最多为 6 位数
M00	程序停止
M01	选择停止
M02	程序结束

准备功能 G 之后的 2 位数表示各种不同的功能。具体如下：

G00：表示点定位，即快速移动到某给定点；

G01：表示直线（斜线）插补；

G02：表示顺圆插补；

G03：表示逆圆插补；

G04：表示暂停；

G40：表示丝径（轨迹）补偿（偏移）取消；

G41、G42：表示丝径向左、右补偿偏移（沿钼丝的进给方向看）；

G90：表示选择绝对坐标方式输入；

G91：表示选择增量（相对）坐标方式输入；

G92：为工作坐标系设定，即将加工时绝对坐标原点（程序原点）设定在距钼丝中心现在位置一定距离处。

例如：G92X5000Y20000 表示以坐标原点为准，钼丝中心起始点坐标值为：$X=5$ mm，$Y=20$ mm。以坐标系设定程序，只设定程序坐标原点。当执行这条程序时，钼丝仍在原位置，并不产生运动。当准备功能 G×× 和上一程序段相同时，则该段的 G×× 可省略不写。

2) ISO 代码按终点坐标的两种输入方式

（1）绝对坐标方式。代码为 G90。坐标系的原点随程序段的不同而变化：加工直线时，以该直线的起点为坐标系的原点，X、Y 取该直线终点的坐标值；加工圆弧时，以该圆弧的圆心为坐标系的原点，X、Y 取该圆弧起点的坐标值，用 $\pm I$、$\pm J$ 表示圆心对圆弧起点的坐标值。

（2）增量（相对）坐标方式。代码为 G91。直线以其起点为坐标原点，用 $\pm X$、$\pm Y$ 表示直线终点对起点的坐标值；圆弧以其起点为坐标原点，用 $\pm X$、$\pm Y$ 表示圆弧终点对起点的坐标值，用 $\pm I$、$\pm J$ 表示圆心对起点的坐标值。

编程中采用何种坐标方式，原则上都是可以的，但在具体情况下却有方便与否的区别，它与被加工零件图样的尺寸标注方法有关。

国外大部分厂家线切割机床的程序格式使用 ISO 代码。

12.2.5　慢走丝线切割在模具制造中的应用

低速走丝线切割机床与高速走丝线切割机床在结构组成上基本一致，不同之处主要在于走丝机构。低速走丝机床均采用双电机张紧，根据使用线径的不同，张力一般可在 0～9.8 N 范围内调节。并且单向走丝，电极丝由上向下运行，只使用一次，以消除电极丝损耗对加工精度的影响。这种低速恒张力走丝机构的电极丝抖动小，走丝平稳，速度均匀，所以切割精度高，表面粗糙度值小。但是，因为走丝速度低，放电蚀除产物不能及时被带出放电间隙，易造成短路等，使得切割速度较低。国外的产品和国内近年开发的线切割机床大部分为低速走丝线切割机床。低速走丝线切割机床一般用黄铜丝作电极丝，而不必用高强度的铜丝。低速走丝线切割机床价格与加工精度都高于高速走丝线切割机床。国外开发的数控低速走丝电火花线切割机床，由于使用了新技术并注重计算机软件技术的更新和发展，其工艺指标已达到了相当高的水平。即使对复杂零件的加工，最高切割速度可超过 300 mm^2/min，尺寸精度可达到 ± 2～5 μm，表面粗糙度可达 $R_a=0.1$～0.2 μm（多次切割）。

1. 慢走丝线切割机的特点

由于慢走丝线切割机是采用 $\phi 0.1 \sim 0.3$ 的 CuZn20 或 CuZn37 作为其电极丝，在切割工件时其熔点温度为 1 万多摄氏度，是快走丝机的 $3 \sim 4$ 倍，因此慢走丝机上配备了独特的导丝嘴。工作时嘴口与模具加工平面间隙保持在 $0.05 \sim 0.1$ mm 之间，而 1.2 MPa 高压水喷嘴直径约为 10mm 左右，因此导致模具上废料留量及孔的设置受到一定的限制。为防止高压水散发，确保高压水集中于被割部位，从而达到使电极丝及工件冷却的目的，围绕慢走丝机的上述特点，模具制造的工艺就出现其独特之处。

2. 慢走丝线切割加工模具准备

（1）模具上、下两平面的平行度误差小于 0.05 mm；

（2）为方便平行装夹，工件应加工一对平行立面；

（3）由于切割时温度较高，因此模具切割不宜采用开放式切割。同时封闭切割的四周废料留量应以相对模具厚度的 1/4 为宜，边缘留量最好不小于 5 mm；

（4）模具在热处理前所做的引丝孔应加堵予以保护，以防止热处理时生成氧化皮。否则，会降低导电性能，而且容易造成断丝。

3. 慢走丝线切割新技术

先进的慢走丝线切割机床，通过对机床铸件的 CAE 设计，使机床具有高刚度、高精度及台面承载能力强的特点，保证机械传动在高精度下稳定运行。机床的进给系统采用智能型交流伺服电机直驱方式，运行的动态特性灵敏、可靠，机床的最小驱动单位达到 $0.05~\mu m$，与高速 64 位 CNC 控制相结合，实现了精细的调整控制和稳定的高精度进给。同时，采用高速无电解电源，既保证了极高的加工效率，又有效保护了工件表面不受腐蚀、电解和生锈，防止加工表面硬度下降。加工硬质合金时，粘结剂因为没有电解而被保护，从而保证了材料的强度和提高了模具的寿命。这种电源对大部分铸铁和钢材以及表面容易氧化与变色的铝和钴合金都能提供防腐蚀保护。智能化最佳的控制加工技术系统对于各种复杂形状的加工在各种加工条件下都能很容易地得到处理，强大的数据库集中了高速、高精度加工模具和零件的经验知识，使以往难以加工的工序变得简单易行。另外，新型的高速自动穿丝系统只需 10 s 的穿丝时间，新型光学传感器和快速试穿功能的结合组成了可靠的系统，这使得长时间的无人操作成为可能。

复习思考题

12-1　简述电火花加工、电火花线切割加工的原理及特点。

12-2　什么是极性效应、电规准？加工时如何选择使用？

12-3　凹模型腔、型孔的电火花加工方法各有哪些？各自有何特点？

第 13 章　　模具的高速切削加工

　　高速切削加工是近十几年发展起来的新技术，它代表着当今机床制造和机械加工业的最高水平。目前，高速加工技术已经应用于航空航天、精密加工和模具制造等领域，已成为 21 世纪国际制造业的重大高新技术之一，也是我国机械制造业的发展方向。

13.1　　高速切削加工的特点

　　高速切削加工是指比常规切削速度和加工效率高出很多的切削加工技术。高速加工不仅仅是提高切削速度的问题，而是涉及到高速加工机床是否具备高速加工的能力，切削刀具及夹具能否满足高速加工的性能要求，数控系统的运算能力，以及编程人员高超的编程水平等。

　　高速切削加工具有以下特点：

　　（1）加工效率高。高速加工的进给速度一般在 20～40 m/min 之间，而常规切削加工大多在 10 m/min 以内，单位时间内的金属切削效率提高了几倍，甚至十几倍。同时机床快速空程速度大幅度提高，大大减少了非切削的空行程时间，从而极大地提高了机床的生产效率。

　　（2）加工精度高。由于高速加工机床的刚性好，快速进给和快速空行程的的重复定位精度达到几 μm，因此加工精度远远高于常规加工。

　　（3）零件表面质量好。高速切削时，机床的激振频率特别高，它远远离开了"机床－刀具－工件"工艺系统的固有频率范围，工作非常平稳。加上电主轴的高速旋转，切削速度极高，因而能加工出非常精密、非常光滑的零件。经高速车和高速铣加工过的零件，其表面质量可达到磨削的水平。

　　（4）可切削各种难加工材料。航空航天制造业中大量采用的镍基合金和钛合金，其强度大、硬度高，加工容易硬化，切削温度高，刀具磨损严重。用常规加工方法切削这些材料，切削速度很低，而用高速切削加工，其切削速度可达 100～1000 m/min，为常规切削速度的 10 倍左右。

　　（5）可进行超薄加工。高速切削时，切削力可降低 30% 以上。只要主轴转速和进给速度设定准确，刀具和被加工材料选择适当，切削力可降低 30% 以上。高速加工还可以进行超薄切削加工，甚至可加工出壁厚仅为 0.05 mm 的超薄零件。

　　（6）可进行干切削加工。常规切削加工所产生的切削热是需要冷却的，而高速切削加工能使 95% 以上的切削热随切屑带走，工件可基本上保持冷态，使被加工零件表面减少切削应力，因而特别适合加工容易变形的零件。

　　（7）加工成本低。在高速加工中心上切削加工零件，可实现多道工序一次装夹零件，快速换刀。再结合上面的优点，高速加工的成本低。

13.2　高速加工机床

高速加工机床是高速加工技术的主体，没有高速加工机床就不能实现高速加工。高速加工机床主要有高速加工中心、高速铣床和高速车床等。

13.2.1　高速加工中心

高速加工中心是最重要的高速加工机床，目前在发达国家已经普遍使用。近几年来，我国也在不断购入或引进技术和自主开发这种机床。

高速加工中心分为立式高速加工中心、卧式高速加工中心、龙门式高速加工中心、五轴多面加工中心以及可换头的五轴加工中心等。

高速加工中心具有以下特点：

(1) 先进的电主轴。高速加工中心的主轴是先进的电主轴。这是一种智能型功能部件，不但转速高、功率大，而且还具有控制主轴系统的温升与振动等机床运行参数的功能，以确保其高速运转的可靠性与安全性。高速加工中心的电主轴转速很高，一般都在 10 000 r/min 以上。如美国 Cincinnati 公司生产的 Super Mach 大型高速加工中心，其电主轴最高转速达 60000 r/min，功率 80 kw。

(2) 完美的进给系统。机床的进给和空行程速度比普通机床快很多倍。因此，进给系统中的机械传动部件采用大导程或多头高精度滚珠丝杠副，使进给速度达到了 60 m/min 左右。随着直线电机的出现，目前机床的最大进给速度可达 80～180 m/min。

(3) 稳固的机床床身。为了提高机床的刚度和减小因高速切削引起的振动，保持机床的加工精度，以及工作稳定性，高速加工中心的床身、立柱、横梁、工作台等基础件往往采取整体铸造结构，有的甚至采用聚合物混凝土材料制成。如德国的 Hermle 和瑞士的 Mikron 都是这种结构。

(4) 高速的换刀系统。为了配合机床的高效率，高速加工中心配置了快速换刀装置，使换刀时间缩短到几秒，有的甚至不足 1 s。如日本的 MAZAK – FH480 高速加工中心换刀时间为 4 s，德国的 Alfing – Kessler 为 1 s，而奥地利的 ANGERG 换刀时间仅为 0.4 s。

表 13 – 1 列出了一些国外著名高速加工中心品牌及主要参数。

表 13 – 1　国外部分高速加工中心型号

机床型号	主轴最高转速 /r · min^{-1}	最大进给速度 /r · min^{-1}	主轴驱动功率 /kW	制造厂家 (国别)
HVM800（卧式）	20 000	76.2	45	Ingersoll（美）
HyperMach（五轴）	60 000	60～100	80	Cincinnati Milacron（美）
VCP710	42 000	30	14	Mikron（瑞士）
RFM1000	42 000	30	30	Roders（德）
XHC241（卧式）	24 000	120	40	Ex – cell – O 公司（德）
VZ40 型	50 000	20	18.5	Nigata（日）
SMM – 2500UHS	50 000	50	45	Mazak（日）
A55 – A128	40 000	50	22	Makino（日）

从表中可见,这些高速加工中心的主轴最高转速都在 20 000～60 000 r/min 之间,最大进给速度为 20～120 m/min,而且近两年来又有新的发展。

表 13 - 2 列出了部分国产高速加工中心及主要参数。这些机床的主轴最高转速在 10 000～40 000 r/min,快移速度为 30～60 m/min,加速度为 0.5g～1g,换刀时间为 1.5～ 2 s 左右。

表 13 - 2　国产高速加工中心

机床名称	机床型号	主轴最高转速 /r·min^{-1}	快移速度/ r·min^{-1}	工作台尺寸 /mm	主轴功率 /kW	制造厂家
高速卧式 加工中心	HDS500	18 000	62	500×500	15	大连机床集团 大连华根机械
高速卧式 加工中心	HDS630	12 000	52	630×630	32	大连机床集团 大连华根机械
立式 加工中心	VRA400	20 000	40/30	450×900	15/18.5	北京第一机床厂
高速 铣削中心	D165	40 000	30	900×1400	7	中捷友谊厂
高速卧式 加工中心	HD - 40	10 000	36	任意选配	5.5/7.5	大连机床集团 大连华根机械
五轴 加工中心	5C - VMC	10 000	24	1800×500	16/24	北京机电研究院
立式 加工中心	KT - 1300VB	12 000	30/24	420×720	18.5/22	北京机床研究所
立式 加工中心	TH5640	12 000	48/36	630×400	5.5/7.5	北京第三机床厂
高速立式 铣削中心	HS664	2200～22 000	30	1000×550	16	沈阳菲迪亚

我国目前能够生产高速加工中心的企业有十几家,大部分以引进技术为主,同时也在积极与国外大学或公司共同研发此类机床。

13.2.2 其它高速加工机床

除了高速加工中心,高速加工机床还有高速车床、高速铣床、高速钻床、高速磨床、高速车铣床、高速镗铣床,以及高速虚拟轴机床等。

1. 高速车床

高速车床与普通车床相比,具有切削速度快、加工质量好和生产效率高等优点。高速车床的主轴转速很高,主轴及旋转部分的离心力非常大,因此,高速车床上没有工件夹紧用的三爪卡盘,而是采用了弹性涨套式的多层卡盘等技术,以降低高速旋转时的离心力,从而适应高速加工。

2. 高速钻床

高速钻床的主轴转速很高，切削速度和进给速度都很高。如鲁南机床厂生产的 ZK9301 型机床，可钻 $\phi 0.1 \sim 1.0$ mm 小孔，主轴最高转速为 20 000 r/min，适合小孔径高速钻削加工。高速钻床可以配置自动换刀系统和工件交换系统，很适合用于汽车生产线从事高速钻孔、铰孔和攻螺纹等工序。

3. 高速车铣床

在车床上装上高速铣头就成了一台具有车和铣功能的高速车铣床。机床的旋转轴用来加工对称旋转体零件，而床身上的高速铣头作为 C 轴旋转轴用来在圆柱体上进行切槽等高速切削。由于铣头是高速电主轴，能够加工出高精度的零件。

4. 高速虚拟轴机床

高速虚拟轴机床是一种结构和外形奇特的机器。这种机床没有床身、导轨、立柱和横梁等结构，而是由六连杆机构、工作托盘、电主轴部件和丝杠副以及伺服系统等组成。由于该机床没有传统机床最基本的结构特征，所以称为虚拟轴机床。高速虚拟轴机床具有结构简单、机床质量轻、切削速度快、运动精度高等优点，特别适合加工复杂的曲面零件，尤其是模具型腔等。

13.3　高速切削加工技术在模具制造中的应用

13.3.1　高速切削加工模具的特点

(1) 模具制造周期短。模具的型腔往往是由复杂曲面构成的。如飞机、轿车和摩托车以及各式各样的家用电器等。这些外形别致、线条流畅的模具型腔通常是在数控铣床或加工中心上加工的。由于这些铣削加工总是会留下刀纹，影响产品美观，因此，加工后的模腔要花费很多时间进行手工抛光处理。采用高速加工方法，铣刀高转速，快进给，粗、精加工可一次完成。再加上机床的快速空行程和快速换刀，使模具的加工时间减少，模具的制造周期能缩短 40% 左右。

(2) 淬硬钢切削的优势。采用高速加工技术，不仅使得快速铣削和快速车削各种淬硬钢成为现实，而且能高速切削硬度在 60HRC 左右的淬硬材料，并可获得表面粗糙度低于 $R_a 0.6$ μm 的高质量零件。用高速加工技术来铣削或车削淬硬钢，有时可替代磨削加工，从而使加工效率提高 $3 \sim 4$ 倍，而加工的能量消耗仅是普通磨削加工的 1/5。干切削技术同样适合于高速加工，简化了操作，改善了加工环境等。

(3) 刀具选择值得注意。值得注意的是：用于高速加工切削淬硬钢的刀具必须具备硬度高、热硬度好、耐磨损的条件。高速钢和普通硬质合金刀具是不能使用的，要选择超微粒、极超微粒的硬质合金刀具和陶瓷刀具以及涂层硬质合金刀具。

(4) 高速加工数控编程。高速加工数控编程应当使用优秀的 CAD/CAM/CAE 软件，如 PowerMill、Cimatron 和 UG 等软件。这些编程软件都有较好的防过切能力。但是编程技术的高低会直接影响到切削效果和工作效率，编程技巧十分重要。有些零件特征是不适合高速切削加工的，这一点是不可忽视的。编程人员应当熟悉机床的加工特性、精通编程软件，才能编出高效而又安全的高速加工的程序。

13.3.2　高速切削加工模具实例

高速铣削加工如图 13－1 所示的连杆锻模型腔，材料为 H13，48～52HRC，加工机床为米克朗高速铣 HSM400，刀具为 OSG 的带涂层硬质合金刀具，刀具选择见表 13－3。

图 13－1　连杆锻模型腔

表 13－3　高速铣削加工刀具选择

刀具号	刀具直径/mm	刀具半径/mm	主轴转速/r·min^{-1}
1	6	1.5	8000
2	4	2	18 000
3	2	1	10 000

编程软件 UG，加工步骤及方法如下：

1. 粗加工

应用曲面轮廓铣中的 ZLEVEL_FOLLOW_CAVITY，切削方式（CUT METHO）采用跟随工件（FOLLOW PART），选用直径 6 mm、刀角半径 R1.5 的牛鼻刀，采用恒定步距 2、每层切削深度 0.2。选层按每个平面选择，在切削参数一栏选择深度优先，在侧面和底面选 0.8。设置安全平面，选用自动进刀/退刀，采用螺旋下刀方式（螺旋角 3 度、圆弧半径 2、激活区间 1、重叠距离 0.5、退刀间距 1.25），进给速率采用下刀 3500，第一刀 4500，切削 6000。选项设置见图 13－2。加工模拟见图 13－3。

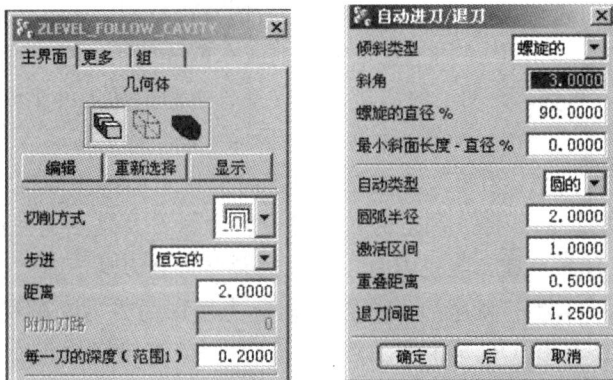

图 13－2　粗加工选项设置

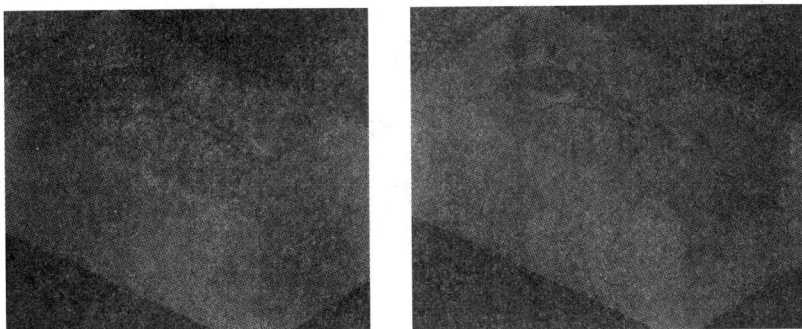

图 13-3　粗加工模拟

2. 精加工

1）加工侧壁：应用陡峭侧壁

铣（ZLEVEL PROFIL）加工，刀具 $R2mm$ 球刀，合并距离 0.08、最小切削深度 0.08、每一刀深度 0.08、切削顺序按照深度优先；几何体选择时要用模具的边界线作为选裁剪线，内部铣削；切削余量为 0，自动下刀与粗加工一样；切削速率下刀 5000，第一刀 5500，切削 6000。加工效果见图 13-4。

2）加工连杆中间连接侧壁

用球刀 $R2\ mm$ 加工区域曲面铣加工连

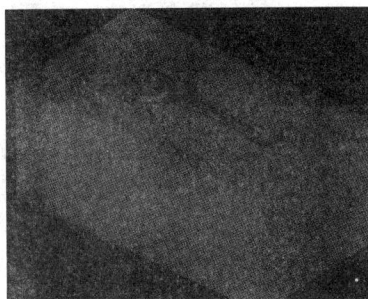

图 13-4　加工侧壁效果

杆中间连接处较平坦的曲面，仅选择要加工的曲面，陡峭角度设为 $10°\sim15°$，切削角设为最长的线；走刀方式采用平行往复（ZIGZAG），步进间距设为恒定的 0.08，进刀方式同精加工侧壁时一样。加工效果见图 13-5。

图 13-5　加工连杆中间连接侧壁效果

3. 残料加工

在工字槽边画上一个矩形，矩形内是 $R2\ mm$ 刀下不去的地方，用 $R1\ mm$ 作陡峭侧壁铣，再用 $R1\ mm$ 作区域曲面铣，$R2\ mm$ 铣过的地方可不选上。选项设置见图 13-6，加工效果见图 13-7。

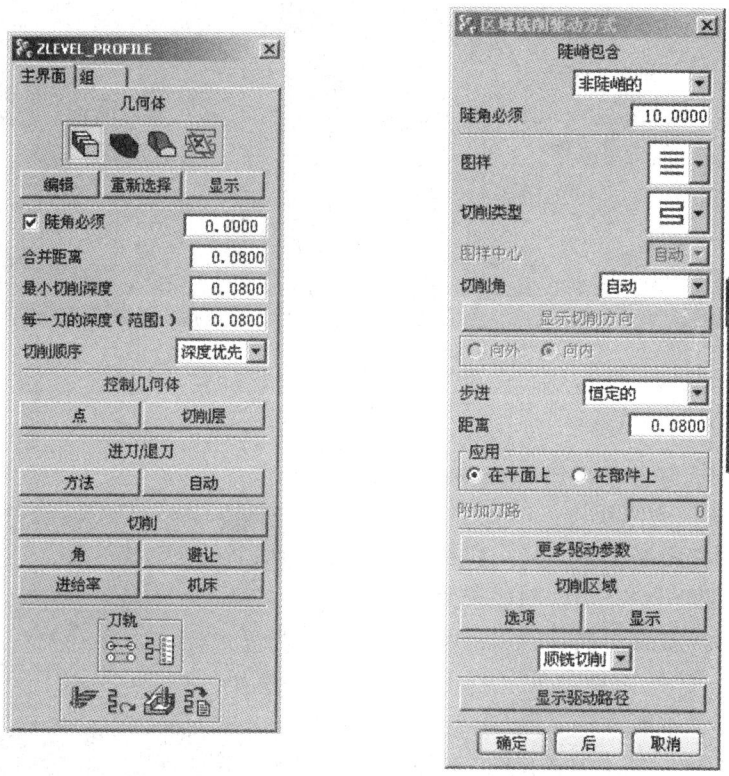

图 13 - 6 残料加工选项设置

图 13 - 7 加工效果

复习思考题

13 - 1 高速切削加工模具有何特点?

13 - 2 试述高速切削加工技术在模具制造中的应用前景。

第 14 章　模具主要零件的加工工艺过程

模具的种类很多，组成模具的零件其加工工艺虽各不相同，但大体都和模具主要零件的加工工艺相似。本章将介绍冲裁模、注射模主要零件的加工工艺过程。

14.1　冲裁模凸模、凹模的加工

凸模、凹模的形状、尺寸、加工要求、选材不同，其毛坯成形及加工工艺方法也是不同的，即使是同一模具零件，根据技术要求和生产条件不同也可以有多种加工工艺。工艺过程不同，零件的加工精度、生产率、生产成本等都会有较大的差异。制定零件加工工艺过程的目的是用以指导生产，以获得用简便高效的工艺方法生产出优质的零件，并具有最佳的经济效益。

14.1.1　凹模的制造工艺过程

凸模、凹模的加工方法可以按凸、凹模的各自选用的加工工艺加工，保证凸模、凹模的尺寸精度、形位公差及配合间隙，也可凸模、凹模配合加工。对于单件生产的模具或冲制复杂零件的模具，凸、凹模常常采用配合加工，这种方法是先按工件的尺寸及公差加工凸模(或凹模)，以此为基准件再加工凹模(或凸模)。这种加工方法凸、凹模的间隙易于保证，因而模具制造的公差可以适当放大。

图 14－1 所示为用 15 钢冲制的落料件，工件厚为 2 mm，模具为单件生产。这里采用凸、凹模配制。因是落料模，应以工件的尺寸和公差加工基准件凹模，再以凹模为基准加工凸模。

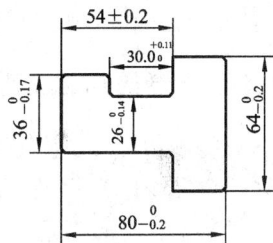

图 14－1　落料件

凹模刃口的形状及尺寸、加工要求等如图 14－2 所示，由于冲制的是非简单形状的工件，为减小模具零件的热处理变形，其选材为 CrWMn 钢，凹模的硬度为 60～64HRC，凸、凹模双面配合最小间隙为 0.13 mm。凹模的一种加工工艺过程如下：

(1) 下料：选用型钢锯床下料至坯料所需尺寸。

(2) 锻造：将坯料锻成矩形。

(3) 热处理：球化退火以降低锻坯硬度，改善切削加工性，并消除锻造后的应力，还可减小淬火时的过热及淬裂倾向，获得较好的耐磨性。

(4) 粗加工：刨长方体六面留加工余量。

(5) 磨：磨上、下两平面保证平行度，磨相互垂直的两侧面。

(6) 划线：以已磨的两侧面为基准，划出凹模及孔的中心线，按样板划出凹模型孔的轮廓线。

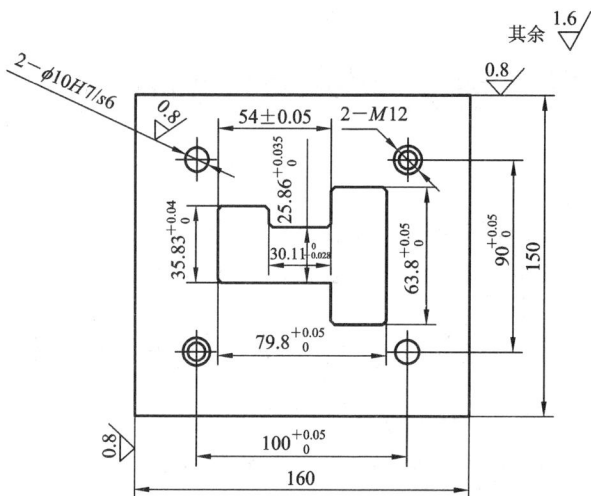

图 14-2 凹模

（7）凹模型孔粗加工：先沿型孔轮廓钻孔，去除中间多余料，再在立铣上按划线加工型孔，留精修余量单面 0.15～0.25 mm。（也可线切割加工等。）

（8）型孔精加工：钳工锉修型孔并加工出型孔斜度。

（9）孔加工：加工 2 个销孔及螺钉安装孔、钻孔、铰孔。

（10）热处理：淬火后低温回火，60～64HRC。

（11）磨：磨上、下两平面达图纸要求。

（12）型孔精修：钳工研磨型孔达图纸要求。

14.1.2 凸模的加工工艺过程

凸模的形状、尺寸及加工要求如图 14-3 所示。

因凸模是以凹模为基准件配制的，凸模的尺寸标注可以简化，凸模的制造公差可以放大些。但必须保证配制的双面最小间隙为 0.13 mm。

其工艺过程如下：

（1）下料：用型钢在锯床上按所需坯料尺寸锯断。

（2）锻造：将坯料锻成长方体。

（3）热处理：球化退火。

（4）粗加工：刨六个面，留磨削余量。

（5）划线：划出凸模轮廓线及螺孔中心线。

（6）凸模型面粗加工：按划线留压印、锉修余量刨或铣出凸模轮廓形状。

（7）凸模型面精加工：用已加工好的凹模对凸模压印，锉修凸模，留精修余量，使凸模、凹模间的间隙适量而均匀。

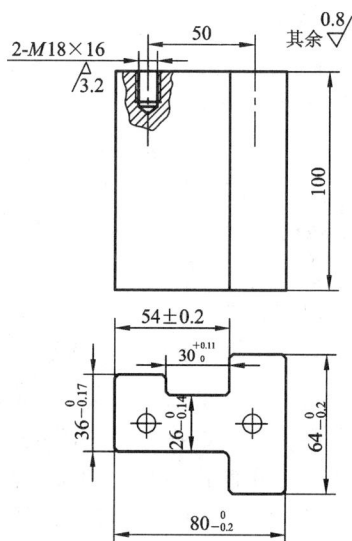

图 14-3 凸模

　　（8）孔加工：钻孔，攻丝。

　　（9）热处理：淬火并低温回火，检查硬度要求 58～62HRC。

　　（10）磨：上、下端面磨削加工达图纸要求。

　　（11）凸模型面精修：修磨凸模工作型面，保证凸模与凹模的双面配合间隙为 0.13 mm。

凸模、凹模的加工若有一定的批量，条件许可则还可采用高效率精密加工设备加工。

14.2　模　架　的　加　工

　　模架由模座、导套、导柱及模柄等主要零件组成，是整个模具的基础。上模座通过模柄安装在冲床滑块上作上下往复的冲压运动，下模座通过压板和螺栓固定在工作台上。通过导柱、导套保证凸模和凹模或凸凹模之间有较好的配合精度。

　　模架大多已标准化了，主要是合理选购。非标准的模架才要求自己设计和制造。

14.2.1　模座的加工

1）模座的加工要求

　　模具的所有零件都是直接或间接地固定在上、下模座上的，并且用来压入导套、导柱。其加工要求主要有：

　　（1）模座上、下平面应保持平行，其上表面对下表面的平行度误差在 400 mm 的长度上不得大于 0.057 mm。

　　（2）模座上安排导柱、导套的孔，其位置应该一致。而且导柱轴心线对下模座下平面的垂直度在被测高度为 160 mm 以内，其误差不大于 0.018 mm；同样导套孔轴心线对上模座上平面的垂直度误差不得大于 0.018 mm。

2）模座的加工简介

　　模座根据其在模具中的作用一般多选用灰铸铁 HT200 铸造成毛坯，也有用铸钢 ZG310-570 铸成毛坯的。按照切削加工先加工平面后加工孔、先粗加工后精加工、先加工基准面后加工其它表面的原则，先用铣床或刨床加工模座的上、下平面等，再在平面磨床上磨削上、下平面达图纸要求，而后在坐标镗床、坐标铣床或双轴镗孔机上加工导柱孔（下模座）和导套孔（上模座），最后加工定位销孔及螺钉孔等。

14.2.2　导柱、导套的加工

　　导柱、导套是导向零件，在模具制造过程中已有标准系列供选用，现将其加工要求、加工方法简要介绍如下：

　　（1）为了保证模具的导向精度，首先要保证导柱、导套与模座配合部分的尺寸精度。

　　（2）要保证导柱与下模座、导柱与导套配合面的同轴度以及导套内外表面的同轴度。

　　导柱、导套都是旋转体类零件，一般都选用 20 钢的圆棒料先车削加工，热处理后再磨削加工达图纸要求。为保证导柱上两个配合面的同轴度，精加工时，最好在一次装夹中将导柱的表面磨出；为了保证导套内外表面的同轴度，磨削时，先在内圆磨上以外圆定位磨内孔，再将导套固定在心轴上，以内孔定位磨外圆。

　　若冲模导向精度要求很高时，可采用滚珠导柱、导套。

14.3　注射模成形零件的加工

注射模的成形零件主要有凹模（型腔）、型芯（凸模）、螺纹型芯和型环等，凹模型腔形状与所成形零件有关，根据凹模型腔形状复杂程度不同，凹模可做成整体的或镶拼式的结构。整体式凹模由于型腔加工的难度，一般只适于成形简单形状的塑料件。整体式凹模的加工根据加工条件、加工要求等不同可选用仿形铣削加工、电火花加工、电解加工等。现就凹模型腔的冷挤压成形工艺介绍如下。

整体式凹模型腔如图 14-4 所示。

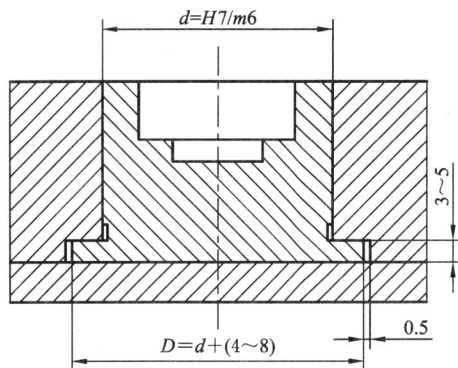

图 14-4　整体式凹模

由于采用封闭式冷挤压能成形精度较高、尺寸较深的型腔，且套圈还能起安全防护作用，因此应用较多，其主要成形工艺为：

（1）下料：按凹模模块所需坯料尺寸下料。若是圆形型腔，一般坯料直径 D 为型腔直径 d 的 2～2.5 倍；坯料高度 H 为型腔高度 h 的 2.5～3 倍。

（2）粗加工：车削坯料各表面，留精加工余量，表面粗糙度为 $R_a = 1.6\ \mu m$。

（3）热处理：根据模块所选材料不同进行完全退火或球化退火，改善坯料的成形性能。

（4）精加工：被挤压成形型腔的一面磨削加工使表面粗糙度为 $R_a = 0.2\ \mu m$，外圆定位面加工至 $R_a = 0.8\ \mu m$。

（5）润滑处理：为了降低挤压时摩擦力和挤压力，改善挤压成形的效果，一般都要将坯料和挤压冲头放入加有 20% 稀硫酸的硫酸铜的水深液中浸渍 3～4 s，并涂以凡士林或用机油稀释的二硫化钼润滑剂；或者将坯料进行磷酸盐处理，使其表面形成一层金属磷酸盐的薄膜，将挤压冲头进行镀铜或镀锌处理，挤压成形时再加用机油稀释的二硫化钼作润滑剂。

（6）加套圈：在凹模坯料外压合套圈（单层或双层），套圈的过盈量 δ 为型腔直径 d 的 0.005～0.007 倍。

（7）挤压成形：将挤压冲头和需成形的封闭式凹模装在能保证导向、定位精度的专用油压机上，经调试后即可挤压成形。若需两次挤压成形时，还需安排中间退火。

（8）脱模：采用脱模机构将挤压冲头从凹模型腔中脱落，脱模后将挤压冲头进行低温回火，消除内应力。

（9）修整：凹模端面若不平整，需修平后方可使用。

模腔的冷挤成形是一种少无切屑成形工艺，型腔冷挤成形后不再需切削加工，尺寸精度、表面粗糙度均能满足使用要求。这种成形工艺生产率高、节省模具材料，凹模型腔冷挤成形后产生冷变形强化，有较高的强度、较高的硬度和耐磨性。

复 习 思 考 题

14-1　用硅钢片 D42（$t=0.35$ mm）冲制如图所示零件，请选择其冲裁模凹模、凸模的加工方法并确定其加工工艺。

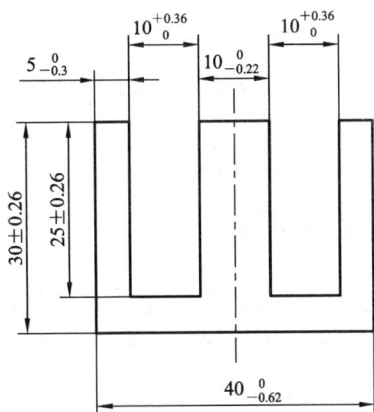

题 14-1 图　变压器铁芯片

14-2　注射模整体式凹模型腔的加工方法主要有哪些？各有何特点？

第 15 章　模具的装配与调试

　　模具的装配与调试是模具制造中的最后一道关键工作。模具装配、调试不好，即使模具设计很好，模具加工精度很高，也不能保证模具成形的零件的质量，还直接影响模具的使用寿命，必须予以足够的重视。

15.1　冷冲模的装配与调试

　　模具的装配就是把各类合格的模具零件按规定技术要求装成满足使用要求的模具。

15.1.1　冷冲模装配的主要技术要求

　　(1) 在装配时应保证上模座的上平面与下模座的底平面的平行度要求；
　　(2) 冲模的闭合高度应符合所选用压力机的装模高度的要求，即应符合图纸规定的要求；
　　(3) 带导柱、导套的模具，装配时应保证上导柱对下模座底平面，导套对上模座上平面的垂直度要求；
　　(4) 应满足板料或半成品在模具上送进方向、定位、送进步距的准确性要求；
　　(5) 圆柱形模柄与上模座上平面的垂直度应满足规定的要求；
　　(6) 凸模与凹模的配合应满足图纸规定的最小间隙值的要求，并使间隙沿周边分布均匀；
　　(7) 模具装配时应考虑易损零件便于更换；
　　(8) 模具装好后能保证各相关部分能协调地动作并冲出合格的工件。

15.1.2　冷冲模装配顺序

1. 抽检零件
按零件图纸抽检零件的加工质量，以防不合格的零件装入模具中。

2. 熟悉模具装配总图
根据模具的技术要求和结构特点，确定合理的装配方法和装配顺序。

3. 选择装配基准件
原则上按照模具主要零件加工时的相互关系来确定。常将凹模、凸模、凸凹模、定位板和卸料板等选作装配的基准件。

4. 以基准件为准装有关零件
1) 模柄的装配
若采用有下轴台的模柄，则应在安装垫板与凸模固定板之前将模柄从上模座下平面向上压入，如图 15-1(a)所示，再加工销孔或螺纹孔，并装入销子或螺钉，然后把模柄的下端面与上模座的下平面一齐磨平，如图 15-1(b)所示，并用角尺检查模柄与上模座上平面的垂直度。对于带螺纹的圆柱形模柄，装配过程大致相同，模柄是从上模座的上平面旋入的，螺纹旋入上模座的深度应在上模座下平面以内 2～4 mm。较大型模具用螺钉固定的模柄是从上模座上平面装入的。

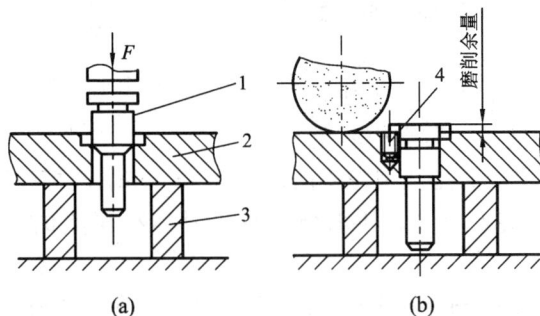

1—模柄；2—上模座；3—垫块；4—骑缝螺钉

图 15-1　模柄的装配

(a) 压入模柄；(b) 磨平底面

2) 导柱、导套的装配

因为导柱、导套和模座的配合都为基孔制的第 5 种过盈配合，一般都是在压力机上将导柱、导套分别压入下模座和上模座的，如图 15-2(a)、(b)所示。

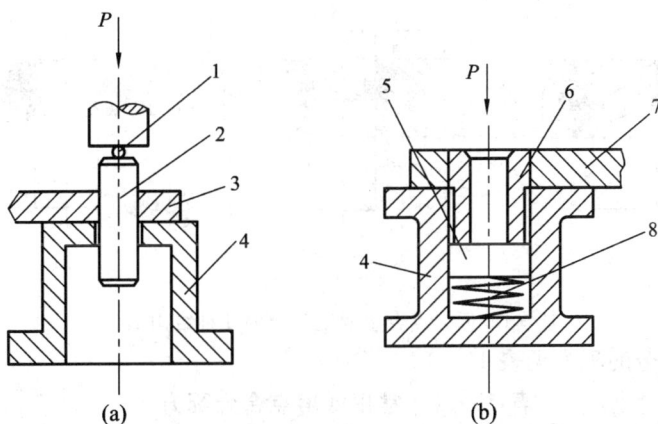

1—钢球；2—导柱；3—下模座；4—底座；5—导向柱；6—导套；7—上模座；8—弹簧

图 15-2　导柱、导套的装配

(a) 压入导柱；(b)压入导套

装好后检查导柱对下模座底平面、导套对上模座的上平面的垂直度，其误差应在要求的范围以内。

3）凸模的装配

凸模一般是用凸模固定板将其装在模座上的，凸模与凸模固定板是采用过渡配合，装配时是在压力机上将凸模压入固定板的，检查其垂直度后，将凸模尾部与凸模上平面一齐磨平并将凸模端面磨平，如图 15-3 所示。

对于有多凸模工作的模具，为了便于调整凸模、凹模之间的间隙，提高模具的

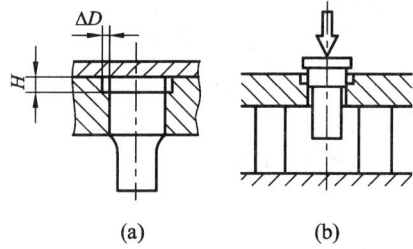

图 15-3　凸模的装配
（a）装配好的凸模；（b）压入凸模

装配质量，常将凸模固定板的型孔做得比凸模大 3～5 mm，凸模按凹模定位后，在凸模与固定板的间隙内浇注低溶点合金，利用合金冷凝时体积膨胀的特性，使凸模与固定板紧固。

低熔点合金固定凸模的几种结构形式如图 15-4 所示。使用时应根据不同要求合理选用。

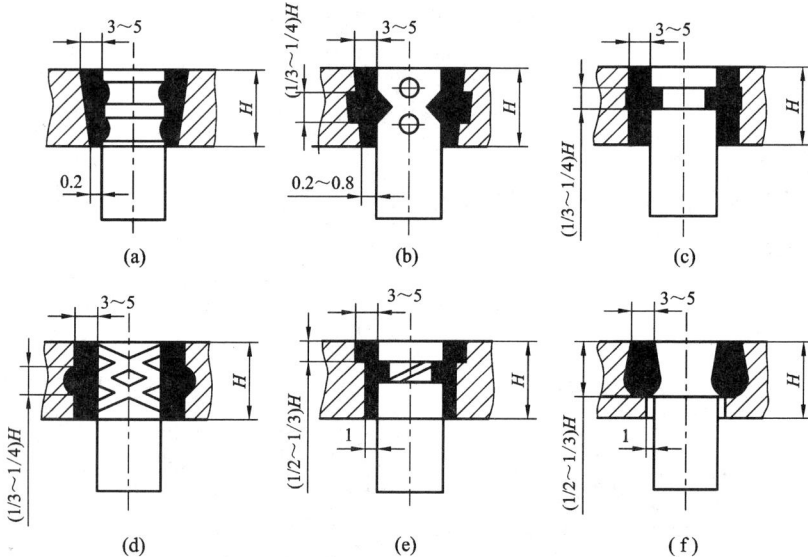

图 15-4　低熔点合金固定凸模的几种结构形式

常用低熔点合金的配方见表 15-1。

表 15-1　常用低熔点合金配方

按重量百分比/（%）　合金配方	名称 元素				合金熔点/℃	浇注温度/℃
	铋（Bi）	铅（Pb）	锡（Sn）	锑（Sb）		
	熔点/℃ 271	327.4	232	630.5		
Ⅰ	48	28.5	14.5	9	120	150～200
Ⅱ	48	32	15	5	100	120～150

注：1. 表中第一种合金的性能为抗拉强度 9.12 kgf/mm²，抗压强度 11.12 kgf/mm²，冷胀率 0.002；

　　2. 第二种合金的性能与第一种基本一致。

用低熔点合金紧固凸模，其抗拉强度不高，若冲模工作时卸料力较大，则不宜选用。

另外还可选用环氧树脂及无机粘结剂等紧固凸模。但要根据粘结剂的特点、模具的结构及工作状况等合理选用。

上述凸模的紧固方法基本上也适用于凹模的紧固，环氧树脂，低熔点合金等也适用导柱、导套的紧固。

4）卸料板的装配

卸料板一般有刚性的和弹性的两种：刚性的只起卸料作用，有的兼起对凸模的导向作用，装配时凸模插入其孔中，调整二者间有合理均匀的间隙，即可定位紧固在下模上。弹性卸料板既能起卸料作用，又能起压料作用，装配时也应保证卸料板与凸模间有均匀合理的间隙，一般先将弹性卸料板套在已装入固定板的凸模内，在凸模固定板与卸料板之间垫上平行垫块并用平行夹板将它们夹紧，然后按照卸料板上的螺孔在固定板上定弹簧螺孔位置，在上模座、垫板、凸模固定板配钻的螺钉过孔中装入螺钉，套入弹簧，将弹簧螺钉旋入卸料板的螺纹孔中，应注意弹簧螺钉旋入卸料板螺纹孔中的深度一致，保证卸料板与凸模间有灵活的相对运动，并能起到压料和卸料的作用。

5. 模具总装配

总装配是在模具各部件组装完后进行的，总装配时要根据模具的结构特点、装配要求等合理地确定上、下模的装配顺序，一般是将受位置限制大的上模或下模先装，再用下模或上模去调整位置。

（1）冲压件位置精度要求不高，模具结构无导柱、导套装置时，上、下模的装配顺序没有严格要求，可分别装到滑块和工作台上，并在安装到冲床上时调整凸、凹模的间隙；

（2）冲压件位置精度、尺寸精度要求较高时，采用导柱、且凹模装在下模座上时，一般先装下模于工作台上，将带导套的上模套入导柱中，开启寸动行程使滑块停于下死点，装好上模并调整、检测凸模凹模的间隙到合理要求。

（3）对于导柱复合模，为保证模具的压力中心与模柄的中心对正，一般是先装上模，再找正下模的位置。级进模原则上选凹模为基准件，先组装下模，再装上模。

装模时调整间隙的方法有：

① 垫片法。即在凹模刃口周边的适当位置安放厚度等于单边间隙的纸片或金属片，将上模合上，观察凸模是否顺利进入凹模与垫片接触，垫好等高垫铁，敲击固定板的周界调整间隙直到均匀为止，将上模座事先松动的螺钉拧紧，放纸试冲，若冲切的纸边无毛刺或毛刺均匀，则间隙已调均匀。这时就可将上模座与固定板同钻、铰定位销孔，并打入销钉定位。

② 透光法。将模具翻过来，用光照射，从凸、凹模间隙中透过光隙的大小来判断其间隙的均匀性。由于光能透过很小的缝隙，故此法适于判断薄材料小间隙冲模的间隙均匀性。

③ 镀铜法。在凸模工作部分镀一层厚度为单边间隙的均匀铜层，可提高装配间隙的均匀性，当凸、凹模形状复杂时可用之。

④ 涂层法。在凸模工作部分涂以厚度为单边间隙值的涂料可取得镀铜层的同样效果。

15.1.3 冲模试冲的缺陷和调整

模具装好后在试冲时可能会发现一些缺陷，应分析产生的原因，找出调整的办法进行调整，再试冲，直到获得合格的冲压件为止。表 15-2 列出了冲裁模试冲时可能产生的缺陷及调整方法。

表 15－2　冲裁模试冲时的缺陷和调整

冲裁模试冲时的缺陷	产　生　原　因	调　整　方　法
送料不畅通或料被卡死	1. 两导料板之间的尺寸过小或有斜度； 2. 凸模与卸料板之间的间隙过大，使搭边翻扭； 3. 用侧刃定距的冲裁模，导料板的工作面和侧刃不平行，使条料卡死； 4. 侧刃与侧刃挡块不密合形成方毛刺，使条料卡死	1. 根据情况锉修或重装导料板； 2. 减小凸模与卸料板之间的间隙； 3. 重装导料板； 4. 修整侧刃挡块，消除间隙
刃口相咬	1. 上模座、下模座、固定板、凹模、垫板等零件安装面不平行； 2. 凸模、导柱等零件安装不垂直； 3. 导柱与导套配合间隙过大使导向不准； 4. 卸料板的孔位不正确或歪斜，使冲孔凸模位移	1. 修整有关零件，重装上模或下模； 2. 重装凸模或导柱； 3. 更换导柱或导套； 4. 修整或更换卸料板
卸料不正常	1. 由于装配不正确，卸料机构不能动作，如卸料板与凸模配合过紧，或因卸料板倾斜而卡紧； 2. 弹簧或橡皮的弹力不足； 3. 凹模和下模座的漏料孔没有对正，料不能排出； 4. 凹模有倒锥度造成工件堵塞	1. 修整卸料板、顶板等零件； 2. 更换弹簧或橡皮； 3. 修整漏料孔； 4. 修整凹模
冲件质量不好：1) 有毛刺	1. 刃口不锋利或淬火硬度低； 2. 配合间隙过大或过小； 3. 间隙不均匀使冲件一边有显著的带斜角毛刺	合理调整凸模和凹模的间隙及修磨工作部分的刃口
2) 冲件不平	1. 凹模有倒锥度； 2. 顶料杆和工件接触面过小； 3. 导正销与预冲孔配合过紧，将冲件压出凹陷	1. 修整凹模； 2. 更换顶料杆； 3. 修整导正销
3) 落料外形和打孔位置不正，成偏位现象	1. 挡料销位置不正； 2. 落料凸模上导正销尺寸过小； 3. 导料板和凹模送料中心线不平行，使孔位偏斜； 4. 侧刃定距不准	1. 修正挡料销； 2. 更换导正销； 3. 修整导料板； 4. 修磨或更换侧刃

15.2　塑料模的装配与调试

15.2.1　装配基准的确定

塑料模装配时常采用的装配基准一般有两种：

(1) 以塑料模中的主要工作零件型芯(凸模)、型腔(凹模)和镶块等为装配的基准件，模具的其它零件都依装配顺序进行装配。

（2）有导柱、导套的模具，以模板的侧面为基准进行修整和装配。

15.2.2　塑料模的装配顺序

塑料模的种类很多，结构各不一样，装配要求视零件的技术要求也各不相同，模具的装配顺序应满足模具的装配要求，保证能成形合格的塑料制品，一般模具的装配顺序大致如下：

（1）熟悉模具装配总图及了解装配要求；

（2）根据图纸要求检验主要工作零件和其它零件的尺寸；

（3）按装配要求选合适的装配基准；

（4）按装配基准件进行相关零件的组装、调整，按装配要求分别加工螺孔、销孔、导柱孔、顶杆孔等并修磨；

（5）将组装件总装成模具达到装配要求；

（6）试模、检验、入库。

15.2.3　主要零件的组装工艺

在塑料模的装配工艺中，基准件选定后，最关键的工艺就是零件的组装。下面介绍主要零件的组装工艺。

1. 型芯(凸模)与固定板的组装

1）压入法

将型芯(凸模)从固定板的通孔中压入。型芯做成阶梯形式，如图 15-5 所示，固定板的配合孔口应倒角便于型芯压入，在组装时要保证型芯有正确的方位并注意检查型芯的垂直度。

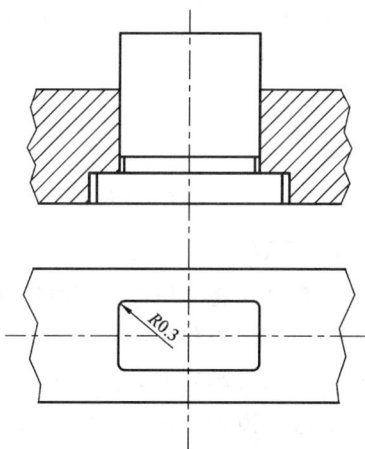

图 15-5　压入法

2）螺纹连接法

将型芯用螺纹直接旋入固定板的螺孔中并用骑缝销钉定位，防止型芯转动。图略。

3）埋入式组装

将型芯埋入沉孔，沉孔底部倒圆角或型芯底端倒角，用型芯的圆周面或侧面与沉孔相应面配合定位，用螺钉拧紧。若埋入沉孔的型芯杆是圆形时，要按合模的相对位置定位后再紧固。图15-6为埋入式型芯组装示意图。

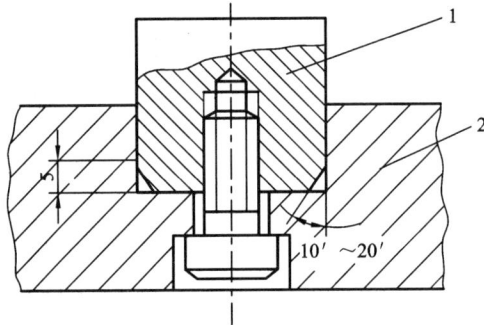

1—型芯；2—固定板

图 15-6　埋入式组装

4）螺母连接式

型芯装入固定板孔的下端是采用滑配合与固定板定位的，不对称型芯在调整好方位后还需用销钉定位，用螺母紧固，如图15-7所示。这种组装方式可靠方便，组装精度较高。

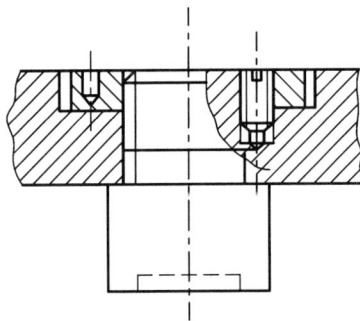

图 15-7　螺母连接式

2. 型腔(凹模)与动、定模板的组装

圆形型腔镶入模板孔中时，要保持平稳、垂直及相对位置的准确，并用销钉止动。

多型腔的模板孔要留有装配修正量，以纠正孔位偏差。

若是镶拼结构，则所有拼合面要用红粉对研，检查密合程度，拼块的镶入要有足够的过盈量，并加平垫铁，使拼块平稳压入模板固定孔，要注意随时检查压入的垂直度，如超过规定的误差应及时修正，最后用平行夹头夹紧。

将对拼模块的两半合拢是以模块的型腔作基准的，用导钉压入两模块经修整后的导钉孔中定位。拼合后再修整型腔、对拼模块的外形尺寸与锥度。

过盈配合件装配前，应检查其过盈量、配合表面的粗糙度、压入端的导入斜度等。

图15-8所示为浇口套按过盈配合压入，装配要求浇口套的台肩外圆与模板沉孔间的

缝隙不超过 0.02 mm，浇口套的压入端及模板孔口均不得有导入斜度，以防注塑时引起渗料，为此浇口套的台阶外圆与模板上的台阶孔的同轴度应小于 0.01 mm，为保证压入台肩与沉孔面贴紧，压入件的台肩应倒角。

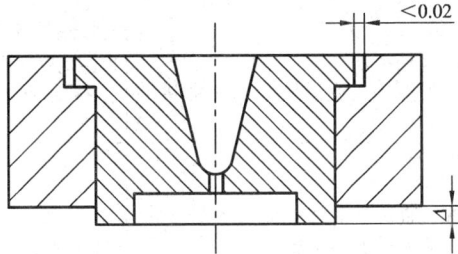

图 15 - 8　过盈配合件的压入

3. 导柱、导套的镗孔与装配

导柱、导套是模具的导向装置，分别安装于动模板与定模板上。为了保证导向精度，动、定模板上安装导柱、导套孔的加工位置误差要求在 0.01 mm 以内，若模板未淬硬，其上的孔可在坐标镗床上分别加工，常用的方法是将动定模板叠合在一起，用工艺销钉定位后在车床、立铣或镗床上配镗加工孔。

对需淬硬的模板，为防止模板上的孔在热处理时变形，模板上的孔应留磨削余量供淬硬后用坐标磨床磨孔或将模板叠合在一起用内圆磨床磨孔。

导柱、导套孔在整个模具装配过程中的次序基本上有两种：

（1）若选定型芯和型腔为装配基准时，则导柱、导套孔的加工应安排在完成型芯、型腔的组装后进行；

（2）若因型芯和型腔形状复杂，其合模很难找正相对位置，则通常先加工导柱，导套装配孔，作为模具的装配基准。

15.2.4　模具总装中的配修

尽管模具零件的制造公差及组装件的装配要求很严，但仍不能满足装配技术要求，因此，装配时还需将有关零、部件作局部的配修。常见的问题主要是相关的配合面不能贴合或接触面间有间隙。解决方法是找出原因，修磨相关平面。

15.2.5　试模与调整

1. 空模试模

将组装好的模具装到注射机上，在不加料、不加热条件下进行试验观察，检测动作、性能是否合格，必要时进行部分装拆与修磨、调整，直到合格。

2. 加料试模

在加料、加热、通水条件下进行试验，使模具动作灵活、不溢料，各项指标正常，生产出合格产品。

注射模试模中常见的缺陷及调整方法见表 15 - 3。

表 15 - 3　注射模试模中常见的缺陷及调整方法

缺陷类型	产 生 原 因	调 整 方 法
塑料外漏，注射不进	1. 喷嘴和浇口套球面半径不符,球面吻合不好； 2. 主流道进口直径太小； 3. 模具安装质量差,主流道轴线与注射机轴线不同轴	1. 加大浇口套球面半径 $R_2=R_1+(1\sim2)$mm R_1 为喷嘴球面半径； 2. 加大主流道进口直径； 3. 重新调整模具
塑件充填不满，外形不完整	1. 注射量不够、加料量及塑化能力不足； 2. 多型腔时,浇注系统不平衡； 3. 注射压力小,注射时间短,保压时间不够,螺杆和柱塞退回过早； 4. 模温低,塑料冷却速度快； 5. 模具浇注系统流动阻力大,进料口位置不当、截面小； 6. 排气不当,无冷料穴或冷料穴设计不合理； 7. 塑料含水分或挥发性物质	1. 加大注射量和加料量,增加塑化能力； 2. 修整流道和浇口； 3. 提高注射压力、延长注射及保压时间； 4. 提高模温； 5. 进一步抛光浇注系统,加大进料口； 6. 增加排气槽、冷料穴； 7. 塑料在使用前要烘干
料把拉断，堵死主流道	1. 主流道表面太粗糙,锥度太小； 2. 喷嘴孔径大于主流道进料口； 3. 没有拉料杆	1. 抛光主流道表面,加大锥度； 2. 加大主流道进料口直径； 3. 设置拉料杆
脱模困难	1. 型腔表面粗糙； 2. 型腔脱模斜度小； 3. 模具镶块处缝隙太大； 4. 模芯无进气孔； 5. 模具温度太高或太低； 6. 成型时间不合适； 7. 顶杆太短,不起作用； 8. 拉料杆失灵； 9. 型腔变形大,表面有伤痕； 10. 活动型芯脱模不及时； 11. 塑料发脆,收缩大； 12. 塑件工艺性差,不易从模中脱出	1. 抛光型腔； 2. 加大脱模斜度； 3. 重修模,使之密合； 4. 增设进气孔； 5. 调整模具温度； 6. 控制成型时间； 7. 加长顶杆； 8. 修整拉料杆； 9. 修整型腔并抛光； 10. 修整活动型芯； 11. 更换塑料； 12. 改进塑件设计
塑件四周飞边过大	1. 分型面密合不严,有间隙；型腔和型芯部分滑动零件间隙过大； 2. 模具刚性差； 3. 模具各承接面平行度差； 4. 模具单向受力或安装时没有被压紧； 5. 注射压力太大,锁模力不足或锁模机构不良,注射机动、定模不平行； 6. 塑件投影面积超过注射机所允许的塑件面积； 7. 塑料流动性太大,料温、模温高,注射速度快； 8. 加料量大	1. 调整模具,使分型面密合,减小型腔、型芯部分滑动零件间隙值； 2. 采取措施,加大模具强度,提高模具刚度； 3. 修磨各支承面,提高平行度； 4. 重新安装模具； 5. 减少注射压力,增加锁模力,重新调整注射机； 6. 换大克量的注射机； 7. 更换塑料,重新调整注射速度,降低料温、模温； 8. 减少加料量

续表

缺陷类型	产 生 原 因	调 整 方 法
塑件翘曲变形	1. 冷却时间不够,模温高; 2. 塑件形状设计不合理,厚薄不均,强度不足,嵌件分布不合理; 3. 进料口位置不合理,尺寸小,料温、模温低,注射压力小,注射速度快,保压补缩不足,冷却及收缩不均匀; 4. 动、定模温度差大,冷却不均,造成变形; 5. 塑料塑化不均匀,供料不足或过量; 6. 冷却时间短,出模太早; 7. 模具强度不够,易变形,精度低,定位不可靠,磨损严重; 8. 进料口位置不合理,塑料直接冲击型芯,两侧受力不均匀; 9. 模具顶出机构受力不均匀,顶杆位置布置不合理	1. 增加冷却时间,降低模温; 2. 改进塑件设计,使之符合工艺性; 3. 加大进料口,或改变其位置,合理安排注射工艺规程; 4. 合理控制模温,使动、定模温度均匀; 5. 塑料应定量供应; 6. 合理控制出模时间; 7. 修整和重装; 8. 调装和改变进料口位置; 9. 调整顶出机构,使其作用力均匀
塑件产生裂纹	1. 脱模时顶出不合理,顶出力不均匀; 2. 模温太低或模具受热不均匀; 3. 冷却时间过长或过快; 4. 脱模剂使用不当; 5. 嵌件不干净或预热不够; 6. 型腔脱模斜度小,有尖角或缺口,容易产生应力集中; 7. 成型条件不良; 8. 进料口尺寸过大或形状不合理,产生应力集中	1. 调整模具顶出机构,使其受力均匀,动作可靠; 2. 提高模温,并使各部分受热均匀; 3. 合理控制冷却时间; 4. 合理使用脱模剂; 5. 预热嵌件、清除表面杂物; 6. 改善塑件设计,或修整脱模斜度; 7. 改善塑件成型条件; 8. 改进进料口尺寸及形状

复 习 思 考 题

15-1　冲孔模装好试调时,总是发现孔的一侧有毛刺,请分析其原因,并请提出调模方案解决之。

15-2　拉深模装好调模时,总是在拉深件的右侧筒壁与筒底转角和凸模接触处开裂。请分析产生的原因,并请在调模中加以解决。

第 16 章　模具 CAD/CAM 简介

16.1　概　　述

随着工业技术的发展，产品对模具的要求越来越高，传统的模具设计与制造方法不能适应工业产品及时更新换代和提高质量的要求，在此背景下，模具 CAD/CAM（Computer Aided Design & Computer Aided Manufacturing）应运而生，并成为模具设计与制造的重要的发展方向之一。

现代模具与传统模具有很大的差异，归纳起来，它主要的特点是：

(1) 高精度、高寿命、高生产率。

现代模具制造精度一般为 0.002～0.003 mm，高出传统模具一个数量级。对于一些要求"全互换"、"零公差"的模具零件，精度还要更高些。

现代模具寿命，对于多工位合金钢级进模可达 500～600 万次，硬质合金级进模达 20 000～60 000 万次，注射模达 40～60 万件，压铸模达 45～100 万件。目前各类传统模具的寿命仅有上述对应值的 1/5～1/10，甚至更低。

模具的生产效率也日益提高，一套级进模可达 50 多个工位，多腔注射模可达每模数十件，对于一些塑封模可达每模数百件。

(2) 模具设计水平高。

在总结多年实践经验的基础上，利用计算机运算速度快、精度高、存储量大的优点，对模具设计、计算、分析等诸多方面进行认真周密的研究，开发的各种用途的专家系统和优化程序，使模具设计的总体水平大大提高。尤其在汽车覆盖件模具、大型复合材料制件成形模具和塑料制件注射模具等方面，更能体现现代模具设计制造水平的飞跃。

(3) 供货期短。

这是现代模具在市场竞争激烈情况下的一个极重要的指标。当前模具用户对模具设计制造周期的要求日益苛刻，甚至有的要求在一个月内交货。这样的速度不是传统方法所能达到的，因而必须在模具设计、制造及生产管理、标准化等诸方面采取一系列新措施。

(4) 广泛采用 CAD/CAM 技术。

现代模具往往是模具新结构、新材料、新工艺等各项新技术的综合，也是模具热处理、表面处理、先进成套加工设备、模具标准化、专业化等各方面研究成果的具体应用。然而，从总体来看，模具 CAD/CAM 技术无疑占据着重要地位。当前，复杂模具几乎都程度不同地采用了 CAD/CAM 技术。

模具 CAD 是利用计算机完成传统手工设计各个环节的工作，包括设计构思、资料查询、建立模型、分析计算、自动绘制零件图与装配图等。此外，设计人员还可借助计算机模拟零件成形（对冲压模而言）过程，或对充模（对塑料模而言）过程进行动态分析，以努力减少花费较大的试冲、返修等,这在传统手工设计中是不可避免的工作。

模具 CAM 一般是指利用计算机辅助实现从图纸到产品制造全过程中的直接和间接的活动。包括对物流和信息流的直接控制、管理和监督,也包括相对于物流系统是"离线"工作的工艺准备、生产作业计划、数控程序编制等。

从狭义上来看 CAM,也有人把它理解为数控程序的自动编制,或计算机在工艺准备的某项工艺活动中的应用。

迄今为止,无论 CAD,还是 CAM 技术仍处在不断发展之中,规模可大可小,并无一确切的定义。尽管 CAD、CAM 和 CAD/CAM 技术之间存在着千丝万缕的联系,但不应相互混淆。CAD/CAM 技术是 20 世纪 60 年代中期才开始出现的,它是以数学模型为中心,利用统一的数据库和网络系统直接处理、贮存和传输有关数据,把设计、分析、计算、制造、检验、生产等过程连成一个有机的整体。它是计算机辅助设计、计算机辅助分析、计算机辅助检测、计算机辅助工艺规程设计、计算机辅助制造等的综合,它是计算机集成制造系统的重要组成部分。

模具 CAD/CAM 被公认为是现代模具技术的一个重要方面。工业先进国家对模具 CAD/CAM 技术的研发非常重视。早在 20 世纪 60 年代初期,国外一些飞机和汽车制造厂家就开始了研究工作,投入了大量的人力和物力,先后建立了自己的 CAD/CAM 系统,并将其应用于模具的设计与制造。我国模具 CAD/CAM 的开发始于 20 世纪 70 年代末,发展也很迅速,通过国家有关部门鉴定的有普通冲裁模、精密冲裁模、辊锻模、锤锻模和注塑模等 CAD/CAM 系统,但大多仍处于试用阶段。为了迅速改变我国模具生产的落后面貌,今后应大力加强模具 CAD/CAM 的研究开发和推广应用工作。

16.2　模具 CAD/CAM 实施条件

实施模具 CAD/CAM,不要追求其万能,而应追求其实用。模具的种类繁多,要求各异,如冲压模、塑料成型模、锻模、铸模、橡胶模、玻璃模、粉末冶金模和快速经济模等。不可企求引进的模具 CAD/CAM 系统包罗万象,而应该根据本单位特点有所侧重。

实施模具 CAD/CAM 投资较大,如果选择不当则难以更改。为此,在实施前应针对本企业特点做好近期和远期的规划,然后根据可能的财力、物力、人力情况,按照系统工程的原则来确定本企业实施模具 CAD/CAM 的阶段实施计划。

实施模具 CAD/CAM 的条件,归纳起来主要包括三个方面,即硬件条件、软件条件和掌握这些硬件和软件技术的人才条件。

1. 硬件

硬件指组成模具 CAD/CAM 系统的物质设备,包括计算机系统和数控加工设备。计算机系统是整个 CAD/CAM 系统的核心。一个现代化的模具中心的重要特征之一就是以计算机系统为中心,它应是更新最快、最舍得投资、最活跃和最核心的部分。它可以是大型机、工作站、服务器及其网络、高性能的微机,以及图形及数据的输入、输出设备及各种接口等。

数控加工设备是模具 CAD/CAM 系统中投资最大的部分,选型要慎重。模具 CAD/CAM 系统中数控机床所占比重大,机床品种多。其中电加工机床已成为基本设备,高精度加工机床已成为必备设备，而各种光加工、质量检测设备应配套齐全。表面上看，现代模具中心的设备利用率低于一般工业，机床数大于工人数，但生产潜力大。

2．软件

模具 CAD/CAM 所需要的软件分为基本系统软件、支撑软件和应用软件三大类。

基本系统软件包括计算机操作系统、高级语言编译软件、运行管理软件等。基本系统软件一般由计算机厂商提供。CAD/CAM 系统支撑软件包括图形核心软件、计算机分析软件、数据库管理软件、网络软件和数控编程软件等。支撑软件由软件市场购入，作为应用软件的开发平台。应用软件是指那些面向用户的软件，如计算机辅助模具设计与绘图软件、塑料成型模、锻模、挤压模的设计分析或模拟软件等。但无论软件如何完善，对于使用这些软件的企业来说，必须要有进行二次开发或合作、委托开发本企业专业应用软件的思想准备。目前模具 CAD/CAM 系统中，软件价格占计算机系统总投资的 50%～70%，并继续呈迅猛上升的趋势。软件价格昂贵是由于它花费了大量的人力、物力和开发周期长等原因所致。

3．人才条件

模具 CAD/CAM 系统的建立，除了软件和硬件条件以外，还有一个重要的方面就是掌握这项技术，并能使之正常运转、发挥效益、开发应用的人才。这是世界各国在发展 CAD/CAM 系统中遇到的共同问题。这方面人才的聚集和培养是实施模具 CAD/CAM 的重要条件。

这些人才涉及多种领域，特别是硬件维护、软件管理、数据库管理及模具 CAD/CAM 应用软件的使用与开发等方面。那些既熟悉模具设计制造专业技术，又能熟练操作计算机硬件和软件的系统使用者，往往需要超前的专门培养。面对一个先进、高效的软硬件系统，人才是关键因素。

16.3　实施模具 CAD/CAM 后的技术经济效益

模具 CAD/CAM 需要有适度投资，在实施模具 CAD/CAM 系统中必须把效益放在重要位置上来考虑。尽管使用过或正在使用 CAD/CAM 系统的人们对这一点的认识仍不尽相同，但共同之处有：

（1）使用模具 CAD/CAM 系统有可能把模具设计人员从日常枯燥、紧张、烦琐和重复的劳动中解脱出来，使这些有经验的设计和工艺人员能投入到更有意义的劳动中去。据统计，在某些模具设计过程中，设计人员大约有 70%～90% 的时间是用于查阅手册和绘图，而仅有 10%～20% 的时间用于构思。使用模具 CAD/CAM 查阅数据及图表速度快、精度高、不易出错且不怕烦琐。利用计算机自动绘图质量高、速度快，可杜绝误记和误写，尤其对许多重复图形及形状类似的图形效果更为明显。利用计算机辅助工艺过程的设计（CAPP）、计算机辅助模具的生产管理等能大大减轻模具生产人员、工艺人员和生产管理人员的紧张劳动，使工艺和管理水平发生质的变化。

（2）模具 CAD/CAM 极大地促进了模具设计、生产中的标准化、通用化和典型化工作。模具 CAD/CAM 首要一条就是模具设计过程的标准化与模具结构的标准化。因为模具是单件生产的，缺少这一条进行模具 CAD/CAM 就无效益可言。当然在采用 CAD/CAM

况下,标准化的内容和内涵都应该有所改变。除标准化工作外还有通用化、典型化工作,
些都是提高模具质量、缩短生产周期、降低生产成本的关键。标准化促进了模具 CAD/
AM 工作的开展,而模具 CAD/CAM 反过来又必然会极大地促进模具标准化工作。

(3) 使用模具 CAD/CAM 技术,可大大提高模具质量。一个工程设计往往都是反复修
逐步逼近的过程,模具设计也不例外。引入模具 CAD/CAM 后一个很大的优点就是在
后完成设计前便于修改,这是人工设计所不及的,当人工设计进行到一定深度后,设计
不愿修改设计,因为担心已花费的人力、物力付之东流。其结果就是设计师的聪明才智
有完全地反映出来。而 CAD/CAM 技术在很大程度上克服了这个缺点。

此外,设计方案的优化或各种优化设计方法的应用也将大大提高模具设计的质量和效
。对于锻模、挤压模、塑料成型模和一些复杂形状零件钣金成形模,在制模之前就可以
利用计算机,在计算机上形象地模拟成形过程中材料的变形与流动,显示温度场、压力场
的分布以缩短试模周期,增大一次试模的成功率。

(4) 采用模具 CAD/CAM 促进设计制造一体化进程。由于模具制造与工艺所需数据可
以由设计结果直接传递,图纸再也不是设计和制造间传送信息的惟一依据。设计图纸可以
简化并最终消失。因为由计算机直接管理设计、工艺与生产,所以管理信息可以避免重复,
提高效率,在很大程度上为改变传统生产面貌提供了先决条件。

关于模具 CAD/CAM 的效益问题是一个比较复杂的投资决策问题。对 CAD/CAM 系
统的投资决策不一定都取决于可量化的效益因素。除了缩短工期、提高质量和降低成本三
基本因素以外,还有不可量化的效益因素对决策也起决定性作用。例如,采用 CAD/
AM 以后使产品易适应市场变化,易于对模具成本和周期进行分析,在制订报价方案和
步计划时心中较有把握,可以提高技术人员的创造性,并促使其对总体设计方案的考虑
更加全面等。

16.4　开发冲压模具 CAD/CAM 系统的基本步骤

由于冲压模在各类模具中所占比重最大(占各类模具总数中的 40%左右),而冲裁模在
冲压模中所占比例又最多,又因冲裁模具的标准化、典型化程度高,分析、设计、计算较成
熟,尤其是图形的输入、变换、显示基本可以用三维图形软件为支撑,加工中使用线切割
数控加工等因素,所以国内外许多较经济、实用的微机 CAD/CAM 系统大多从冲裁模
CAD/CAM 系统起步。

1. 确定 CAD/CAM 系统类型及规模

尽管冲裁模 CAD/CAM 系统有许多共性,但由于产品类型及企业情况的千差万别,在
建立冲裁模 CAD/CAM 系统时,首先要根据工作对象确定系统的类型和规模。例如对电机
定转子模具 CAD/CAM,由于模具结构和工艺、设计、制造等方面均已典型化,可以采用
查询修改型,甚至检索型 CAD/CAM 系统。而对于汽车或摩托车中小型零件冲裁模 CAD/
CAM,由于其零件形状复杂、变化大,就必须有强有力的交互设计功能。一般情况下,冲
裁模的 CAD/CAM 系统往往采用检索、查询修改,自动优化及交互设计等几种类型的混合
方案,但有所侧重。

确定系统规模时,还应综合工件类型、财力支持、人员素质、开发环境及发展规划等

面因素，冲裁模 CAD/CAM 系统可以采用微机系统，但也要注意接口。

2. 确定硬件配置及引进软件

选择硬件要考虑性能、价格、维修、支持环境及发展前景，系统软件指操作系统、语言处理及服务程序等。选定合适的支撑软件、数据库系统和各种分析软件，能有效地缩短系统开发时间，有利于今后的发展。

3. 整理模具设计和工艺资料

模具的类型不同，以及各厂家的生产情况不同，使得模具的设计流程、所用依据、典型结构及加工路线均不相同。建立实用型模具 CAD/CAM 系统必须逐项研究以上各项内容，确定模具标准件、设计制造规范、典型结构及通用组件。

4. 系统的总体设计

系统总体设计包括功能模块的划分，数据流程图、数据库和数据文件的操作，确定各个模块及子系统之间的关系等。系统的总体设计好比树干，如果树干和主要枝叉设计不好，细枝和叶子再细致，也无济于事。

5. 具体程序的编制

系统的总体设计确定后，就可以开始对各功能模块或子系统进行具体程序的编制。例如，编制模具设计分析计算程序，建立图形库和数据库等。在程序编制中要特别注意人机接口及操作菜单的设计，使程序便于学习、掌握，使模具设计制造专业人员易于使用。此外，对于系统的可扩充性、开发性、可移植性以及容错性等均应给予足够的重视。

6. 试运转

建立任何一个模具 CAD/CAM 系统都必须在程序设计人员直接参与下，在生产实践中对系统实行试运转，接受考验并反复修改，直至满意。

7. 投入生产使用

在此期间，系统开发人员仍要虚心听取并收集用户意见，以准备开发新的版本。

复 习 思 考 题

16 - 1　试述模具 CAD/CAM 的实施条件。

16 - 2　你所了解的模具 CAD/CAM 的商用软件有哪些？

附　　录

附录 1　冷冲模零件常用材料及热处理

模具类型	零件名称及工作要求		材料牌号	热处理	硬　　度
冲裁模	冲件形状简单、批量小的凸、凹模		T10A、9Mn2V	淬硬	凸模 56～60HRC 凹模 58～62HRC
	冲件形状复杂、批量大的凸、凹模		Cr12、Cr12MoV、Cr6WV	淬硬	58～62HRC
			YG15		
弯曲模	一般弯曲的凸、凹模及其镶块		T8A、T10A	淬硬	56～60HRC
	形状复杂、要求耐磨的凸、凹模及其镶块		CrWMn、Cr12、Cr12MoV	淬硬	58～62HRC
	加热弯曲的凸、凹模		5CrNiMo、5CrMnMo	淬硬	52～56HRC
拉深模	一般拉深的凸、凹模		T8A、T10A	淬硬	58～62HRC
	级进拉深的凸、凹模		T10A、CrWMn		
	变薄拉深及要求高耐磨的凸、凹模		Cr12、Cr12MoV		
			YG15、YG8		
	双动拉深的凸、凹模		钼钒铸铁	火焰表面淬硬	56～60HRC
冲模	侧刃挡块		T8A	淬硬	50～54HRC
	导正销		T8A、T10A	淬硬	50～54HRC
			9Mn2V、Cr12		52～56HRC
	压边圈	一般拉深	T10A、9Mn2V	淬硬	54～58HRC
		双动拉深	钼钒铸铁	火焰表面淬硬	56～60HRC
	滑动导柱、导套		20	渗碳、淬火	58～62HRC
	滚动导柱、导套		GCr15	淬硬	62～66HRC
	钢球保持圈		LY11、H62		
	导料板、侧压板、挡料销（板）		45	淬硬	43～48HRC
	卸料板、凸模固定板、凹模框		Q235、45		
	顶板、顶杆、推杆		45	淬硬	43～48HRC

附录 2 塑料模零件常用材料及热处理

零件类型	零件名称	材料牌号	热处理方法	硬度	说明
成型零件	型腔(凹模)型芯(凸模)螺纹型芯螺纹型环成型镶件成型顶杆等	T8A、T10A	淬火	54~58HRC	用于形状简单的小型芯或型腔
		CrWMn 9Mn2V CrMn2SiWMoV	淬火	54~58HRC	用于形状复杂、要求热处理变形小的型腔、型芯或镶件
		Cr12 Cr4W2MoV			
		20CrMnMo 20CrMnTi	渗碳、淬火		
		5CrMnMo 40CrMnMo	渗碳、淬火	54~58HRC	用于高耐磨、高强度和高韧性的大型型芯、型腔等
		3Cr2W8V 38CrMoA1	调质、氮化	HV1000	用于形状复杂、要求耐腐蚀的高精度型腔、型芯等
		45	调质	22~26HRC	用于形状简单、要求不高的型腔、型芯
			淬火	43~48HRC	
		20	渗碳、淬火	54~58HRC	用于冷压加工的型腔
		15			
模体零件	垫板(支承板)浇口板锥模套	45	淬火	43~48HRC	
	动、定模板动、定模座板脱浇板	45	调质	230~270HB	
	固定板	45	调质	230~270HB	
		Q235			
	顶板	T8A、T10A	淬火	54~58HRC	
		45	调质	230~270HB	
浇注系统零件	主流道衬套拉料杆拉料套分流锥	T8A、T10A	淬火	50~55HRC	
导向零件	导柱	20	渗碳、淬火	56~60HRC	
	导套	T8A、T10A	淬火	50~55HRC	
	限位导柱顶板导柱顶板导套导钉	T8A、T10A	淬火	50~55HRC	

续表

零件类型	零件名称	材料牌号	热处理方法	硬　　度	说　　明
抽芯机构零件	斜导柱 滑块 斜滑块	T8A、T10A	淬火	54～58HRC	
	锁紧楔	T8A、T10A	淬火	54～58HRC	
		45		43～48HRC	
顶出机构零件	顶杆（卸模板） 顶管	T8A、T10A	淬火	54～58HRC	
	顶块 复位杆	45	淬火	43～48HRC	
	挡板	45	淬火	43～48HRC	或不淬火
	顶杆固定板 卸模杆固定板	45、Q235			
定位零件	圆锥定位件	T10A	淬火	58～62HRC	
	定位圈	45			
	定距螺钉 限位销 限制块	45	淬火	43～48HRC	
支承零件	支承柱	45	淬火	43～48HRC	
	垫　块	45、Q235			

附录3　部分主要专业术语汉英词汇

1. 冲压模具词汇

冲床	punch press, punching press, press, packing-out punch
自动冲床	automatic press
曲柄冲床	crank press, crank power press
曲轴冲床	crank shaft press
双动冲床	double action press
三动冲床	triple-action press
偏心冲床	eccentric press
精冲冲床	fine-blanking press
高速冲床	high-speed press
液压机	hydraulic machine, oil press, water press
滑块	ram, slide
内滑块	inner punch, main ram, main slide
外滑块	outer ram
导轨	guide way

连杆	connecting rod
工作台	platen，table
垫板	bolster plate，die mounting plate，bed piece
上死点	upper dead point，top dead centre，upper dead centre
下死点	lower dead point，bottom dead centre
行程	stroke
冲程	impact stroke
压力机闭合高度	shut height of press machine
吨位	press tonnage，capacity of the press
冲压钣金工艺	pressing and sheet metal work
冲压过程	press working process
原材料	raw material
板材	sheet，flat stock
厚板材	plate
平片零件	flat part
卷料	strip，coil
条料	track
毛料	blank
废料	slug，waste
余料	surplus
搭边	webbing
排样	layout
冲压件	stamping
零件	part，detail，piece，member
工件	work
成品	finished part
半成品	semi-manufacture
废品	waste part，rejected work
冲裁	cutting
精密冲裁	fine blanking
落料	blanking
冲孔	piercing
弯曲	bending
拉深	drawing
翻边	plunging
压花	score，coining
压窝	chamfering
胀形	bulging
收缩成形	shrink
缩口	necking
扩口	expansion
挤压	extrusion
强力旋压	flow turning

校平	offset leveling
校直	straightening
橡皮成形	rubber forming
毛刺	burr
冲裁间隙	blanking clearance
撕裂	tea
回弹	spring back，rebound
中性层	neutral plane
弯曲角	bending angle
相对弯曲半径	relative bending radius
弯曲半径	bending radius
最小弯曲半径	minimum bending radius
弯曲件展开长度	blank length of bends
起皱	crimp
折皱	wrinkle，puckering，lap，buckling
皱纹	flow，flopper
拉裂	cracking，pull crack，rupture，nicking，rag
口部不齐	rough cap mouth，uneven mouth
拉薄	stretched impression
拉深系数	drawing coefficient
拉深比	drawing ratio
拉深次数	drawing numbers
挤压比	extruding ratio
缩口系数	necking coefficient
扩口系数	flaring coefficient
胀形系数	bulging coefficient
翻孔系数	burring coefficient
变薄	thinning，thin-out
冲模	die
冲裁模	cutting die
落料模	blanking die
冲孔模	piercing die，pierce die
落料—冲孔模	blank-and-pierce die
组合冲裁模	insert die
切边模	clipping die，shearing die，shaving die，trimming die
切断模	cutoff die
切开模	slitting die
切缝模	lance die
冲槽模	slotting die
硬质合金冲模	carbide alloy die
简单模	plain die，single operation die
复合模	compound die，combination die
级进模	progressive die

精密冲裁模	fine-blanking die
弯曲模	bending die
拉弯模	stretch-forming die
拉深模	drawing die
无压边拉深模	simple type of drawing die
深拉深模	cupping die，deep drawing die
落料—拉深模	blank and draw die
倒装二次拉深模	inverted-type redraw die
双动二次拉深模	double-action redraw die
拉形模	stretch-forming die
翻边模	plunged die，hole-flanging die
橡皮成形模	rubber-pad die
胀形模	bulging die
鼓包成形模	embossing die
压花模	coining die
挤压模	extrusion die
校平模	smoothing die
校正模	sizing die
无导向模	opening die
导板冲模	guide plate die
导柱模	guide pillar die
通用模	universal die
模架	die set
导柱式模架	pillar die set
上模	upper die
下模	lower die
工作零件	working elements
凸模	punch
凹模	matrix
凸凹模	punch-matrix
镶件	insert
拼块	section
定位零件	locating elements
定位销	locating pin，gauge pin
定位板	locating plate
挡料销	stop pin
导正销	pilot pin
导料板	stock guide rail
定距侧刃	pitch punch
侧刃挡块	stop block for pitch punch
始用挡料销	finger stop pin
侧压板	side-push plate
压料、卸料零件	elements for clamping and stripping

卸料板	stripper plate
推件块	ejector
推杆	ejector pin
推板	ejector plate
打杆	knock out pin
顶件块	kicker
顶杆	kicker pin
卸料螺钉	stripper bolt
拉杆	tie rod
托杆	pressure pin, cushion pin
托板	supporting plate, pressure plate
废料切断刀	scrap cutter
弹顶器	cushion
承料板	stock supporting plate
压料板	pressure plate
压边圈	blank holder
齿圈压板	serrated ring
导向零件	guide elements
导柱	guide pillars, guide post
导套	guide bushes
导板	guide plate
固定零件	retaining elements
上模座	punch holder, upper shoe
下模座	die holder, lower shoe
凸模固定板	punch plate
凹模固定板	matrix plate
垫板	backing plate
模柄	shank
浮动模柄	self-centering shank
斜楔	cam driver
模具闭合高度	die shut height
冲模寿命	die life
压力中心	center of load
冲模中心	center of die
冲压方向	pressing direction
送料方向	feed direction
冲裁力	blanking force
弯曲力	bending force
拉深力	drawing force
卸料力	stripping force
推件力	ejecting force
顶件力	kicking force
压料力	pressure-plate-force

　　压边力　　　　　　　　blank holder force

2. 塑料成型模具词汇

　　塑料成型模具　　　　　mould for plastics
　　热塑性塑料模　　　　　mould for thermoplastics
　　热固性塑料模　　　　　mould for thermosets
　　注射模　　　　　　　　injection mould
　　热塑性塑料注射模　　　injection mould for thermoplastics
　　热固性塑料注射模　　　injection mould for thermosets
　　压塑模　　　　　　　　compression mould
　　压铸模　　　　　　　　transfer mould
　　敞开式压塑模　　　　　flash mould
　　闭合式压塑模　　　　　positive mould
　　半闭式压塑模　　　　　semi-positive mould
　　移动式压塑模　　　　　portable compression mould
　　固定式压塑模　　　　　fixed compression mould
　　移动式压铸模　　　　　portable transfer mould
　　固定式压铸模　　　　　fixed transfer mould
　　无流道模　　　　　　　runnerless mould
　　热流道模　　　　　　　hot runner mould
　　绝热流道模　　　　　　insulated runner mould
　　温流道模　　　　　　　warm runner mould
　　浇注系统　　　　　　　feed system
　　主流道　　　　　　　　sprue
　　分流道　　　　　　　　runner
　　浇口　　　　　　　　　gate
　　直接浇口　　　　　　　direct gate, sprue gate
　　环形浇口　　　　　　　ring gate
　　盘形浇口　　　　　　　disk gate, diaphragm gate
　　轮辐浇口　　　　　　　spoke gate, spider gate
　　点浇口　　　　　　　　pin-point gate
　　侧浇口　　　　　　　　edge gate
　　潜伏浇口　　　　　　　submarine gate, tunnel gate
　　护耳浇口　　　　　　　tab gate
　　扇形浇口　　　　　　　fan gate
　　冷料穴　　　　　　　　cold slug well
　　浇口套　　　　　　　　sprue bush, sprue bushing
　　浇口镶块　　　　　　　gating insert
　　分流锥　　　　　　　　spreader
　　流道板　　　　　　　　runner plate
　　热流道板　　　　　　　hot-runner manifold
　　温流道板　　　　　　　warm runner plate
　　溢料槽　　　　　　　　flash groove, spew groove

排气槽	vent（of a mould）
分型面	parting line
水平分型面	horizontal parting line
垂直分型面	vertical parting line
定模	stationary mould fixed half
动模	movable mould moving half
型腔	cavity（of a mould）
凹模	impression，cavity block
镶件	mould insert
活动镶件	movable insert
拼块	splits（of a mould）
凹模拼块	cavity splits
型芯拼块	core splits
型芯	core
侧型芯	side core，slide core
螺纹型芯	thread plug，threaded core
螺纹型环	thread ring，threaded cavity
凸模	punch，force
嵌件	insert
凹模固定板	cavity-retainer plate
凸模固定板	punch-retainer plate
型芯固定板	core-retainer plate
定模座板	fixed clamp plate，top clamping plate，top plate
动模座板	moving clamp plate，bottom clamping plate，bottom plate
模套	chase，bolster，frame
支承板	support plate
垫块	spacer parallel
支承柱	support pillar
模板	mould plate
斜销	angle pin，finger cam
滑块	slide，cam slide
侧型芯滑块	side core-slide
滑块导板	slide guide strip
斜槽导板	finger guide plate
锁紧锲	heel block，wedge block，locking heel
弯销	clog-leg cam
斜滑块	angled-lift splits
导柱	guide pillar，guide pin，leader pin
导套	guide bush，guide bushing
带头导柱	guide pillar straight，straight leader pin
带肩导柱	guide pillar，shouldered，shoulder leader pin
推板导柱	ejector guide pillar，ejector guide pin
直导套	guide bush，straight，straight bushing

带头导套	guide bush，shoulder bushing
推板导套	ejector guide bush，ejector bushing
定位圈	locating ring
限位钉	stop pin，stop button
复位杆	ejector plate return pin，push-back pin
限位块	stop block，stop pad
定距拉杆	length bolt，puller bolt
定距拉板	puller plate，limit plate
推杆	ejector pin
圆柱头推杆	ejector pin with cylindrical head
带肩推杆	shouldered ejector pin
推管	ejector sleeve
推块	ejector pad
推件板	stripper plate
推件环	stripper ring，stripper disk
推杆固定板	ejector retainer plate
推板	ejector plate，ejection plate
连接推杆	ejector tie rod
拉料杆	sprue puller
钩形拉料杆	sprue puller，z-shaped
球头拉料杆	sprue puller，ball headed
圆锥头拉料杆	sprus puller，conical headed
分流道拉料杆	runner puller，runner lock pin
冷却通道	cooling channel，cooling line
隔板	baffle
加热板	heating plate
隔热板	thermal insulation board
模架	mould bases(of injection mould)
标准模架	standard mould bases
注射能力	shot capacity
收缩率	shrinkage
注射压力	injection pressure
锁模力	clamping force，locking force
成型压力	moulding pressure
开模力	mould opening force
模内压力	internal mould pressure，cavity pressure
脱模力	ejection force
抽芯力	core-pulling force
抽芯距	core-pulling distance
投影面积	projected area
最大开距	maximum daylight，open daylight
脱模斜度	draft
脱模距	stripper distance

电火花加工机床　　　electric discharge machine，spark-erosion machine

靠模铣　　　　　　　copy-milling machine

仿形铣　　　　　　　planning machine for curves

线切割机床　　　　　thread cutting machine

光学曲线磨床　　　　profile grinder

成型磨削机床　　　　profile grinder

主要参考文献

[1] 党根茂,骆志斌,李集仁. 模具设计与制造[M]. 西安:西安电子科技大学出版社,1995

[2] 张春水,祝俊昶. 高效精密冲模设计与制造[M]. 西安:西安电子科技大学出版社,1989

[3] 湖南省机械工程学会锻压分会. 冲压工艺[M]. 长沙:湖南科学技术出版社,1984

[4] 李硕本. 冲压工艺学[M]. 北京:机械工业出版社,1982

[5] 王孝培. 冲压手册[M]. 北京:机械工业出版社,1990

[6] 佳木斯农机学院. 板料冲压与冲模设计[M]. 北京:机械工业出版社,1979

[7] 李志刚,李德群,肖景容. 模具计算机辅助设计[M]. 武汉:华中理工大学出版社,1991

[8] 戴枝荣,张远明. 工程材料[M]. 北京:高等教育出版社,2007

[9] 张云兰,刘建华. 非金属工程材料[M]. 北京:轻工业出版社,1987

[10] (日)里见英一. 塑料制品设计[M]. 张玉伟,段予中,译. 北京:中国石油化工出版社,1991

[11] 邹立谦. 塑料制品设计(上册)[M]. 北京:机械工业出版社,1991

[12] 冯爱新. 塑料成型技术[M]. 北京:机械工业出版社,2004

[13] 李秦蕊. 塑料模具设计[M]. 西安:西北工业大学出版社,1988

[14] 李德群,肖景容. 塑料成型模具设计[M]. 武汉:华中理工大学出版社,1990

[15] 齐晓杰. 塑料成型工艺与模具设计[M]. 北京:机械工业出版社,2006

[16] 张荣清. 模具设计与制造[M]. 北京:高等教育出版社,2003

[17] 赵伟阁. 模具设计[M]. 西安:西安电子科技大学出版社,2006

[18] 黄毅宏. 模具制造工艺学[M]. 北京:机械工业出版社,1986

[19] 姚开彬. 工模具制造工艺学[M]. 南京:江苏科学技术出版社,1987

[20] 胡石玉,于敏建. 精密模具制造工艺[M]. 南京:东南大学出版社,2004

[21] 模具设计与制造技术教育丛书编委会. 模具制造工艺与装备[M]. 北京:机械工业出版社,2006

[22] 塑料模具技术手册编委会. 塑料模技术手册[M]. 北京:机械工业出版社,1997

[23] 李集仁. 高级冲压、锻压模具工技术与实例[M]. 南京:江苏科学技术出版社,2004

[24] 冯炳尧. 模具设计与制造简明手册[M]. 上海:上海科学技术出版社,1992

[25] 张伯霖,杨庆东,陈长年. 高速切削技术及应用[M]. 北京:机械工业出版社,2003